高等院校计算机教材系列

Course in 16/32-bit Microcomputer
Principle, Assembly Language, and Interfacing, Revised Edition

16/32位微机原理、
汇编语言及接口技术教程

修订版

钱晓捷 编著

机械工业出版社
China Machine Press

图书在版编目（CIP）数据

16/32 位微机原理、汇编语言及接口技术教程 / 钱晓捷编著. —2 版（修订本）. —北京：机械工业出版社，2017.8（2022.4 重印）

（高等院校计算机教材系列）

ISBN 978-7-111-57645-7

I. 1… II. 钱… III. ① 微型计算机 – 高等学校 – 教材 ② 汇编语言 – 程序设计 – 高等学校 – 教材 ③ 微型计算机 – 接口 – 高等学校 – 教材 IV. TP36

中国版本图书馆 CIP 数据核字（2017）第 179859 号

本书以 Intel 8088/8086 微处理器和 IBM PC 系列机为主体，论述 16 位微型计算机的基本原理、汇编语言和接口技术，并引出 32 位微机系统相关技术。本书主要涵盖微型机的基本系统、微处理器内部结构、指令系统和汇编语言程序设计、微处理器外部特性、存储器系统、输入输出及接口、总线及总线接口、若干典型的接口芯片以及与它们相关联的控制接口技术（包括中断控制、定时计数控制、DMA 控制、并行接口、串行通信接口以及模拟接口），最后介绍 32 位 Intel 80x86 微处理器和 32 位微机的新技术。附录提供调试程序 DEBUG 的使用方法、汇编语言的开发方法等。

本书可作为高等院校微机原理与接口技术或汇编语言程序设计等相关课程的教材或参考用书，适合计算机、电子工程和自动控制等相关学科的本专科学生、高职学生及成教学生阅读，也是计算机应用开发人员和希望深入学习微机应用技术的读者的极佳参考。

出版发行：机械工业出版社（北京市西城区百万庄大街 22 号　邮政编码：100037）

责任编辑：迟振春　　　　　　　　　　　　责任校对：李秋荣

印　　刷：三河市宏图印务有限公司　　　　版　　次：2022 年 4 月第 2 版第 8 次印刷

开　　本：185mm×260mm　1/16　　　　　印　　张：21.75

书　　号：ISBN 978-7-111-57645-7　　　　定　　价：49.00 元

凡购本书，如有缺页、倒页、脱页，由本社发行部调换

客服热线：（010）88378991　88361066　　　　投稿热线：（010）88379604

购书热线：（010）68326294　88379649　68995259　　读者信箱：hzjsj@hzbook.com

版权所有·侵权必究

封底无防伪标均为盗版

前　言

　　尽管微型计算机系统日新月异，但基于16位软硬件平台进行通用微型计算机技术的教学仍然适用和可行。尤其是相对简单和成熟的教学内容，更易于学生学习和掌握。所以，本书的主体结构定位于：硬件是8088/8086微处理器、IBM PC系列机，软件是DOS模拟环境、8088/8086指令系统和MASM汇编语言。同时面向发展，以突出基本原理和应用技术为原则对16位微机原理进行删繁就简，最后对应补充32位新技术的内容。这样，在学生掌握16位教学内容的基础上引入32位教学内容，也可以引导学生进行课外阅读。

　　本书主要内容如下：

　　第1章微型计算机系统概述：简介微处理器发展，以IBM PC系列机为实例介绍微型计算机系统的组成，最后总结性地说明计算机内部的数据表示。

　　第2章微处理器指令系统：详述8088/8086微处理器内部结构、寻址方式以及主要指令，包括常用DOS和ROM-BIOS的功能调用方法。

　　第3章汇编语言程序设计：采用简化段定义格式引出基本的汇编语言伪指令，以程序结构为主线展开汇编语言的程序设计方法。

　　第4章微机总线：以总线技术引领，重点描述8088微处理器的外部引脚和总线时序，简介IBM PC和ISA总线。

　　第5章主存储器：选择典型的半导体存储器芯片介绍其引脚和读写时序，说明构成主存的连接方法。

　　第6章输入输出接口：在理解I/O接口和指令的基础上，讨论主机与外设进行数据传送的方法。

　　第7章中断控制接口：介绍8088微处理器的中断机制和中断控制器8259A以及中断服务程序的编写。

　　第8章定时计数控制接口：以定时计数控制器8253/8254为例，引出微机中的定时和计数方法。

　　第9章DMA控制接口：以DMA控制器8237A为例，说明DMA控制器及DMA传送的应用。

　　第10章并行接口：介绍并行接口芯片8255A及其应用，详述键盘、数码管和打印机接口。

　　第11章串行通信接口：重点论述串行异步通信的协议和总线、8250/16550接口芯片、编程和电路。

　　第12章模拟接口：描述D/A和A/D转换原理以及典型的模拟接口芯片的应用。

　　第13章32位微型计算机系统：对应前5章内容从16位延伸为32位技术，用通俗的语言简介提高处理器性能的新技术。

　　附录A调试程序DEBUG的使用方法：配合第2章学习调试指令、程序片段的具体方法。

　　附录B汇编语言的开发方法：配合第3章及以后章节的编程实践。

　　附录C 8088/8086指令系统：罗列全部指令，以备速查。

　　附录D常用DOS功能调用（INT 21H）：罗列部分常用功能，方便使用。

附录E常用ROM-BIOS功能调用：罗列部分常用功能，方便使用。

附录F输入输出子程序库：罗列自编的输入输出子程序，方便调用。

本书包括微机原理、汇编语言及接口技术3部分内容，可以有3种教学方案，以适应不同学校或专业的各种教学计划。

教学方案一：完整讲授本书各章主要内容（最后一章可以作为选修内容），适用于软硬件兼顾、学生水平较高的情况，可称之为"汇编语言与接口技术"课程。

教学方案二：以微机原理为基础，展开汇编语言进行讲授，适用于侧重软件、单独开设接口技术课程的情况，可称之为"微机原理与汇编语言"课程。

教学方案三：以接口技术为主体讲授，适用于已学习过汇编语言和侧重硬件的情况，可称之为"微机原理及接口技术"课程。

作为普通本科教材，建议68学时（每周4学时、实际教学17周）的课堂教学，并配合6～10个软件上机或者硬件实验任务（每个任务2学时）的实践环节。

3种方案的各章学时数可参考下表（第13章作为课外阅读未列出学时）。

章号	汇编语言与接口技术	微机原理与汇编语言	微机原理及接口技术
1	4	4	4
2	8	12	2
3	10	16	2
4	4	4	6
5	6	4	6
6	6	6	8
7	6	6	8
8	4	4	4
9	4	2	4
10	8	6	10
11	4	2	6
12	4	2	8

相对于第1版，本版教材保持结构不变，部分内容进行修订，主要是汇编语言部分增加了图形，进行了更加详细的说明，并修改了部分段落的文字叙述。

本书由钱晓捷编著，欢迎广大师生通过电子邮箱（qianxiaojie@zzu.edu.cn）与作者交流，感谢多年来同事们的合作，感谢机械工业出版社华章分社的支持。

编　者

2017年6月

目　　录

第1章 微型计算机系统概述

数字电子计算机经历了电子管、晶体管、集成电路为主要部件的时代。随着大规模集成电路的应用，计算机的功能越来越强大，体积却越来越微小，微型计算机（简称微型机或微机）应运而生，并获得广泛应用。本章简介微处理器和微型计算机的发展，以IBM PC系列机为实例介绍微型计算机系统的组成，最后总结性地说明计算机内部的数据表示。

1.1 微型计算机的发展

在巨型机、大型机、小型机和微型机等各类计算机中，微型机（Microcomputer）是性能适中、价格低廉、体积较小的一类。在科学计算、信息管理、自动控制、人工智能等应用领域，微型机也是最常见的一类。工作、学习和娱乐中使用的桌面个人微机是我们最熟悉也是最典型的微型机系统；支撑网络的文件服务器、WWW服务器等各类服务器属于高档微型机系统；生产、生活中运用的各种智能化电子设备从计算机系统的角度看同样也是微型机系统，只不过作为其控制核心的处理器常被封装在电子设备内部，不易被人觉察，因此常称它们为嵌入式计算机系统。桌面系统、服务器和嵌入式计算构成现代计算机的三大主要应用形式，而微型机都是其中的主角。

计算机的运算和控制核心称为处理器（Processor），即中央处理单元（Central Processing Unit，CPU）。微型机中的处理器常采用一块大规模集成电路芯片，称之为微处理器（Microprocessor），它决定着整个微型机系统的性能。通常将采用微处理器为核心构造的计算机称为微型计算机。

处理器的性能经常用字长、时钟频率、集成度等基本技术参数来衡量。字长（Word Length）表示处理器每个时间单位可以处理的二进制数据位数，如一次进行运算、传输的位数。时钟频率表示处理器的处理速度，反映了处理器的基本时间单位。集成度表明处理器的生产工艺水平，通常用芯片上集成的晶体管数量来表达。晶体管只是一个由电子信号控制的电子开关，集成电路在一个芯片上组合了成千上万晶体管以完成特定功能。

1.1.1 通用微处理器

1971年，美国Intel（英特尔）公司为日本制造商设计可编程计算器时，将采用多个专用芯片的方案修改成一个通用处理器，于是诞生了世界上第一个微处理器Intel 4004。Intel 4004微处理器字长为4位，集成了约2300个晶体管，时钟频率为108kHz（赫兹）。以它为核心组成的MCS-4计算机也就是世界上第一台微型计算机。随后，Intel 4004被改进为Intel 4040。

1972年，Intel公司研制出8位字长的微处理器芯片8008，其时钟频率为500kHz，集成了约3500个晶体管。这之后的几年当中，微处理器开始走向成熟，出现了以Motorola公司M6800、Zilog公司Z80和Intel公司8080/8085为代表的中、高档8位微处理器。Apple公司的苹果机就是这一时期著名的个人微型机。

1978年开始，各公司相继推出一批16位字长的微处理器，如Intel公司的8086和8088、

Motorola公司的M68000、Zilog公司的Z8000等。其中，Intel 8086的时钟频率为5MHz，集成度达到2.9万个晶体管。这一时期的著名微机产品是IBM公司采用Intel公司的微处理器和Microsoft（微软）的操作系统开发的16位个人计算机（Personal Computer，PC）。

1985年，Intel公司借助IBM PC的巨大成功，进一步推出了32位微处理器80386，其集成度达到27.5万个晶体管，时钟频率达16MHz。从这时起，微处理器步入快速发展阶段。就Intel公司来说，该公司陆续研制生产了80486、Pentium（奔腾）、Pentium Pro（高能奔腾）、MMX Pentium（多能奔腾）、Pentium II、Pentium III和Pentium 4等微处理器，被称为80x86系列微处理器，统称为IA-32微处理器。例如，2003年Intel公司生产的新一代Pentium 4处理器具有1.25亿个晶体管，时钟频率达到3.4GHz。兼容IBM PC的32位PC，还有Apple公司的Macintosh机等，也在这个时期得到飞速发展，并伴随着多媒体技术和互联网络的发展，成为我们工作和生活不可缺少的一部分。

2000年，Intel公司在微型机的高端产品服务器中使用了64位字长的新一代微处理器Itanium（安腾），称为IA-64结构。事实上，其他公司的64位微处理器在20世纪90年代已经出现，但也是主要应用于服务器产品中，不能与通用80x86微处理器兼容。2003年4月，AMD公司推出首款兼容32位80x86结构的64位微处理器，被称为x86-64结构。2004年3月，Intel公司也发布了首款扩展64位能力的32位微处理器，它采用扩展64位主存技术EM64T（Extended Memory 64 Technology），后被称为Intel 64结构。64位微处理器主要将整数运算和主存寻址能力扩大到64位。64位通用微型机的软硬件逐渐普及，进一步提高了微型机的处理能力。与此同时，生产厂商开始在一个半导体芯片上制作多个微处理器核心电路，原来面向高端的并行处理器技术开始走向桌面系统，通用微型计算机系统也进入了一个全新的多核时代。

1.1.2　专用微处理器

除了装在PC、笔记本电脑、工作站、服务器上的通用微处理器（常简称为MPU）外，还有其他应用领域的专用微处理器：单片机（微控制器）和数字信号处理器。

单片机（Single Chip Microcomputer）是指通常用于控制领域的微处理器芯片，其内部除CPU外还集成了计算机的其他一些主要部件，例如，ROM和RAM、定时器、并行接口、串行接口，有的芯片还集成了A/D、D/A转换电路等。换句话说，一个芯片几乎就是一个计算机，只要配上少量的外部电路和设备，就可以构成具体的应用系统。

单片机是国内习惯的名称，国际上多称为微控制器（Micro Controller）或嵌入式控制器（Embedded Controller），简称为MCU。微控制器的初期阶段（1976～1978年）以Intel公司的8位MCS-48系列为代表。1978年以后，微控制器进入普及阶段，以8位为主，最著名的是Intel公司的8位MCS-51系列，还有Atmel（爱特梅尔）公司的8位AVR系列、Microchip Technology公司的PIC系列。1982年以后，出现了高性能的16位、32位微控制器，例如，Intel公司的MCS-96/98系列，尤其是基于ARM（Advanced RISC Machine）核心的微处理器。ARM核心采用精简指令集RISC结构，具有耗电少、成本低、性能高的特点，因此使用ARM核心研制的各种微处理器已经广泛应用于32位嵌入式系统，目前主要采用Cortex-M3微控制器。而面向高性能应用领域的ARM核心则是Cortex-A系列，主要应用于移动通信领域，例如智能手机和平板电脑。目前，高端专用微处理器也实现了64位处理，并支持多核技术。

数字信号处理器（Digital Signal Processor），简称DSP芯片，实际上也是一种微控制器

（单片机），但更专注于数字信号的高速处理，其内部集成有高速乘法器，能够进行快速乘法和加法运算。DSP芯片自1979年Intel公司开发2920以后也经历了多代发展，其中美国德州仪器（Texas Instruments，TI）公司的TMS320各代产品具有代表性，例如，1982年的TMS32010、1985年的TMS320C20、1987年的TMS320C30、1991年的TMS320C40，还有TMS320C2000、TMS320C5000、TMS320C6000系列等。DSP芯片市场主要分布在通信、消费类电子产品和计算机领域。我国推广和应用较多的是TI公司、AD公司和Motorola公司的DSP芯片。

利用微控制器、数字信号处理器或通用微处理器，结合具体应用就可以构成一个控制系统，例如，当前的主要应用形式是嵌入式系统。嵌入式系统融合了计算机软硬件技术、通信技术和半导体微电子技术，把计算机直接嵌入应用系统之中，构造信息技术（Information Technology，IT）的最终产品。

自从20世纪70年代微处理器产生以来，它就一直沿着通用CPU、微控制器和DSP芯片三个方向发展。这三类微处理器的基本工作原理一样，但各有特点，技术上它们不断地相互借鉴和交融，应用上却大不相同。本书以通用微处理器Intel 80x86和由其构成的PC微机为蓝本展开教学，但基本原理也适用于其他微处理器应用系统，可以认为是其他微处理器的基础。学习微控制器和DSP芯片构成的专用应用系统需要另外的课程和教材。

1.1.3 摩尔定律

从利用算盘实现机械式计算到电子计算机出现，这期间经历了千年。但从1946年第一台通用电子数字计算机ENIAC（Electronics Numerical Integrator and Calculator）开始到现在计算机广泛应用的信息时代，却只有短短的几十年时间。大规模集成电路生产技术的不断提高推动了计算机的飞速发展。摩尔定律（Moore's Law）很好地说明了这个现象。

1965年，Intel公司的创始人之一摩尔（G. Moore）预言：集成电路上的晶体管密度每年将翻倍。现在，这个预言通常被表达为：每隔18个月硅片密度（晶体管容量）将翻倍。也常被表达为：每18个月，集成电路的性能将提高一倍，而其价格将降低一半。这个预言就是所谓的摩尔定律。摩尔预计这个规律将持续10年，而事实上这个规律已经持续了40年，并将继续维持5年或10年。

伴随着摩尔定律，我们看到原来封闭在机房的庞大计算机系统已经走入普通家庭，成为日常使用的桌面微机。事实上，以微处理器为基础的计算机在整个计算机设计领域占据了统治地位。工作站和PC成为计算机工业的主要产品，使用微处理器的服务器取代了传统的小型机，大型机则几乎由流行的微处理器组成的多处理器系统取代，甚至高端的巨型机也采用微处理器。更不用说无处不在的嵌入式计算机正改变着我们应用计算机的方式。也正因为如此，现在常用处理器或者CPU表示"微处理器"。

但是，摩尔定律不会永远持续，电子器件的物理极限在悄然逼近。20世纪80年代中期以前，微处理器的性能提高主要是工艺技术驱动。此后，微处理器的性能提高更多得益于计算机系统结构的革新。从通用寄存器结构、精简指令集计算机RISC、高速缓冲存储器Cache、虚拟存储器管理，到指令级并行、线程级并行、单芯片多核心等并行技术，先进的系统结构已经成为提高微处理器性能的主要推动力（详见第13章）。

1.2 微型计算机的系统组成

微型计算机系统包括硬件和软件两大部分。硬件（Hardware）是指构成计算机的实在的物理设备，是看得见、摸得着的物体，就像人的躯体。软件（Software）一般是指在计算机上运行的程序（广义的软件还包括由计算机管理的数据和有关的文档资料），是指示计算机工作的命令，就像人的思想。微型计算机主要是指微型计算机的硬件系统，当然其核心是微处理器。

1.2.1 冯·诺伊曼计算机结构

美国宾夕法尼亚大学摩尔学院的J. W. Mauchly（莫克利）和J. P. Eckert（埃克特）制造了世界上第一台通用电子数字计算机ENIAC，在第二次世界大战中已经投入运行，但在1946年才得以公开。ENIAC计算机有条件转移指令，可以编程，这与以往的计算器截然不同。ENIAC只有很少的存储空间，其编程通过手工插拔电缆和拨动开关完成，通常需要半小时到一天的时间。莫克利和埃克特还提出了改进程序输入方式的设想，希望能像存储数据那样存储程序代码。

1944年，冯·诺伊曼（Von Neumann）被ENIAC项目吸引，并在一份备忘录中提出了能够存储程序的计算机设计构想。Herman Goldstine发表了这份备忘录，并冠以冯·诺伊曼的名字。之后，术语"冯·诺伊曼计算机"被广泛引用，它代表存储程序的计算机结构，并成为现代计算机的基本特征。冯·诺伊曼计算机的基本思想是：

- 采用二进制形式表示数据和指令。指令由操作码和地址码组成。
- 将程序和数据存放在存储器中，计算机在工作时从存储器取出指令加以执行，自动完成计算任务。这就是"存储程序"和"程序控制"（简称存储程序控制）的概念。
- 指令的执行是顺序的，即一般按照指令在存储器中存放的顺序执行，程序分支由转移指令实现。
- 计算机由存储器、运算器、控制器、输入设备和输出设备五大基本部件组成，并规定了各部分的基本功能。

1. 组成部件

冯·诺伊曼计算机由5大部件组成：控制器、运算器、存储器、输入设备和输出设备。控制器是整个计算机的控制核心；运算器是对信息进行运算处理的部件；存储器是用来存放数据和程序的部件；输入设备将数据和程序变换成计算机内部所能识别和接受的信息方式，并顺序地把它们送入存储器中；输出设备将计算机处理的结果以人们能接受的或其他机器能接受的形式送出。

原始的冯·诺伊曼计算机在结构上是以运算器为中心的，但演变到现在，电子数字计算机已经转向以存储器为中心，如图1-1所示。由图1-1可知，计算机各部件之间的联系是通过两种信息流实现的。虚线代表数据流，实线代表控制流。数据由输入设备输入，存入存储器中；在运算过程中，数据从存储器读出，送到运算器进行处理；处理的结果存入存储器，或经输出设备输出；而这一切则是由控制器执行存于存储器中的指令实现的。

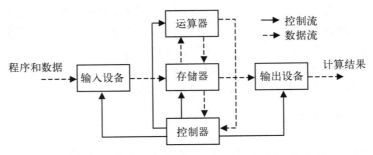

图1-1 冯·诺伊曼计算机结构

现代计算机在很多方面都对冯·诺伊曼计算机结构进行了改进，例如，在现代计算机中，5大部件成为3个硬件子系统：处理器、存储系统和输入输出系统，参见图1-2。处理器（中央处理单元，CPU）包括运算器和控制器，是信息处理的中心部件，现在都被制作在一起，形成处理器芯片。存储系统由寄存器、高速缓冲存储器、主存储器和辅助存储器几个层次构成。处理器和存储系统在信息处理中起主要作用，是计算机硬件的主体部分，通常被合称为主机。输入（Input）设备和输出（Output）设备统称为外部设备，简称为外设或I/O设备。输入输出系统的主体是外设，还包括外设与主机之间相互连接的接口电路。

2. 二进制编码

冯·诺伊曼计算机采用二进制形式表示数据（Data）和指令（Instruction）。这说明现实中的一切数据（信息），包括控制计算机操作的指令，在计算机中都是一串"0"和"1"数码。这串数码是按照一定规律（即二进制编码规则）组合起来的。不同的信息用不同的数码表示，同样的信息也可以按照不同的编码规则用不同的数码表示，以便计算机进行不同的处理。

指令是控制计算机操作的命令，是处理器不需要翻译就能识别（直接执行）的"母语"，即机器语言。程序虽然可以用C、C++或Java等高级语言编写，但需要由编译程序或解释程序翻译成指令，才可以由处理器执行，所以程序是由指令构成的。

指令的二进制编码规则形成了指令的代码格式，指令由操作码和地址码组成。指令的操作码（Opcode）表明指令的操作，例如，数据传送、加法运算等基本操作。操作数（Operand）是参与操作的数据，主要以寄存器或存储器地址的形式指明数据的来源，所以也称为地址码。例如，数据传送指令的源地址和目的地址，加法指令的加数、被加数及和值，它们都是操作数。

二进制只支持"0"和"1"两个数码，可以表示电源的关（Off）和开（On）两种状态，对应数字信号的低电平（Low）和高电平（High）。数字计算机中信息的最基本单位就是二进制位（所以，计算机专业书籍等文献中的"位"常常是二进制位，而不是日常生活中的十进制位），或称为比特（binary digit，bit）。4个二进制位称为半字节（Nibble），8个二进制位构成1字节（Byte）。IBM PC系列机以16位结构的Intel 8086和80286作为处理器并获得广泛应用，所以Intel 80x86系列微处理器常以16位为一个字（Word），这样32位称为双字（Double Word），64位称为4字（Quad Word）。

数据用二进制位表达时，仍然按日常书写习惯低位在右边、高位在左边。最低位常称为最低有效位（Least Significant Bit，LSB），即D_0位；最高位则称为最高有效位（Most Significant Bit，MSB），对应字节、字、双字和4字数据依次是D_7、D_{15}、D_{31}和D_{63}。二进制（Binary）表达不直观也不方便，所以通常用易于与其相互转换的十六进制（Hexadecimal）表达。本书将借用汇编语言通常使用的方法，用后缀字母H（大小写均可）表示十六进制数据（高级语言通常用前缀0x表示），而二进制数据用后缀字母B（大小写均可）表示。一个十六进制位对应4个二进制位，即0H＝0000B，1H＝0001B，…，9H＝1001B，AH＝1010B，…，FH＝1111B。

3. 存储程序和程序控制

存储程序是把指令以代码的形式事先输入到计算机的主存储器中，这些指令按一定的规则组成程序。程序控制是当计算机启动后，程序会控制计算机按规定的顺序逐条执行指令，自动完成预定的信息处理任务。所以，程序和数据在执行前需要存放在主存储器中，在执行时才从主存储器进入处理器。

主存储器是一个很大的信息存储库，被划分成许多存储单元。为了区分和识别各个存储单元，并按指定位置进行存取，给每个存储单元编排一个唯一的编号，称为存储单元地址（Memory Address）。在现代计算机中，主存储器是字节可寻址的（Byte Addressable），即主存储器的每个存储单元具有一个地址，保存1字节（8个二进制位）的信息。对存储器的基本操作是按照要求向指定地址（位置）存进（即写入，Write）或取出（即读出，Read）信息。只要指定位置就可以进行存取的方式，称为随机存取。

处理器的主要功能是从主存储器读取指令（简称取指），翻译指令代码（简称译码），然后执行指令所规定的操作（简称执行）。当一条指令执行完以后，处理器会自动地去取下一条将要执行的指令，重复上述过程直到整个程序执行完毕。处理器就是在重复进行"取指–译码–执行周期"（Fetch-Decode-Execute Cycle）的过程中完成一条条指令的执行，实现了程序规定的任务。

处理器中包含一个程序计数器（Program Counter，PC），处理器利用它确定下一条要执行的指令在主存储器中的存放地址。程序计数器PC具有自动增加数量（增量）的能力，指示处理器按照地址顺序执行指令，即程序的顺序执行。而指令集中的转移指令能够改变程序计数器PC内的数值，从而改变程序的执行顺序，实现分支、循环、调用等程序结构。

1.2.2 微型计算机的硬件组成

为简化各个部件的相互连接，现代计算机广泛应用总线结构。采用总线连接系统中的各个功能部件使得微机系统具有组合灵活、扩展方便的特点。其构成框图如图1-2所示。

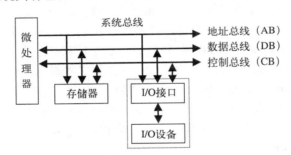

图1-2　微型计算机的硬件组成

1. 微处理器

微处理器是微机系统的控制中心，简称处理器，也就是微机的中央处理单元（CPU）。它是采用大规模集成电路技术生产的半导体芯片，芯片内集成了控制器、运算器和寄存器。高性能处理器更加复杂，例如，在整数运算器的基础上增加了浮点处理单元甚至多媒体数据运算单元，控制器还会包括存储管理单元、代码保护机制等。

2. 存储器

存储器（Memory）是存放程序和数据的部件。高性能微机的存储系统由微处理器内部的寄存器（Register）、高速缓冲存储器（Cache）、主板上的主存储器和以外设形式出现的辅助存储器构成。

微机的主存储器（简称主存或内存）由半导体存储器芯片组成，安装在机器内部的电路板上，相对辅助存储器来说，主存储器造价高、速度快，但容量小，主要用来存放当前正在运行的程序和正待处理的数据。微机的辅助存储器（简称辅存或外存）主要由磁盘、光盘存储器等构成，以外设的形式安装在机器上，相对主存储器来说，辅助存储器造价低、容量大、信息可长期保存，但速度慢，主要用来长久保存程序和数据。

从读写功能来区分，主存储器分为可读可写的随机存取存储器（Random Access Memory，RAM）和只读存储器（Read Only Memory，ROM）。构成主存时既需要RAM也需要ROM，但注意半导体RAM芯片在断电后原存放信息将会丢失，而ROM芯片中的信息可在断电后长期保存。磁盘存储器通常都是可读可写存储器，常见的光盘（即CD-ROM）却是只读存储器。

3. I/O设备和I/O接口

I/O设备是指计算机系统的输入设备和输出设备，也称外部设备或外围设备（简称外设，Peripheral），其作用是让用户与微机实现交互。例如，PC上配置的标准输入设备是键盘，标准输出设备是显示器，二者合称为控制台。

根据应用需要，微机可能连接各种各样的I/O设备。但各种外设的工作方式各异，必须通过I/O接口才能与微处理器连接，以实现数据缓冲、联络控制等匹配操作。简单的I/O接口可以直接制作在主板上，较复杂的I/O接口可以制成独立的电路板（也常称为接口卡，Card）。例如，PC连接键盘的I/O接口常在主板上，而连接显示器的I/O接口则可能是一个独立的显示卡（简称显卡）。

4. 系统总线

总线（Bus）是用于多个部件相互连接、传递信息的公共通道，物理上就是一组公用导线。任一时刻在总线上只能传送一种信息，也就是只能有一个部件在发送信息，但可以有多个部件在接收信息。这里的系统总线（System Bus）是指微机系统中，微处理器与存储器和I/O设备进行信息交换的公共通道。

总线有几十条到上百条信号线，这些信号总线一般可分为三组：

（1）地址总线（Address Bus，AB）

在该组信号线上，微处理器单向输出将要访问的主存单元或I/O端口的地址信息。地址线的多少决定了系统能够直接寻址存储器的容量大小和外设端口范围。

（2）数据总线（Data Bus，DB）

微处理器进行读（Read）操作时，主存或外设的数据通过该组信号线输入微处理器；微处理器进行写（Write）操作时，微处理器的数据通过该组信号线输出到主存或外设。数据总线可以双向传输信息，为双向总线。数据线的多少决定了一次能够传送数据的位数。

（3）控制总线（Control Bus，CB）

控制总线用于协调系统中各部件的操作。其中，有些信号线将微处理器的控制信号或状态信号送往外界；有些信号线将外界的请求或联络信号送往微处理器；个别信号线兼有以上两种情况。控制总线决定了总线的功能强弱、适应性的好坏。各类总线的特点主要取决于其控制总线。

1.2.3　IBM PC系列机结构

1981年，以生产大型机著称的蓝色巨人IBM公司从8位Apple-II微机中看到了市场潜力，选用Intel公司的8088微处理器和Microsoft公司的DOS操作系统开发了IBM PC；1982年，将它进一步扩展为IBM PC/XT（eXpanded Technology）。1984年，Intel公司推出新一代16位微处理器80286，IBM以它为核心组成16位增强型个人计算机IBM PC/AT（Advanced Technology）。

现在，IBM PC/XT/AT被统称为16位IBM PC系列机。由于IBM公司在发展PC时采用了技术开放的策略，许多公司围绕PC研制生产了大量的配套产品和兼容机，并提供了巨大的软件支持，使得PC风靡世界。

我们通过键盘、鼠标和显示器等外设使用微机，而其核心则是机箱内的主机电路板。IBM PC/XT和IBM PC/AT主板电路结构分别如图1-3和图1-4所示，主要由4部分组成。

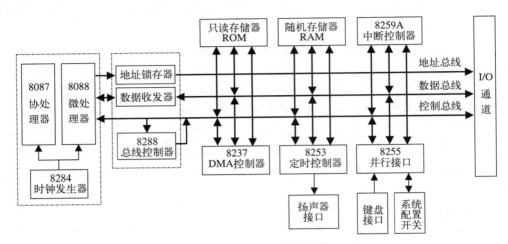

图1-3　IBM PC/XT主板结构

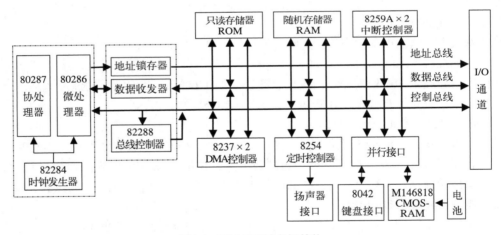

图1-4　IBM PC/AT主板结构

1. 微处理器

IBM PC/XT使用8088作为微处理器。8088具有8位数据总线、20位地址总线，可以访问1MB主存空间。8088源自8086微处理器，只是将8086的16位数据总线简化为8位，指令系统等其他方面则相同。

IBM PC/AT选用80286作为微处理器。80286采用实地址工作方式时，与8086相同，但运行速度更快。80286还可以采用功能更强的保护工作方式，支持16位数据总线和24位地址总线。

IBM PC系列机主板中，微处理器需要与总线控制器（8288或82288）以及地址锁存器和数据收发器共同形成系统总线，时钟发生器（8284或82284）向系统提供4.77MHz或8MHz的工作时钟。另外，用户可以选用数值运算协处理器（8087或80287）提高微机系统的浮点运算能力。

2. 主存储器

微机主存由半导体存储芯片ROM和RAM构成。ROM部分主要是固化ROM-BIOS。BIOS（Basic Input/Output System）表示"基本输入输出系统"，是微机软件系统最底层的程序。它由诸多子程序组成，主要用来驱动和管理键盘、显示器、打印机、磁盘、时钟、串行通信接口等基本的输入输出设备。操作系统通过对BIOS的调用驱动各硬件设备，用户也可以在应用程序中调用BIOS中的许多功能。

ROM空间还包含机器复位后初始化系统的程序，接着将操作系统引导到RAM空间执行。由于大量应用程序都需要RAM主存空间，因此通用微机的主存主要由RAM芯片构成。

3. I/O接口

为了增强微处理器功能，微机主板以I/O操作形式设置了中断控制器8259A（PC/AT有两个）、DMA控制器8237A（PC/AT有两个）和定时控制器（8253或8254）等I/O接口电路。

中断（Interrupt）是微处理器正常执行程序的流程被某种原因打断并暂时停止，转向执行事先安排好的一段处理程序（中断服务程序），待该处理程序结束后仍返回被中断的指令处继续执行的过程。中断来自微处理器内部就是内部中断，也称为异常（Exception）；中断来自外部就是外部中断。例如，指令的调试需要利用中断，PC以中断方式响应键盘输入。

DMA（Direct Memory Access，直接存储器存取）是指主存储器和外设间直接的、不通过微处理器的高速数据传送方式。例如，磁盘与主存的大量数据传送就采用DMA方式。

微机系统的许多操作都需要系统的定时控制，例如，机器的时钟、机箱内扬声器的声频振荡信号。

通过并行接口电路（PC/XT使用8255芯片），PC可以实现键盘接口、扬声器发声等控制功能，还可以读取键盘按键代码以及系统配置参数。PC/AT使用CMOS-RAM保存系统配置参数，并包含实时时钟电路。利用CMOS工艺生产的RAM芯片用电极省，所以可采用后备电池供电，这样在关机情况下可保持其中的数据。

4. 系统总线

系统总线除了作为主板上微处理器、主存和I/O接口的公共通道外，主板上还设置有许多系统总线插槽，主要用于插接I/O接口电路以扩充系统连接的外设，故被称为I/O通道。

PC/XT使用8位数据总线、20位地址总线的共62个信号的IBM PC总线，PC/AT在此基础上增加了36个信号形成16位数据总线、24位地址总线的IBM AT总线。由于PC获得了广泛应用，所以IBM AT结构常称为PC工业标准结构（Industry Standard Architecture，ISA），其IBM AT总线则称为ISA总线。

1.2.4 微型计算机的软件系统

完整的微型计算机系统包括硬件和软件，软件又分成系统软件和应用软件。系统软件是为了方便使用、维护和管理计算机系统的程序及文档，其中最重要的是操作系统。应用软件是解决某个问题的程序及文档，大到用于处理某专业领域问题的程序，小到完成一个非常具体工作的程序。

本书的主体内容在硬件上基于IBM PC系列机，在软件上则基于MS-DOS操作系统，除此之外还需要利用微软MASM汇编程序开发软件。

1. DOS操作系统

在16位IBM PC系列机和兼容机上，主要采用磁盘操作系统（Disk Operating System，DOS）。DOS是单用户单任务操作系统，通常只有一个用户的一个应用程序在机器上执行。DOS操作系统相对比较简单，但允许程序员访问任意资源，尤其是允许执行输入输出指令。在主要使用Windows操作系统的32位PC上，读者可以使用MS-DOS（例如，其最终版本MS-DOS 6.22）启动机器并运行于实地址方式，但建议使用Windows操作系统的模拟DOS环境。模拟DOS环境虽不是真正的DOS平台，但兼容绝大多数DOS应用程序，同时可以借助Windows的强大功能和良好保护。

以Windows XP为例，进入MS-DOS模拟环境的方法为：在"开始→运行"打开的对话框中，输入command命令。

为了避免与其他同名文件混淆，执行该文件时最好给出完整的路径，例如，输入"%systemroot%\system32\command.com"（其中%systemroot%表示Windows操作系统所在的分区目录，在Windows XP中是WINDOWS）命令。

需要注意的是，大家习惯利用"开始→程序→附件→命令提示符"，或者在"开始→运行"打开的对话框中输入cmd，启动一个酷似MS-DOS的窗口，但实质上它是32位Windows的控制台环境。两者基本功能和界面一致，但打开的窗口标题不同，32位控制台标示为"命令提示符"或包含有"CMD.EXE"，MS-DOS模拟环境标示为"Command Prompt"或包含有"command.com"。本书应用程序基于MS-DOS模拟环境（COMMAND.COM），建议不要在32位控制台环境（CMD.EXE）下运行，虽然有时也是正确的。

在使用64位Windows操作系统的PC中，虽然仍然存在控制台窗口，但也是64位的，执行的程序名称还是CMD.EXE，兼容32位应用程序。不过，64位Windows不兼容16位DOS应用程序，所以操作系统中不存在COMMAND.COM文件了。运行16位DOS应用程序需要使用虚拟机软件模拟DOS环境，例如简单的DOSBox或者功能强大的VMware虚拟机。

相对操作简单的触屏、图形界面来说，字符输入的命令行虽然单调，但却是最基本的交互方式。由于需要理解目录结构、文件路径等知识，在命令提示符的操作过程中可以更深刻地认识操作系统的文件管理机制。

2. MASM汇编程序

为了便于理解微机的工作原理，本书采用汇编语言编写程序，当然这些程序也都可以利用C或C++语言实现。支持Intel 80x86微处理器的汇编程序有很多。在DOS和Windows操作系统下，最流行的是微软公司的宏汇编程序MASM，Borland公司的TASM也很常用，两者相差不大。

20世纪80年代初，微软公司推出 MASM 1.0。MASM 4.0支持80286/80287微处理器和协处理器；MASM 5.0支持80386/80387微处理器和协处理器，并加进了简化段定义伪指令和存储模式伪指令，汇编和连接的速度更快。MASM 6.0是1991年推出的，支持Intel 80486微处理器，它对MASM 进行重新组织，并提供了许多类似于高级语言的新特点。MASM 6.0之后又有一些改进，推出了MASM 6.11，利用它的免费补丁程序可以升级到MASM 6.14，MASM 6.14支持MMX Pentium、Pentium II及Pentium III指令系统。MASM 6.11是最后一个独立发行的MASM软件包，这以后的MASM都存在于Visual C++开发工具中，例如可从Visual C++ 6.0中复制出MASM 6.15，以便支持Pentium 4的SSE2指令系统。Visual C++ .NET 2003中有MASM 7.10，但没有什么大的更新。Visual C++ .NET 2005提供的MASM才支持Pentium 4的

SSE3指令系统，同时还提供了一个ML64.EXE程序用于支持64位指令系统。

读者可以利用MASM（建议采用6.x版本）自行构建一个开发环境。本书示例程序采用MASM 6.x，并精心组织了相关文件，详见附录B的介绍。

1.3 计算机中的数据表示

计算机只能识别0和1两个数码，进入计算机的任何信息都要转换成0和1数码。处理器支持的基本数据类型是8、16、32、64位无符号整数和有符号整数，也支持字符、字符串和BCD码操作。本节主要介绍这些数据类型的数据表示。

1.3.1 数值的编码

编码是用文字、符号或者数码来表示某种信息（数值、语言、操作指令、状态等）的过程。组合0和1数码就是二进制编码。用0和1数码的组合在计算机中表达的数值称为机器数，相应地，现实中真实的数值称为真值。对数值来说，主要有两种编码方式：定点格式和浮点格式。定点整数是本书的主要讨论对象，浮点实数将在第13章介绍。

1. 定点整数

定点格式固定小数点的位置表达数值，计算机中通常将数值表达成纯整数或纯小数，这种机器数称为定点数。对于整数，可以将小数点固定在机器数的最右侧，实际上并不用表达出来，这就是整数处理器支持的定点整数，如图1-5所示。如果将小数点固定在机器数的最左侧就是定点小数。

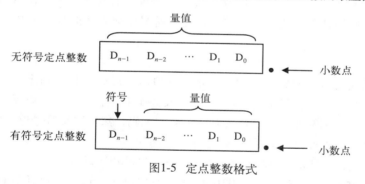

图1-5 定点整数格式

定点整数如果不考虑正负，只表达0和正整数，就是无符号整数（简称无符号数）。8位二进制数有256个编码，依次是00000000，00000001，00000010，…，11111110，11111111，使用十六进制形式表示，依次是00，01，02，…，FE，FF，所表达的无符号整数的真值依次是0，1，2，…，254，255。N位二进制共有2^N个编码，表达的真值范围为$0 \sim 2^N - 1$，所以，16位和32位二进制所能表示的无符号整数范围分别是$0 \sim 2^{16} - 1$和$0 \sim 2^{32} - 1$。

如果要表达数值正负，则需要占用一个位，通常用机器数的最高位（故称为符号位），并用0表示正数、1表示负数，这就是有符号整数（简称有符号数、带符号数）。

2. 补码

有符号整数有多种表达形式，计算机中默认采用补码（Complement）。由于采用补码，减法运算可以变换成加法运算，这样硬件电路只需设计加法器。

补码中，最高位表示符号：正数用0，负数用1。正数补码与无符号数一样，直接表示数值大小；负数补码是将对应正数补码取反（即将0变为1，1变为0），然后加1形成。例如：

正整数105用8位补码表示：

$$[105]_{补码} = 01101001B$$

负整数 − 105用8位补码表示：

$$[-105]_{补码} = [01101001B]_{取反} + 1 = 10010110B + 1 = 10010111B$$

一个负数的真值用机器数补码表示时，需要一个"取反加1"的过程。同样，将一个最高位为1的补码（即真值为负数）转换成真值时，也需要一个"取反加1"的过程。例如：

补码：11100000B

真值：− ([11100000B]$_{取反}$ + 1) = − (00011111B + 1) = − 00100000B = − 2^5 = − 32

进行负数求补运算，在数学上等效于用带借位的0作减法（下面等式中用中括号表达借位）。例如：

真值：− 8，补码：[− 8]$_{补码}$ = [1]0B − 8 = [1]00000000B − 00001000B = 11111000B

补码：11111000B，真值：− ([1]00000000B − 11111000B) = − 00001000B = − 8

注意，求补只针对负数进行，正数不需要求补。另外，十六进制更便于表达，上述运算过程可以直接使用十六进制数。

由于符号要占用一个数位，所以8位二进制补码中只有7个数位表达数值，其所能表示的数值范围是 − 128 ～ − 1、0 ～ + 127，对应的二进制补码是10000000 ～ 11111111、000000000 ～ 011111111，用十六进制表达是80 ～ FF、00 ～ 7F。16位和32位二进制补码所能表示的数值范围分别是 − 2^{15} ～ + 2^{15} − 1和 − 2^{31} ～ + 2^{31} − 1。用 N 位二进制编码有符号整数，表达的真值范围是 − 2^{N-1} ～ + 2^{N-1} − 1。使用补码表达有符号整数，和无符号整数表达的数值个数一样，但范围不同。

3. 原码和反码

原码和反码也是表达有符号整数的编码。正数的原码、反码与补码和无符号数一样，而负数的原码是对应正数原码的符号位改为1，负数的反码是对应正数反码的取反。所以，求负数的原码、反码和补码，都需要首先计算其对应正数的编码，然后取反符号位（设置为1）成为原码，再取反其他位得到反码，最后加1就是补码。例如：

真值：32，机器数：[32]$_{原码}$ = [32]$_{反码}$ = [32]$_{补码}$ = 00100000B = 20H

真值：− 32，机器数：[− 32]$_{原码}$ = 10100000B = A0H，[− 32]$_{反码}$ = 11011111B = DFH，[20H]$_{补码}$ = 11100000B = E0H

使用原码和反码进行加减运算时比较麻烦，另外数值0都有两种表达形式。

1.3.2 字符的编码

在计算机中，各种字符需要用若干位的二进制码的组合表示，即字符的二进制编码。由于字节是计算机的基本存储单位，所以常以8个二进制位为单位表达字符。

1. BCD

一个十进制数位在计算机中用4位二进制编码来表示，这就是所谓的二进制编码的十进制数（Binary Coded Decimal，BCD）。常用的BCD码是8421 BCD码，它用4位二进制编码的低10个编码表示0 ～ 9这十个数字。

BCD码很容易实现与十进制真值之间的转换。例如：

BCD码：0100 1001 0111 1000.0001 0100 1001，十进制真值：4978.149

将8位二进制（即1字节）的高4位设置为0，仅用低4位表达一位BCD码，称为非压缩（Unpacked）BCD码；而通常用1字节表达两位BCD码，称为压缩（Packed）BCD码。

BCD码虽然浪费了6个编码，但能够比较直观地表达十进制数，也容易与ASCII码相互转换，便于输入输出。

2. ASCII

字母和各种字符也必须按特定的规则用二进制编码才能在计算机中表示。编码方式有多种，其中最常用的一种编码是ASCII（American Standard Code for Information Interchange，美国标准信息交换码）。现在使用的ASCII码源于20世纪50年代，完成于1967年，由美国标准化组织（ANSI）定义在ANSI X3.4-1986中。

标准ASCII码用7位二进制编码，故有128个，如表1-1所示。微型机的存储单位为8位，表达ASCII码时，最高D_7位通常作为0；通信时，D_7位通常用作奇偶校验位。

表1-1 标准ASCII码及其字符

ASCII码	字符	ASCII码	字符	ASCII码	字符	ASCII码	字符
00H	NUL	20H	SP	40H	@	60H	`
01H	SOH	21H	!	41H	A	61H	a
02H	STX	22H	"	42H	B	62H	b
03H	ETX	23H	#	43H	C	63H	c
04H	EOT	24H	$	44H	D	64H	d
05H	ENQ	25H	%	45H	E	65H	e
06H	ACK	26H	&	46H	F	66H	f
07H	BEL	27H	'	47H	G	67H	g
08H	BS	28H	(	48H	H	68H	h
09H	HT	29H	)	49H	I	69H	i
0AH	LF	2AH	*	4AH	J	6AH	j
0BH	VT	2BH	+	4BH	K	6BH	k
0CH	FF	2CH	,	4CH	L	6CH	l
0DH	CR	2DH	-	4DH	M	6DH	m
0EH	SO	2EH	.	4EH	N	6EH	n
0FH	SI	2FH	/	4FH	O	6FH	o
10H	DLE	30H	0	50H	P	70H	p
11H	DC1	31H	1	51H	Q	71H	q
12H	DC2	32H	2	52H	R	72H	r
13H	DC3	33H	3	53H	S	73H	s
14H	DC4	34H	4	54H	T	74H	t
15H	NAK	35H	5	55H	U	75H	u
16H	SYN	36H	6	56H	V	76H	v
17H	ETB	37H	7	57H	W	77H	w
18H	CAN	38H	8	58H	X	78H	x
19H	EM	39H	9	59H	Y	79H	y
1AH	SUB	3AH	:	5AH	Z	7AH	z
1BH	ESC	3BH	;	5BH	[	7BH	{
1CH	FS	3CH	<	5CH	\	7CH		
1DH	GS	3DH	=	5DH	]	7DH	}
1EH	RS	3EH	>	5EH	^	7EH	~
1FH	US	3FH	?	5FH	-	7FH	Del

ASCII码表中的前32个和最后一个编码是不可显示的控制字符，用于表示某种操作。例如，0DH表示回车CR（Carriage Return），控制光标时就是使光标回到本行首位；0AH表示换行LF（Line Feed），就是使光标进入下一行，但列位置不变；07H表示响铃BEL（Bell）；1BH（ESC）对应键盘上的ESC键（多数人称其为Escape键），ESC（Extra Services Control）字符常与其他字符一起发送给外设（如打印机），用于启动一种特殊功能，很多程序中使用它表示退出操作。

ASCII码表中从20H开始的95个编码是可显示和打印的字符，其中包括数码（0～9）、英文字母、标点符号等。从表中可看到，数码0～9的ASCII码为30H～39H，去掉高4位（或者说减去30H）就是BCD码。大写字母A～Z的ASCII码为41H～5AH，而小写字母a～z的ASCII码为61H～7AH。大写字母和对应的小写字母相差20H（32），所以大小写字母很容易相互转换。ASCII码中，20H表示空格。尽管它显示空白，但要占据一个字符的位置；它也是一个字符，表中用SP表示。熟悉这些字符的ASCII码规律对解决一些应用问题很有帮助，例如，英文字符就是按照其ASCII码大小进行排序的。

另外，PC还采用扩展ASCII码，主要表达各种制表用的符号等。扩展ASCII码的最高D_7位为1，以与标准ASCII码区别。

3. Unicode

ASCII码表达了英文字符，但却无法表达世界上所有语言的字符，尤其是非拉丁语系的语言（如中文、日文、韩文、阿拉伯文等）的字符。因此，各国也都定义了各自的字符集，但相互之间并不兼容。例如，1981年我国制定了《信息交换用汉字编码字符集基本集GB2312—80》国家标准（简称国标码），规定每个汉字使用16位二进制编码（即2字节）表达，共计7445个汉字和字符。实际应用中，为了保持与标准ASCII码兼容，不产生冲突，国标码两个字节的最高位被设置为1，称为汉字的机内码。不过，汉字机内码可能与扩展ASCII码冲突（因它们的最高位都是1），所以一些西文制表符有时会显示为莫名其妙的汉字（所谓的乱码）。

为了解决世界范围的信息交流问题，1991年国际上成立了统一码联盟（Unicode Consortium），制定了国际信息交换码Unicode。在其网站上对"什么是Unicode？"给出了如下解答："Unicode给每个字符提供了一个唯一的数字，不论是什么平台，不论是什么程序，不论是什么语言。"Unicode使用16位编码，能够对世界上所有语言的大多数字符进行编码，并提供了扩展能力。Unicode作为ASCII的超集，保持了与其兼容。Unicode的前256个字符对应ASCII字符，16位编码的高字节为0、低字节等于ASCII码值。例如，大写字母A的ASCII码值是41H，用Unicode编码是0041H。

现在，Unicode已经越来越被大家认同，很多程序设计语言和计算机系统都支持它。例如，Java语言和Windows操作系统的默认字符集就是Unicode。Unicode标准还在发展，2010年10月11日发布Unicode 6.0.0版本，详情请访问统一码联盟网站（http://www.unicode.org）。

习题

1.1 CPU是英文＿＿＿＿＿的缩写，中文译为＿＿＿＿＿，微型机采用＿＿＿＿＿芯片构成CPU。

1.2 什么是通用微处理器、单片机（微控制器）、DSP芯片、嵌入式系统？

1.3 什么是摩尔定律？它能永久成立吗？

1.4 冯·诺伊曼计算机的基本设计思想是什么？

1.5 说明微型计算机系统的硬件组成及各部分作用。

1.6 什么是总线？微机总线通常有哪3组信号？各组信号的作用是什么？

1.7 简答如下概念：

  （1）计算机字长

  （2）取指−译码−执行周期

  （3）ROM-BIOS

  （4）中断

  （5）ISA总线

1.8 下列十六进制数表示无符号整数，请转换为十进制形式的真值：

  （1）FFH   （2）0H   （3）5EH   （4）EFH

1.9 将下列十进制数真值转换为压缩BCD码：

  （1）12   （2）24   （3）68   （4）99

1.10 将下列压缩BCD码转换为十进制数：

  （1）10010001   （2）10001001   （3）00110110   （4）10010000

1.11 将下列十进制数用8位二进制补码表示：

  （1）0   （2）127   （3）−127   （4）−57

1.12 数码0～9、大写字母A～Z、小写字母a～z对应的ASCII码分别是多少？ASCII码0DH和0AH分别对应什么字符？

第2章 微处理器指令系统

微型计算机系统的硬件核心是微处理器，即中央处理单元CPU。微处理器是采用大规模集成电路技术制成的半导体芯片，内部集成了计算机的主要部件：控制器、运算器和寄存器组。微处理器通过执行指令序列完成指定的操作，处理器能够执行的全部指令的集合就是该处理器的指令系统。

在这一章中，首先介绍16位微处理器8088/8086的内部结构，然后展开8088/8086的指令系统。本章的重点是理解常用指令的功能；而熟悉8088/8086的寄存器组和各种寻址方式，则是全面掌握指令功能的关键。为了更好地掌握每条指令，建议读者利用调试程序（例如MS-DOS的DEBUG.EXE或其他同类程序）作为实验环境，上机实践所举的例题。读者通过观察指令执行的实际效果，将能够更直观和深刻地理解指令功能。DEBUG调试程序的使用参见附录A。

2.1 微处理器的内部结构

本着面向应用的原则，本节重点论述16位微处理器的内部结构。

2.1.1 微处理器的基本结构

图2-1为一个典型的8位微处理器的内部结构，一般由算术逻辑单元、寄存器组和指令处理单元等几部分组成。

1. 算术逻辑单元

算术逻辑单元（Arithmetic Logic Unit，ALU），实际上就是计算机的运算器，负责CPU所能进行的各种运算，主要就是算术运算和逻辑运算。

ALU的基本组成为一个加法器，在图2-1中ALU被画成"V"形结构，表示它有两个操作数入口。对8位CPU来说，常由累加器（Accumulator）提供其中一个操作数，而另一个操作数通过暂存器来提供。运算结果被返回到累加器（因此而得名），而反映运算结果的状态信息（如无符号运算有无进位、有符号运算有无溢出、结果是否为0等）则被记录在标志（Flag）寄存器里。程序可根据运算后各标志的情况来决定下一步的走向。

2. 寄存器

处理器内部需要高速存储单元，用于暂时存放程序执行过程中的代码和数据，

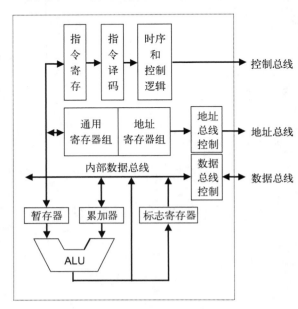

图2-1 8位CPU的基本组成

这些存储单元被称为寄存器（Register）。处理器内部设计有多种寄存器，每种寄存器还可能有多个，从应用的角度可以分成两类：透明寄存器和可编程寄存器。

有些寄存器对应用人员来说不可见，不能直接控制，例如，保存指令代码的指令寄存器，它们被称为透明寄存器。这里的"透明"（Transparency）是计算机学科中常用的一个专业术语，表示实际存在但从某个角度看好像没有。运用"透明"思想可以使我们抛开不必要的细节，而专注于关键问题。

底层语言程序员需要掌握可编程（Programmable）寄存器。它们具有引用名称，供编程使用，还可以进一步分成通用和专用寄存器：

- 通用寄存器——这类寄存器在处理器中数量较多，使用频度较高，具有多种用途。例如，它们可用来存放指令需要的操作数据，又可用来存放地址，以便在主存或I/O接口中指定操作数据的位置。
- 专用寄存器——这类寄存器只用于特定目的。例如程序计数器（Program Counter，PC）只用于记录将要执行指令的主存地址，标志寄存器保存指令执行的辅助信息。

3. 指令处理单元

指令处理单元指微处理器的控制器，它负责对指令进行译码和处理，一般包括：

- 指令寄存器——用来暂存被译码处理的指令。
- 指令译码逻辑——负责对指令进行译码，通过译码获知该指令是什么功能的指令。
- 时序和控制逻辑——根据指令要求，按一定的时序发出和接收各种信号，以便控制微机系统完成指令所要求的操作。这些信号主要有时钟信号、控制信号、请求和响应信号等。

随着微处理器功能的增强，其内部集成了更多功能单元，出现了新的实现技术，但仍然包含这三个基本部分。

2.1.2　8088/8086的功能结构

前一小节简单说明了8位微处理器的基本组成结构，16位微处理器Intel 8088同样具有这些基本单元。但为了更好地体现8088的特点，Intel公司按两大功能模块描绘了它们的内部结构，如图2-2所示。相对于8088内部结构，8086内部只是指令队列为6字节，对外的数据总线是16位，其他都相同。

1. 总线接口单元

总线接口单元（Bus Interface Unit，BIU）由指令队列、指令指针（IP）、段寄存器、地址加法器和总线控制逻辑等构成。该单元管理着8088与系统总线的接口，负责CPU对存储器和外设进行访问。

8088所连接的总线由8位双向数据线、20位地址线和若干控制线组成。8088 CPU所有对外操作必须通过BIU和总线来进行。但是，在8088系统中，除了CPU使用总线外，连在该总线上的其他总线请求设备如DMA控制器和协处理器等，也可以申请占用总线。所以，总线的使用可以有以下几种情况：

- 取指操作——每当指令队列有空缺或程序转移需要形成新的指令队列时，BIU通过总线进行取指。指令队列存放预取的指令代码，按照先进先出原则工作。
- 取指以外的其他总线操作——包括读写存储器操作数、输入输出、响应中断时读取中断向量号。这些操作是应指令或外设的要求，由BIU负责进行。

- 总线空闲——当指令队列已满CPU又在进行内部操作时，总线呈空闲状态。
- 总线请求设备占用总线——指总线请求设备（如DMA控制器、协处理器等）经过申请获得了总线的使用权，利用总线进行数据传送。

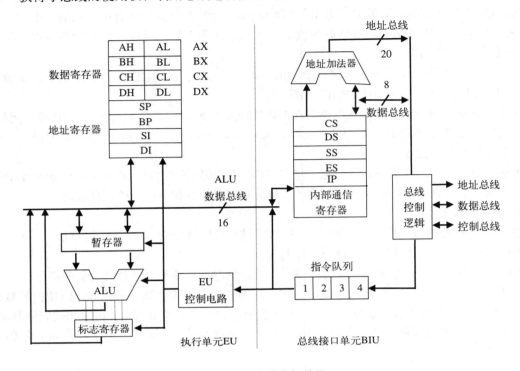

图2-2 8088的内部结构

2. 执行单元

执行单元（Execution Unit，EU）由ALU、通用寄存器、地址寄存器、标志寄存器和指令译码逻辑等构成，它负责指令的译码、执行和数据的运算。

执行单元无直接对外的接口，要译码的指令将从BIU的指令队列中获取。在指令译码后，CPU所要进行的操作可分为以下两类：

- 内操作——所有8位、16位的算术逻辑运算都将由EU来完成，其中包括16位有效地址的计算（注意不包括20位物理地址的计算，后一地址由BIU负责形成）。
- 外操作——所有指令所要求的读、写存储器或外设的操作，它仍将通过BIU和总线来进行。

3. 指令预取

8088的BIU维护着长度为4字节的指令队列，该队列按照"先进先出"（First In First Out，FIFO）的方式进行工作。当指令队列中出现空缺时，BIU会自动取指弥补这一空缺；而当程序发生转移时，BIU又会废除原队列，通过重新取指来形成新的指令队列。

在8088中，指令的读取是在BIU单元，指令的执行是在EU单元。因为BIU和EU两个单元相互独立，分别完成各自操作，所以可以并行进行。也就是说，在EU单元对一个指令进行译码执行时，BIU单元可以同时对后续指令进行读取；所以，8088微处理器中，BIU单元的指令读取，实际上是指令预取。

将8088与简单的8位CPU做一下比较，可以看出，8位CPU在指令译码前必须等待取指令操作（简称"取指"）的完成；而对8088来说，要译码的指令已经预取到了CPU内的指令队列，所以不需要等待"取指"。考虑到取指是CPU最频繁的操作，每条指令都要"取指"一到数次（与指令长度有关），所以8088的这种结构和操作方式节省了CPU大量的取指等待时间，提高了工作效率。这就是最简单的指令流水线技术。

2.1.3 8088/8086的寄存器结构

图2-3是8088/8086的"可编程"寄存器结构图。8088/8086的寄存器组有8个通用寄存器、4个段寄存器、1个标志寄存器和1个指令指针寄存器，均为16位。除通用寄存器外，其他寄存器往往功能单一，可被称为专用寄存器。

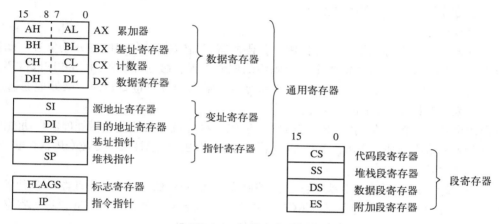

图2-3 8088的寄存器组

1. 通用寄存器

8088有8个通用的16位寄存器，其中4个数据寄存器可以分成高8位和低8位两个独立的寄存器，这样又形成8个通用的8位寄存器。

（1）数据寄存器

8088有4个16位数据寄存器：AX、BX、CX、DX。它们还可以分为两个独立的8位寄存器：AH、AL、BH、BL、CH、CL、DH、DL。对某个8位寄存器的操作，并不影响对应8位寄存器的数据。数据寄存器是通用的，用来存放计算的结果和操作数，但每个寄存器又有它们各自常用的用法，也就因此有自己的名字：

- AX累加器（Accumulator），使用频度最高，用于算术运算、逻辑运算以及与外设传送信息等。
- BX基址寄存器（Base Address Register），常用来存放存储器地址。
- CX计数器（Counter），作为循环和串操作等指令中的隐含计数器。
- DX数据寄存器（Data Register），常用来存放双字长数据的高16位或存放外设端口地址。

（2）变址寄存器

16位变址寄存器SI和DI，常用于存储器变址寻址方式时提供地址。

SI是源地址寄存器，DI是目的地址寄存器。在串操作类指令中，它们还有专用的用法：数据段寄存器DS与SI联用寻址数据段中的源操作数，附加段寄存器ES与DI联用寻址附加段中的目的操作数，同时SI和DI能够自动增量或减量。数据段是默认的存放数据的存储区域；附加段也是存放数据的区域，但附加段主要用于串操作类指令中。

（3）指针寄存器

16位指针寄存器BP和SP，用于指向堆栈段中的数据单元。

堆栈（Stack）是主存中一个特殊的区域，它采用先进后出（First In Last Out，FILO）或后进先出（Last In First Out，LIFO）操作方式。在8088形成的微机系统中，堆栈区域设置在主存中，被称为堆栈段。堆栈段寄存器SS指示堆栈段的开始位置，堆栈指针寄存器SP指示堆栈顶部相对于开始的偏移位置。堆栈段数据的压入（Push）和弹出（Pop）都是相对于堆栈顶进行的，每次数据操作SP还要减2或者加2。

BP为基址指针寄存器，默认表示堆栈段中的基地址，采用随机存取方式读写堆栈段中的数据，主要在子程序中，利用堆栈传递参数。

2. 指令指针寄存器

程序代码被存放在存储器的代码段中。代码段寄存器CS指示代码段的开始位置，而16位指令指针寄存器IP用来指示当前指令在代码段的偏移位置。微处理器利用CS和IP取得要执行的指令，然后修改IP内容，使之指向下一条指令的存储器地址。也就是说，微处理器通过CS和IP寄存器来控制指令序列的执行流程。

代码段由微处理器自动维护，IP寄存器属于专用寄存器。堆栈段也是由微处理器自动维护的，尽管SP可像通用寄存器那样使用，但并不应该用于其他目的，所以性质上更像专用寄存器。

3. 标志寄存器

标志（Flag）用于反映指令执行结果或控制指令执行形式。8088微处理器中各种常用的标志形成了一个16位的标志寄存器FLAGS，也被称为程序状态字寄存器PSW。标志寄存器中的各种标志分成了两类：6个状态标志和3个控制标志，如图2-4所示。

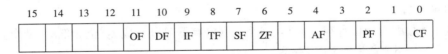

图2-4　标志寄存器FLAGS

（1）状态标志

状态标志用来记录程序运行结果的状态信息，许多指令的执行都将相应地设置其状态标志，也有些指令不影响标志。除溢出标志OF外，其他的状态标志都在标志寄存器的低字节。

- CF——进位标志（Carry Flag）。当加减运算结果的最高有效位有进位（加法）或借位（减法）时，进位标志置1，即CF＝1；否则CF＝0。
- ZF——零标志（Zero Flag）。若运算结果为0，则ZF＝1；否则ZF＝0。
- SF——符号标志（Sign Flag）。运算结果的最高有效位就是符号标志的状态。即运算结果最高位为1，则SF＝1；否则SF＝0。
- PF——奇偶标志（Parity Flag）。当运算结果最低字节中"1"的个数为零或偶数时，PF＝1；否则PF＝0。注意，PF标志仅反映最低8位中"1"的个数是偶数或奇数，即使是进行16位字操作也如此。
- OF——溢出标志（Overflow Flag）。若算术运算的结果有溢出，则OF＝1；否则OF＝0。
- AF——辅助进位标志（Auxiliary Carry Flag）。若运算时D_3位（低半字节）有进位或借位，则AF＝1；否则AF＝0。这个标志主要由处理器内部用于十进制算术运算，用户一般不必关心。

　　应该注意的是，溢出标志OF和进位标志CF是两个意义不同的标志。进位标志表示无符号数运算结果是否超出范围；但不论进位与否，不含进位部分的运算结果都正确。而溢出标志表示有符号数运算结果是否超出范围；若没有溢出，则有符号数运算结果正确，出现溢出则结果不正确。

　　用8个二进制位表达无符号数整数的范围是0～+255，16位表达的范围是0～+65 535。如果运算结果超出了这个范围，就是产生了进位或借位。处理器内部以补码表示有符号数，8个二进制位能够表达的整数范围是−128～+127，16位表达的范围是−32768～+32767。如果运算结果超出了这个范围，就是产生了溢出。

　　处理器对两个操作数进行运算时，按照无符号数求得结果，并相应设置进位标志CF；同时，根据是否超出有符号数的范围设置溢出标志OF。应该利用哪个标志，则由程序员来决定。也就是说，如果将参加运算的操作数认为是无符号数，就应该关心进位；认为是有符号数，则要注意是否溢出。

　　作为程序员，判断运算结果是否溢出有一个简单的规则：只有当两个相同符号数相加（含不同符号数相减，因为减数符号改变后与被减数符号相同，就是同符号数相加），而运算结果的符号与原数据符号相反时，才会产生溢出，因为此时的运算结果显然不正确。其他情况下，则不会产生溢出。

　　例如，字节相加"3AH+7CH"，运算结果是B6H。若认为是无符号数，58+124=182，仍在0～255范围之内，没有产生进位，所以CF=0。若认为是有符号数，58+124=182，已经超出−128～+127范围，产生溢出，所以OF=1。另一方面，B6H作为有符号数的补码表达真值是−74，两个正数相加不可能是负数，显然运算结果也不正确。运算结果为B6H=10110110B，所以ZF=0（结果不为0），SF=D_7=1，PF=0（1的个数不是偶数或0），另外D_3有进位，故AF=1。

　　（2）控制标志

　　控制标志由程序根据需要用指令来设置，用于控制处理器执行指令的方式。

- DF——方向标志（Direction Flag）。该标志用于串操作指令中，以控制地址的变化方向。如果设置DF=0，每次串操作后的存储器地址就自动增加；若DF=1，每次串操作后的存储器地址就自动减少。
- IF——中断允许标志（Interrupt-enable Flag）。该标志用于控制外部可屏蔽中断是否可以被处理器响应。若设置IF=1，则允许中断；若设置IF=0，则禁止中断。
- TF——陷阱标志（Trap Flag），也常称为单步标志。该标志用于控制处理器是否进入单步操作方式。若设置TF=1，处理器单步执行指令，即处理器在每条指令执行结束时，产生一个编号为1的内部中断。这样可以方便地对程序进行逐条指令的调试。这种内部中断称为单步中断，这种逐条指令调试程序的方法就是单步调试。若设置TF=0，处理器正常工作。

2.1.4　8088/8086的存储器结构

　　存储器是计算机存储信息的地方。程序运行所需要的数据、程序执行的结果以及程序本身均保存在存储器中。

1. 数据的存储格式

　　计算机存储信息的基本单位是二进制位（bit），一个位可存储一位二进制数：0或1。8个二进制位组成1字节（Byte），书写时位编号由右向左从0开始递增计数为$D_7 \sim D_0$，如图2-5所示。8088字长为16位，由2字节组成，称为一个字（Word），位编号自右向左为$D_{15} \sim D_0$。80386字长为32位，由4字节组成，叫作双字（Double Word），位编号自右向左为$D_{31} \sim D_0$。其中最低位称为最低有效位（Least Significant Bit，LSB），即D_0位；最高位称为最高有效位（Most Significant Bit，MSB），对应字节、字、双字分别指D_7、D_{15}、D_{31}位。

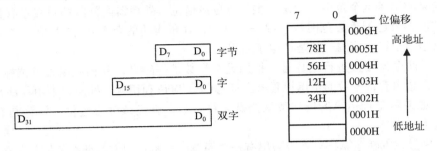

图2-5 8088的存储格式

在存储器里以字节为单位存储信息。为了区别每个字节单元，将它们编号，称为存储器地址。地址编号从0开始，顺序加1，是一个无符号二进制整数，常用十六进制数表示。

一个存储单元存放的信息称为该存储单元的内容，图2-5表示在0002H地址的存储器中存放的信息为34H，即2单元的内容为34H，表示为：

[0002H] = 34H 或（0002H）= 34H

每个存储单元的内容是1字节，而很多数据是以字或双字为单位表示的，在存储器中如何存放一个字或双字呢？字或双字在存储器中占相邻的2个或4个存储单元，存放时，低字节存入低地址，高字节存入高地址。字或双字单元的地址用它的低地址来表示。Intel 80x86处理器采用的这种"低字节对低地址、高字节对高地址"的存储形式，被称为"小端方式"（Little Endian）。"低字节对高地址、高字节对低地址"存储形式的"大端方式"（Big Endian）也有其他处理器采用。

例如，图2-5中2号"字"单元的内容为[0002H] = 1234H，2号"双字"单元的内容为[0002H] = 78561234H。

因此，同一个地址既可以看作字节单元的地址，也可以看作字单元的地址，还可以看作双字单元的地址，这要根据具体情况来确定。

字节单元的地址可以任意，但将字单元安排在偶地址（xxx0B）、双字单元安排在模4地址（能被4整除的地址，即xx00B），被称为"地址对齐"（Align）。一般来说，对N（$N = 2$，4，8，16，…）字节数据，如果安排其存储单元的起始地址能够被N整除，则地址对齐。对于不对齐地址的数据，处理器访问时，需要额外的访问存储器时间。所以，通常应该将数据的地址对齐，以取得较高的存取速度。当然，这可能要浪费存储空间。

2. 存储器的分段管理

对于寄存器、内部数据总线等为16位结构的8088来说，可以方便地表达16位存储器地址：编号从0000H～FFFFH，即$2^{16} = 64KB$容量。但是，8088 CPU的地址线是20位的，这样它的最大可寻址空间应为$2^{20} = 1MB$，其物理地址范围从00000H～FFFFFH。

8088 CPU将1MB存储器空间分成许多逻辑段（Segment）来管理，每个段最大限制为

64KB，而且只能从模16地址开始一个逻辑段。这样，每个存储器单元还可以用"段基地址：段内偏移地址"表达其准确的物理位置。

- 段基地址——说明逻辑段在主存中的起始位置，简称段地址。为了能用16位寄存器表达段地址，8088规定段地址必须是模16地址，即为xxxx0H形式。省略二进制的低4位0，段地址就可以用二进制的16位数据表示，通常被保存在16位的段寄存器中。
- 段内偏移地址——说明主存单元距离段起始位置的偏移量（Displacement），简称偏移地址（Offset）。由于限定每段不超过64KB，所以偏移地址也可以用16位数据表示。

对于每个存储器单元都有的一个唯一的20位地址，我们称之为物理地址或绝对地址。微处理器通过总线存取存储器数据时，就采用这个物理地址。而在8088内部和用户编程时，所采用的"段地址：偏移地址"形式，我们称为逻辑地址。在8088的总线接口单元BIU含有一个20位地址加法器，它将逻辑地址中的段地址左移二进制4位（对应十六进制是一位，即乘以16），加上偏移地址就得到20位物理地址。例如逻辑地址"1460H：100H"就表示物理地址14700H，如图2-6所示，其中段地址1460H表示该段起始于物理地址14600H，偏移地址为0100H。同一个物理地址可以有多个逻辑地址形式。物理地址14700H还可以用逻辑地址"1380H：F00H"表示，该段起始于13800H。

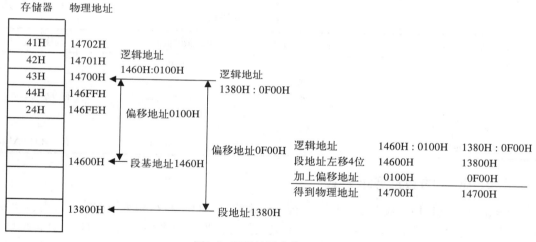

逻辑地址	1460H：0100H	1380H：0F00H
段地址左移4位	14600H	13800H
加上偏移地址	0100H	0F00H
得到物理地址	14700H	14700H

图2-6　逻辑地址和物理地址

3. 段寄存器

为了保存段地址，8088设计了4个16位段寄存器：CS、DS、ES和SS。CS为代码段寄存器，DS为数据段寄存器，ES为附加段寄存器，SS为堆栈段寄存器。每个段寄存器用来确定一个段的起始地址，各段均有各自的用途。

- 代码段（Code Segment）用来存放程序的指令序列。CS存放代码段的段地址，指令指针寄存器IP指示代码段中指令的偏移地址。处理器利用CS：IP取得要执行的指令。
- 堆栈段（Stack Segment）是堆栈所在的主存区域。SS存放堆栈段的段地址，堆栈指针寄存器SP指示堆栈栈顶的偏移地址。处理器利用SS：SP操作堆栈中的数据。
- 数据段（Data Segment）存放当前运行程序所用的数据。DS存放数据段的段地址，存储器中操作数的偏移地址则由各种主存寻址方式得到，称之为有效地址EA。
- 附加段（Extra Segment）是附加的数据段，也用于数据的保存。另外，串操作指令将附加段作为其目的操作数的存放区域。

将存储器分段管理符合程序的模块化思想，利于编写模块化结构的程序。程序员在编制程序时，可以很自然地把程序的各部分放在相应的逻辑段内：

- 程序的指令序列必须安排在代码段。
- 程序使用的堆栈一定放在堆栈段。
- 程序中的数据默认在数据段，也可以安排在附加段，尤其是串操作的目的操作数必须在附加段中。但是，数据的存放是比较灵活的，实际上，可以存放在任何一种逻辑段中。这时，只要明确指明是哪个逻辑段就可以了。为此，8088设计有4个段超越前缀指令，分别如下表示：

```
CS:                    ;代码段超越，使用代码段的数据
SS:                    ;堆栈段超越，使用堆栈段的数据
DS:                    ;数据段超越，使用数据段的数据
ES:                    ;附加段超越，使用附加段的数据
```

段寄存器的使用规定总结在表2-1中，请读者注意允许段超越的情况。一般的数据访问使用DS段，也允许进行段超越，即可以是其他段；使用BP基址指针寄存器访问主存，则默认是SS段，同时也允许段超越。

表2-1 段寄存器的使用规定

访问存储器的方式	默认的段寄存器	可超越的段寄存器	偏移地址
取指令	CS	无	IP
堆栈操作	SS	无	SP
一般数据访问（下列除外）	DS	CS、ES、SS	有效地址EA
串操作的源操作数	DS	CS、ES、SS	SI
串操作的目的操作数	ES	无	DI
BP作为基址的寻址方式	SS	CS、DS、ES	有效地址EA

2.2 8088/8086的数据寻址方式

指令由操作码和操作数两部分组成。操作码说明计算机要执行哪种操作，如传送、运算、移位、跳转等操作，它是指令中不可缺少的组成部分。操作数是指令执行的参与者，也就是各种操作的对象。有些指令不需要操作数，通常的指令都有一个或两个操作数。操作数存在于何处呢？

笼统地说，数据来自主存或外设，但数据可能事先已经保存在处理器的寄存器中，也可能与指令操作码一起进入了处理器。主存和外设在汇编语言中被抽象为存储器地址或I/O地址，寄存器以名称表达，但机器代码中同样用地址编码区别寄存器，所以指令的操作数需要通过地址指示。这样，通过地址才能查找到数据本身，这就是操作数的寻址方式（Addressing Mode），也称为数据寻址方式。对处理器的指令系统来说，绝大多数指令采用相同的寻址方式。寻址方式对处理器工作原理和指令功能的理解，以及汇编语言程序设计都至关重要。

汇编语言中，操作码用助记符表示，操作数则由寻址方式体现。8088/8086只有输入输出指令与外设交换数据（这将在第6章展开讨论），除外设数据外的操作数寻址方式有3类：

1）用常量表达具体的数值（立即数寻址）。

2）用寄存器名表示其中的内容（寄存器寻址）。

3）用存储器地址代表保存的数据（存储器寻址）。

为了能够从一开始就形成正确的书写格式，为以后编写汇编语言源程序打好基础，在此先简单介绍汇编语言的语句格式（详细内容参考3.1节）。

汇编语言的每条语句一般占一行，由分隔符分成的4个部分组成，又可以分成两种：

- 执行性语句——用于表达处理器指令（本章稍后学习）。执行性语句汇编后对应一条指令代码。由处理器指令组成的代码序列是程序设计的主体。执行性语句格式如下：

标号:　　　　处理器指令助记符　　操作数,操作数　　　;注释

- 说明性语句——用于表达汇编程序命令（下一章学习）。说明性语句指示源程序如何汇编、变量怎样定义、过程怎么设置等。相对于真正的处理器指令（也称为真指令、硬指令），汇编程序命令也称为伪指令（Pseudoinstruction）、指示性语句或指示符（Directive），其格式如下：

名字　　　　　　　　伪指令助记符　　参数,参数,……　　　　;注释

其中，标号和名字是用户定义的标识符，用于指示指令的逻辑地址。助记符是表达处理器指令或汇编语言命令的标识符（属于保留字），操作数和参数是指令或命令需要的数据。分号后的内容则是注释。

例如，程序中使用最多的数据传送MOV指令，其格式为：

```
MOV dest,src        ;dest←src
```

MOV指令的功能是将源操作数src传送至目的操作数dest。我们固定目的操作数采用AX寄存器寻址，而用源操作数反映各种寻址方式。

2.2.1　立即数寻址方式

采用立即数寻址方式的操作数就直接存放在机器代码中，紧跟在操作码之后。这条指令汇编成机器代码后，操作数作为指令的一部分存放在操作码之后的主存单元中（如图2-7左侧所示）。我们称这种操作数为立即数imm，它可以是8位数值i8（00H～FFH），也可以是16位数值i16（0000H～FFFFH）。

例：将立即数0102H送至AX寄存器。

```
MOV AX,0102H        ;指令功能：AX←0102H,指令代码：B8 02 01
```

读者可以在调试程序中汇编、反汇编、执行，看一看该指令在主存中的存储及执行结果。

在该指令机器代码所在主存单元后的两个字节单元的内容为0102H，可见16位立即数0102H紧跟在MOV指令后，存放在代码段中。注意，Intel公司按照"低对低、高对高"的小端存储原则将高字节01H存放于高地址中，低字节存放于低地址单元中，如图2-7右侧所示。

立即数寻址方式常用来给寄存器和存储单元赋值。在汇编语言中，立即数是以常量形式出现的。常量可以是二进制数（后缀字母B或b）、十进制数（不用后缀字母，或者用D或d）、十六进制数（后缀字母H或h，以A～F开头则要加个0）、字符串（用单或双引号括起的字符，表示对应的ASCII码值，例如'A'＝41H），还可以是标识符表示的符号常量、数值表达式（详见3.1.1节）。

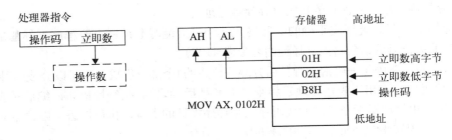

图2-7　立即数寻址方式

2.2.2　寄存器寻址方式

寄存器寻址方式的操作数存放在CPU的内部寄存器reg中，它可以是8位寄存器r8，即AH / AL / BH / BL / CH / CL / DH / DL，也可以是16位寄存器r16，即AX / BX / CX / DX / SI / DI / BP / SP。另外，操作数还可以存放在4个段寄存器seg中：CS / DS / SS / ES。

例：将BX寄存器内容送至AX寄存器。

```
MOV AX,BX      ;两个操作数均为寄存器寻址：AX←BX
```

寄存器寻址方式的操作数存放于CPU的某个内部寄存器中，不需要访问存储器，因而执行速度较快，是经常使用的方法。在双操作数的指令中，操作数之一通常是寄存器寻址得到的。汇编语言在表达寄存器寻址时使用寄存器名，其实质就是指它存放的内容（操作数）。

2.2.3　存储器寻址方式

存储器寻址方式的操作数存放在主存储器中，用其所在主存的位置表示操作数。在这种寻址方式下，指令中给出的是有关操作数的主存地址信息。8088的存储器空间是分段管理的，程序设计时采用逻辑地址；由于段地址在默认的或用段超越前缀指定的段寄存器中，所以只需要偏移地址，称之为有效地址（Effective Address，EA）。

为了方便各种数据结构的存取，8088设计了多种存储器寻址方式，可以统一表达为：

有效地址 = BX | BP + SI | DI + 8 | 16位位移量

如果采用BP寄存器寻址主存，则默认采用SS堆栈段寄存器；其他方式寻址主存时，都默认采用数据段DS寄存器；当然它们都可以采用段超越前缀，如表2-1所示。

1. 直接寻址方式

在这种寻址方式下，指令中直接包含了操作数的有效地址，跟在指令操作码之后（如图2-8左侧所示）。其默认的段地址在DS段寄存器中，可以使用段超越前缀来改变。

例：将数据段中偏移地址2000H处的主存数据送至AX寄存器。

```
MOV AX,[2000H]     ;指令功能：AX←DS:[2000H]，指令代码：A1 00 20
```

该指令中给定了有效地址2000H，默认与数据段寄存器DS一起构成操作数所在存储单元的物理地址。假设DS = 1492H，则操作数所在的物理地址为1492H × 16 + 2000H = 16920H 。该例指令的执行结果应是将16920H单元的内容传送至AX寄存器，其中，高字节内容送AH寄存器，低字节内容送AL寄存器，如图2-8右侧所示。

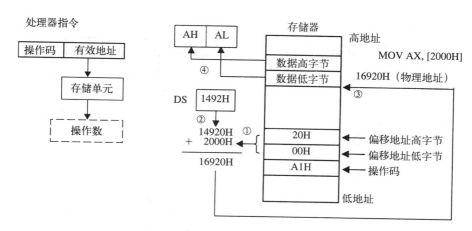

图2-8 存储器直接寻址方式

在汇编语言中，用中括号表达存储单元的内容。数据不仅可以存放于数据段中，也可根据需要存放于附加段、代码段或堆栈段中，这时指令中应指明段超越前缀。

例：将附加段中偏移地址2000H处的主存数据送至AX寄存器。

```
MOV AX,ES:[2000H] ;指令功能：AX←ES:[2000H]，指令代码：26 A1 00 20
```

变量指示主存的一个数据，直接引用变量名就是采用直接寻址方式。变量应该在数据段进行定义（详见3.2.2节），常用的变量定义伪指令DB和DW分别表示定义字节变量和字变量，例如：

```
WVAR      DW 1234H          ;定义字变量WVAR，它具有初值1234H
```

这样，标识符WVAR表示具有初值1234H的字变量，并由汇编程序为它在主存分配了两个连续的字节单元。这里，假设它在数据段的偏移地址是0010H。

例：将数据段的变量WVAR（即该变量名指示的主存单元数据）送至AX寄存器。

```
MOV AX,WVAR         ;指令功能：AX←WVAR
```

因为假设WVAR的偏移地址为0010H，所以上条指令实质就是如下指令：

```
MOV AX,[0010H]      ;指令功能：AX←DS:[0010H]，指令代码：A1 10 00
```

2. 寄存器间接寻址方式

在这种寻址方式中，操作数的有效地址存放在某个寄存器中（参见图2-9a），8088/8086中寄存器可以是基址寄存器BX或变址寄存器SI、DI。其默认的段地址在DS段寄存器中，可以使用段超越前缀改变。

例：将数据段中由BX指定偏移地址处的主存数据送至AX寄存器。

```
MOV AX,[BX]         ;指令功能：AX←DS:[BX]
```

该指令中有效地址存放于BX寄存器中，而数据则存放在数据段主存单元中。假设BX内容设置为2000H，则该指令等同于MOV AX,[2000H]。

3. 寄存器相对寻址方式

在这种寻址方式下，操作数的有效地址是寄存器内容与有符号8位或16位位移量之和（参见图2-9b），寄存器可以是BX、BP或SI、DI。其中，BX、SI、DI寄存器默认是数据段DS，BP寄存器默认是堆栈段SS；但都可用段超越前缀改变。

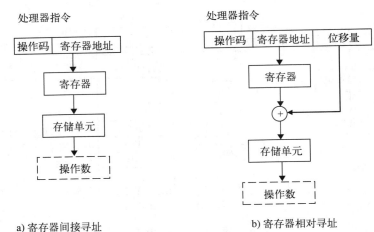

图2-9 寄存器间接寻址和相对寻址

例：将数据段中相对SI偏移地址的位移06H处的主存数据送至AX寄存器。

```
MOV AX,[SI+06H]    ;AX←DS:[SI+06H]
```

这条指令使用的是SI寄存器，位移量为06H，那么操作数的有效地址EA＝SI＋06H。在汇编语言中，位移量可用常量表示，也可用符号表示。对于上面定义的WVAR变量：

```
MOV AX,[DI+WVAR]   ;也可以书写成：MOV AX,WVAR[DI]
```

取WVAR的偏移地址0010H，上条指令实质就是如下指令：

```
MOV AX, [DI+0010H]
```

采用BP相对寻址时，如偏移量为0，可不写出来，形式上与寄存器间接寻址一样：

```
MOV AX,[BP]        ;等同于MOV AX,[BP+0H]，指令代码均为8B 46 00
```

4. 基址变址寻址方式

这种寻址方式是把一个基址寄存器（BX或BP）的内容加上变址寄存器（SI或DI）的内容构成操作数的有效地址EA。若基址寄存器使用BX，其默认段为数据段DS；若基址寄存器使用BP，其默认段为堆栈段SS。但都可用段超越前缀改变。

例：将数据段中BX与SI之和作为偏移地址的主存数据送至AX寄存器。

```
MOV AX,[BX+SI]     ;AX←DS:[BX+SI]
```

对于上述指令，汇编语言也支持如下形式：

```
MOV AX,[BX][SI]    ;AX←DS:[BX+SI]
```

5. 相对基址变址寻址方式

相对基址变址寻址方式，也使用基址寄存器（BX或BP）和变址寄存器（SI或DI），另外还在指令中指定一个8位或16位的位移量，这三者之和构成操作数的有效地址EA。与BX约定的段为数据段DS，与BP约定的段为堆栈段SS，但都可用段超越前缀改变。

例：将数据段中以BX与SI之和为偏移地址基础，向地址低端位移06H（即减6）处的主存数据送至AX寄存器。

```
MOV AX,[BX+DI-06H]         ;AX←DS:[BX+DI-06H]
```

在汇编语言中，位移量还可以用符号表示，也支持多种表达形式。下面3条指令完全等同：

```
MOV AX,[BX+SI+WVAR]
MOV AX,WVAR[BX+SI]
MOV AX,WVAR[BX][SI]
```

本章随后各节将分类介绍8088 CPU指令系统。8088具有6类指令：1）数据传送类指令，2）算术运算类指令，3）位操作类指令，4）串操作类指令，5）控制转移类指令，6）处理器控制类指令。学习指令时，读者应注意掌握指令的功能、指令支持的寻址方式、指令对标志的影响以及指令的其他方面（如指令执行时的约定设置、必须预置的参数、隐含使用的寄存器等）。全面而准确地理解每条指令的功能和用法，是运用指令编写程序的关键。

在描述指令格式时，我们将采用表2-2所示符号表明操作数寻址方式。除特别说明的新形式外，凡不符合给定格式的指令都是非法指令。

表2-2　操作数的表达符号

寻址方式	操作数符号及含义
立即数	imm代表i8或i16。i8：一个8位立即数；i16：一个16位立即数
寄存器寻址	reg代表r8或r16。r8：8位通用寄存器；r16：16位通用寄存器 seg表示段寄存器
存储器寻址	mem代表m8或m16。m8：8位存储器操作数；m16：16位存储器操作数

2.3　数据传送类指令

数据传送指令的功能是把数据从一个位置传送到另一个位置。数据传送是计算机中最基本、最重要的一种操作。数据传送指令也是最常使用的一类指令。

该类指令除标志操作指令外，其他均不影响标志位。

2.3.1　通用数据传送指令

这组指令是MOV、XCHG和XLAT，它们提供方便灵活的通用传送操作。

1. 传送指令MOV

MOV指令把一个字节或字的操作数从源地址传送至目的地址。源操作数可以是立即数、寄存器或主存单元，目的操作数可以是寄存器或主存单元，但不能是立即数。MOV指令是采用寻址方式最多的指令，用我们约定的符号可以表达如下：

```
MOV reg/mem,imm          ;立即数送寄存器或主存
MOV reg/mem/seg,reg      ;寄存器送寄存器（包括段寄存器）或主存
MOV reg/seg,mem          ;主存送寄存器（包括段寄存器）
MOV reg/mem,seg          ;段寄存器送主存或寄存器
```

也就是说MOV指令可以实现立即数到寄存器、立即数到主存的传送，寄存器与寄存器之间、寄存器与主存之间、寄存器与段寄存器之间的传送，主存与段寄存器之间的传送。

例2.1　数据传送。

```
mov cl,4        ;CL←4，字节传送
mov dx,0ffh     ;DX←00FFH，字传送
mov si,200h     ;SI←0200H，字传送
```

```
mov ah,al                    ;AH←AL
mov bvar,ch                  ;bvar是一个字节变量
mov al,table[bx]             ;table指向一个数据表
mov dx,[bp+4]                ;DX←SS:[BP+4]
mov ax,ds                    ;AX←DS
mov es,ax                    ;ES←AX
```

在汇编语言中，以字母开头的十六进制数应该增加一个前导0，以便与标识符区别。例如，上面指令中0FFH是十六进制表达的数值，如果缺少前导0，则会被识别为变量名FFH。再如，0AH表示数值，而AH就是寄存器名。

正确书写的每条处理器指令都将生成一个指令代码；如果没有对应的指令代码，就是一条非法指令。以MOV指令为例，说明主要的错误情况。

- 在包括传送指令的绝大多数双操作数指令中（除非特别说明），目的操作数与源操作数必须类型一致，或者同为字，或者同为字节，否则为非法指令。

```
MOV AL,050AH                 ;非法指令：050AH为字,而AL为字节寄存器。修改如下：
mov ax,050ah                 ;正确：修正上条错误指令
MOV SI,DL                    ;非法指令：SI为字寄存器,而DL为字节寄存器。修改如下：
mov dh,0                     ;正确：设置DH为0
mov di,dx                    ;正确：两个16位寄存器传送
```

- 寄存器有明确的字节或字类型，对应的立即数或存储器操作数只能是字节或字；但将立即数传送给存储器单元时，指令中给出的立即数可以理解为字，也可以理解为字节，此时必须显式指明。为了区别是字节传送还是字传送，汇编语言用操作符byte ptr（字节类型）和word ptr（字类型）指定。

```
MOV [BX+SI],255              ;非法指令：不能确定[BX+SI]指向的存储单元是字节还是字单元
mov byte ptr [bx+si],255     ;正确：byte ptr说明是字节操作
mov word ptr [si+1],255      ;正确：word ptr说明是字操作
```

- 8088指令系统除串操作类指令外，不允许两个操作数都是存储单元，所以也就没有主存至主存的数据传送指令。要实现这种传送，可通过寄存器间接实现。

```
;buf1和buf2是两个字变量
MOV buf2,buf1        ;非法指令：不能实现存储单元之间的直接传送
mov ax,buf1          ;正确,AX←buf1（将buf1内容送AX）
mov buf2,ax          ;正确,buf2←AX
```

- 在8088指令系统中，能直接对段寄存器的操作只有MOV等个别传送指令，且不灵活，所以，采用段寄存器要特别注意：

```
MOV DS,ES            ;非法指令：不允许段寄存器之间的直接传送。修改如下：
mov ax,es            ;正确：借助AX寄存器实现段寄存器间的传送
mov ds,ax
MOV DS,100H          ;非法指令：不允许立即数至段寄存器的传送。修改如下：
mov ax,100h          ;正确：借助AX寄存器实现立即数传送给段寄存器
mov ds,ax
MOV CS,[SI]          ;不应该使用的指令（直接改变CS值,将引起程序执行混乱）
```

2. 交换指令XCHG

交换指令用来将源操作数和目的操作数内容交换，其格式为：

```
XCHG reg,reg/mem  ;reg↔reg/mem, 也可表达为: XCHG reg/mem,reg
```

XCHG指令操作数可以是字也可以是字节，可以在通用寄存器与通用寄存器或存储器之间交换数据，但不能在存储器与存储器之间交换数据。

例2.2 数据交换。

```
mov ax,1199h              ;AX=1199H
xchg ah,al               ;AX=9911H
mov wvar,5566h           ;字变量wvar=5566H
xchg ax,wvar             ;AX=5566H, wvar=9911H
xchg al,byte ptr wvar+1  ;AX=5599H, wvar=6611H
```

对于最后一条指令，字变量wvar的高字节（即wvar＋1地址）是99H，它实现了与AL中数据66H的交换。另外，这里通过byte ptr强制将wvar＋1作为字节变量。

3. 换码指令XLAT

换码指令用于将BX指定的缓冲区中的AL指定的位移处的数据取出赋给AL，助记符为：

```
XLAT        ;AL←[BX+AL]
```

换码指令常用于将一种代码转换为另一种代码，如键盘位置码转换为ASCII码，数字0～9转换为7段显示码等。使用前，首先在主存中建立一个字节表格，表格的内容是要转换成的目的代码，表格的首地址存放于BX寄存器，需要转换的代码存放于AL寄存器，要求被转换的代码应是相对表格首地址的位移量。设置好后，执行换码指令，即将AL寄存器的内容转换为目的代码。

XLAT指令默认的缓冲区在数据段DS，但可以进行段超越。这时，需要使用另一种指令格式（应用实例参见3.6.1节）：

```
XLAT table ;AL←[BX+AL]
```

table表示字节表格的变量名。这样，变量名前加上段超越前缀即可。

例2.3 将首地址为400H的表格中的3号数据（假设为46H）取出。

```
mov bx,400h              ;BX←400H
mov al,03h               ;AL←03H
xlat                     ;AL←46H
```

XLAT指令中没有显式指明操作数，而是默认使用BX和AL寄存器。这种采用默认操作数的方法称为隐含寻址方式，指令系统中有许多指令采用隐含寻址方式。

2.3.2 堆栈操作指令

堆栈是一个"先进后出"的主存区域，使用SS段寄存器记录段地址；堆栈只有一个出口，即当前栈顶，用堆栈指针寄存器SP指定栈顶的偏移地址。

堆栈有两种基本操作，对应两条基本指令：进栈指令PUSH和出栈指令POP。

```
PUSH  r16/m16/seg ;SP←SP-2, SS:[SP]←r16/m16/seg
```

进栈指令PUSH先使堆栈指针SP减2，然后把一个字操作数存入堆栈顶部。

```
POP r16/m16/seg  ;r16/m16/seg←SS:[SP], SP←SP+2
```

出栈指令POP把栈顶的一个字传送至指定的目的操作数，然后堆栈指针SP加2。

堆栈操作的对象只能是字操作数。进栈时，SP向低地址移动两个字节单元以指向新的栈顶，然后数据的低字节存放于低地址，高字节存放在高地址。出栈时，字从栈顶弹出，低地址字节送低字节，高地址字节送高字节，SP相应向高地址移动两个字节单元。

例2.4 堆栈操作。

```
mov ax,7812h
push ax                    ;将AX内容推入栈顶（如图2-10a所示）
pop ax                     ;将当前栈顶内容弹给AX（如图2-10b所示）
push [2000h]               ;将内存DS:[2000H]内容推入栈顶
pop wvar                   ;将当前栈顶内容弹给字变量wvar
```

堆栈段是程序中不可或缺的一个内存区。堆栈可用来临时存放数据，以便随时恢复它们。堆栈常用于寄存器的保护和恢复以及子程序间的参数传递。堆栈操作常被比喻成"摆盘子"。盘子一个压着一个叠起来放进箱子里，就像数据进栈操作一样；叠起来的盘子应该从上面一个接一个拿走，就像数据出栈操作一样。最后放上去的盘子，被最先拿走，就是堆栈的"后进先出"操作原则。不过，8088微处理器的堆栈段是"向下生长"的，即随着数据进栈，堆栈顶部（指针SP）逐渐减小，所以可以想象成一个倒扣的箱子，盘子（数据）从下面放进去。

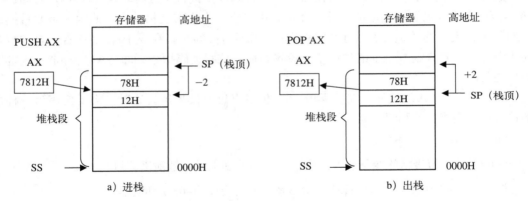

图2-10 堆栈操作

2.3.3 标志操作指令

尽管许多指令的执行都会影响标志，但标志操作指令能够直接读写标志寄存器的内容。

标志位操作指令可以直接改变CF、DF、IF标志的状态：

```
CLC                        ;复位进位标志：CF←0
STC                        ;置位进位标志：CF←1
CMC                        ;求反进位标志：CF←∼CF
CLD                        ;复位方向标志：DF←0,串操作后地址增大
STD                        ;置位方向标志：DF←1,串操作后地址减小
CLI                        ;复位中断标志：IF←0,禁止可屏蔽中断
STI                        ;置位中断标志：IF←1,允许可屏蔽中断
```

标志寄存器低字节内容可以用LAHF指令传送到AH寄存器，或者用SAHF指令实现相反的传送。整个标志寄存器的内容可以用PUSHF指令压入堆栈，还可以用POPF指令将堆栈顶部一个字量数据弹出传送到标志寄存器。

2.3.4　地址传送指令

LEA指令将存储器操作数的有效地址（段内偏移地址）传送至16位通用寄存器中。

```
LEA r16,mem          ;r16←mem的有效地址EA
```

例2.5　有效地址的获取。

```
mov bx,400h
mov si,3ch
lea bx,[bx+si+0f62h]    ;BX=139EH
```

微处理器执行该指令后，BX得到主存单元的有效地址，注意，它不是该单元的内容。在汇编语言中有一个操作符OFFSET，可以在汇编过程中得到变量的偏移地址。

例2.6　地址传送与内容传送的对比。

```
wvar dw 4142h           ;假设汇编程序为其分配的偏移地址是0004H
......
mov ax,wvar             ;获得变量值：AX=4142H
lea si,wvar             ;执行时获得变量地址：SI=0004H,实际的指令是：lea si,[0004h]
mov cx,[si]             ;CX=4142H
mov di,offset wvar      ;汇编时获得变量地址：DI=0004H,实际的指令是：mov di,0004h
mov dx,[di]             ;DX=4142H
```

指针传送指令LDS和LES能将主存连续4字节内容传送到DS或ES和16位通用寄存器中。

2.4　算术运算类指令

算术运算类指令用来执行二进制的算术运算：加、减、乘、除。这类指令会根据运算结果影响状态标志，有时要利用某些标志才能得到正确的结果；使用它们时请留心有关状态标志。

2.4.1　加法和减法指令

加法指令包括ADD、ADC和INC，减法指令包括SUB、SBB、DEC、NEG和CMP。它们分别执行字或字节的加法和减法运算，除INC和DEC不影响CF标志外，其他按定义影响全部状态标志位。

采用双操作数的加法、减法和后面介绍的逻辑运算指令具有共同的也是8088主要的操作数组合形式：

```
运算指令助记符 reg,imm/reg/mem
运算指令助记符 mem,imm/reg
```

在这两个操作数中，源操作数可以是任意寻址方式，而目的操作只能是立即数之外的其他寻址方式，并且两个操作数不能同时为存储器寻址方式。对这些指令（ADD、ADC、SUB、SBB、CMP和AND、OR、XOR、TEST），后面将采用如下格式：

```
运算指令助记符 dest,src    ;dest是目的操作数，src是源操作数
```

1.加和减指令

```
ADD dest,src        ;加法：dest←dest＋src
```

ADD指令使目的操作数加上源操作数，和的结果送到目的操作数。

```
SUB dest,src        ;减法：dest←dest−src
```

SUB指令使目的操作数减去源操作数，差的结果送到目的操作数。

如前所述，它们支持寄存器与立即数、寄存器、存储单元以及存储单元与立即数、寄存器间的加法和减法运算，按照定义影响6个状态标志位（参见2.1.3节）。

例2.7 加法和减法。

```
mov ax,7348h           ;AX=7348H
add al,27h             ;AX=736FH,OF=0、SF=0、ZF=0、PF=1、CF=0
add ax,3fffh           ;AX=B36EH,OF=1、SF=1、ZF=0、PF=0、CF=0
sub ah,0f0h            ;AX=C36EH,OF=0、SF=1、ZF=0、PF=1、CF=1
mov word ptr[200h],0ef00h  ;[200H]=EF00H,OF=0、SF=1、ZF=0、PF=1、CF=1
sub [200h],ax          ;[200H]=2B92H,OF=0、SF=0、ZF=0、PF=0、CF=0
sub si,si              ;SI=0,OF=0、SF=0、ZF=1、PF=1、CF=0
```

2. 带进位加和减指令

```
ADC dest,src           ;加法：dest←dest+src+CF
```

ADC指令除完成ADD加法运算外，还要加上进位CF，结果送到目的操作数。

```
SBB dest,src           ;减法：dest←dest−src−CF
```

SBB指令除完成SUB减法运算外，还要减去借位CF，结果送到目的操作数。

ADC和SBB指令主要用于与ADD和SUB指令相结合实现多精度数的加法和减法。

例2.8 无符号双字加法和减法。

```
mov ax,7856h    ;AX=7856H
mov dx,8234h    ;DX=8234H
add ax,8998h    ;AX=01EEH,CF=1
adc dx,1234h    ;DX=9469H,CF=0
sub ax,4491h    ;AX=BD5DH,CF=1
sbb dx,8000h    ;DX=1468H,CF=0
```

上述程序段完成DX.AX=8234 7856H+1234 8998H−8000 4491H=1468 BD5DH。

3. 比较指令CMP

```
CMP dest,src           ;做减法运算：dest−src
```

CMP指令将目的操作数减去源操作数，但差值不回送目的操作数。比较指令通过减法运算影响状态标志，用于比较两个操作数的大小关系。

4. 增量和减量指令

```
INC reg/mem            ;加1：reg/mem←reg/mem+1
DEC reg/mem            ;减1：reg/mem←reg/mem−1
```

INC指令对操作数加1（增量），DEC指令对操作数减1（减量）。它们是单操作数指令，操作数可以是寄存器或存储器。

设计加1指令和减1指令的目的，主要是用于对计数器和地址指针的调整，所以，它们不影响进位CF标志，但影响其他状态标志位。

```
inc si                 ;SI寄存器加1
dec byte ptr [si]      ;SI寄存器指向的内存字节单元减1
```

5. 求补指令NEG

```
NEG reg/mem          ;reg/mem←0-reg/mem
```

NEG指令对操作数执行求补运算，即用零减去操作数，结果返回操作数对标志的影响与用零作减法的SUB指令一样。NEG指令也是一个单操作数指令。

例2.9　求补运算。

```
mov ax,0ff64h
neg al              ;AX=FF9CH,OF=0,SF=1,ZF=0,PF=1,CF=1
sub al,9dh          ;AX=FFFFH,OF=0,SF=1,ZF=0,PF=1,CF=1
neg ax              ;AX=0001H,OF=0,SF=0,ZF=0,PF=0,CF=1
dec al              ;AX=0000H,OF=0,SF=0,ZF=1,PF=1,CF=1
neg ax              ;AX=0000H,OF=0,SF=0,ZF=1,PF=1,CF=0
```

2.4.2　符号扩展指令

符号扩展是指用一个操作数的符号位（即最高位）形成另一个操作数，后一个操作数的高位是全0（正数）或全1（负数）。符号扩展虽然使数据位数加长，但数据大小并没有改变，扩展的高位部分仅是低部分的符号扩展。

符号扩展指令有两条，用来将字节转换为字，字转换为双字。它们均不影响标志位。

```
CBW ;字节转换为字：AL符号扩展成AX
```

CBW指令将AL的最高有效位D_7扩展至AH。也就是说，AL的最高有效位为0，则AH＝00；AL的最高有效位为1，则AH＝FFH。AL不变。

```
CWD ;字转换为双字：AX符号扩展成DX
```

CWD将AX的内容符号扩展形成DX，即：如果AX的最高有效位D_{15}为0，则DX＝0000H；如果AX的最高有效位D_{15}为1，则DX＝FFFFH。

例2.10　符号扩展。

```
mov al,64h          ;AL=64H,表示10进制数100
cbw                 ;将符号0扩展,AX=0064H,仍然表示100
mov ax,0ff00h       ;AX=FF00H,表示有符号10进制数-256
cwd                 ;将符号位"1"扩展,DX.AX=FFFFFF00H,仍然表示-256
```

符号扩展指令常用来获得有符号数的倍长数据，例如，有符号除法的倍长于除数的被除数。对无符号数应该采用直接使高8位或高16位清0的方法，获得倍长的数据。

2.4.3　乘法和除法指令

乘法和除法指令分别实现两个二进制操作数的相乘和相除运算，并针对无符号数和有符号数设计了不同指令（对比：加减指令不分无符号数和有符号数，需要分别利用CF和OF）。

1. 乘法指令

```
MUL r8/m8           ;无符号字节乘法：AX←AL×r8/m8
MUL r16/m16         ;无符号字乘法：DX.AX←AX×r16/m16
IMUL r8/m8          ;有符号字节乘法：AX←AL×r8/m8
IMUL r16/m16        ;有符号字乘法：DX.AX←AX×r16/m16
```

乘法指令隐含使用一个操作数AX和DX，源操作数则显式给出，它可以是寄存器或存储单元。若是字节量相乘，AL与r8/m8相乘得到16位的字，存入AX中；若是16位数据相乘，则AX与r16/m16相乘，得到32位的结果，其高字存入DX，低字存入AX中。

乘法指令按如下规则影响标志OF和CF。若乘积的高一半是低一半的符号扩展，则OF＝CF＝0（说明高一半不是有效数值）；否则均为1（说明高一半含有效数值）。它用于判断相乘的结果中高一半是否含有有效数值，以便安全地进行截断。但是，乘法指令对其他状态标志没有定义，也就是成为任意，不可预测。注意，这一点与对标志没有影响是不同的，没有影响是指不改变原来的状态。

无符号乘法指令MUL和有符号乘法IMUL指令除操作数分别是无符号数和有符号数以外，其他都相同。由于同一个二进制编码表示无符号数和有符号数时，真值会有所不同；所以分别采用MUL和IMUL指令后，乘积结果也会不同。

例2.11　字节数据乘法：A5H × 64H。

```
mov al,64h          ;AL＝64H,表示无符号数是100、有符号数也是100
mov bl,0a5h         ;BL＝A5H,表示无符号数是165、有符号数则是－91
mul bl              ;无符号字节乘法：AX＝4074H,表示16500
                    ;OF＝CF＝1,说明AX高8位含有有效数值,不是符号扩展
```

计算二进制数乘法：A5H × 64H。如果把它当作无符号数，用MUL指令结果为4074H（十进制数16500）。如果同样的数据编码采用IMUL指令如下：

```
imul bl             ;有符号字节乘法：AX＝DC74H,表示－9100
                    ;OF＝CF＝1,说明AX高8位含有有效数字,不是符号扩展
```

将A5H × 64H用IMUL指令执行，进行有符号数乘法，则结果为DC74H（十进制数－9100）。

2. 除法指令

```
DIV r8/m8           ;无符号字节除法：AL←AX÷r8/m8的商,
                    ;AH←AX÷r8/m8的余数
DIV r16/m16         ;无符号字除法：AX←DX.AX÷r16/m16的商,
                    ;DX←DX.AX÷r16/m16的余数
IDIV r8/m8          ;有符号字节除法：AL←AX÷r8/m8的商,
                    ;AH←AX÷r8/m8的余数
IDIV r16/m16        ;有符号字除法：AX←DX.AX÷r16/m16的商,
                    ;DX←DX.AX÷r16/m16的余数
```

除法指令实现两个二进制数的除法运算，包括字和字节两种操作。除法指令隐含使用AX和DX作为一个操作数，指令中给出的源操作数是除数。如果是字节除法，AX除以r8/m8，8位商存入AL，8位余数存入AH。如果是字除法，DX.AX除以r16/m16，16位商存入AX，16位余数存入DX。有符号除法时，余数与被除数的符号相同。

无符号除法指令DIV和有符号除法指令IDIV除操作数分别是无符号数和有符号数以外，其他都相同。与乘法指令类似，对同一个二进制编码，分别采用DIV和IDIV指令后，除商和余数也会不同。

例2.12　字数据除法：40003H ÷ 8000H。

```
mov dx,4
mov ax,3            ;DX.AX＝40003H,表示10进制数262147
mov word ptr[30h],8000h   ;[30H]＝8000H,表示无符号数32768、有符号数－32768
```

```
div word ptr[30h]                    ;商AX＝8,余数DX＝3
```

上述结果是无符号除法，同样数据有符号除法结果如下：

```
idiv word ptr[30h]                   ;商AX＝FFF8H,表示有符号数－8,余数DX＝3（符号与被除数相同）
```

除法指令使状态标志没有定义，但是却可能产生溢出。当被除数远大于除数时，所得的商就有可能超出它所能表达的范围。如果存放商的寄存器AL/AX不能表达，便产生溢出，8086CPU中就产生编号为0的内部中断（参见8.1.1节）。实用的程序中应该考虑这个问题。

对DIV指令，除数为0，或者在字节除时商超过8位，或者在字除时商超过16位，则发生除法溢出。对IDIV指令，除数为0，或者在字节除时商不在－128～127范围内，或者在字除时商不在－32 768～32 767范围内，则发生除法溢出。

2.4.4 十进制调整指令

十进制数在计算机中也要用二进制编码表示，这就是二进制编码的十进制数：BCD码。前述算术运算指令实现了二进制数的加减乘除，要实现十进制BCD码运算，还需对二进制运算结果进行调整。这是因为4位二进制码有16种编码代表0～F，而BCD码只使用其中10种编码代表0～9，当BCD码按二进制运算后，不可避免会出现6种不用的编码。十进制调整指令就是在需要时让二进制结果跳过这6种不用的编码，而仍以BCD码反映正确的BCD码运算结果。

8088支持压缩BCD码调整指令和非压缩BCD码调整指令。压缩BCD码就是通常的8421码，它用4个二进制位表示一个十进制位，1字节可以表示两个十进制位，即00～99。DAA和DAS指令分别实现加法和减法的压缩BCD码调整。

非压缩BCD码用8个二进制位表示一个十进制位，实际上只是用二进制位的低4位表示一个十进制位0～9，高4位任意（建议总设置为0，以免出错）。ASCII码中0～9的编码是30H～39H，所以0～9的ASCII码（高4位变为0）就可以认为是非压缩BCD码。AAA、AAS、AAM和AAD指令依次实现非压缩BCD码的加减乘除法调整。下表简单对比了4种编码数据：

真值（十进制）	二进制编码	压缩BCD码	非压缩BCD码	ASCII码
8	08H	08H	08H	38H
64	40H	64H	0604H	3634H

2.5 位操作类指令

当需要对字节或字数据中的各个二进制位进行操作时，可以考虑采用位操作类指令。

2.5.1 逻辑运算指令

```
AND  dest,src        ;逻辑与指令：dest←dest ∧ src   （符号∧表示逻辑与）
OR   dest,src        ;逻辑或指令：dest←dest ∨ src   （符号∨表示逻辑或）
XOR  dest,src        ;逻辑异或指令：dest←dest ⊕ src  （符号⊕表示逻辑异或）
TEST dest,src        ;测试指令：dest ∧ src   （符号∧表示逻辑与）
NOT  reg/mem         ;逻辑非指令：reg/mem←~reg/mem   （符号~表示逻辑反）
```

逻辑运算指令用来对字或字节按位进行逻辑运算：

- 逻辑与AND：只有相"与"的两位都是1，结果才是1；否则，"与"的结果为0。
- 逻辑或OR：只要相"或"的两位有一位是1，结果就是1；否则，"或"的结果为0。
- 逻辑非NOT：原来为0的位变成1，原来为1的位变成0。
- 逻辑异或XOR：相"异或"的两位不相同时，结果是1；否则，"异或"的结果为0。

双操作数逻辑指令AND、OR、XOR和TEST所支持的操作数组合同加减法指令一样。双操作数逻辑指令均设置CF=OF=0，根据结果设置SF、ZF和PF状态，而对AF未定义。注意，单操作数逻辑非指令NOT不影响标志位。

TEST指令对两个操作数执行按位的逻辑与运算，但结果不回到目的操作数，只根据结果来设置状态标志。TEST指令通常用于检测一些条件是否满足，但又不希望改变原操作数的情况。这条指令之后，一般都是条件转移指令，目的是利用测试条件转向不同的程序段。

例2.13 逻辑运算。

```
mov al,75h          ;AL＝75H
and al,32h          ;AL＝30H,CF＝OF＝0、SF＝0、ZF＝0、PF＝1
or  al,71h          ;AL＝71H,CF＝OF＝0、SF＝0、ZF＝0、PF＝1
xor al,0f1h         ;AL＝80H,CF＝OF＝0、SF＝1、ZF＝0、PF＝0
not al              ;AL＝7FH,标志不变,同上一条指令的标志
```

逻辑运算指令除可进行逻辑运算外，经常用于设置某些位为0、为1或求反。AND指令可用于复位某些位（同"0"与），但不影响其他位（同"1"与）。OR指令可用于置位某些位（同"1"或），而不影响其他位（同"0"或）。XOR可用于求反某些位（同"1"异或），而不影响其他位（同"0"异或）。

例2.14 字母大小写的转换。

在编程时经常需要对英文字母大小写进行转换，利用逻辑运算指令实现这种转换非常容易。通过ASCII码表，我们可以发现大写字母与小写字母仅D_5位不同。例如，大写字母A的ASCII码值为41H（01000001B）、$D_5=0$，而小写字母a＝61H（01100001B）、$D_5=1$。所以，当明确是对某个字母进行大小写转换时（假设在BL寄存器中），可以如下编程：

```
and bl,11011111b    ;小写转换为大写：D₅清0,其
                     余位不变
or  bl,00100000b    ;大写转换为小写：D₅置1,其
                     余位不变
xor bl,00100000b    ;大小写互相转换：D₅求反,其
                     余位不变
```

另外，我们也发现，大小写字母之间都是相差20H，所以利用"SUB BL,20H"指令可以将小写字母转换为大写，利用"ADD BL, 20H"指令可以将大写字母转换为小写。

2.5.2 移位指令

移位指令分逻辑移位和算术移位，分别具有左移或右移操作，如图2-11所示。

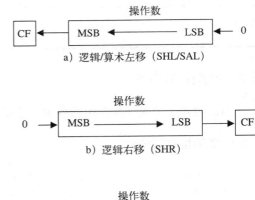

a) 逻辑/算术左移（SHL/SAL）

b) 逻辑右移（SHR）

c) 算术右移（SAR）

图2-11 移位指令的示意图

```
SHL reg/mem,1/CL        ;逻辑左移:reg/mem左移1/CL位,最低位补0,最高位进入CF
SHR reg/mem,1/CL        ;逻辑右移:reg/mem右移1/CL位,最高位补0,最低位进入CF
SAL reg/mem,1/CL        ;算术左移,与SHL是同一条指令
SAR reg/mem,1/CL        ;算术右移:reg/mem右移1/CL位,最高位不变,最低位进入CF
```

四条(实际为三条)移位指令的目的操作数可以是寄存器或存储单元。后一个操作数表示移位位数,该操作数为1,表示移动一位;当移位位数大于1时,则用CL寄存器值表示,该操作数表达为CL。

移位指令按照移入的位设置进位标志CF,根据移位后的结果影响SF、ZF、PF,对AF没有定义。如果进行一位移动,则按照操作数的最高符号位是否改变,相应设置溢出标志OF:如果移位前的操作数最高位与移位后操作数的最高位不同(有变化),则OF=1;否则OF=0。当移位次数大于1时,OF不确定。

例2.15 数据移位(注意:PF标志只反映低8位中1的个数)。

```
mov dx,6075h  ;DX=01100000 01110101B
shl dx,1      ;DX=11000000 11101010B,CF=0,SF=1、ZF=0、PF=0,OF=1
sar dx,1      ;DX=11100000 01110101B,CF=0,SF=1、ZF=0、PF=0,OF=0
shr dx,1      ;DX=01110000 00111010B,CF=1,SF=0、ZF=0、PF=1,OF=1
mov cl,4      ;CL=4,标志不变
sar dx,cl     ;DX=00000111 00000011B,CF=1,SF=0、ZF=0、PF=1
```

逻辑移位指令可以实现无符号数的乘或除2,4,8,…。SHL指令执行一次逻辑左移位,原操作数每位的权增加了一倍,相当于乘2;SHR指令执行一次逻辑右移位,相当于除以2,商在操作数中,余数由CF标志反映。

a) 左循环移位(ROL)

例2.16 将AL寄存器中的无符号数乘以10。

```
xor ah,ah     ;利用异或运算,实现AH=0,同时使CF=0
shl ax,1      ;AX←2×AL
mov bx,ax     ;BX←AX=2×AL
shl ax,1      ;AX←4×AL
shl ax,1      ;AX←8×AL
add ax,bx     ;AX=8×AL+2×AL=10×AL
```

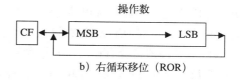

b) 右循环移位(ROR)

2.5.3 循环移位指令

循环移位指令类似移位指令,但要将从一端移出的位返回到另一端形成循环。可分成不带进位循环移位和带进位循环移位,分别具有左移或右移操作,如图2-12所示。

c) 带进位左循环移位(RCL)

```
ROL reg/mem,1/CL        ;不带进位循环左移
ROR reg/mem,1/CL        ;不带进位循环右移
RCL reg/mem,1/CL        ;带进位循环左移
RCR reg/mem,1/CL        ;带进位循环右移
```

d) 带进位右循环移位(RCR)

图2-12 循环移位指令的示意图

循环移位指令的操作数形式与移位指令相同,按指令功能设置进位标志CF,但不影响SF、

ZF、PF、AF标志。对OF标志的影响，循环移位指令与前面介绍的移位指令一样。

例2.17 将DVAR指定的64位数逻辑右移一位（画图看看）。

```
shr word ptr dvar+6,1    ;最高字逻辑右移一
                          位,D48移入CF
rcr word ptr dvar+4,1    ;CF移入D47,次高字
                          右移一位,D32移入CF
rcr word ptr dvar+2,1    ;CF移入D31,次低字
                          右移一位,D16移入CF
rcr word ptr dvar+0,1    ;CF移入D15,最低字
                          右移一位
```

汇编语言程序设计中，经常要将数据在不同编码间进行相互转换，这时利用位操作类指令是很方便的。

例2.18 将DBCD开始的2个字节存放的2位非压缩BCD码合并到DL中。

```
mov dl,dbcd              ;取低字节
and dl,0fh               ;只要低4位
mov dh,dbcd+1            ;取高字节
mov cl,4
shl dh,cl               ;移到高4位
or dl,dh                ;合并
```

2.6 控制转移类指令

一条指令执行后，需要确定下一条执行的指令，也就是确定下一条执行指令的地址，这被称为指令寻址。程序顺序执行，下一条指令在存储器中紧邻着前一条指令，指令指针寄存器IP自动增量，这就是指令的顺序寻址。程序转移则是控制程序流程从当前指令跳转到目的地指令，实现程序分支、循环或调用等结构，这就是指令的跳转寻址。目的地指令所在的存储器地址称为目的地址、目标地址或转移地址，指令寻址实际上主要是指跳转寻址，也称为目标地址寻址。8088/8086处理器设计有相对、直接和间接三种指明目标地址的方式，其基本含义类似于对应的存储器数据寻址方式。图2-13汇总了各种寻址方式（包括2.2节介绍的数据寻址）。

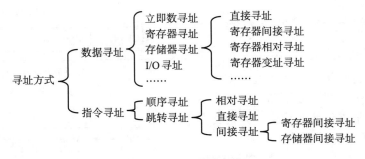

图2-13 寻址方式

8088/8086 CPU中，程序代码安排在代码段，由代码段寄存器CS指定段地址，指令指针IP指定偏移地址。控制转移类指令修改CS和IP寄存器的值来改变程序的执行顺序，具体的寻址方式（参见图2-14）是：

- 相对寻址方式——指令代码中提供目的地址相对于当前IP的位移量，转移到的目的地址（转移后的IP值）就是当前IP值加上位移量。向地址增大方向转移时，位移量为正；向地址减小方向转移时，位移量为负。
- 直接寻址方式——指令代码中提供目的地的逻辑地址，转移后的CS和IP值直接来自指令操作码后的目的地址操作数。
- 间接寻址方式——指令代码中指示寄存器或存储单元，目的地址从寄存器或存储单元中间接获得，分别被称为指令寻址的寄存器间接寻址和存储器间接寻址。

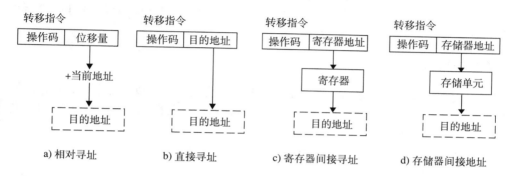

图2-14　指令寻址

汇编语言在表达相对寻址和直接寻址时，采用目的地址的标号label；表达间接寻址时，采用寄存器名和存储器操作数。目的地址也称为目标地址或转移地址。

转移到的目的地址有多远呢？8088分成了段内转移和段间转移。

- 段内转移——在当前代码段64KB范围内转移，不需要更改CS段地址，只要改变IP偏移地址。这种转移也称为"近转移"（near jump），它可在±32KB范围跳转。

　　　段内转移的范围如果在−128～+127之间，这个位移量可以用一个字节表达，我们称其为"短转移"（short jump）。

- 段间转移——从当前代码段跳转到另一个代码段，此时需要更改CS段地址和IP偏移地址。这种转移也称为"远转移"（far jump），它在8088支持的1MB物理地址范围跳转。

对于段内转移，目的地址只需要用一个16位数表达偏移地址或位移量，被称为16位近指针。对于段间转移，目的地址必须用一个32位数表达逻辑地址，被叫作32位远指针。

2.6.1　无条件转移指令

所谓无条件转移，就是无任何先决条件就能使程序改变执行顺序。处理器只要执行无条件转移指令JMP，就能使程序转到指定的目的地址，从目的地址开始执行指令。

JMP指令根据目的地址寻址方式和转移范围，可以分成4种情况。

- 段内相对转移JMP指令，用距离标号处的位移量加上当前偏移地址形成转移后的偏移地址；程序跳转到标号所在的位置处，开始执行那里的指令。

```
JMP label                ;段内转移、相对寻址：IP←IP＋位移量
```

- 段内间接转移JMP指令，将一个16位寄存器或主存字单元内容送入IP寄存器，作为新的指令指针，没有修改CS寄存器。

```
JMP r16/m16              ;段内转移、间接寻址：IP←r16/m16
```

- 段间直接转移JMP指令，将标号所在段的段地址作为新的CS值，标号在该段内的偏移地址作为新的IP值；这样，程序跳转到标号所在的新代码段执行。

```
JMP far ptr label        ;段间转移、直接寻址：IP←偏移地址，CS←段地址
```

- 段间间接转移JMP指令，用一个双字存储单元表示要跳转的目标地址。这个目标地址存放在主存中连续的两个字单元中，其中低字送IP寄存器，高字送CS寄存器。

```
JMP far ptr mem          ;段间转移，间接寻址：IP←[mem]，CS←[mem+2]
```

通常，汇编程序能够根据标号的位置自动生成短转移、近转移或远转移指令。当不能明确或需要强制更改时，可以利用汇编程序提供的短转移short、近转移near ptr和远转移far ptr操作符。

2.6.2 条件转移指令

条件转移指令Jcc根据指定的条件确定程序是否发生转移。如果满足条件，则程序转移到目的地址去执行程序；不满足条件，则程序将顺序执行下一条指令（如图2-15所示）。其通用格式为：

```
Jcc    label             ;条件满足，发生转移：IP←IP+8位位移量；
                         ;否则，顺序执行
```

8086/8088 CPU的条件转移指令Jcc只支持相对短转移寻址方式，因而只能实现段内−128～+127个单元范围的跳转。条件转移指令不影响标志，但要利用标志。条件转移指令Jcc中的cc表示利用标志判断的条件，共有16种，如表2-3所示。表中斜线分隔了同一条指令的多个助记符形式，这只是为了利于记忆，方便使用。根据判定的标志位的不同，Jcc指令可以分成两种情况。

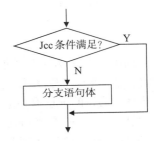

图2-15　条件转移指令Jcc的执行流程

表2-3　条件转移指令中的条件cc

助记符	标志位	英文含义	中文说明
JZ/JE	ZF=1	Jump if Zero / Equal	等于零/相等
JNZ/JNE	ZF=0	Jump if Not Zero / Not Equal	不等于零/不相等
JS	SF=1	Jump if Sign	符号为负
JNS	SF=0	Jump if Not Sign	符号为正
JP/JPE	PF=1	Jump if Parity/Parity Even	"1"的个数为偶
JNP/JPO	PF=0	Jump if Not Parity/Parity Odd	"1"的个数为奇
JO	OF=1	Jump if Overflow	溢出
JNO	OF=0	Jump if Not Overflow	无溢出
JC/JB/JNAE	CF=1	Jump if Carry / Below / Not Above or Equal	进位/低于/不高于等于
JNC/JNB/JAE	CF=0	Jump if Not Carry / Not Below / Above or Equal	无进位/不低于/高于等于
JBE/JNA	CF=1或ZF=1	Jump if Below / Not Above	低于等于/不高于
JNBE/JA	CF=0且ZF=0	Jump if Not Below or Equal / Above	不低于等于/高于
JL/JNGE	SF≠OF	Jump if Less / Not Greater or Equal	小于/不大于等于
JNL/JGE	SF=OF	Jump if Not Less / Greater or Equal	不小于/大于等于
JLE/JNG	SF≠OF或ZF=1	Jump if Less or Equal / Not Greater	小于等于/不大于
JNLE/JG	SF=OF且ZF=0	Jump if Not Less or Equal / Greater	不小于等于/大于

因为条件转移指令要利用影响标志的指令执行后的标志状态形成判定条件，所以在条件

转移指令之前，常有比较CMP、测试TEST、加减运算、逻辑运算等指令。

1. 判断单个标志位状态

这组指令单独判断5个状态标志之一，根据某个状态标志是0或1决定是否跳转。

- JZ（JE）和JNZ（JNE）利用零标志ZF，分别判断结果是零（相等）还是非零（不等）。
- JS和JNS利用符号标志SF，分别判断结果是负还是正。
- JO和JNO利用溢出标志OF，分别判断结果是溢出还是没有溢出。
- JP（JPE）和JNP（JPO）利用奇偶标志PF，判断结果中"1"的个数是偶数还是奇数。
- JC和JNC，利用进位标志CF，判断结果是有进位（为1）还是无进位（为0）。

例2.19 将AX中存放的无符号数除以2，如果是奇数则加1后除以2。

本例中首先需要考虑的问题就是：如何判断AX中的数据是奇数还是偶数？显然，判断AX最低位是0（偶数），还是1（奇数）就可以了。

那么怎么判断呢？这个问题涉及的是数值中一个位，故用位操作类指令。例如，用逻辑与指令将除最低位外的其他位变成0，保留最低位不变。判断运算后若这个数据是0，AX就是偶数；否则，为奇数。判断运算结果是否为0，应该用零位标志ZF，于是这就用到JZ或JNZ指令。考虑奇数需要加1操作，所以判断为偶数转移不需处理，应采用JZ指令。为了避免AND指令改变AX，所以使用TEST指令。

```
        test ax,01h      ;测试AX的最低位D_0，同时使CF＝0
        jz even          ;标志ZF＝1，即D_0＝0：AX内是偶数，程序转移
        add ax,1         ;标志ZF＝0，即D_0＝1：AX内的奇数加1
even:   shr ax,1         ;AX←AX÷2
```

最后利用逻辑右移一位实现除以2。不过，本例如果采用RCR指令代替SHR指令更好，它能正确处理AX＝FFFFH时的特殊情况。因为AX＝FFFFH加1后进位，但AX＝0；SHR指令右移AX一位，AX＝0；而RCR指令带进位右移AX一位，AX＝8000H。显然，后者结果正确。这就要求采用ADD指令实现加1影响进位标志，而不能采用INC指令加1不影响进位标志。

本例也可以将AX最低位用移位指令移至进位标志，判断进位标志是0，AX就是偶数；否则，为奇数。程序段如下：

```
        mov bx,ax        ;将AX内容传送给BX，利用BX判断以免改变AX内容
        shr bx,1         ;将BX的最低位D_0移进CF，还可以用SAR、ROR和RCR指令
        jnc even         ;标志CF＝0，即D_0＝0：AX内是偶数，程序转移
        add ax,1         ;标志CF＝1，即D_0＝1：AX内的奇数，加1
even:   shr ax,1         ;AX←AX÷2
```

我们也可以考虑将最低位用移位指令移至最高位（符号位），判断符号标志是0，AX就是偶数；否则，为奇数。程序段如下：

```
        mov bx,ax
        ror bx,1         ;将AX的最低位D_0移进最高位（符号位SF）
        jns even         ;标志SF＝0，即D_0＝0：AX内是偶数，程序转移（注意有问题！）
        add ax,1         ;标志SF＝1，即D_0＝1：AX内的奇数，加1
even:   shr ax,1         ;AX←AX÷2
```

但是，这个解答却隐含一个不易被察觉的错误。因为循环移位指令根本不影响SF标志，所以利用JNS或JS指令也就没有了判断依据。不过，我们在JNS指令前增加一个"ADD BX,0"

指令就可以了。

例2.20　寄存器AL中是字母Y（含大小写），则令AH＝0，否则令AH＝－1。

```
            cmp al,'y'          ;比较AL与小写字母y（ASCII码值）
            je next             ;相等,转移
            cmp al,'Y'          ;不相等,继续比较AL与大写字母Y（ASCII码值）
            je next             ;相等,转移
            mov ah,-1           ;不相等：AH←－1（处理器内部表达为补码FFH）
            jmp done            ;无条件转移,跳过另一个分支
    next:   mov ah,0            ;相等的处理
    done:   ……
```

PF标志的典型应用是实现奇偶校验。使包括校验位在内的字符中为"1"的个数恒为奇数就是奇校验，个数恒为偶数则是偶校验。

例2.21　对DL寄存器中8位数据进行偶校验，校验位存入CF标志。

```
            test dl,0ffh        ;使CF=0,同时设置PF标志
            jpe done            ;DL中"1"的个数为偶数,正好CF=0,转向done
            stc                 ;DL中"1"的个数为奇数,设置CF=1
    done:   ……                 ;完成
```

2. 比较数据大小

整数分无符号数和有符号数，判断大小时需要利用不同的状态标志，所以有两组指令。

无符号数的大小用高（Above）、低（Below）表示，它需要利用CF确定高低、利用ZF标志确定相等（Equal）。两数的高低分成4种关系，对应4条指令。

- JB（JNAE）表示目的操作数低于（不高于等于）源操作数。
- JNB（JAE）表示目的操作数不低于（高于等于）源操作数。
- JBE（JNA）表示目的操作数低于等于（不高于）源操作数。
- JNBE（JA）表示目的操作数不低于等于（高于）源操作数。

判断有符号数的大（Greater）、小（Less），需要组合OF、SF标志，并利用ZF标志确定相等与否。两数的大小分成4种关系，分别对应4条指令。

- JL（JNGE）表示目的操作数小于（不大于等于）源操作数。
- JNL（JGE）表示目的操作数不小于（大于等于）源操作数。
- JLE（JNG）表示目的操作数小于等于（不大于）源操作数。
- JNLE（JG）表示目的操作数不小于等于（大于）源操作数。

两个数据还有是否相等的关系，这时不论是无符号数还是有符号数，都用JE和JNE指令。如果相等的两个数据相减，结果当然是0，所以JE就是JZ指令；不相等的两个数据相减，结果一定不是0，同样JNE就是JNZ指令。

例2.22　将AX和BX中较大的数值存放在WMAX内存单元。

```
            cmp ax,bx           ;比较AX和BX
            jae next            ;若AX≥BX（无符号数）,转移到next
            xchg ax,bx          ;若AX<BX,交换
    next:   mov wmax,ax
```

如果AX和BX存放的是有符号数，则条件转移指令应采用jge。

2.6.3 循环指令

一段代码序列多次执行就是循环。8088 CPU设计了针对CX计数器的计数循环指令。

```
LOOP label          ;循环：CX←CX-1;若CX≠0,转移
LOOPE label         ;相等循环：CX←CX-1;若CX≠0且ZF=1,转移
LOOPNE label        ;不等循环：CX←CX-1;若CX≠0且ZF=0,转移
JCXZ label          ;为0循环：CX=0,转移
```

LOOP指令首先将计数值CX减1，然后判断计数值CX是否为0。若不为0，则转移到标号处执行；若等于0，顺序执行后面的指令。LOOPE（另一个助记符是LOOPZ）和LOOPNE（还可以用LOOPNZ）指令中又要求同时ZF为1或0才进行转移，用于判断结果是否相等（或为零），以便提前结束循环。标号到循环指令之间的代码序列就是循环体。

JCXZ指令判定CX是否为0，当CX等于0，转移到标号处，否则顺序执行指令。该指令通常用在循环程序的开始，使得在循环次数为0时能够跳过循环体（参见图2-16）。

循环指令中的操作数label只能采用相对短转移寻址方式，转移范围较小（段内 $-128\sim+127$ 个单元）。另外，循环指令不影响标志。

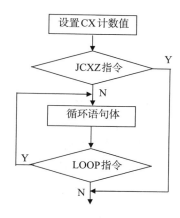

图2-16 循环指令的典型应用

例2.23 将数据段的Sbuf指示的1KB数据传送到附加段的Dbuf缓冲区。

```
          mov cx,400h            ;设置循环次数：1K=1024=400H
          mov si,offset sbuf     ;设置循环初值：SI指向数据段源缓冲区开始
          mov di,offset dbuf     ;DI指向附加段目的缓冲区开始
again:    mov al,[si]            ;循环体：实现数据传送
          mov es:[di],al
          inc si                 ;SI和DI指向下一个单元
          inc di
          loop again             ;循环条件判定：循环次数减1,不为0转移（循环）
```

LOOP指令能够实现简单的计数循环，比较常用。实际上，它相当于如下两条指令：

```
dec cx                ;CX减1
jnz again             ;不为0转移
```

2.6.4 子程序指令

当经常需要执行一段特定功能的指令序列时，就可以把它编写成一个子程序。当主程序（调用程序）需要执行这个功能时，用CALL指令调用该子程序（被调用程序），于是，程序转移到这个子程序的起始处执行。在子程序最后，用RET指令返回调用它的主程序，继续执行后续指令。CALL和RET指令均不影响标志位。

不同于前面转移指令的有去无回，子程序调用需要返回。因此，调用指令CALL在改变CS和IP之前，需要保存返回来的逻辑地址。返回来的位置是紧接在CALL指令后的指令，保存返回地址的方法就是压入堆栈。这样，从堆栈中弹出返回地址，子程序就可以返回到主程序，这正是返回指令RET的功能（如图2-17所示）。

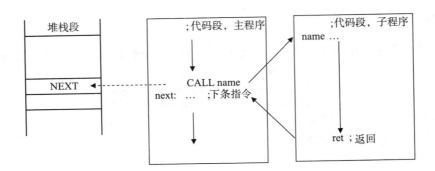

图2-17　调用和返回指令的功能

1. 子程序调用指令CALL

CALL指令用在主程序中，实现子程序的调用。根据子程序的调用范围和寻址方式，CALL指令可以分成4种情况（类似无条件转移JMP指令）。

- 相对寻址的段内调用CALL指令，需要将IP压入堆栈，然后转移。

```
CALL label                ;IP入栈：SP←SP-2,SS:[SP]←IP
                          ;实现转移：IP←IP+16位位移量
```

- 间接寻址的段内调用CALL指令，需要将IP压入堆栈，然后转移。

```
CALL r16/m16              ;IP入栈：SP←SP-2,SS:[SP]←IP
                          ;实现转移：IP←r16/m16
```

- 直接寻址的段间调用CALL指令，需要将CS和IP压入堆栈，然后转移。

```
CALL far ptr label        ;CS入栈：SP←SP-2,SS:[SP]←CS
                          ;IP入栈：SP←SP-2,SS:[SP]←IP
                          ;实现转移：IP←label偏移地址,CS←label段地址
```

- 间接寻址的段间调用CALL指令，需要将CS和IP压入堆栈，然后转移。

```
CALL far ptr mem          ;CS入栈：SP←SP-2,SS:[SP]←CS
                          ;IP入栈：SP←SP-2,SS:[SP]←IP
                          ;实现转移：IP←[mem],CS←[mem+2]
```

实际编程中，汇编程序会自动确定是段内还是段间调用，同时也可以采用near ptr或far ptr操作符强制成为近调用或远调用。

2. 子程序返回指令RET

RET指令用在子程序中，实现子程序的返回。根据返回范围和有无参数，RET指令也有4种情况。

```
RET           ;无参数、段内返回。弹出IP：IP←SS:[SP],SP←SP+2
RET i16       ;有参数、段内返回。弹出IP：IP←SS:[SP],SP←SP+2
              ;调整指针：SP←SP+i16
RET           ;无参数、段间返回。弹出IP：IP←SS:[SP],SP←SP+2
              ;弹出CS：CS←SS:[SP],SP←SP+2
RET i16       ;有参数段间返回：弹出IP：IP←SS:[SP],SP←SP+2
              ;弹出CS：CS←SS:[SP],SP←SP+2
              ;调整指针：SP←SP+i16
```

尽管段内返回和段间返回具有相同的汇编助记符，但汇编程序会自动产生不同的指令代码。返回指令若带有一个立即数i16，则堆栈指针SP将增加，即SP←SP+i16。这个特点使程序可以方便地废除若干执行CALL指令以前入栈的参数。

例2.24 编写一个将DL低4位中的一位十六进制数转换成对应ASCII码的子程序。

```
htoasc    proc              ;定义一个过程,名称为htoasc
          and dl,0fh        ;只取DL的低4位
          or dl,30h         ;DL高4位变成3 (0~9的ASCII码是30H~39H)
          cmp dl,39h        ;是0~9,还是0AH~0FH (A~F的ASCII码是41H~46H)
          jbe htoend        ;小于等于39H,DL低4位的数值在0~9之间
          add dl,7          ;数值在0AH~0FH间,其ASCII码值还要加上7 (39H与41H相隔7)
htoend:   ret               ;子程序返回,出口参数:DL=转换的ASCII码
htoasc    endp              ;过程结束
```

在汇编语言中,采用过程定义伪指令PROC实现子程序设计(详见3.6.1节)。主程序采用子程序名作为标号实现调用,但调用前要向子程序提供入口参数(调用程序向子程序提供的数据),调用后要处理子程序返回的出口参数(子程序返回给调用程序的结果)。

```
mov dl,28h             ;提供入口参数:DL低4位=一位十六进制数
call htoasc            ;调用子程序
……                    ;处理出口参数DL,例如显示
```

2.6.5 中断指令和系统功能调用

处理器因为某种原因将当前程序挂起(暂停),转去处理这个特殊事件的程序,处理结束再返回被挂起的程序,上述过程称为"中断"(Interrupt)。当前程序被挂起的位置称为"断点",处理特殊事件的程序称为"中断服务程序"。中断是一种特殊的改变程序执行顺序的方法,我们将在6.4节和第7章展开。

1. 中断指令

8088 CPU支持256个中断,有多种类型,每个中断用一个中断编号来区别。这个被称为中断向量号的编号可以用一个字节表示,即中断0~中断255。

8088中断指令的地址寻址方法不同于其他控制转移类指令。中断服务程序本身可以安排在主存任何位置,但起始地址则按向量号顺序存放在最低000H~3FFH的 1KB物理存储器中,形成一个中断向量表。指令中只要指明是第几个中断就可以转入该中断服务程序。

```
INT i8     ;中断调用指令:产生i8号中断
IRET       ;中断返回指令:实现中断返回
INTO       ;溢出中断指令:若溢出标志OF=1,产生4号中断;否则顺序执行
```

2. 系统功能调用方法

中断调用指令的执行过程非常类似于子程序的调用,只不过要保存和恢复标志寄存器。计算机系统常利用中断为用户提供硬件设备的驱动程序。IBM PC系列微机中的基本输入输出系统ROM-BIOS和操作系统DOS都提供了丰富的中断服务程序让程序员使用。

另一方面,汇编程序提供给汇编语言程序员的功能非常有限,程序员只能利用ROM-BIOS和操作系统提供的资源,所以系统功能调用是汇编语言程序设计的一个重要方面。

ROM-BIOS和DOS功能调用的方法一样,一般有如下4个步骤:

1)在AH寄存器中设置系统功能调用号。

2)在指定寄存器中设置入口参数。

3)用中断调用指令(INT i8)执行功能调用。

4)根据出口参数分析功能调用执行情况。

DOS功能调用的中断向量号主要是21H,ROM-BIOS主要是10H、13H、16H、17H等。因

为每个中断服务程序都提供了多个子功能，所以利用AH寄存器区别各个子功能。

　　3. DOS输入输出功能调用

　　表2-4简单罗列了DOS的主要输入输出类功能调用，我们将进一步说明，以掌握使用方法。其中所谓标准输入和输出设备默认分别就是键盘和显示器。表中的功能在调用时，如果在键盘上按下Ctrl-Break或Ctrl-C则退出当前程序，返回DOS。

表2-4　DOS常用的输入输出功能调用（INT 21H）

子功能号	功　　能	入口参数	出口参数
AH＝01H	从标准输入设备输入一个字符		AL＝输入字符的ASCII码
AH＝02H	向标准输出设备输出一个字符	DL＝欲显示字符的ASCII码	
AH＝09H	向标准输出设备输出一个字符串	DS：DX＝欲显示字符串 在内存中的首地址	
AH＝0AH	从标准输入设备输入一个字符串	DS：DX＝输入字符串 将在内存缓冲区的首地址	
AH＝0BH	判定标准输入设备是否有输入		AL＝0，没有输入； AL＝FFH，已有输入

- 执行AH＝01H号功能调用，将从键盘读取一个字符，并将该字符回显到屏幕上。若无字符可读，则一直等待到输入字符。输入字符的ASCII码值通过AL返回。
- 执行AH＝02H号功能调用，将在显示器当前光标位置显示DL给定的字符，且光标移动到下一个字符位置。当输出响铃字符（ASCII码为07H）、退格字符（08H）、回车字符（0DH）和换行字符（0AH）时，该功能调用可以自动识别并能进行相应处理。

例2.25　创建一个实现屏幕光标回车和换行的子程序。

```
crlf    proc                ;子程序名crlf，无入口、出口参数
        push ax             ;保护使用到的寄存器值
        push dx
        mov ah,02h          ;设置功能号：AH←02H
        mov dl,0dh          ;提供入口参数：DL←0DH（回车）
        int 21h             ;DOS功能调用：显示
        mov ah,02h          ;设置功能号：AH←02H
        mov dl,0ah          ;提供入口参数：DL←0AH（换行）
        int 21h             ;DOS功能调用：显示
        pop dx
        pop ax              ;恢复被改变的寄存器值
        ret                 ;子程序返回
crlf    endp
```

- 执行AH＝09H号功能调用，从当前光标开始显示DS:DX指向的字符串。DS存放字符串在内存的段地址，DX存放偏移地址。注意，该调用要求字符串必须以字符"$"（ASCII码值是24H）结束。该调用也可以输出回车和换行字符产生回车和换行的作用。

　　特别提醒，2号功能会破坏AX内容，9号功能会破坏DX内容。

例2.26　提示按任意键继续，并实现按键后继续功能。

```
                ;在数据段定义要显示的字符串
msgkey  db 'Press any Key to Continue ......',"$"    ;最后一个'$'不能少
                ;在代码段编写程序
```

```
    ......                       ;含有设置DS的程序段
    mov ah,09h                   ;设置功能号：AH←09H
    mov dx,offset msgkey         ;提供入口参数：DX←字符串的偏移地址
    int 21h                      ;DOS功能调用：显示
    mov ah,01h                   ;设置功能号：AH←01H
    int 21h                      ;按键后退出功能调用,继续执行后续指令
```

- 执行AH＝0AH号功能调用，等待用户输入一个或多个字符，最后用回车确认，输入字符的ASCII码顺序放在DS:DX指定的内存缓冲区，并在屏幕回显。使用0AH号调用，程序员应事先定义好缓冲区，并且注意缓冲区的格式：第1字节填入最多欲接收的字符个数（可以是1～255，包括最后的回车符），留出第2字节用于存放功能调用时实际输入的字符个数（这里不包括回车符），从第3字节开始才存放实际输入的字符串ASCII码，应留够最大字符数所要求的空间。实际输入的字符数多于定义数时，多出的字符被丢掉，最后一个字符是回车符（0DH）。执行本调用时，可使用标准键盘的编辑命令，如退格等。

```
              ;定义0AH号功能调用的缓冲区
buffer  db 9                     ;第1个字节填入可能输入的最大字符数（含最后的回车符）
        db 0                     ;第2个字节用于存放实际输入的字符数（不含最后的回车符）
        db 9 dup(0)              ;第3个字节开始用于存放输入的字符串（最后总是回车符）
```

这里DUP操作符表示重复，重复内容在后面括号内，重复次数在前面（本例是9）。假若某次执行0AH功能调用时，从键盘按了"abcd"和回车，则buffer缓冲区依次是：09H 04H 61H 62H 63H 64H 0DH 00H 00H 00H 00H。

4. ROM-BIOS输入输出功能调用

DOS功能调用提供了较丰富的通用中断服务程序，在汇编语言程序设计时，一般采用它就可以了。但是，当DOS尚未启动或不允许采用DOS调用的情况，就只有采用ROM-BIOS功能调用。ROM-BIOS提供了更基本的不依赖操作系统的功能调用。表2-5是ROM-BIOS中常用的输入输出功能。

表2-5　ROM-BIOS常用的输入输出功能调用

子功能号	功　　能	入口参数	出口参数	对应DOS功能号
AH＝00H (INT 16H)	从键盘输入一个字符		AX＝键值代码	01H
AH＝01H (INT 16H)	判定键盘是否有输入		ZF＝1，没有输入 ZF＝0，已有输入	0BH
AH＝0EH (INT 10H)	向屏幕输出一个字符	AL＝欲显示字符的ASCII码 BH＝显示页号		02H

- 键盘输入功能调用是INT 16H。其中，AH＝0实现一个字符的输入。当用户按键后，该调用返回键值代码给AX。按下标准ASCII码键：AL＝ASCII码，AH＝扫描码。按下扩展键：AL＝00H，AH＝键扩展码。按下"ALT＋小键盘数字按键"：AL＝ASCII码，AH＝00H。
- 键盘调用INT 16H的AH＝01H功能是判断是否有按键，用ZF标志返回结果。
- ROM-BIOS显示器输出功能调用是INT 10H。其中，AH＝0EH实现一个字符的输出，注意，通常使BX＝0。

例2.27　用ROM-BIOS功能调用显示按下的标准ASCII码字符。

```
mov ah,0                 ;功能号：AH←0
```

```
int 16h                     ;键盘功能调用（INT 16H）
;出口参数（也是下一个功能调用的入口参数）：AL←按键的ASCII码
mov bx,0                    ;入口参数：BX←0
mov ah,0eh                  ;功能号：AH←0EH
int 10h                     ;显示功能调用（INT 10H）
```

2.7　处理器控制类指令

处理器控制类指令用来控制CPU的状态，使CPU暂停、等待或空操作等。

```
NOP                 ;空操作指令
```

NOP指令不执行任何操作，但占用一个字节存储单元，空耗一个指令执行周期。该指令常用于程序调试。例如：在需要预留指令空间时用NOP填充，代码空间多余时也可以用NOP填充，还可以用NOP实现软件延时。

```
HLT                 ;暂停指令：CPU进入暂停状态
```

HLT指令使CPU进入暂停状态，这时CPU不进行任何操作。当CPU发生复位或发生外部中断时，CPU脱离暂停状态。HLT指令可用于程序中等待中断。当程序必须等待中断时，可用HLT，而不必用软件死循环。然后，中断使CPU脱离暂停状态，返回执行HLT的下一条指令。

处理器控制类指令包括2.1.4节介绍的段超越前缀指令，还有封锁总线的前缀指令LOCK、与浮点协处理器有关的交权指令ESC和等待指令WAIT。

习题

2.1　微处理器内部具有哪3个基本部分？8088分为哪两大功能部件？其各自的主要功能是什么？这种结构与8位CPU相比为什么能提高其性能？

2.2　说明8088的8个8位和8个16位通用寄存器各是什么？

2.3　什么是标志？状态标志和控制标志有什么区别？画出标志寄存器FLAGS，说明各个标志的位置和含义。

2.4　举例说明CF和OF标志的差异。

2.5　什么是8088中的逻辑地址和物理地址？逻辑地址如何转换成物理地址？1MB最多能分成多少个逻辑段？请将如下逻辑地址用物理地址表达：

(1) FFFFH:0　　(2) 40H:17H　　(3) 2000H:4500H　　(4) B821H:4567H

2.6　8088有哪4种逻辑段，各种逻辑段分别是什么用途？

2.7　什么是有效地址EA？8088的操作数如果在主存中，有哪些寻址方式可以存取它？

2.8　已知DS＝2000H，BX＝0100H，SI＝0002H，存储单元[20100H]～[20103H]依次存放12H、34H、56H、78H，[21200H]～[21203H]依次存放2AH、4CH、B7H、65H，说明下列每条指令执行完后AX寄存器的内容以及源操作数的寻址方式？

(1) mov ax,1200h　　　　　　　(2) mov ax,bx

(3) mov ax,[1200h]　　　　　　(4) mov ax,[bx]

(5) mov ax,[bx+1100h]　　　　(6) mov ax,[bx+si]

(7) mov ax,[bx][si+1100h]

2.9　说明下面各条指令的具体错误原因：

(1) mov cx,dl　　　　　　　　(2) mov ip,ax

(3) mov es,1234h   (4) mov es,ds
(5) mov al,300   (6) mov [sp],ax
(7) mov ax,bx+di   (8) mov 20h,ah

2.10 已知数字0～9对应的格雷码依次为18H、34H、05H、06H、09H、0AH、0CH、11H、12H、14H，保存在以table为首地址（设为200H）的连续区域中。请为如下程序段的每条指令加上注释，说明每条指令的功能和执行结果。

```
lea bx,table
mov al,8
xlat
```

2.11 给出下列各条指令执行后的AL值，以及CF、ZF、SF、OF和PF的状态：

```
mov al,89h
add al,al
add al,9dh
cmp al,0bch
sub al,al
dec al
inc al
```

2.12 请分别用一条汇编语言指令完成如下功能：
(1) 把BX寄存器和DX寄存器的内容相加，结果存入DX寄存器。
(2) 用寄存器BX和SI的基址变址寻址方式把存储器的一个字节与AL寄存器的内容相加，并把结果送到AL中。
(3) 用BX和位移量0B2H的寄存器相对寻址方式把存储器中的一个字和CX寄存器的内容相加，并把结果送回存储器中。
(4) 用位移量为0520H的直接寻址方式把存储器中的一个字与数3412H相加，并把结果送回该存储单元中。
(5) 把数0A0H与AL寄存器的内容相加，并把结果送回AL中。

2.13 设有4个16位带符号数，分别装在X、Y、Z、V存储单元中，阅读如下程序段，得出它的运算公式，并说明运算结果存于何处。

```
mov ax,X
imul Y
mov cx,ax
mox bx,dx
mov ax,Z
cwd
add cx,ax
adc bx,dx
sub cx,540
sbb bx,0
mov ax,V
cwd
sub ax,cx
sbb dx,bx
idiv X
```

2.14 给出下列各条指令执行后的结果，以及状态标志CF、OF、SF、ZF、PF的状态。

```
mov ax,1470h
and ax,ax
or ax,ax
xor ax,ax
not ax
test ax,0f0f0h
```

2.15 控制转移类指令中有哪三种寻址方式？

2.16 假设DS＝2000H，BX＝1256H，TABLE的偏移地址是20A1H，物理地址232F7H处存放3280H，试问执行下列段内间接寻址的转移指令后，转移的有效地址是什么？

(1) JMP BX   (2) JMP TABLE[BX]

2.17 判断下列程序段跳转的条件：

(1) xor ax,1e1eh   (2) test al,10000001b
    je equal   jnz there
(3) cmp cx,64h
    jb there

2.18 如下是一段软件延时程序，请问NOP指令执行了多少次？

```
            xor cx,cx
delay:      nop
            loop delay
```

2.19 有一个首地址为array的20个字的数组，说明下列程序段的功能。

```
            mov cx,20
            mov ax,0
            mov si,ax
sumlp:      add ax,array[si]
            add si,2
            loop sumlp
            mov total,ax
```

2.20 按照下列要求，编写相应的程序段：

(1) 由string指示的起始地址的主存单元中存放一个字符串（长度大于6），把该字符串中的第1个和第6个字符（字节量）传送给DX寄存器。

(2) 有两个32位数值，按"小端方式"存放在两个缓冲区buffer1和buffer2中，编写程序段完成DX.AX←buffer1−buffer2功能。

(3) 编写一个程序段，在DX高4位全为0时，使AX＝0；否则，使AX＝−1。

(4) 把DX.AX中的双字右移4位。

(5) 有一个100个字节元素的数组，其首地址为array，将每个元素减1（不考虑溢出或借位）存于原处。

2.21 AAD指令是用于除法指令之前，进行非压缩BCD码调整的。实际上，处理器的调整过程是：AL←AH×10＋AL，AH←0。如果指令系统没有AAD指令，请用一个子程序完成这个调整工作。

2.22 什么是系统功能调用？在汇编语言中，调用DOS系统功能的一般步骤是什么？

2.23 DAA指令的调整操作是：

(1) 如果AL的低4位是A～F，或者AF标志为1，则AL←AL＋6，且使AF＝1。

(2) 如果AL的高4位是A～F，或者CF标志为1，则AL←AL＋60H，且使CF＝1。

阅读如下子程序，说明它为什么能够实现AL低4位表示的一位十六进制数转换成对应的ASCII码。并且将该程序加上在屏幕显示的功能，编写成通用的子程序。

```
htoasc      proc
            and al,0fh
            add al,90h
            daa
            adc al,40h
            daa
            ret
htoasc      endp
```

2.24 乘法的非压缩BCD码调整指令AAM执行的操作是：AH←AL÷10的商，AL←AL÷10的余数。利用AAM可以实现将AL中的100以内的数据转换为ASCII码，程序如下：

```
xor ah,ah
aam
add ax,3030h
```

利用这段程序，编写一个显示AL中数值（0~99）的子程序。

2.25 编写一个程序段：先提示输入数字"Input Number：0~9"，然后在下一行显示输入的数字，结束；如果不是键入了0~9数字，就提示错误"Error!"，继续等待输入数字。

第3章 汇编语言程序设计

汇编语言是一种以处理器指令系统为基础的低级程序设计语言，采用助记符表达指令操作码，采用标识符表示指令操作数。利用汇编语言编写程序的主要优点是可以直接、有效地控制计算机硬件，因而容易创建代码序列短小、运行快速的可执行程序。在有些应用领域，汇编语言的作用是不容置疑和无可替代的。当然，作为一种低级语言，汇编语言也存在许多不足，例如，功能有限、编程繁难、依赖处理器指令，这些都限制了汇编语言的应用范围。

不论是汇编语言还是高级语言，程序设计的过程大致是相同的，一般都要经过问题分析、算法确定、框图表达、源程序编写等步骤。源程序编写完毕，需要录入编辑、汇编或编译、最后连接形成可执行文件；如果存在运行错误，则可以借助调试程序进行排错。

本章首先介绍汇编语言的源程序格式，展开其中每个部分，引出基本的汇编语言伪指令。然后，就顺序、分支、循环、子程序结构论述汇编语言的各种程序设计方法。需要明确的是，源程序格式仅是一个框架，伪指令只是辅助汇编的命令，我们的重点是在解决问题的编程技术上。

3.1 汇编语言的源程序格式

像其他程序设计语言一样，汇编语言对其语句格式、程序结构以及开发过程等也有相应的要求，它们本质上相同、方法上相似、具体内容各有特色。

3.1.1 语句格式

汇编语言源程序由语句序列构成，每条语句一般占一行，每行不超过132个字符（从MASM 6.0开始可以是512个字符）。上一章介绍过，汇编语句有相似的两种，一般都由分隔符分成的4个部分组成。

1）执行性语句——表达处理器指令，汇编后对应一条指令代码，格式如下：

标号：　　　　处理器指令助记符　操作数,操作数　　;注释

2）说明性语句——表达汇编程序命令，指示如何进行汇编，格式如下：

名字　　　　伪指令助记符　　　参数,参数,……　;注释

1. 标号与名字

执行性语句中，冒号前的标号表示处理器指令在主存中的逻辑地址，主要用于指示分支、循环等程序的目的地址，可有可无。说明性语句中的名字可以是变量名、段名、子程序名等，反映变量、段和子程序等的逻辑地址。标号采用冒号分隔处理器指令，名字采用空格或制表符分隔伪指令，据此也分开了两种语句。

标号和名字是用户自定义的符合汇编程序语法的标识符（Identifier）。标识符（也称为符号，Symbol）最多由31个字母、数字及规定的特殊符号（如 _、$、?、@）组成，不能以数字开头（与高级程序语言一样）。在一个源程序中，用户定义的每个标识符必须是唯一的，还

不能是汇编程序采用的保留字。保留字（Reserved Word）是编程语言本身需要使用的各种具有特定含义的标识符、也称为关键字（Key Word），汇编程序中主要有处理器指令助记符、伪指令助记符、操作符、寄存器名以及预定义符号等。

例如，msg、var2、buf、next、again都是合法的用户自定义标识符。而8var、ax、mov、byte则是不符合语法（非法）的标识符，原因是：8var以数字开头，其他是保留字。

默认情况下，汇编程序不区别包括保留字在内的标识符字母大小写。换句话说，汇编语言是大小写不敏感的。例如，对于寄存器名AX，还可以书写成ax等；string变量名还可以以String、STRING等形式出现，它们表达同一个变量。本书处理的原则是文字说明通常采用大写字母形式，语句中一般使用小写字母形式（首次引入或要引起注意时，会使用大写字母表达助记符）。

2. 助记符

助记符（Mnemonics）是帮助记忆指令的符号，反映指令的功能。处理器指令助记符可以是任何一条处理器指令，表示一种处理器操作。同一系列的处理器指令常会增加，不同系列处理器的指令系统不尽相同。伪指令助记符由汇编程序定义，表达一个汇编过程中的命令，随着汇编程序版本升级，伪指令会增加，功能也会增强。

例如，程序中使用最多的数据传送指令，其助记符是"MOV"。前一章我们学习的处理器指令都介绍了对应的助记符。

汇编语言源程序中使用最多的字节变量定义伪指令，其助记符是"DB"（或"BYTE"，取自Define Byte），功能是在主存中分配若干的存储空间，用于保存变量值，该变量以字节为单位存取。例如，可以用DB伪指令定义一个字符串，并使用变量名string表达其在主存的逻辑地址：

```
string    db 'Hello, Assembly !',0dh,0ah,'$'
```

其中0DH和0AH表示回车换行，字符串最后的"$"是9号DOS调用要求的字符串结尾字符。

变量名string包含段基地址和偏移地址，例如，可以用一个MASM操作符OFFSET获得其偏移地址，保存到DX寄存器，汇编语言指令如下：

```
mov dx,offset string      ; DX获得string的偏移地址
```

MASM操作符（Operator）是对常量、变量、地址等进行操作的关键字。例如，进行加、减、乘、除运算的操作符（也称运算符）与高级语言一样，依次是英文符号＋、－、*和/。

3. 操作数和参数

处理器指令的操作数表示参与操作的对象，可以是一个具体的常量，也可以是保存在寄存器中的数据，还可以是一个保存在存储器中的变量。双操作数的指令中，目的操作数写在逗号前，还用来存放指令操作的结果；对应地，逗号后的操作数就称为源操作数。

例如，指令"MOV DX,OFFSET STRING"中，"DX"是寄存器形式的目的操作数，"OFFSET STRING"经汇编后转换为一个具体的偏移地址，是常量形式的源操作数。

伪指令的参数可以是常量、变量名、表达式等，可以有多个，参数之间用逗号分隔。例如，在"'Hello, Assembly !', 0dh, 0ah, '$'"示例中，就用单引号表达了一个字符串"Hello, Assembly !"，接着是常量0DH和0AH（这两个常量在ASCII码表中分别表示回车和换行控制字符，其作用相当于C语言的"\n"），最后是一个数符"$"（作为字符串结尾）。

4. 注释

语句中分号后的内容是注释，它通常是对指令或程序片段功能的说明，是为了程序便于阅读而加上的，不是必须有的。必要时，一个语句行也可以由分号开始作为阶段性注释。汇编程序在翻译源程序时将跳过该部分，不对它们做任何处理。建议大家一定要养成书写注释的良好习惯。

语句的4个组成部分要用分隔符分开。标号后的冒号、注释前的分号以及操作数间和参数间的逗号都是规定采用的分隔符，其他部分通常采用空格或制表符作为分隔符。多个空格和制表符的作用与一个相同。另外，MASM也支持续行符"\"，表示本行内容与上一行内容属于同一个语句。注释可以使用英文书写，在支持汉字的编辑环境当然也可以使用汉字进行程序注释，但注意这些分隔符都必须使用英文标点，否则无法通过汇编。

良好的语句格式有利于编程，尤其是源程序阅读。在本书的汇编语言源程序中，标号和名字从首列开始书写，通过制表符对齐各个语句行的助记符，助记符之后用空格分隔操作数和参数部分（对于多个操作数和参数，按照语法要求使用逗号分隔），再利用制表符对齐注释部分。

3.1.2　源程序框架

汇编程序为汇编语言制定了严格的语法规范，例如，语句格式、标识符定义、保留字、注释符等。同样，汇编程序也为源程序书写设计了框架结构，包括数据段、代码段等的定义、程序起始执行的位置、汇编结束的标示等。

对应存储空间的分段管理，用汇编语言编程时也常将源程序分成代码段、数据段或堆栈段。需要独立运行的程序必须包含一个代码段，并指示程序执行的起始位置。需要执行的可执行性语句必须位于某个代码段内。说明性语句通常安排在数据段，或根据需要位于其他段。

MASM各版本支持多种汇编语言源程序格式。本书使用MASM 5.x和MASM 6.x版本的简化段定义格式，引出一个简单的源程序框架。其典型格式如下：

```
            .model small       ;定义程序的存储模式（small表示小型模式）
            .stack             ;定义堆栈段（默认是1KB空间）
            .data              ;定义数据段
            ……               ;数据定义
            .code              ;定义代码段
start:      mov ax,@data       ;程序起始点
            mov ds,ax          ;设置DS指向用户定义的数据段（@data表示数据段）
            ……               ;程序代码
            mov ax,4c00h
            int 21h            ;程序终止点，返回DOS
            ……               ;子程序代码
            end start          ;汇编结束
```

在简化段定义的源程序格式中，以圆点开始的伪指令说明程序的结构，必须具有存储模型伪指令.MODEL。随后，.STACK、.DATA和.CODE依次定义堆栈段、数据段和代码段，一个段的开始自动结束上一个段。代码段中，首先给DS赋值，使其指向该程序的数据段，便于后续指令访问数据段中的数据。此处的标号start（可任意）用于由END指令所指程序的起始执行点。最后程序利用4CH号DOS功能调用结束本程序的执行，返回DOS操作系统。

例3.1 信息显示程序。

与经典的第一个C语言程序——显示"Hello, World!"类似，我们用汇编语言显示一段信息。首先需要在数据段给出这个字符串，采用字节定义伪指令DB实现：

```
                ;数据段
string          db 'Hello, Assembly !',0dh,0ah,'$'    ;定义要显示的字符串
```

接着，需要在代码段编写显示字符串的程序：

```
;代码段
mov dx,offset string        ;指定字符串在数据段的偏移地址
mov ah,9
int 21h                     ;利用功能调用显示信息
```

将例3.1的数据定义书写在源程序框架的数据段定义伪指令.DATA后，在代码段中填入程序代码，就形成了一个汇编语言源程序，如下所示：

```
                .model small
                .stack
                .data
string          db 'Hello, Assembly !',0dh,0ah,'$'        ;定义要显示的字符串
                .code
start:          mov ax,@data
                mov ds,ax
                mov dx,offset string                       ;指定字符串在数据段的偏移地址
                mov ah,9
                int 21h                                    ;利用功能调用显示信息
                mov ax,4c00h
                int 21h
                end start
```

读者此时可以参照附录B的汇编语言开发方法，创建这个应用程序。

提醒大家注意的是，本章（以及后续章节）的例题程序都将如此处理，教材只给出数据段的变量定义、主程序和子程序代码等部分（除非有特别说明），以便将注意力集中于编程本身（而不是被烦琐的程序格式所困惑）。读者只要套入这个源程序框架就可以编辑成一个完整的汇编语言源程序文件。

现在，对绝大多数读者来说，都是从高级语言开始熟悉计算机程序设计的。虽然汇编语言不是高级语言，但它们都是程序设计语言，有许多本质上相同或相通的方面。所以，学习过程中不妨做些简单对比，这样，既可以巩固高级语言的知识，也有利于熟悉汇编语言，通过汇编语言还可以进一步加深对高级语言的理解。

1. 存储模型

存储模型（Memory Model）决定了一个程序的规模，也确定了子程序调用、指令转移和数据访问的默认属性。当使用简化段定义的源程序格式时，必须有存储模型.MODEL语句，且位于所有简化段定义语句之前。其格式为：

.MODEL 存储模型

.MODEL语句确定了程序采用的存储模型，MASM有7种模型可以选择，如表3-1所示。

表3-1　存储模型

存储模型	特　　点
TINY（微型模型）	创建COM类型程序，只有一个小于64KB的逻辑段（MASM 6.x支持）
SMALL（小型模型）	创建小应用程序，只有一个代码段和一个数据段，每段不大于64KB
COMPACT（紧凑模型）	创建代码少、数据多的程序，只有一个代码段（不大于64KB），但有多个数据段
MEDIUM（中型模型）	创建代码多、数据少的程序，可有多个代码段，但只有一个数据段（不大于64KB）
LARGE（大型模型）	创建大应用程序，可有多个代码段和多个数据段（静态数据小于64KB）
HUGE（巨型模型）	创建更大的应用程序，可有多个代码段和数据段，对静态数据没有限制
FLAT（平展模型）	创建一个32位的程序，运行在32位80x86CPU的Windows 9x或NT上

创建运行于DOS操作系统下的应用程序，可根据需要选择前6种模型，一般的小型程序（例如学习中的小程序）可以选用SMALL模型，大型程序选择LARGE模型。要创建COM程序只能用TINY模型，其他模型产生EXE程序。FLAT模型只能用于32位程序中，不能在DOS环境执行。当与高级语言混合编程时，两者的存储模型应该一致。

2. 逻辑段的简化定义

.STACK ［大小］

堆栈段定义伪指令.STACK创建一个堆栈段，段名是STACK。可选的"大小"参数指定堆栈段所占存储区的字节数，默认大小是1KB（1KB = 1024 = 400H字节）。堆栈段名可用@STACK预定义标识符表示。

.DATA

数据段定义伪指令.DATA创建一个数据段，段名是_DATA。数据段名可用@DATA预定义标识符表示。

.CODE ［段名］

代码段定义伪指令.CODE创建一个代码段，可选的"段名"参数指定该代码段的段名。如果没有给出段名，则采用默认段名：在TINY、SMALL、COMPACT和FLAT模型下，默认的代码段名是_TEXT；在MEDIUM、LARGE和HUGE模型下，默认的代码段名是模块名_TEXT。代码段名可用@CODE预定义标识符表示。

简化的段定义语句书写简短，语句.CODE，.DATA和.STACK分别表示代码段、数据段和堆栈段的开始，一个段的开始自动结束前面的一个段。使用简化段定义伪指令后，MASM汇编程序给程序员提供了预定义符号，用于指示各段名称和其他信息。采用简化段定义伪指令之前，必须有存储模型语句.MODEL。

3. 程序开始

为了指明程序开始执行的位置，需要使用一个标号，例题中采用了start标识符。

在对源程序的连接过程中，连接程序会根据程序起始点正确地设置CS和IP值，根据程序大小和堆栈段大小设置SS和SP值，但注意没有设置DS和ES值。这样，如果程序使用数据段或附加段，就必须在代码段中明确给DS或ES赋值。由于大多数程序需要有数据段，因而程序的执行应该从下面开始：

```
start:    mov ax,@data      ;@data表示数据段的段地址
          mov ds,ax         ;设置DS
```

4. 程序终止

应用程序执行结束，应该将控制权交还操作系统。在汇编语言程序设计中，有多种返回

DOS的方法，但一般利用DOS功能调用的4CH子功能来实现，它需要的入口参数是AL＝返回数码（通常用0表示程序没有错误）。于是，应用程序的终止代码就是：

```
mov ax,4c00h
int 21h
```

若采用MASM 6.x版本，程序开始和程序终止可以分别利用其中的.STARTUP语句和.EXIT语句，它会自动产生上述代码，使编程更加方便。

5. 汇编结束

汇编结束表示汇编程序结束将源程序翻译成目标模块代码的过程，而不是指程序终止执行。源程序的最后必须有一条END伪指令。

```
END [标号]
```

其中，可选的"标号"参数用于指定程序开始执行点。连接程序以此设置CS和IP值。

6. 可执行程序的结构

DOS操作系统支持两种可执行程序结构，分别为EXE程序和COM程序。

利用程序开发工具，通常将生成EXE结构的可执行程序（扩展名为.EXE的文件）。它可以有独立的代码、数据和堆栈段，还可以有多个代码段或多个数据段，程序长度可以超过64KB，程序开始执行的指令可以任意指定。EXE程序没有规定各个逻辑段的先后顺序。在源程序中，通常我们按照便于阅读的原则或个人习惯书写各个逻辑段。采用.MODEL伪指令的简化段定义源程序，默认是标准DOS程序顺序：地址从小到大依次为代码段、数据段、堆栈段。

COM文件是一种只有一个逻辑段的程序，其中包含有代码区、数据区和堆栈区，大小不超过64KB。创建COM结构的程序，需要满足一定条件。源程序只设置代码段，不能设置数据、堆栈等其他逻辑段；程序必须从偏移地址100H处开始执行；数据安排在代码段中，但不能与可执行代码相冲突，通常在程序最后。采用MASM 6.x可以生成COM文件，但注意需要使用TINY模型，还要在定义代码段之后、程序开始执行标号前插入"ORG 100H"语句（详见3.2.2节），以便设置可执行代码从偏移地址100H安排。

3.2 常量、变量和属性

汇编语言的数据可以简单分为常量和变量。常量可以作为硬指令的立即数或伪指令的参数，变量主要作为存储器操作数。汇编语言语句中的名字和标号具有逻辑地址和类型属性，主要用作地址操作数，也可以作为立即数和存储器操作数。本节将详细讨论语句中的参数和操作数、名字和标号，并引出相关的伪指令和操作符。

3.2.1 常量

常量表示一个固定的数值，又可分成多种形式。

1. 常数

这里指由十进制、十六进制、二进制形式表达的数值，如表3-2所示。各种进制的数据以后缀字母区分，默认不加后缀字母的是十进制数。

2. 字符串

字符串常量是用单引号或双引号括起来的单个字符或多个字符，其数值是每个字符对应的ASCII码值。例如'd'＝64H，'Hello, Assembly !'。

表3-2　各种进制的常数

进　制	数 字 组 成	举　例
十进制	由0~9数字组成，以字母D或d结尾（默认情况可以省略）	100、255D
十六进制	由0~9、A~F组成，以字母H或h结尾	64H、0FFH
	以字母A~F开头时，前面要用0表达，以避免与标识符混淆	0B800H
二进制	由0或1两个数字组成，以字母B或b结尾	01101100B

3. 符号常量

符号常量使用标识符表达一个数值。常量若使用有意义的符号名来表示，就可以提高程序的可读性，同时更具有通用性。MASM提供等价机制，用来为常量定义符号名。符号定义伪指令有"等价EQU"和"等号＝"伪指令。它们的格式为：

```
符号名 EQU 数值表达式
符号名 EQU <字符串>        ;MASM 5.x不支持
符号名 = 数值表达式
```

等价伪指令EQU给符号名定义一个数值或定义成另一个字符串，这个字符串甚至可以是一条处理器指令。例如：

```
DosWriteChar equ 2
CarriageReturn = 13
CallDOS equ <int 21h>
```

应用上述符号定义，下列左边的程序段就是右侧的等价形式：

```
mov ah,DosWriteChar        ;mov ah,2
mov dl,CarriageReturn      ;mov dl,13
CallDOS                    ;int 21h
```

EQU用于数值等价时不能重复定义符号名，但"＝"允许重复赋值，例如：

```
X = 7          ;同样 X EQU 7是正确的
X = X+5        ;但是 X EQU X+5是错误的
```

4. 数值表达式

数值表达式一般是指由运算符（MASM统称为操作符（Operator））连接的各种常量所构成的表达式。汇编程序在汇编过程中计算表达式，最终得到一个确定的数值，所以也是常量。由于表达式是在程序运行前的汇编阶段计算，所以组成表达式的各部分必须在汇编时就能确定。汇编语言支持多种运算符，如表3-3所示。

```
mov ax,3*4+5                          ;等价于 mov ax,17
or al,03h AND 45h                     ;等价于 or al,01h
mov al,0101b SHL (2*2)                ;等价于 mov al,01010000b
mov bx,((PORT LT 5)AND 20)OR((PORT GE 5)AND 30)
                                      ;当PORT<5时，汇编结果为mov bx,20;否则，汇编结果为mov bx,30
```

汇编程序用字量－1（补码是FFFFH）表示条件为真，用字量0表示条件为假。

表3-3　运算符

运算符类型	运算符号及说明
算术运算符	+ (加)、− (减)、* (乘)、/ (除)、MOD (取余)
逻辑运算符	AND (与)、OR (或)、XOR (异或)、NOT (非)
移位运算符	SHL (逻辑左移)、SHR (逻辑右移)
关系运算符	EQ (相等)、NE (不相等)、GT (大于)、LT (小于)
	GE (大于等于)、LE (小于等于)

3.2.2 变量

变量实质上是指主存单元的数据，因而可以改变。变量需要事先定义才能使用。

1. 变量的定义

变量定义（Define）伪指令为变量申请固定长度为单位的存储空间，并可以同时将相应的存储单元初始化。该类伪指令是最经常使用的伪指令，其汇编语言格式为：

变量名　伪指令　初值表

- 变量名为用户自定义标识符，表示初值表首元素的逻辑地址，即用这个符号表示地址，常称为符号地址。变量名可以没有，在这种情况下，汇编程序将直接为初值表分配空间，无符号地址。设置变量名是为了方便存取它指示的存储单元。
- 初值表是用逗号分隔的参数，主要由常量、数值表达式或"?"组成。其中"?"表示初值不确定，即未赋初值。另外，多个存储单元如果初值相同，可以用复制操作符DUP进行定义。DUP的格式为：

重复次数　DUP（重复参数）

- 变量定义伪指令有DB、DW、DD、DF、DQ、DT，它们根据申请的主存空间单位分类，如表3-4所示。

表3-4　变量定义伪指令

助记符	变量类型	变量定义功能
DB	字节（Byte）	分配一个或多个字节单元；每个数据是字节量，也可以是字符串常量 字节量表示8位无符号数或有符号数，字符的ASCII码值
DW	字（Word）	分配一个或多个字单元；每个数据是字量、16位数据 字量表示16位无符号数或有符号数、段地址、偏移地址
DD	双字（Dword）	分配一个或多个双字单元；每个数据是双字量、32位数据 双字量表示32位无符号数或有符号数、含段地址和偏移地址的远指针
DF	3个字（Fword）	分配一个或多个6字节单元；6字节量表示32位CPU的48位远指针
DQ	4个字（Qword）	分配一个或多个8字节单元；8字节量表示64位数据
DT	10字节（Tbyte）	分配一个或多个10字节单元，表示BCD码、10字节数据（用于浮点运算）

除了DB、DW、DD等定义的简单变量，汇编语言还支持复杂的数据变量，例如结构（Structure）、记录（Record）、联合（Union）等。

2. 变量的应用

变量具有逻辑地址。在程序代码中，通过变量名引用其指向的第一个数据，通过变量名加减位移量存取以第一个数据位置为基地址的前后数据。

例3.2　变量的定义和应用。

```
                ;数据段
bvar1      db 100,01100100b,64h,'d'      ;字节变量：不同进制表达同一个数值,内存中有4个64H
minint     = 5                            ;符号常量：minint数值为5,不占内存空间
bvar2      db -1,minint,minint+5          ;内存中数值依次为FFH,5,0AH
           db ?,2 dup(20h)                ;预留一个字节空间,重复定义了两个数值20H
wvar1      dw 2010h,4*4                   ;字变量：两个数据是2010H、0010H,共占4字节
wvar2      dw ?                           ;wvar2是没有初值的字变量
dvar       dd 12347777h,87651111h,?       ;双字变量：2个双字数据,1个双字空间
```

```
abc        db 'a','b','c',?        ;定义字符,实际是字节变量
maxint     equ 0ah                 ;符号常量: maxint=10
string     db 'ABCDEFGHIJ'         ;定义字符串: 使用字节定义DB伪指令
crlfs      db 13,10,'$'            ;回车符0DH、换行符0AH和字符'$'=24H
array1     dw maxint dup(0)        ;10个初值为0的字量,可以认为是数组
array      db 2 dup(2,3,2 dup(4))  ;8字节内容依次为: 02 03 04 04 02 03 04 04
```

读者可以画图表示一下上述变量定义后的数据分配情况，也可以将形成的可执行文件载入调试程序中观察数据段。下面是利用上述变量定义的程序段。

```
           ;代码段
           mov dl,bvar1               ;bvar1表示它的第1个数据,故DL←100='d'
           dec bvar2+1                ;bvar2位移量为1的字节数据(minint=5)减1,故为4
           mov abc[3],dl              ;abc位移量为3的字节单元赋值'd',字符串成为 'abcd'
           mov ax,word ptr dvar[0]    ;取双字到DX.AX
           mov dx,word ptr dvar[2]
           add ax,word ptr dvar[4]    ;加双字到DX.AX
           adc dx,word ptr dvar[6]
           mov word ptr dvar[8],ax    ;双字和保存于dvar的第3个双字单元
           mov word ptr dvar[10],dx
           mov cx,maxint
           mov bx,0
again:     add string[bx],3           ;string中每个数值加3
           inc bx
           loop again                 ;循环
           lea dx,abc                 ;从abc字符串开始显示,到后面遇到'$'结束
           mov ah,09h
           int 21h                    ;显示结果: abcdEFGHIJKLM
```

变量名后用"+n"或"[n]"作用相同，都表示后移n字节存储单元。

3. 变量的定位

汇编程序按照书写硬指令和伪指令的先后顺序一个一个地分配存储空间，按照段定义伪指令规定的边界定位属性确定每个逻辑段的起始位置（包括偏移地址）。但是，我们可以利用"ORG参数"定位伪指令控制数据或代码存放在参数表达的偏移地址。例如：

```
ORG 100h    ;从100H处安排数据或程序
ORG $+10    ;使偏移地址加10,即跳过10字节空间
```

在汇编语言程序中，操作符"$"表示当前偏移地址值。操作符"$"还常用来计算变量定义的数组或字符串的个数，例如：

```
array      dw 5,7,9,8,6,4,2,20 dup(0)
arr_size   = $-array        ;得到array所占存储空间的字节数
arr_len    = arr_size/2     ;得到array的数据项数(个数)
```

3.2.3 名字和标号的属性

名字和标号是汇编语言语句的第一部分，是用户自定义的标识符。名字指向一条伪指令，标号指向一条硬指令。名字有多种，例如变量名、段名、子程序名等。名字和标号一经使用便具有两类属性：

1）逻辑地址——名字和标号对应存储单元的逻辑地址，含有段地址和偏移地址。

2）类型——变量名的类型可以是BYTE（字节）、WORD（字）和DWORD（双字）等；标号、段名、子程序名的类型可以是NEAR（近）和FAR（远），分别表示段内或段间调用。

在汇编语言程序设计中，经常会用到名字和标号的属性，因此汇编程序提供有关的操作符，以方便获取这些属性值。已学的加、减运算符也可以应用于属性值形成的表达式。

1. 地址操作符

地址操作符取得名字或标号的段地址和偏移地址两个属性值，如表3-5所示。

表3-5　常用的地址操作符

地址操作符	作　用
[ ]	将括起来的表达式作为存储器地址指针
$	当前偏移地址
:	段前缀，采用指定的段地址寄存器
OFFSET 名字/标号	返回名字或标号的偏移地址
SEG 名字/标号	返回名字或标号的段地址

转移和循环指令使用标号就是取其逻辑地址。子程序调用指令CALL使用子程序名也是取其逻辑地址，这就是段内相对寻址和段间直接寻址。直接使用段名表示它的段地址。在代码段使用变量名表示主存地址单元的内容，在数据段使用变量名表示其地址。

2. 类型操作符

类型操作符对名字或标号的类型属性进行有关设置，如表3-6所示。表中前3个操作符用于改变名字或标号的类型，以满足指令对操作数的类型要求。后3个操作符用于返回与类型有关的数值，以方便对它们的编程操作。

表3-6　常用的类型操作符

地址操作符	作　用
类型名PTR 名字/标号	将名字或标号按照指定的类型使用
THIS 类型名	用于创建采用当前地址但为指定类型的操作数
SHORT 标号	将标号作为短转移处理
TYPE 名字/标号	返回一个字量数值，表明名字或标号的类型
LENGTHOF 变量名	返回整个变量的数据项数（即元素数）
SIZEOF 变量名	返回整个变量占用的字节数

类型操作符中的"类型名"可以是BYTE、WORD、DWORD、FWORD、QWORD、TBYTE（依次表示字节、字、双字、3字、4字和10字节），或者是NEAR、FAR（分别表示近、远），还可以是由结构、记录等定义的类型。

各种类型具有一个字量数值可以利用，这就是TYPE操作符取得的数值。对变量，TYPE返回该类型变量一个数据项所占的字节数，例如，对字节、字和双字变量依次返回1、2和4。对短、近和远转移标号，TYPE依次返回FF01H、FF02H和FF05H（MASM 6.x版本）。如果TYPE后跟常量和寄存器名，则分别返回0和该寄存器具有的字节数。

对变量，还可以用LENGTHOF操作符获知某变量名指向多少个数据项，用SIZEOF操作符获知共占用多少字节空间（＝TYPE值×LENGHOF值）。

例3.3　属性及其应用。

```
                ;数据段
v_byte          equ this byte              ;v_byte是字节类型的变量,但与变量v_word的地址相同
v_word          dw 3332h,3735h             ;v_word是字类型的变量
target          dw 5 dup(20h)              ;分配数据空间2×5＝10字节
crlf            db 0dh,0ah,'$'
flag            db 0
n_point         dw offset s_label          ;取得标号s_label的偏移地址
                ;代码段
                mov al,byte ptr v_word     ;用PTR改变v_word的类型,否则与AL寄存器类型不匹配
                dec al
                mov v_byte,al              ;就是对v_word的头一个字节操作,原为32H,现为31H
n_label:        cmp flag,1
                jz s_label                 ;flag单元为1转移
                inc flag
                jmp short n_label          ;进行短转移
s_label:        cmp flag,2
                jz next                    ;flag单元为2转移
                inc flag
                jmp n_point                ;段内的存储器间接寻址,转移到s_label标号处
next:           mov ax,type v_word         ;汇编结果为mov ax,2
                mov cx,lengthof target     ;汇编结果为mov cx,5
                mov si,offset target
w_again:        mov [si],ax                ;对字单元操作
                inc si                     ;SI指针加2
                inc si
                loop w_again               ;循环
                mov cx,sizeof target       ;汇编结果为mov cx,0ah
                mov al,'?'
                mov di,offset target
b_again:        mov [di],al                ;对字节单元操作
                inc di                     ;DI指针加1
                loop b_again               ;循环
                mov dx,offset v_word       ;显示结果:1357??????????
                mov ah,9
                int 21h
```

3.3　顺序程序设计

没有分支、循环等转移指令的程序，会按指令书写的前后顺利依次执行，这就是顺序程序。顺序结构是最基本的程序结构。完全采用顺序结构编写的程序并不多见，但我们仍然举一个采用换码指令的顺序程序示例。

例3.4　采用查表法，实现一位十六进制数转换为ASCII码显示。

```
                ;数据段
ASCII           db 30h,31h,32h,33h,34h,35h,36h,37h,38h,39h
                db 41h,42h,43h,44h,45h,46h
hex             db 04h,0bh
                ;代码段
```

```
        mov bx,offset ASCII       ;BX指向ASCII码表
        mov al,hex                ;AL取得一位十六进制数,恰好就是ASCII码表中的位移
        and al,0fh                ;只有低4位是有效的,高4位清0
        xlat                      ;换码:AL←DS:[BX+AL]
        mov dl,al                 ;入口参数:DL←AL
        mov ah,2                  ;02号DOS功能调用
        int 21h                   ;显示一个ASCII码字符
        mov al,hex+1              ;转换并显示下一个数据
        and al,0fh
        xlat
        mov dl,al
        mov ah,2
        int 21h
```

3.4 分支程序设计

汇编语言中,使用条件转移Jcc指令和无条件转移JMP指令实现分支程序结构。条件转移指令判断的条件是标志位。因此,需要在条件转移指令前安排算术运算、比较、测试等影响相应标志位的指令。

分支程序结构有单分支和双分支两种基本形式。例如,计算某个数据的绝对值,就是一个典型的单分支结构:

```
            cmp ax,0              ;比较AX与0
            jge nonneg           ;条件满足:AX≥0,转移
            neg ax               ;条件不满足:AX<0,为负数,需要求补得正值
nonneg:     mov result,ax        ;分支结束,保存结果
```

单分支结构要注意采用正确的条件转移指令。当条件满足(成立)时,则发生转移,跳过分支体;若条件不满足,则顺序向下执行分支体,如图3-1a所示。如果修改上例的分支条件,则相应的程序段如下所示。对比后,会发现下面的程序不是太好。

```
            cmp ax,0             ;比较AX与0
            jl yesneg            ;条件满足:AX<0,转移求补
            jmp nonneg           ;条件不满足:AX≥0,为正数跳转直接保存结果
yesneg:     neg ax              ;负数求补得正值
nonneg:     mov result,ax       ;分支结束,保存结果
```

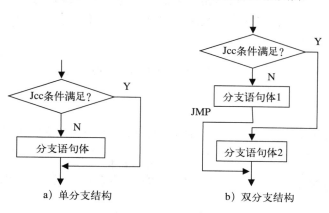

a) 单分支结构   b) 双分支结构

图3-1 分支程序结构的流程图

　　双分支程序结构是条件满足发生转移执行分支体2，而条件不满足则顺序执行分支体1；顺序执行的分支体1最后一定要有一条JMP指令跳过分支体2，否则将进入分支体2而出现错误，如图3-1b所示。例如，将BX最高位显示出来就可以采用双分支结构：

```
                shl  bx,1          ;BX最高位移入CF标志
                jc   one           ;CF＝1,即最高位为1,转移
                mov  dl,30h        ;CF＝0,即最高位为0：DL←'0'
                jmp  two           ;一定要跳过另一个分支体
one:            mov  dl,31h        ;DL←'1'
two:            mov  ah,2
                int  21h           ;显示
```

实际的程序结构要比这两个基本分支结构复杂得多，下面我们再举几个示例。

例3.5　显示两位压缩BCD码值（00～99），要求不显示前导0。

```
                ;数据段
BCD             db 04h             ;给出一个BCD码数据
                ;代码段
                mov  dl,BCD        ;取BCD码
                test dl,0f0h       ;如果这个BCD码高位是0,不显示
                jz   one
                mov  cl,4          ;BCD码高位右移为低位
                shr  dl,cl
                or   dl,30h        ;转换为ASCII码
                mov  ah,2          ;显示
                int  21h
                mov  dl,BCD        ;取BCD码
                and  dl,0fh        ;BCD码低位转换为ASCII码
one:            or   dl,30h
                mov  ah,2          ;显示
                int  21h
```

　　例3.6　从键盘输入一个字符串，将其中小写字母转换为大写字母，然后原样显示。

　　要实现小写字母转换为大写字母，首先需要判断字符是否为小写（a～z的ASCII码是61H～7AH），然后转换为大写（A～Z的ASCII码是41H～5AH），小写字母和对应的大写字母相差20H。本例采用DOS的0AH号功能获取字符串，注意实际输入的字符个数在缓冲区的第2个字节单元，从第3个字节位置开始存放输入字符的ASCII码。

```
                ;数据段
keynum          = 255
keybuf          db keynum          ;定义键盘输入需要的缓冲区
                db 0
                db keynum dup(0)
                ;代码段
                mov  dx,offset keybuf    ;用DOS的0AH号功能,输入一个字符串
                mov  ah,0ah
                int  21h                 ;最后,用回车结束
                mov  dl,0ah              ;再进行换行,以便在下一行显示转换后的字符串
                mov  ah,2
                int  21h
```

```
                mov bx,offset keybuf+1      ;取出字符串的字符个数
                mov cl,[bx]
                mov ch,0                    ;作为循环的次数
again:          inc bx
                mov dl,[bx]                 ;取出一个字符
                cmp dl,'a'                  ;小于小写字母a,不需要处理
                jb disp
                cmp dl,'z'                  ;大于小写字母z,也不需要处理
                ja disp
                sub dl,20h                  ;是小写字母,则转换为大写
disp:           mov ah,2                    ;显示一个字符
                int 21h
                loop again                  ;循环,处理完整个字符串
```

利用单分支和双分支这两个基本结构,就可以解决程序中多个分支结构的情况。例如,DOS功能调用利用AH指定各个子功能,我们就可以采用如下程序段实现多分支:

```
or ah,ah                ;等效于cmp ah,0
jz function0            ;ah＝0,转向function0
dec ah                  ;等效于cmp ah,1
jz function1            ;ah＝1,转向function1
dec ah                  ;等效于cmp ah,2
jz function2            ;ah＝2,转向function2
……
```

如果分支较多,上述方法显得有些烦琐。在实际的多分支程序设计中,常采用入口地址表的方法实现多分支,我们通过下面一个简单的示例说明。

例3.7 利用地址表实现多分支结构。

本例程序从低到高逐位检测一个字节数据,为0继续,为1则转移到对应的处理程序段。各个处理程序段的起始地址(本例只是偏移地址)顺序存放在数据段的一个地址表中。随着移位检测的进行,同时记录为1的位数,乘2后作为地址表中的正确位移,利用段内间接寻址的JMP转移指令从地址表取出偏移地址,实现跳转。为了简化处理程序段,假设它们只是分别显示0～7的数字,表示产生分支的1的位数。

```
                ;数据段
number          db 78h                      ;事先假设的一个数值:D3位为1
addrs           dw offset fun0,offset fun1,offset fun2,offset fun3
                dw offset fun4,offset fun5,offset fun6,offset fun7
                                            ;取得各处理程序开始的偏移地址
                ;代码段
                mov al,number
                mov dl,'?'                  ;数值为全0,显示一个问号"?"
                cmp al,0                    ;排除AL＝0的特殊情况,以免陷入死循环
                jz disp
                mov bx,0                    ;BX←记录为1的位数
again:          shr al,1                    ;最低位右移进入CF
                jc next                     ;为1,转移
                inc bx                      ;不为1,继续
                jmp again
next:           shl bx,1                    ;位数乘以2(偏移地址要用2个字节单元)
```

```
            jmp addrs[bx]              ;间接转移：IP←[addrs＋BX]
            ;以下是各个处理程序段
fun0:       mov dl,'0'
            jmp disp
fun1:       mov dl,'1'
            jmp disp
fun2:       mov dl,'2'
            jmp disp
fun3:       mov dl,'3'
            jmp disp
fun4:       mov dl,'4'
            jmp disp
fun5:       mov dl,'5'
            jmp disp
fun6:       mov dl,'6'
            jmp disp
fun7:       mov dl,'7'
            jmp disp
            ;
disp:       mov ah,2                   ;显示一个字符
            int 21h
```

3.5 循环程序设计

循环程序结构是在满足一定条件的情况下，重复执行某段程序。循环结构的程序通常有3个部分：

- 循环初始部分——为开始循环准备必要的条件，如循环次数、循环体需要的数值等。
- 循环体部分——指重复执行的程序部分，其中包括对循环条件修改等的程序段。
- 循环控制部分——判断循环条件是否成立，决定是否继续循环。循环控制（即条件判断）可以在进入循环之前进行（形成"先判断后循环"结构），也可以在循环体后进行（形成"先循环后判断"结构），参见图3-2。

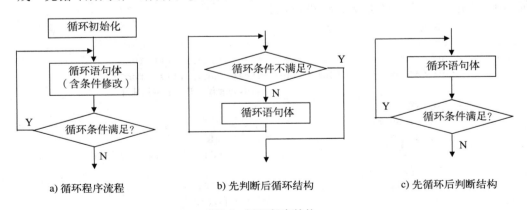

a) 循环程序流程   b) 先判断后循环结构   c) 先循环后判断结构

图3-2 循环程序结构

8088指令系统的循环指令可以方便地实现计数循环，更复杂的循环控制要利用转移指令。另外，8088串操作类指令主要用于处理多个数据，通常也要形成循环程序。

3.5.1 计数控制循环

计数控制循环是利用循环次数作为控制条件，它是最简单和典型的循环程序。这种循环程序易于采用循环指令LOOP和JCXZ实现。只要将循环次数或最大循环次数置入CX寄存器，就可以开始循环体，最后用LOOP指令对CX减1并判断是否为0。

例3.8 用二进制显示从键盘输入的一个字符的ASCII码。

一个ASCII码有8位，就是循环次数为8，循环体显示0或1，最后用LOOP指令决定是否循环结束。

```
            ;代码段
            mov ah,1              ;从键盘输入一个字符
            int 21h
            mov bl,al            ;BL←AL＝字符的ASCII码
            mov ah,2             ;DOS功能会改变AL内容,故字符ASCII码存入BL
            mov dl,':'           ;显示一个分号,用于分隔
            int 21h
            mov cx,8             ;CX←8（循环次数）
again:      shl bl,1             ;左移进CF,从高位开始显示
            mov dl,0             ;MOV指令不改变CF
            adc dl,30h           ;DL←0＋30H＋CF
            mov ah,2             ;CF若是0,则DL←'0';若是1,则DL←'1'
            int 21h              ;显示
            loop again           ;CX减1,如果CX未减至0,则循环
```

例3.9 求数组元素的最大值和最小值（数组没有排序）。

假设数组array由有符号字量元素组成，其首个字存储单元是数组元素个数。

求最大、最小值的基本方法就是逐个元素比较。由于数组元素个数已知，所以可以采用计数控制循环，每次循环完成一个元素的比较。循环体中包含两个分支程序结构。

```
            ;数据段
array       dw 10,-3,0,20,900,587,-632,777,234,-34,-56
                                 ;假设一个数组,其中第一个数据10表示元素个数
maxay       dw ?                 ;存放最大值
minay       dw ?                 ;存放最小值
            ;代码段
            lea si,array
            mov cx,[si]          ;取得元素个数
            dec cx               ;减1后是循环次数
            add si,2
            mov ax,[si]          ;取出第一个元素给AX,AX用于暂存最大值
            mov bx,ax            ;取出第一个元素给BX,BX用于暂存最小值
maxck:      add si,2
            cmp [si],ax          ;与下一个数据比较
            jle minck
            mov ax,[si]          ;AX取得更大的数据
            jmp next             ;[si]已为大值,故不必再进行小值比较
minck:      cmp [si],bx
            jge next
```

```
              mov bx,[si]                    ;BX取得更小的数据
next:         loop maxck                     ;计数循环
              mov maxay,ax                   ;保存最大值
              mov minay,bx                   ;保存最小值
```

例3.10 从键盘接收一个十进制个位数N，然后显示N次问号"？"。

"显示N次"显然是计数循环。但是为了避免输入0的特殊情况，循环前用JCXZ指令进行排除。

```
              ;代码段
              mov ah,1                        ;接收键盘输入
              int 21h
              and al,0fh                      ;只取低4位
              xor ah,ah
              mov cx,ax                       ;作为循环次数
              jcxz done                       ;次数为0,则结束
again:        mov dl,'?'                      ;循环体
              mov ah,2
              int 21h
              loop again                      ;循环控制
done:                                         ;结束
```

这时，再阅读例3.6程序，就会发现：如果用户没有输入任何字符直接按回车结束，则程序将进行2^{16}次循环，显然出错（试试便知）。而在例3.7程序中，如果不排除AL＝0的情况，则将陷入"死循环"。这就是循环程序设计中需要留心的所谓"边界"问题，初学者最容易忽视。

3.5.2 条件控制循环

许多实际的循环应用问题，其循环控制条件有时比较复杂，不能用循环次数控制，需要用转移指令判断循环条件，这就是所谓的条件控制循环。

转移指令可以指定目的标号来改变程序的运行顺序，如果目的标号指向一个重复执行的语句体的开始或结束，实际上便构成了循环控制结构。这时，程序重复执行该标号的语句至转移指令之间的循环体。事实上，利用条件转移指令支持的转移条件作为循环控制条件，可以更方便地构造复杂的循环程序结构。例如，循环体中嵌套有循环（多重循环结构），循环体中具有分支结构，分支体中采用循环结构。

例3.11 记录某个字存储单元数据中1的个数，以十进制形式显示结果。

这个问题可以用从高到低（或从低到高）逐位查看的方法解决，显然这是一个最大循环次数为16的循环程序。但是，当数据逐位移出后，如果数据低位已经是0就没有必要再进行下去了，即利用数据是否为0的条件控制循环结束。

另一方面，由于每执行一次循环体就要花费一定时间，减少循环次数就可以提高程序执行速度。这是进行程序优化的一个方面。由于需要判断是1才进行增量，这通常需要一个分支结构，但本例中利用ADC指令的特点，化解了这个分支，这也是程序优化的一个方面。

```
              ;数据段
number        dw 1110111111100100B            ;给一个数据
              ;代码段
```

```
                mov bx,number
                xor dl,dl              ;循环初值:DL←0(用于记录1的个数)
    again:      test bx,0ffffh         ;也可以用cmp bx,0
                jz done                ;全部是0就可以退出循环,减少循环次数
                shl bx,1               ;用指令shr bx,1也可以,即左移、右移均可
                adc dl,0               ;利用ADC指令加CF的特点进行计数
                jmp again              ;跳转到循环判断
                ;以下进行显示,最大值是16
    done:       cmp dl,10              ;判断1的个数是否小于10
                jb digit               ;1的个数小于10,则转换为ASCII码显示
                push dx
                mov dl,'1'             ;1的个数大于或等于10,则要先显示一个1
                mov ah,2
                int 21h
                pop dx
                sub dl,10
    digit:      add dl,'0'             ;显示个数
                mov ah,2
                int 21h
```

例3.12 现有一个以"0"结尾的字符串,要求剔除其中的空格字符。

这是一个循环次数不定的循环程序结构,显然应该用判断字符是否为0作为循环控制条件。循环体判断每个字符,如果不是空格,不予处理,继续循环;是空格,则进行剔除,也就是将后续字符前移一个字符位置,将空格覆盖,这又需要一个循环,循环结束条件仍然用字符是否为0进行判断。可见,这是一个双重循环的程序结构。

```
                ;数据段
    string      db 'Let us have a try !',0    ;假设一个字符串
                ;代码段
                mov di,offset string
    outlp:      cmp byte ptr [di],0           ;外循环,先判断后循环
                jz done                       ;为0结束
    again:      cmp byte ptr [di],' '         ;检测是否是空格
                jnz next                      ;不是空格继续循环
                mov si,di                     ;是空格,进入剔除空格分支。该分支是循环程序段
    inlp:       inc si
                mov ah,[si]                   ;前移一个位置
                mov [si-1],ah
                cmp byte ptr [si],0           ;内循环,先循环后判断
                jnz inlp
                jmp again
    next:       inc di                        ;继续对后续字符进行判断处理
                jmp outlp
    done:                                     ;结束
```

为了便于观察程序运行结果,可以将字符串结尾字符改为"$",然后用DOS的9号功能调用进行显示。

3.5.3 串操作类指令

在前面的循环程序中,经常需要对主存中一个连续区域的数据(如数组、字符串等)进

行传送、比较等操作。为了更好地支持这种数据串类型的操作，8088 CPU设计了串操作指令，同时还有重复前缀可以实现循环。串操作指令采用了特殊的寻址方式，说明如下：

- 源操作数用寄存器SI间接寻址，默认在数据段DS中，即DS:[SI]，允许段超越。
- 目的操作数用寄存器DI间接寻址，默认在附加段ES中，即ES:[DI]，不允许段超越。
- 每执行一次串操作，源地址指针SI和目的地址指针DI将自动修改：±1或±2。
- 对于以字节为单位的数据串（指令助记符用B结尾）操作，地址指针应该±1。
- 对于以字为单位的数据串（指令助记符用W结尾）操作，地址指针应该±2。
- 当DF＝0（执行CLD指令），地址指针应该＋1或＋2。
- 当DF＝1（执行STD指令），地址指针应该－1或－2。

串操作后之所以自动修改SI和DI指针，是为了方便对后续数据的操作。

串操作类指令可以分成两组。一组实现数据串的传送，另一组实现数据串的检测。

1. 传送数据串

这组串操作指令实现对数据串的传送MOVS、存储STOS和读取LODS，可以配合REP重复前缀，它们不影响标志。

- 串传送指令MOVS将数据段中的一个字节或字数据，传送至附加段的主存单元：

```
MOVSB                    ;字节串传送：ES:[DI]←DS:[SI];然后：SI←SI±1,DI←DI±1
MOVSW                    ;字串传送：ES:[DI]←DS:[SI];然后：SI←SI±2,DI←DI±2
```

- 串存储指令STOS将AL或AX的内容存入附加段的主存单元：

```
STOSB                    ;字节串存储：ES:[DI]←AL;然后：DI←DI±1
STOSW                    ;字串存储：ES:[DI]←AX;然后：DI←DI±2
```

- 串读取指令LODS 将数据段中的一个字节或字数据读到AL或AX寄存器：

```
LODSB                    ;字节串读取：AL←DS:[SI];然后：SI←SI±1
LODSW                    ;字串读取：AX←DS:[SI];然后：SI←SI±2
```

- 重复前缀指令REP用在MOVS，STOS，LODS指令前，利用计数器CX保存数据串长度，可以理解为"当数据串没有结束（CX≠0），则继续传送"：

```
REP                      ;每执行一次串指令,CX减1;直到CX＝0,重复执行结束
```

需要注意，串操作指令本身仅进行一个数据的操作，利用重复前缀才能实现连续操作。

MOVS串传送的典型应用是将主存数据块从一个地方复制到另一个地方。例如2.6.3节例2.23将数据段的Sbuf指示的1KB数据传送到附加段的Dbuf缓冲区，可以改写如下：

```
mov cx,400h              ;设置数据串长度（循环次数）:1K＝1024＝400H
mov si,offset sbuf       ;SI指向数据段源缓冲区开始
mov di,offset dbuf       ;DI指向附加段目的缓冲区开始
cld                      ;规定DF＝0,进行地址增量
rep movsb                ;重复字节传送：ES:[DI]←DS:[SI]
                         ;如果设置CX＝200H,则用REP MOVSW
```

STOS串存储的典型应用是初始化某一缓冲区。例如将附加段64KB主存区全部设置为0的程序段如下：

```
mov di,0
mov ax,0
mov cx,8000h             ;CX←传送次数（32×1024）
rep stosw                ;重复字传送：ES:[DI]←0
```

  本例中，进行地址增量或减量没有关系，所以没有CLD或STD指令。另外，本例只要使DI寄存器为偶数就可以，因为传送到附加段尾（偏移地址FFFFH）后，随着DI增量将折回附加段首（偏移地址0）接着传送。

  LODS指令通常不与前缀REP一起使用，因为每重复一次，AL/AX寄存器中的内容就要改写一次，最后的执行结果只会保留最后一个数据。前面例3.9和例3.12都可以采用串操作指令改写，虽然不一定效果更好。

  例3.13 挑出数组中的正数（不含0）和负数，分别形成正数数组和负数数组。

  假设数组array具有count个字节，正数数组为ayplus，负数数组为ayminus，它们都在数据段中。这是一个简单的计数控制循环程序。

```
                ;数据段
count           equ 10
array           dw 23h,9801h,8000h,0f300h,5670h,4321h,0ff00h,0,765h,0a335h
ayplus          dw count dup(0)
ayminus         dw count dup(0)
                ;代码段
                mov si,offset array
                mov di,offset ayplus
                mov bx,offset ayminus
                mov ax,ds
                mov es,ax            ;所有数据都在数据段中,所以设置ES＝DS
                mov cx,count         ;CX←字节数
                cld
again:          lodsw                ;从array取出一个数据
                cmp ax,0             ;检测符号位,判断是正是负
                jl minus             ;小于0,是负数,转向minus
                jz next              ;等于0,不处理,继续下一个数据
                stosw                ;大于0,是正数,存入ayplus
                jmp next
minus:          xchg bx,di
                stosw                ;把负数存入ayminus
                xchg bx,di
next:           loop again           ;继续进行,直到完成正负数据分离
```

2. 检测数据串

  这组串操作指令实现对数据串的比较CMPS和扫描SCAS。由于串比较和扫描的实质是进行减法运算，所以它们像减法指令一样影响标志。这两个串操作指令可以配合重复前缀REPE/REPZ和REPNE/REPNZ，通过ZF标志说明两数是否相等。

- 串比较指令CMPS用源数据串减去目的数据串，以比较两者间的关系：

```
CMPSB                  ;字节串比较: DS:[SI]－ES:[DI];然后: SI←SI±1,DI←DI±1
CMPSW                  ;字串比较: DS:[SI]－ES:[DI];然后: SI←SI±2,DI←DI±2
```

- 串扫描指令SCAS用AL/AX内容减去目的数据串，以比较两者间的关系：

```
SCASB                  ;字节串扫描: AL－ES:[DI];然后: DI←DI±1
SCASW                  ;字串扫描: AX－ES:[DI];然后: DI←DI±2
```

- 重复前缀指令REPE（或REPZ）用在CMPS、SCAS指令前，利用计数器CX保存数据串长度，同时判断比较是否相等，可以理解为"当数据串没有结束（CX≠0），并且串相

等（ZF=1），则继续比较"：

```
REPE|REPZ              ;每执行一次串指令,CX减1;只要CX=0或ZF=0,重复执行结束
```

- 重复前缀指令REPNE（或REPNZ）用在CMPS、SCAS指令前，利用计数器CX保存数据串长度，同时判断比较是否不相等，可以理解为"当数据串没有结束（CX≠0），并且串不相等（ZF=0），则继续比较"：

```
REPNE|REPNE            ;每执行一次串指令,CX减1;只要CX=0或ZF=1,重复执行结束
```

注意重复执行结束的条件是"或"的关系，只要满足条件之一就可以。所以指令执行完成，可能数据串还没有比较完，也可能数据串已经比较完，编程时需要区分。

例3.14 比较两个等长的字符串是否相同。

假设一个字符串string1在数据段，另一个字符串string2在附加段，都具有count字符个数。比较的结果存入result单元，相等用0表示；不相等用−1表示。

```
            ;代码段
            mov si,offset string1
            mov di,offset string2
            mov cx,count
            cld
again:      cmpsb                    ;比较两个字符
            jnz unmat                ;出现不同的字符,转移到unmat,设置−1标记
            loop again               ;进行下一个字符的比较
            mov al,0                 ;字符串相等,设置0标记
            jmp output               ;转向output
unmat:      mov al,-1
output:     mov result,al            ;输出结果标记
```

本例如果采用重复前缀实现，循环程序部分可以修改如下：

```
            repz cmpsb               ;重复比较,直到比较完或出现不等字符
            jnz unmat                ;字符串不等,转移到unmat,设置−1标记
            mov al,0                 ;字符串相等,设置0标记
            jmp output               ;转向output
unmat:      mov al,-1
output:     mov result,al            ;输出结果标记
```

指令repz cmpsb结束重复执行的情况是：

1）ZF=0，即出现不相等的字符。

2）CX=0，即比较完所有字符。在这种情况下，如果ZF=0，说明最后一个字符不等；而ZF=1表示所有字符比较后都相等，也就是两个字符串相同。

所以，重复比较结束后，指令jnz unmat的条件成立，ZF=0，表示字符串不相等。

3.6 子程序设计

子程序是功能相对独立并具有一定通用性的程序段，有时还将它作为一个独立的模块供多个程序使用。将常用功能编成通用的子程序是一个经常采用的程序设计方法。这种方法不仅可以简化主程序、实现模块化，还可以重复利用已有的子程序，提高编程效率。

子程序需要调用才能被执行，所以也被称为"被调用程序"；与之相对应，使用子程序的程序就是主程序，也称为"调用程序"。

3.6.1　过程定义和子程序编写

在汇编语言中，子程序（Subroutine）要用过程（Procedure）伪指令定义。过程声明由一对过程伪指令PROC和ENDP完成，格式如下：

```
过程名      PROC [NEAR|FAR]
    ……    ;过程体
过程名      ENDP
```

其中，过程名为符合语法的标识符，每个子程序应该具有一个唯一的子程序名。可选的参数指定过程的调用属性。没有指定过程属性，则采用默认属性。

对简化段定义格式，在微型、小型和紧凑存储模式下，过程的默认属性为NEAR；在中型、大型和巨型存储模式下，过程的默认属性为FAR。当然，用户可以在过程定义时用NEAR或FAR改变默认属性。段内近调用NEAR属性的过程只能被相同代码段的其他程序调用；段间远调用FAR属性的过程可以被相同或不同代码段的程序调用。

子程序也是一段程序，其编写方法与主程序一样，可以采用顺序、分支、循环结构。但是，作为相对独立和通用的一段程序，它具有一定的特殊性，需要留意几个问题。

1）子程序要利用过程定义伪指令声明，获得子程序名和调用属性。

2）子程序最后利用RET指令返回主程序，主程序执行CALL指令调用子程序。

3）子程序中对堆栈的压入和弹出操作要成对使用，保持堆栈的平衡。

主程序CALL指令将返回地址压入堆栈，子程序RET指令将返回地址弹出堆栈。只有堆栈平衡，才能保证执行RET指令时当前栈顶的内容刚好是返回地址，即相应CALL指令压栈的内容，才能返回正确的位置。

4）子程序开始应该保护用到的寄存器内容，子程序返回前进行相应恢复。

因为处理器内的通用寄存器数量有限，同一个寄存器主程序和子程序可能都会使用。为了不影响主程序调用子程序后的指令执行，子程序应该把用到的寄存器内容保护好。常用的方法是在子程序开始时，将要修改内容的寄存器顺序压栈（注意不要包括将带回结果的寄存器）；而在子程序返回前，再将这些寄存器内容逆序弹出恢复到原来的寄存器中。

5）子程序应安排在代码段的主程序之外，最好放在主程序执行终止后的位置（返回DOS后、汇编结束END伪指令前），也可以放在主程序开始执行之前的位置。

例3.15　用显示器功能调用输出一个字符的子程序。

```
            ;代码段
            mov al,'?'                ;主程序提供显示字符
            call dpchar               ;调用子程序
            mov ax,4c00h              ;主程序执行终止,返回DOS
            int 21h
            ;子程序dpchar：显示AL中的字符
dpchar      proc                      ;过程定义,过程名为dpchar,采用默认属性
            push ax                   ;顺序入栈,保护寄存器
            push bx
            mov bx,0
            mov ah,0eh                ;显示器0EH号输出一个字符功能
            int 10h
            pop bx                    ;逆序出栈,恢复寄存器
```

```
                    pop ax
                    ret                          ;子程序返回
        dpchar      endp                         ;过程结束
                    end start                    ;源程序汇编结束
```

6）子程序允许嵌套和递归。

子程序内包含有子程序的调用，这就是子程序嵌套。嵌套深度（层次）在逻辑上没有限制，但受限于开设的堆栈空间。相对于没有嵌套的子程序，设计嵌套子程序并没有什么特殊要求；只是有些问题更要小心，例如正确的调用和返回、寄存器的保护与恢复等。

当子程序直接或间接地嵌套调用自身时称为递归调用，含有递归调用的子程序称为递归子程序。递归子程序的设计有一定难度，但往往能设计出精巧的程序。

例3.16 显示以"0"结尾字符串的嵌套子程序。

```
                    ;数据段
        msg         db 'Well, I made it !',0
                    ;代码段
                    mov si,offset msg            ;主程序提供显示字符串
                    call dpstri                  ;调用子程序
                    mov ax,4c00h                 ;主程序执行终止
                    int 21h
        dpstri      proc                         ;子程序dpstri：显示DS:SI指向的字符串（以0结尾）
                    push ax
        dps1:       lodsb                        ;取显示字符。也可用"mov al,[si]"和"inc si"替代
                    cmp al,0                     ;是结尾，则显示结束
                    jz dps2
                    call dpchar                  ;调用字符显示子程序
                    jmp dps1
        dps2:       pop ax
                    ret
        dpstri      endp
        dpchar      proc                         ;子程序dpchar：显示AL中的字符
                    ......                       ;同例3.15后面部分
```

7）子程序可以与主程序共用一个数据段，也可以使用不同的数据段（注意修改DS）。如果子程序使用的数据或变量不需要与其他程序共享，可以在子程序最后设置数据区、定义局部变量。此时，子程序应该采用CS寻址这些数据。

例如，将例3.4改写成通用的子程序：

```
        HTOASC      proc                         ;将AL低4位表达的一位十六进制数转换为ASCII码
                    push bx
                    mov bx,offset ASCII          ;BX指向ASCII码表
                    and al,0fh                   ;取得一位十六进制数
                    xlat ASCII                   ;换码：AL←CS:[BX+AL]，数据在代码段CS
                    pop bx
                    ret
                    ;数据区
        ASCII       db 30h,31h,32h,33h,34h,35h,36h,37h,38h,39h
                    db 41h,42h,43h,44h,45h,46h
        HTOASC      endp
```

因为数据区与子程序都在代码段，所以利用了换码指令XLAT的另一种助记格式。写出指向缓冲区的变量名，目的是让汇编程序自动加上段超越前缀。串操作MOVS、LODS和CMPS指令也可以这样使用，以便使用段超越前缀。

除采用段超越方法外，子程序与主程序的数据段不同时，还可以通过修改DS值实现数据存取；但需要保护和恢复DS寄存器。

8）子程序的编写可以很灵活，例如具有多个出口（多个RET指令）和入口，但一定要保证堆栈操作的正确性。

例如，2.6.4节的一位十六进制数转换成ASCII码的子程序（例2.24）可以改写为：

```
HTOASC      proc                    ;将AL低4位表达的一位十六进制数转换为ASCII码
            and al,0fh
            cmp al,9
            jbe htoasc1
            add al,37h               ;是0AH～0FH,加37H转换为ASCII码
            ret                      ;子程序返回
htoasc1:    add al,30h               ;是0～9,加30H转换为ASCII码
            ret                      ;子程序返回
HTOASC      endp
```

9）处理好子程序与主程序间的参数传递问题。

主程序在调用子程序时，通常需要向其提供一些数据，对于子程序来说就是入口参数（输入参数）；同样，子程序执行结束也要返回给主程序必要的结果，这就是子程序的出口参数（输出参数）。主程序与子程序间通过参数传递建立联系，相互配合共同完成处理工作。

传递参数的多少反映程序模块间的耦合程度。根据实际情况，子程序可以只有入口参数或只有出口参数，也可以入口和出口参数都有。汇编语言中参数传递可通过寄存器、变量或堆栈来实现，参数的具体内容可以是数据本身（传数值）也可以是数据的存储地址（传地址）。

参数传递是子程序设计的难点，也是决定子程序是否通用的关键，下节将详细讨论。

10）提供必要的子程序说明信息。

为了使子程序调用更加方便，编写子程序时很有必要提供适当的注释。完整的注释应该包括子程序名、子程序功能、入口参数和出口参数、调用注意事项和其他说明等。这样，程序员只要阅读了子程序的说明就可以调用该子程序，而不必关心子程序是如何编程实现该功能的。这正像我们使用DOS功能调用一样。

3.6.2 用寄存器传递参数

最简单和常用的参数传递方法是通过寄存器，只要把参数存于约定的寄存器中就可以了。由于通用寄存器个数有限，这种方法对少量数据可以直接传递数值，而对大量数据只能传递地址。采用寄存器传递参数，注意，带有出口参数的寄存器不能保护和恢复，带有入口参数的寄存器可以保护也可以不保护，但最好能够保持一致。

前面例题中的子程序都是采用寄存器传递参数。例3.16的dpchar子程序用AL传递入口参数（传值），dpstri子程序用DS：SI传递入口参数（传址）。DOS功能调用都采用寄存器传递参数，例如2号和9号DOS功能调用。为了简单，在一般子程序设计时常不保护带入口参数的寄存器，包括DOS功能调用，例如，反映功能号的AX、09号调用的偏移地址DX等。

例3.17 用寄存器传递参数显示以"0"结尾的字符串。

为了便于理解和对比,我们仍然实现例3.16的功能。主程序没有改变,使用SI寄存器传递入口参数,子程序略作简化,改用DOS功能实现字符显示。

```
                ;数据段
msg             db 'Well, I made it !',0
                ;代码段, 主程序
                mov si,offset msg       ;SI寄存器传递参数: 字符串地址
                call dpstri             ;调用子程序
                ;代码段, 子程序
dpstri          proc                    ;显示以0结尾的字符处
                push ax                 ;入口参数: SI=字符串地址
                push dx
dps1:           mov dl,[si]             ;通过SI使用参数
                cmp dl,0
                jz dps2
                mov ah,2
                int 21h
                inc si
                jmp dps1
dps2:           pop dx
                pop ax
                ret
dpstri          endp
```

例3.18 从键盘输入有符号十进制数的子程序。

子程序从键盘输入一个有符号十进制数。负数用"−"引导,正数直接输入或用"+"引导。子程序还包含将ASCII码转换为二进制数的过程,其算法如下:

1)首先判断输入正数还是负数,并用一个寄存器记录下来。

2)接着输入0~9数字(ASCII码),并减30H转换为二进制数。

3)然后将前面输入的数值乘10,并与刚输入的数字相加得到新的数值。

4)重复2)、3)步,直到输入一个非数字字符结束。

5)如果是负数则进行求补,转换成补码,否则直接将数值保存。

本例采用16位寄存器表达结果数值,所以输入的数据范围是+327677~−32768,但该算法适合更大范围的数据输入。

子程序的出口参数用寄存器AX传递。主程序调用该子程序输入10个数据。

```
                ;数据段
count           = 10
array           dw count dup(0)
                ;代码段
                mov cx,count
                mov bx,offset array
again:          call read               ;调用子程序,输入一个数据
                mov [bx],ax             ;将出口参数存放到数据缓冲区
                inc bx
                inc bx
```

```
                call dpcrlf              ;调用子程序,光标回车换行以便输入下一个数据
                loop again
                mov ax,4c00h
                int 21h
  read          proc                     ;输入有符号十进制数的通用子程序:read
                push bx                  ;出口参数:AX＝补码表示的二进制数值
                push cx                  ;说明:负数用"－"引导,数据范围是＋32767～－32768
                push dx
                xor bx,bx                ;BX保存结果
                xor cx,cx                ;CX为正负标志,0为正,－1为负
                mov ah,1                 ;输入一个字符
                int 21h
                cmp al,'+'               ;是"＋",继续输入字符
                jz read1
                cmp al,'-'               ;是"－",设置－1标志
                jnz read2
                mov cx,-1
  read1:        mov ah,1                 ;继续输入字符
                int 21h
  read2:        cmp al,'0'               ;不是0～9之间的字符,则输入数据结束
                jb read3
                cmp al,'9'
                ja read3
                sub al,30h               ;是0～9之间的字符,则转换为二进制数
                ;利用移位指令,实现数值乘10:BX←BX×10
                shl bx,1
                mov dx,bx
                shl bx,1
                shl bx,1
                add bx,dx
                ;
                mov ah,0
                add bx,ax                ;已输入数值乘10后,与新输入数值相加
                jmp read1                ;继续输入字符
  read3:        cmp cx,0                 ;是负数,进行求补
                jz read4
                neg bx
  read4:        mov ax,bx                ;设置出口参数
                pop dx
                pop cx
                pop bx
                ret                      ;子程序返回
  read          endp
  dpcrlf        proc                     ;使光标回车换行的子程序
                push ax
                push dx
                mov ah,2
                mov dl,0dh
                int 21h
                mov ah,2
```

```
                mov dl,0ah
                int 21h
                pop dx
                pop ax
                ret
  dpcrlf        endp
                end start
```

3.6.3 用共享变量传递参数

子程序和主程序使用同一个变量名存取数据就是利用共享变量（全局变量）进行参数传递。如果变量定义和使用不在同一个源程序中，需要利用PUBLIC、EXTREN声明（详见3.6.5节）。如果主程序还要利用原来的变量值，则需要保护和恢复。

利用共享变量传递参数，子程序的通用性较差，但特别适合在多个程序段间，尤其在不同的程序模块间传递数据。

例3.19 用共享变量传递参数显示以"0"结尾的字符串。

共享变量需要在数据段定义，假设为temp，本例中主程序通过它传入参数，子程序通过它获取参数。

```
                ;数据段
  msg           db 'Well, I made it !',0
  temp          dw ?                ;**共享变量
                ;代码段，主程序
                mov si,offset msg
                mov temp,si         ;**共享变量传递参数：字符串地址
                call dpstri         ;调用子程序
                ;代码段，子程序
  dpstri        proc                ;显示以0结尾的字符处
                push ax             ;入口参数：temp＝字符串地址
                push dx
                mov si,temp         ;**通过temp获得参数
                ……                  ;后同例3.17程序
```

例3.20 向显示器输出有符号十进制数的子程序。

子程序在屏幕上显示一个有符号十进制数，负数用"－"引导。子程序还包含将二进制数转换为ASCII码的过程，其算法如下：

1) 首先判断数据是零、正数或负数，是零显示"0"退出。

2) 是负数，显示"－"，求数据的绝对值。

3) 接着数据除以10，余数加30H转换为ASCII码压入堆栈。

4) 重复步骤3，直到商为0结束。

5) 依次从堆栈弹出各位数字，进行显示。

本例采用16位寄存器表达数据，所以只能显示－32 768～＋32 767间的数值，但该算法适合更大范围的数据。

子程序的入口参数用共享变量wtemp传递。主程序调用子程序显示10个数据。

```
                   ;数据段
  count            = 10
  array            dw 1234,-1234,0,1,-1,32767,-32768,5678,-5678,9000
  wtemp            dw ?
                   ;代码段
                   mov cx,count
                   mov bx,offset array
  again:           mov ax,[bx]
                   mov wtemp,ax              ;将入口参数存放到共享变量
                   call write               ;调用子程序,显示一个数据
                   inc bx
                   inc bx
                   call dpcrlf              ;光标回车换行以便显示下一个数据
                   loop again
                   mov ax,4c00h
                   int 21h
  write            proc                     ;显示有符号十进制数的通用子程序:write
                   push ax                  ;入口参数:共享变量wtemp
                   push bx
                   push dx
                   mov ax,wtemp             ;取出显示数据
                   test ax,ax               ;判断数据是零、正数或负数
                   jnz write1
                   mov dl,'0'               ;是零,显示"0"后退出
                   mov ah,2
                   int 21h
                   jmp write5
  write1:          jns write2               ;是负数,显示"-"
                   mov bx,ax                ;AX数据暂存于BX
                   mov dl,'-'
                   mov ah,2
                   int 21h
                   mov ax,bx
                   neg ax                   ;数据求补(绝对值)
  write2:          mov bx,10
                   push bx                  ;10压入堆栈,作为退出标志
  write3:          cmp ax,0                 ;数据(商)为零,转向显示
                   jz write4
                   sub dx,dx                ;扩展被除数DX.AX
                   div bx                   ;数据除以10:DX.AX÷10
                   add dl,30h               ;余数(0~9)转换为ASCII码
                   push dx                  ;数据各位先低位后高位压入堆栈
                   jmp write3
  write4:          pop dx                   ;数据各位先高位后低位弹出堆栈
                   cmp dl,10                ;是结束标志10,则退出
                   je write5
                   mov ah,2                 ;进行显示
                   int 21h
                   jmp write4
  write5:          pop dx
```

```
                pop bx
                pop ax
                ret                              ;子程序返回
        write   endp
                ......                           ;后同例3.17程序
```

3.6.4 用堆栈传递参数

参数传递还可以通过堆栈这个临时存储区。主程序将入口参数压入堆栈，子程序从堆栈中取出参数；子程序将出口参数压入堆栈，主程序弹出堆栈取得它们。采用堆栈传递参数是程式化的，它是编译程序处理参数传递以及汇编语言与高级语言混合编程时的常规方法。

例3.21 用堆栈传递参数显示以"0"结尾的字符串。

堆栈是主程序和子程序所共用的。主程序将参数压入堆栈，子程序一般通过BP寄存器随机访问堆栈段获取参数，同时不影响堆栈指针SP。这也是BP基址寻址默认采用堆栈段寄存器SS的主要原因。

```
                ;数据段
        msg     db 'Well, I made it !',0
                ;代码段，主程序
                mov si,offset msg
                push si              ;**入口参数压入堆栈
                call dpstri          ;调用子程序
                add sp,2             ;**平衡堆栈
                ;代码段，子程序
        dpstri  proc                 ;显示以0结尾的字符处
                push bp              ;**入口参数：堆栈＝字符串地址
                mov bp,sp           ;**通过BP获得堆栈内的参数
                push ax
                push dx
                mov si,[bp+4]       ;**通过BP指针获得参数，参见图3-3a
        dps1:   mov dl,[si]
                cmp dl,0
                jz dps2
                mov ah,2
                int 21h
                inc si
                jmp dps1
        dps2:   pop dx
                pop ax
                pop bp              ;**恢复BP寄存器
                ret
        dpstri  endp
```

图3-3a演示了本程序执行过程中的堆栈情况。主程序压入一个数据，段内近调用压入返回的偏移地址（IP）。进入子程序后，压入BP寄存器保护，然后设置基址指针BP等于当前堆栈指针SP，这样利用BP相对寻址（默认采用堆栈段SS）可以存取堆栈段中的数据。子程序调用返回后，堆栈指针SP又恢复到调用前的位置，但主程序压入了一个参数，使用了堆栈区的2

个字节。主程序在调用CALL指令后用一条"add sp, 2"指令，这样才能使得SP指向同一个位置，保持堆栈平衡。平衡堆栈也可以利用子程序实现，即返回指令采用"ret 2"，使SP加2。

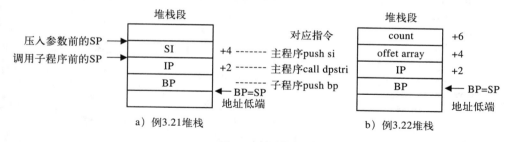

图3-3 利用堆栈传递参数

例3.22 计算有符号数平均值的子程序。

子程序将16位有符号二进制数求和，然后除以数据个数得到平均值。为了避免溢出，被加数要进行符号扩展，得到倍长数据（大小没有变化），然后求和。因为采用16位二进制数表示数据个数，最大是2^{16}，这样扩展到32位二进制数表达累加和，不再会出现溢出（考虑极端情况：数据全是-2^{15}，共有2^{16}个，求和结果是-2^{31}，32位数据仍然可以表达）。

子程序的入口参数利用堆栈传递，主程序需要压入数据个数和数据缓冲区的偏移地址。子程序通过BP寄存器从堆栈段相应位置取出参数（非栈顶数据），子程序的出口参数用寄存器AX传递。主程序提供10个数据，并保存平均值。

```
                ;数据段
count           = 10
array           dw 1234,-1234,0,1,-1,32767,-32768,5678,-5678,9000
wmed            dw ?                            ;存放平均值
                ;代码段
                mov ax,count
                push ax                         ;压入数据个数
                mov ax,offset array
                push ax                         ;压入数据缓冲区的偏移地址
                call mean                       ;调用子程序，求平均值
                add sp,4                        ;平衡堆栈，参见图3-3b
                mov wmed,ax                     ;保存出口参数（未保留余数部分）
                mov ax,4c00h
                int 21h
mean            proc                            ;计算16位有符号数平均值子程序：mean
                push bp                         ;入口参数：顺序压入数据个数和数据缓冲区偏移地址
                mov bp,sp                       ;出口参数：AX＝平均值
                push bx                         ;保护寄存器
                push cx
                push dx
                push si
                push di
                mov bx,[bp+4]                   ;从堆栈中取出缓冲区偏移地址→BX
                mov cx,[bp+6]                   ;从堆栈中数据个数→CX
                xor si,si                       ;SI保存求和的低16位值
                mov di,si                       ;DI保存求和的高16位值
```

```
mean1:      mov ax,[bx]                    ;取出一个数据→AX
            cwd                            ;符号扩展→DX
            add si,ax                      ;求和低16位
            adc di,dx                      ;求和高16位
            inc bx                         ;指向下一个数据
            inc bx
            loop mean1                     ;循环
            mov ax,si                      ;累加和在DX.AX
            mov dx,di
            mov cx,[bp+6]                  ;数据个数在CX
            idiv cx                        ;有符号数除法,求的平均值在AX中（余数在DX中）
            pop di                         ;恢复寄存器
            pop si
            pop dx
            pop cx
            pop bx
            pop bp
            ret
mean        endp
            end start
```

由此可见，由于堆栈是采用"先进后出"的原则存取的，而且返回地址和保护的寄存器等也要存于堆栈；因此，用堆栈传递参数时，要时刻注意堆栈的分配情况，保证参数的正确存取以及子程序的正确返回。

3.6.5 子程序模块

为了使子程序更加通用和得到复用，我们可以将子程序单独编写成一个源程序文件，经过汇编之后形成目标模块OBJ文件，这就是子程序模块。这样，某个程序用到该子程序，只要在连接时输入子程序模块文件名就可以了。

将子程序汇编成独立的模块，编写源程序文件时，需要注意几个问题。

1）子程序文件中的子程序名、定义的共享变量名要用共用伪指令PUBLIC声明以便为其他程序使用。子程序使用了其他模块或主程序中定义的子程序或共享变量，也要用外部伪指令EXTERN声明为在其他模块当中。主程序文件同样也要进行声明，即本程序定义的共享变量、过程等需要用PUBLIC声明为共用，使用其他程序定义的共享变量、过程等需要用EXTERN声明为来自外部。

```
PUBLIC 标识符 [,标识符 …]                 ;定义标识符的模块使用
EXTERN 标识符:类型 [,标识符:类型 …]       ;调用标识符的模块使用
```

其中标识符是变量名、过程名等，类型是NEAR、FAR（过程）或BYTE、WORD、DWORD（变量）等。在一个源程序中，PUBLIC/EXTREN语句可以有多条。

2）子程序必须在代码段中，但没有主程序那样的开始执行和结束执行点。

子程序文件允许具有局部变量，局部变量可以定义在代码段也可以定义在数据段。当各个程序段使用不同的数据段时，要正确设置数据段DS寄存器的段基地址或采用段超越前缀。

3）如果采用简化段源程序格式，子程序文件的存储模式要与主程序文件保持一致。

4）子程序与主程序之间的参数传递仍然是个难点。参数可以是数据本身或数据缓冲区地

址，可以采用寄存器、共享变量或堆栈等传递方法。利用共享变量传递参数，要利用PUBLIC/EXTERN声明。

例3.23 输入有符号十进制数，求平均值输出。

我们将例3.18、例3.20、例3.22的子程序编写成模块，供主程序调用。

```
                ;子程序文件
                .model small                    ;相同的存储模式
                public read,write,mean          ;子程序共用
                extern wtemp:word               ;外部变量
                .code                           ;代码段
read            proc
                ……                             ;输入子程序read（例3.18）
write           proc
                ……                             ;输出子程序write（例3.20）
mean            proc
                ……                             ;计算平均值子程序mean（例3.22）
                end
                ;主程序文件
                .model small                    ;相同的存储模式（小型模式）
                extern read:near,write:near,mean:near   ;外部子程序
                public wtemp                    ;变量共用
                                                ;输入、计算和输出
```

实际上，进行连接的目标模块文件可以用汇编程序产生，也可以用其他编译程序产生。所以，利用这种方法还可实现汇编语言程序模块和高级语言程序模块的连接，即实现汇编语言和高级语言的混合编程。

3.6.6 子程序库

当子程序模块很多时，记住各个模块文件名就是件麻烦事，有时还会把没有用的子程序也连接到可执行程序中。但是，我们可以把它们统一管理起来，存入一个或多个子程序库中。子程序库文件（.LIB）就是子程序模块的集合，其中存放着各子程序的名称、目标代码以及有关定位信息等。

存入库的子程序的编写与子程序模块中的要求一样，只是为方便调用，最好遵循一致的规则。例如参数传递方法、子程序调用类型、存储模型、寄存器保护措施和堆栈平衡措施等都最好相同。子程序文件编写完成、汇编形成目标模块，然后利用库管理工具程序LIB.EXE，把子程序模块逐个加入库中，连接时就可以使用了，详见附录B。

使用子程序库中的子程序，需要在连接过程中指明子程序库，或者主程序使用MASM提供的子程序库文件包含伪指令INCLUDELIB指明，其格式为：

INCLUDELIB 库文件名

许多程序都需要与用户进行交互，但操作系统通常只提供字符和字符串的输入输出，当需要以二、十或者十六进制形式输入输出数据时就需要特别编写这样转换的程序。所以，我们不妨将常用键盘输入和显示器输出功能都编写成子程序，并保存到一个输入输出子程序库中，这样使用时可以直接调用，避免重复编程。

3.7 宏汇编

宏（Macro）是汇编语言程序设计当中颇具特色的一个方面。利用宏汇编和经常与宏配合的重复汇编和条件汇编，可以使程序员编写的源程序更加灵活方便、提高工作效率。本节主要介绍利用宏汇编进行程序设计的基本方法。

宏是具有宏名的一段汇编语句序列。宏需要先定义，然后在程序中进行宏调用。由于形式上类似其他指令，所以常称其为宏指令。与伪指令主要指示如何汇编不同，宏指令实际上是一段代码序列的缩写；在汇编时，汇编程序用对应的代码序列替代宏指令。因为是在汇编过程中实现的宏展开，所以常称为宏汇编。

1. 宏定义

宏定义由一对宏汇编伪指令MACRO和ENDM来完成，其格式如下：

```
宏名        MACRO [形参表]
            ……                    ;宏定义体
            ENDM
```

其中，宏名是符合语法的标识符，同一源程序中该名字定义唯一。宏定义体中不仅可以是硬指令序列，还可以是伪指令语句序列。宏可以带显式参数表。可选的形参表给出了宏定义中用到的形式参数，每个形式参数之间用逗号分隔。

例如，程序经常需要用DOS的2号功能调用显示一个字符，3条指令编写成子程序有些得不偿失，于是可以利用宏：

```
dispchar   macro char          ;;定义宏,宏名dispchar,带有形参char
           mov ah,2
           mov dl,char          ;;宏定义中使用参数
           int 21h
           endm                 ;;宏定义结束
```

宏定义中的注释如果用两个分号分隔，则在后面的宏展开中将不出现该注释。

程序经常需要输出一段信息，该程序段也可以定义成宏：

```
dispmsg    macro message
           mov ah,9
           lea dx,message       ;;也可以用mov dx,offset message
           int 21h
           endm
```

2. 宏调用

宏定义之后就可以使用它，即宏调用。宏调用遵循先定义后调用的原则，格式为：

```
宏名 [实参表]
```

可见，宏调用的格式同一般指令一样，在使用宏指令的位置写下宏名，后跟实体参数；如果有多个参数，应按形参顺序填入实参，也用逗号分隔。

在汇编时，宏指令被汇编程序用对应的代码序列替代，称之为宏展开。汇编后的列表文件中带"＋"或"1"等数字的语句为相应的宏定义体。宏展开的具体过程是：当汇编程序扫描源程序遇到已有定义的宏调用时，即用相应的宏定义体取代源程序的宏指令，同时用位置匹配的实参对形参进行取代。实参与形参的个数可以不等，多余的实参不予考虑，缺少的实参对相应的形参做"空"处理（以空格取代）；另外汇编程序不对实参和形参进行类型检查，

完全是字符串的替代，至于宏展开后是否有效则由汇编程序翻译时进行语法检查。

例如，程序中需要显示一个问号"？"，只要如下书写：

```
dispchar '?'        ;宏调用（源程序中的宏指令）
```

汇编程序将其展开后的列表文件如下（注释是另加上的）：

```
1    mov ah,2          ;宏展开
1    mov dl,'?'        ;实参替代形参
1    int 21h
```

当在数据段定义了字符串string后，要想显示它，利用宏指令简单方便：

```
     dispmsg string     ;宏指令
1    mov ah,9           ;宏展开
1    lea dx,string
1    int 21h
```

由此可见，宏像子程序一样可以简化源程序的书写，但注意它们是有本质区别的。

- 宏调用在汇编时将相应的宏定义语句复制到宏指令的位置，执行时不存在控制的转移与返回。多次宏调用，多次复制宏定义体，并没有减少汇编后的目标代码，因而执行速度也没有改变。

- 子程序调用在执行时由主程序的调用CALL指令实现，控制转移到子程序，子程序需要执行返回RET指令将控制再转移到主程序。多次调用子程序，多次控制转移，子程序被多次执行，但没有被复制多次；所以汇编后的目标代码较短。但是，多次的控制转移以及子程序中寄存器保护、恢复等操作，要占用一定的时间，因而会影响程序执行速度。

另外，宏调用的参数通过形参、实参结合实现传递，简捷直观、灵活多变。宏汇编的一大特色是它的参数。宏定义时既可以无参数，也可以有一个或多个参数；宏调用时实参的形式也非常灵活，可以是常数、变量、存储单元、指令（操作码）或它们的一部分，也可以是表达式。只要宏展开后符合汇编语言的语法规则即可。为此，汇编程序还设计了几个宏操作符，例如将参数与其他字符分开的替换操作符&，用于括起字符串的传递操作符< >等。

相对来说，子程序一般只有利用寄存器、存储单元或堆栈等传递参数，较烦琐。

由此可见，宏与子程序各有特点，程序员应该根据具体问题选择使用哪种方法。通常来说，当程序段较短或要求较快执行时，应选用宏；当程序段较长或为减小目标代码时，应选用子程序。

3. 局部标号

当宏定义体具有分支、循环等程序结构时，需要标号。宏定义体中的标号必须用LOCAL伪指令声明为局部标号，否则多次宏调用将出现标号的重复定义语法错误。

局部标号伪指令LOCAL只能用在宏定义体内，而且是宏定义MACRO语句之后的第一条语句，两者间也不允许有注释和分号，格式如下：

```
LOCAL  标号列表
```

其中，标号列表由宏定义体内使用的标号组成，用逗号分隔。这样，每次宏展开时汇编程序将对其中的标号自动产生一个唯一的标识符（其形式为"??0000"到"??FFFF"），避免宏展开后的标号重复。

例如，设计一个将十六进制数码（0～9、A～F、a～f）的ASCII码值（对应为30H～39H、41H～46H、61H～66H）转换为对应一位十六进制数的宏。假设转换前的ASCII码值在AL中，

转换后的十六进制数也在AL（低4位）中，不进行错误检测，宏定义如下：

```
ASCTOH          macro
                local asctoh1,asctoh2
                cmp al,'9'
                jbe asctoh1               ;;小于等于'9',说明是0～9,只需减去30H
                cmp al,'a'
                jb asctoh2                ;;大于'9'、小于'a',说明是A～F,还要减7
                sub al,20h                ;;大于等于'a',说明是a～f,再减去20H
asctoh2:        sub al,7
asctoh1:        sub al,30h
                endm
```

这是一个没有参数的宏定义，但因有分支而采用了标号，前两次宏调用将展开为：

```
                asctoh                    ;第一次宏调用
1               cmp al,'9'                ;第一次宏展开
1               jbe ??0000                ;局部标号被汇编程序改变
1               cmp al,'a'
1               jb ??0001                 ;局部标号被汇编程序改变
1               sub al,20h
1 ??0001:       sub al,7
1 ??0000:       sub al,30h
                asctoh                    ;第二次宏调用
1               cmp al,'9'                ;第二次宏展开
1               jbe ??0002                ;局部标号被汇编程序改变
1               cmp al,'a'
1               jb ??0003                 ;局部标号被汇编程序改变
1               sub al,20h
1 ??0003:       sub al,7
1 ??0002:       sub al,30h
```

宏定义中可以有宏调用，只要遵循先定义后调用的原则；宏定义中还可以具有子程序调用；子程序中也可以进行宏调用，只要事先有宏定义。为了使定义的宏更加通用，可以像子程序一样对使用的寄存器进行保护和恢复。

例如，将一个字量数据按十六进制数4位显示出来的宏定义如下：

```
disphex         macro hexdata
                local disphex1
                push ax                   ;保护寄存器
                push bx
                push cx
                push dx
                mov bx,hexdata            ;参数是要显示的一个4位十六进制数
                mov cx,0404h              ;CH=4,作为循环次数;CL=4,作为循环移位次数
disphex1:       rol bx,cl                 ;高4位循环移位到低4位
                mov al,bl
                and al,0fh
                call htoasc               ;调用子程序,转换成ASCII码（见3.6.1节）
                dispchar al               ;显示该位数值（见宏定义）
                dec ch
                jnz disphex1
```

```
                    pop dx                      ;恢复寄存器
                    pop cx
                    pop bx
                    pop ax
                    endm
```

4. 文件包含

宏必须先定义后使用，不必在任何逻辑段中，所以宏定义通常书写在源程序的开头。为了使宏定义为多个源程序使用，可以将常用的宏定义单独写成一个宏库文件。使用这些宏的源程序运用包含伪指令INCLUDE将它们结合成一体。包含伪指令的格式为：

```
INCLUDE    文件名
```

文件名的给定要符合DOS规范，可以含有路径，指明文件的存储位置；如果没有路径名，汇编程序将在默认目录、当前目录和指定目录下寻找。汇编程序在对INCLUDE伪指令进行汇编时将它指定的文本文件内容插入在该伪指令所在的位置，与其他部分同时汇编。

文件包含方法不限于对宏定义库，实际上可以针对任何文本文件。例如，程序员可以把一些常用的或有价值的宏定义存放在.MAC宏库文件中，也可以将各种常量定义、声明语句等组织在.INC包含文件中，还可以将常用的子程序形成.ASM汇编语言源文件。有了这些文件以后，只要在源程序中使用包含伪指令，便能方便地调用它们，同时也利于这些文件内容的重复应用。这是子程序模块和子程序库之外的另一种开发大型程序的模块化方法。

但需要明确，利用INCLUDE伪指令包含其他文件，其实质仍然是一个源程序，只不过是分在了几个文件书写；被包含的文件不能独立汇编，而是依附主程序而存在的。所以，合并的源程序之间的各种标识符，如标号和名字等，应该统一规定，不能发生冲突。

例3.24 输入中断向量号，显示其中断向量。

8088 CPU的256个中断服务程序的入口地址存放在内存最低的1KB物理地址处，从向量号0顺序存放，每4个字节存放一个中断入口地址（详见7.1.3节）。现编写一个程序从键盘输入十六进制形式的两位中断向量号，然后显示该向量号的中断服务程序入口地址。该程序要利用本小节的4个宏定义，我们把它们写入一个宏库文件当中，主程序文件包含它就可以了。

```
            include wj0324.mac          ;宏库文件wj0324.mac中是前面的4个宏定义
            ;数据段
msg1        db 'Enter number (XX) : $'
msg2        db 'The Interrupt program address: $'
crlf        db 0dh,0ah,'$'
            ;代码段
            dispmsg msg1                ;提示输入一个两位十六进制数
            mov ah,1                    ;接收高位
            int 21h
            ASCTOH                      ;宏指令,将ASCII码转换为十六进制数
            mov bl,al                   ;存入BL
            shl bl,1
            shl bl,1
            shl bl,1
            shl bl,1
            mov ah,1                    ;接收低位
```

```
            int 21h
            ASCTOH
            or bl,al               ;合成一个字节在BL,作为中断向量号
            xor bh,bh
            ;
            dispmsg crlf           ;回车换行
            dispmsg msg2           ;提示输出中断入口地址
            shl bx,1               ;中断向量号×4为偏移地址
            shl bx,1
            mov ax,0               ;中断向量表的段地址是0
            mov es,ax
            disphex es:[bx+2]      ;显示中断服务程序的段地址
            dispchar ':'           ;显示":"字符,分隔段地址和偏移地址
            disphex es:[bx]        ;显示中断服务程序的偏移地址
            ……                     ;主程序结束,后面含有HTOASC子程序
```

　　只对主程序文件进行汇编、连接就可以形成可执行文件。注意创建列表文件对比一下。

　　本章学习了汇编语言程序设计的基本内容，有关输入输出程序、中断服务程序以及它们的应用将在后续章节展开。

习题

3.1　汇编语言有什么特点？

3.2　编写汇编语言源程序时，一般的组成原则是什么？

3.3　.MODEL伪指令是简化段定义源程序格式中必不可少的语句，它设计了哪7种存储模式，各用于创建什么性质的程序？

3.4　如何规定一个程序执行的开始位置，主程序执行结束应该如何返回DOS，源程序在何处停止汇编过程？

3.5　MASM为什么规定十六进制常数不能以字母A～F开头？

3.6　给出采用一个源程序格式书写的例3.1源程序。

3.7　DOS支持哪两种可执行程序结构，各有什么特点？

3.8　举例说明等价"EQU"伪指令和等号"＝"伪指令的用途。

3.9　给出下列语句中，指令立即数（数值表达式）的值：

　　（1）mov al,23h AND 45h OR 67h　　（2）mov ax,1234h/16+10h

　　（3）mov ax,23h SHL 4　　　　　　　（4）mov al,'a' AND (NOT('a'-'A'))

　　（5）mov ax,(76543 LT 32768) XOR 7654h

3.10　画图说明下列语句分配的存储空间及初始化的数据值：

　　（1）byte_var db 'ABC',10,10h,'EF',3 dup(-1,?,3 dup(4))

　　（2）word_var dw 10h,-5,3 dup(?)

3.11　请设置一个数据段，按照如下要求定义变量：

　　（1）my1b为字符串变量，表示字符串"Personal Computer"。

　　（2）my2b为用十进制数表示的字节变量，这个数的大小为20。

　　（3）my3b为用十六进制数表示的字节变量，这个数的大小为20。

　　（4）my4b为用二进制数表示的字节变量，这个数的大小为20。

　　（5）my5w为20个未赋值的字变量。

（6）my6c为100的符号常量。

（7）my7c为字符串常量，代替字符串"Personal Computer"。

3.12 希望控制变量或程序代码在段中的偏移地址，应该使用哪个伪指令？

3.13 名字和标号有什么属性？

3.14 设在某个程序中有如下片段，请写出每条传送指令执行后寄存器AX的内容：

```
                    ;数据段
                    org 100h
varw                dw 1234h,5678h
varb                db 3,4
vard                dd 12345678h
buff                db 10 dup(?)
mess                db 'hello'
                    ;代码段
                    mov ax,offset mess
                    mov ax,type buff+type mess+type vard
                    mov ax,sizeof varw+sizeof buff+sizeof mess
                    mov ax,lengthof varw+lengthof vard
```

3.15 假设myword是一个字变量，mybyte1和mybyte2是两个字节变量，指出下列语句中的具体错误原因。

（1）`mov byte ptr [bx],1000` （2）`mov bx,offset myword[si]`

（3）`cmp mybyte1,mybyte2` （4）`mov mybyte1,al+1`

（5）`sub al,myword` （6）`jnz myword`

3.16 编写一个程序，把从键盘输入的一个小写字母用大写字母显示出来。

3.17 已知用于LED数码管的显示代码表为：

```
LEDtable        db 0c0h,0f9h,0a4h,0b0h,99h,92h,82h,0f8h
                db 80h,90h,88h,83h,0c6h,0c1h,86h,8eh
```

它依次表示0～9、A～F这16个数码的显示代码。现编写一个程序实现将lednum中的一个数字（0～9、A～F）转换成对应的LED显示代码。

3.18 编制一个程序，把变量bufX和bufY中较大者存入bufZ；若两者相等，则把其中之一存入bufZ中。假设变量存放的是8位有符号数。

3.19 设变量bufX为有符号16位数，请将它的符号状态保存在signX。如果变量值大于等于0，保存0；如果X小于0，保存－1。编写该程序。

3.20 bufX、bufY和bufZ是3个有符号十六进制数，编写一个比较相等关系的程序：

（1）如果这3个数都不相等，则显示0。

（2）如果这3个数中有两个数相等，则显示1。

（3）如果这3个数都相等，则显示2。

3.21 例3.7中，如果要实现所有为1的位都顺序执行相应的处理程序段（而不是例题中仅执行最低为1位的处理程序段），请写出修改后的代码段。

3.22 编制程序完成12H、45H、F3H、6AH、20H、FEH、90H、C8H、57H和34H共10个无符号字节数据之和，并将结果存入字节变量SUM中（不考虑进位）。

3.23 求主存0040H：0开始的一个64KB物理段中共有多少个空格？

3.24 编写计算100个正整数之和的程序。如果和不超过16位字的范围（65535），则保存其和到wordsum，如超过则显示'Overflow !'。

3.25 编制程序完成将一个16位无符号二进制数转换成为用8421BCD码表示的5位十进制数。转换算法可以是：用二进制数除以10000，商为"万位"，再用余数除以1000，得到"千位"，依次用余数除以100、10和1，得到"百位"、"十位"和"个位"。

3.26 过程定义的一般格式是怎样的？子程序开始为什么常有PUSH指令，返回前为什么常有POP指令？下面完成16位无符号数累加的子程序有什么不妥吗？若有，请改正：

```
crazy       PROC
            push ax
            xor ax,ax
            xor dx,dx
again:      add ax,[bx]
            adc dx,0
            inc bx
            inc bx
            loop again
            ret
            ENDP crazy
```

3.27 编写一个源程序，在键盘上按一个键，将从AL返回的ASCII码值显示出来，如果按下ESC键则程序退出。请调用书中的HTOASC子程序。

3.28 请按如下说明编写子程序：

子程序功能：把用ASCII码表示的两位十进制数转换为对应二进制数。

入口参数：DH＝十位数的ASCII码，DL＝个位数的ASCII码。

出口参数：AL＝对应的二进制数。

3.29 调用HTOASC子程序，编写显示一个字节的十六进制数后跟"H"的子程序。

3.30 写一个子程序，根据入口参数AL＝0、1、2，依次实现对大写字母转换成小写、小写转换成大写或大小写字母互换。欲转换的字符串在string中，用0表示结束。

3.31 子程序的参数传递有哪些方法？请简单比较。

3.32 采用堆栈传递参数的一般方法是什么？为什么应该特别注意堆栈平衡问题。

3.33 编写一个求32位数据绝对值的子程序，通过寄存器传递入口参数。

3.34 编写一个计算字节校验和的子程序。所谓"校验和"是指不记进位的累加，常用于检查信息的正确性。主程序提供入口参数，有数据个数和数据缓冲区的首地址。子程序回送求和结果这个出口参数。传递参数方法自定。

3.35 编制3个子程序，把一个16位二进制数用4位十六进制形式在屏幕上显示出来，分别运用如下3种参数传递方法，并配合3个主程序验证它。

（1）采用AX寄存器传递这个16位二进制数。

（2）采用temp变量传递这个16位二进制数。

（3）采用堆栈方法传递这个16位二进制数。

3.36 什么情况需要使用PUBLIC和EXTERN伪指令？请将例3.20的子程序全部用寄存器传递参数，写成子程序模块。

3.37 宏是如何定义、调用和展开的？

3.38 宏参数有什么特点，宏定义的形参如何与宏调用的实参相结合？

3.39 说明宏汇编和子程序的本质区别，程序设计中如何选择？

3.40 编写一个宏指令"move doprnd, soprnd"，它实现任意寻址方式的字量源操作数送到目的操作数，包括存储单元到存储单元的传送功能。

3.41 定义一个宏logical，用它代表4条逻辑运算指令：and/or/xor/test，注意需要利用3个形式参数，并给一个宏调用以及对应宏展开的例子。

3.42 写一个宏，判断AL寄存器中的一个ASCII码是否为大写字母，如果是大写字母就转换为小写字母，否则不转换。

3.43 定义一个宏"movestr strN, dstr, sstr"，将strN个字符从一个字符区sstr传送到另一个字符区dstr。

3.44 作为总结提高，读者可以综合前三章汇编语言的知识，编写一个通用的输入输出子程序库IO.LIB，实现字符、字符串、二进制、十进制、十六进制的键盘输入和显示器输出，以及8个通用寄存器、状态标志等的显示功能。

   为了便于调用，可以配合一个包含文件IO.INC。这样，只要在主程序文件开始增加一个文件包含语句"INCLUDE IO.INC"，IO.INC和IO.LIB保存在当前目录下，就可以使用该子程序库中的子程序了，详见附录F的说明。

第4章 微机总线

微机采用总线结构，微处理器、存储器、外部设备等各个功能模块都使用总线相互连接、协同工作。本章从总线的有关概念和技术入手，学习8088/8086微处理器的引脚信号和总线时序，以及微型机的PC总线和ISA总线。

4.1 总线技术

总线是功能部件之间实现互连的一组公共信号线，用作相互间信息交换的公共通道。总线在物理形态上就是一组公用的导线，许多器件挂接其上传输信号。总线由许多信号线组成，包括数据总线、地址总线、控制总线（参见第1章）以及电源和地线。

计算机系统以总线作为信息传输的公共通道，形成了总线结构。计算机系统中的部件通过系统总线相互连接、实现数据传输，并使计算机系统具有组态灵活、易于扩展等诸多优点。广泛应用的总线都实现了标准化，便于在互连各个部件时遵循共同的总线规范。

4.1.1 总线类型

总线伴随着微机的发展而发展，曾用的、正用的、将用的举不胜举。从微机系统角度看，不同层次、不同部件间也有不同的总线。花样繁多的总线名称常令人一头雾水。

按信息传送方向分类，总线分成单向总线（输入总线或输出总线）和双向总线。按数据传输方式分类，总线还可以分成并行总线和串行总线。这里根据总线连接的对象和范围进行分类。

总线连接方法广泛用于微机系统的各个连接级别（层次）上，从大规模集成电路芯片内部，主机板中处理器、存储器及I/O接口电路之间，主机模板与各种接口模板之间（常称一块具有特定功能的印刷电路板为模板或模块，简称为板或卡），直到微机系统与外部设备之间以及微机系统之间。

1. 芯片总线

芯片总线（Chip Bus）是指大规模集成电路芯片内部，或系统中将各种不同器件连接在一起的总线，用于芯片级互连。

芯片总线也称为局部总线（Local Bus），对处理器来说就是其引脚信号，也称为处理器总线，例如8088/8086 CPU与形成总线的器件等部件之间的连接总线。

随着集成电路制造技术的发展，原来只能通过多个芯片构成一个功能单元或一个电路模块，现在可以用一个大规模集成电路芯片实现。所以，大规模集成电路芯片内部也广泛使用总线连接，例如处理器内部的高速缓冲存储器、存储管理单元、执行部件之间，有时就将它们称为片内总线。

2. 内总线

内总线（Internal Bus）是指微机系统中功能单元（模板）与功能单元间连接的总线，用于微机主机内部的模板级互连。内总线也称为板级总线、母板总线、全局总线（Global Bus）

或系统总线。

系统总线（System Bus）是一个笼统的概念，通常是指微机系统的主要总线。在早期或低档微机中，内部总线只有一条，微机系统中的各个功能部件都与该总线相连，而这个总线也往往从处理器引脚延伸而来，所以这个总线起着举足轻重的作用，称其为系统总线也就顺理成章了。例如，16位PC的ISA总线就是其系统总线。

随着微机的飞速发展和总线结构的日趋复杂，内部总线从一条变为多条，功能由弱到强，也逐渐不与处理器有关。例如，现在的32位PC主要采用PCI总线连接外设接口电路，虽然PCI总线的英文原意是外设部件互连（Peripheral Component Interconnect），但鉴于它的重要作用，常常也称其为系统总线。而PCI总线是从局部总线概念引出的，所以过去也称PCI总线为局部总线。

3. 外总线

外总线（External Bus）是指微机系统与其外设或微机系统之间连接的总线，用于设备级互连。

芯片总线和内总线通常采用并行传输方式，其数据总线的个数有8、16、32或64等，每次都是以字节、字、双字或4字等为单位传输数据。采用并行传输方式的总线称为并行总线。

外总线过去又称为通信总线，主要指串行通信总线，例如EIA-232D。利用串行总线，发送方需要将多位数据按二进制位的顺序在一个数据线上逐位发送，接收方则逐位接收后再合并为一个多位数据。相对于适合近距离快速传输的并行总线，串行总线以其成本低、抗干扰能力强而广泛应用于远距离通信，最典型的应用就是计算机网络。

现在，外总线的意义常延伸为外设总线，主要用于连接各种外设。外总线种类较多，常与特定设备有关，例如并行打印机总线、通用串行总线USB、智能仪器仪表并行总线IEEE 488（又称为GPIB总线）等。实际应用中，外部设备常通过专门的接口装置（插槽、插卡、插头和插座）与总线相连。所以，总线和总线接口在许多时候并不特别加以区分。

总线系统类似于一个"公路网"，通过不同的总线把系统内的各个模块连接起来。内总线相当于"公路网"中的主干道，芯片总线（局部总线）相当于某一局域内的道路，外总线相当于连接到其他"公路网"的道路。图4-1示意了总线系统的层次结构。现代高性能微机的总线结构虽然更加复杂，但仍然体现这个层次关系。

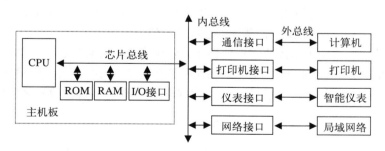

图4-1　微机总线的层次结构

4.1.2　总线的数据传输

总线的主要功能是实现数据的传输。总线上连接有许多模块（或称设备，Device）。当一个模块需要与另一个模块传输信息时，它需要首先获得控制总线的权力，然后发出模块地址和读写控制信号，最终完成数据传输。控制总线完成数据传输的模块是主控（Master）模块或主模块、主设备，如微处理器、DMA控制器等，与之相应，被动实现数据交换的模块则是被控（Slave）模块或从模块、从设备，如存储器、外设接口等。

总线上可能连接有多个可以作为主模块的器件，但是在总线使用上有限制：

• 在某一时刻，只能有一个主模块控制总线，其他模块此时可以作为从模块。

• 在某一时刻，只能有一个模块向总线发送数据，但可以有多个模块从总线接收数据。

1. 总线操作

总线设备通过总线这个公共的信息通道来完成一些特定的操作，这些操作被统称为总线操作。主要的总线操作是进行数据传输，它一般要有4个阶段：

1）总线请求和仲裁（Bus Request & Arbitration）阶段：需要使用总线的主模块提出申请，由总线仲裁机制确定把总线分配给哪个请求模块。

2）寻址（Addressing）阶段：取得总线使用权的主模块发出将要访问的从模块（如存储器或I/O端口）地址信息以及有关命令，启动从模块。

3）数据传送（Data Transfer）阶段：主从模块进行数据交换，数据由源模块发出，经数据总线传送到目的模块。

4）结束（Ending）阶段：主从模块的数据、地址、状态、命令信息均从总线上撤除，让出总线，以便其他主模块继续使用总线。

对简单的单处理器系统来说，总线主要由作为主模块的处理器占有，不存在总线请求、仲裁和撤除问题，总线操作只有寻址和数据传输两个阶段。当DMA控制器、其他处理器需要占用总线时，则必须请求总线。

2. 总线仲裁

总线仲裁（Bus Arbitration）确定使用总线的主模块，目的是避免多个主模块同时占用总线，确保任何时候总线上只有一个模块发送信息。仲裁的基本原则是先来先服务，另外还需要使用优先权原则处理同时请求的情况。实现仲裁有两种方式：

1）集中仲裁——系统中有一个中央仲裁器（控制器），负责主模块的总线请求和分配总线的使用。在简单的单处理器系统中，中央仲裁器是处理器的一部分，当前总线标准的中央仲裁器一般都是一个单独的模块。主模块有两条信号线连接到中央仲裁器，一条是送往仲裁器的总线请求信号，另一条是来自仲裁器的总线响应信号。

2）分布仲裁——系统中不需要中央仲裁器，各个主模块都有自己的仲裁器和唯一的仲裁号。主模块请求总线时，要将其仲裁号发送到共享的仲裁总线上，其他仲裁器获得此号后与自身的仲裁号比较。如果有多个主模块请求，优先权高者获胜，其仲裁号保留在仲裁总线上，可以控制总线。

3. 同步方式

主模块获得总线控制权后，可以开始进行数据传输。为了保证数据的可靠传输，需要制定严格的信号规范和时序协议，使得源模块与目的模块的操作保持同步。

（1）同步时序

总线操作的各个过程由共用的总线时钟信号控制，具有固定的时序，主控模块和受控模块之间没有应答联络信号。时钟一次高电平和低电平的转换代表了一个时钟周期，总线操作过程就跟随着高电平和低电平的转换进行动作，多数过程在一个时钟周期完成。

同步传输方式的优点是简单快速，适合速度相当的模块之间传输数据。如果模块之间速度差异较大，则系统中快速模块必须迁就慢速模块，总线响应速度由速度最慢的模块确定，使系统整体性能大为降低。这时，可以增加一个状态信号形成半同步传输方式。

半同步时序仍然有一个共同的总线时钟信号，用作各模块部件动作的时间基准；还至少有一条等待WAIT（或准备好READY）信号，由受控模块给主控模块。如果受控模块速度足够高，能和主控模块在规定的时序内完成读写操作，则等待信号一直处于无效状态，主控和受控模块按同步方式工作；当受控模块速度慢、不能在规定的时间内完成读写操作时，受控模块就使等待信号有效，主控模块检测到有效的等待信号后就等待，直到受控模块完成读写操作使等待信号变为无效，完成一个总线周期。

半同步传输方式中，慢速的模块与快速主模块按异步方式通信，而快速模块与主模块按同步方式通信，具有良好的适应性，既有同步传输的快速，又有异步传输的灵活可靠。处理器控制的总线时序通常采用半同步时序与存储器或I/O端口交换数据。

（2）异步时序

异步方式也称应答方式，总线操作需要握手（Handshake）联络（应答）信号控制，总线时钟信号可有可无。数据传输的开始伴随有启动信号，常称为请求（Request）或选通（Strobe）信号。数据传输的结束需要有一个确认（Acknowledge）信号，对请求信号进行应答。数据就在一问一答的联络过程中实现传输。

请求信号和应答信号都有一定的时间宽度，还可以具有控制对方是否撤销的能力。如果请求信号的结束和应答信号无关，两信号的结束都由各自模块决定，这是"不互锁"异步时序。如果请求信号的撤销取决于应答信号的到来，而应答信号的撤销由从模块自身决定，这称为"半互锁"异步时序。如果请求信号的撤销取决于应答信号的到来，而应答信号的撤销又必须等到请求信号撤销，就是"全互锁"异步时序。

异步时序的操作周期可变、总线上可以混合慢速和快速器件。两个模块的互锁控制信号要来回传送，因此总线周期较长、传输速度略慢。

4. 传输类型

总线最基本的数据传输是以数据总线宽度为单位的读取（Read）和写入（Write）。总线读操作是数据由从模块到主模块的数据传送，写操作是数据由主模块到从模块的数据传送。例如，处理器读取主存数据，也称载入（Load）；处理器向主存写入数据，也称存储（Store）。而处理器从外设读取数据，称为输入（Input）；处理器向外设写入数据，称为输出（Output）。

高性能总线都支持数据块传送，即成组、猝发（Burst）传送。只要给出起始地址，后续读写总线周期将固定块长的数据一个接一个地从相邻地址读出或写入。

有的总线允许写后读（Read-After-Write）和读修改写（Read-Modify-Write）操作。地址只提供一次，然后先写后读，或者先读后写同一个地址单元。前者适用于校验，后者适用于对共享数据的保护。

一般来说，数据传送只在一个主模块和一个从模块之间进行。有些总线允许一个主模块对多个从模块的写入操作，这称为广播（Broadcast）。

5.性能指标

通常使用总线的宽度、频率和带宽描述总线的数据传输能力，即性能指标。

总线宽度指总线能够同时传送的数据位数，即所谓的8位、16位、32位或64位等数据信号个数。总线数据位数越多，一次能够传送的数据量越大。

总线频率指总线信号的时钟频率（工作频率），常以兆赫兹（MHz）为单位。时钟频率越高，工作速度越快。

总线带宽（Bandwidth）指单位时间传输的数据量，也称为总线传输速率或吞吐率（Bus Throughput），常以每秒兆字节（MB/s）、每秒兆位（Mb/s）或每秒位（b/s或bps）为单位。带宽原是电子学常用的概念，表示频带宽度（频率范围），计算机领域中用于表示数据传输能力。

计算机系统中的总线可以比喻为交通系统的高速公路，则总线宽度、频率和带宽可以类比高速公路的车道数、车速和车流量。车辆的通行能力（流量）取决于道数和车速。总线传输能力（带宽）取决于总线的数据宽度（数据总线的个数）、时钟频率和传输类型。总线带宽的一般计算公式可以如下表达：

$$总线带宽 = 传输的数据量 \div 需要的时间$$

例如，8088处理器的数据总线为8位，典型的时钟频率是5MHz，即每个时钟周期是 $1/5MHz = 0.2 \times 10^{-6}$ 秒。8088需要4个时钟周期构成一个总线周期，实现一次8位数据传送，故8088处理器的总线带宽是：

$$8 \div (4 \times 0.2 \times 10^{-6}) \ \text{b/s} = 10 \times 10^6 \ \text{b/s} = 10 \ \text{Mb/s} = 1.25 \ \text{MB/s}$$

注意，这里的1M等于 10^6。

4.2 8088的引脚信号

微处理器的引脚信号体现了它的外部特性，微处理器通过引脚连接在系统中发挥核心控制作用。除电源和地线外，引脚信号按其所传输信号的性质可分为3类：地址总线AB、数据总线DB和控制总线CB。

- 地址总线：主控模块（如处理器）其地址总线都是输出的，输出给要寻址的从模块（如存储器或I/O端口等）的地址信号；受控的从模块其地址总线都是输入的，接收主模块送来的地址信号以决定要访问的从模块的具体单元。
- 数据总线：一般都是双向传输，在主从模块间传送、交换数据信息。
- 控制总线：有输出也有输入信号。控制总线的基本功能是控制存储器及I/O读写操作，此外还包括中断与DMA控制、总线仲裁、数据传输握手联络等。控制总线一般比较复杂，即使功能相同的模块因型号不同也有显著差别。例如，不同型号的处理器其地址总线和数据总线大致相似，而控制总线却差异较大。正是控制总线的不同特性，决定了各种模块（包括处理器）的不同接口特点。

微处理器引脚信号由多方面反映：

- 信号的功能——指信号所起的作用。引脚信号的名称通常用英文单词或英文缩写来表示，它反映该引脚的功能。有的引脚功能单一，有的引脚功能多样，有的引脚功能还会变化。
- 信号的流向——指信号从芯片送出，还是从外部进入芯片。处理器的多数信号是输出到外部的，例如地址总线和多数控制总线是输出信号。有些控制总线是从外部输入信号到处理器内部，例如准备好信号、中断请求信号等是输入信号。而数据总线是双向信号，它们既从存储器或外设读取（输入）数据，又可以将数据写到（输出）外部器件。

- 有效方式——指信号发挥作用的特征。数字信号具有高电平和低电平两种稳定的状态，还有从低到高（上升沿）、从高到低（下降沿）两个过渡状态。多数控制信号都是以低电平反映其引脚功能，高电平无效，这称之为低电平有效，或简称低有效；低电平有效具有较好的抗干扰能力。有些控制信号也利用高电平反映其功能，这称为高电平有效，简称高有效。为了反映信号变化，例如中断请求信号从没有请求到有效请求，常利用上升沿表达，也可以设计成下降沿，这就是上升沿或下降沿有效。地址总线、数据总线的高电平和低电平都有效，表达不同的地址和数据编码。

在表达功能的数字电路图中，输入引脚常被画在左边，输出引脚常被画在右边。低电平有效的引脚名称上常加有一条上划线示意（或者用井号"#"、星号"*"、负号"－"），或者在连线末端用一个小圆表示，如图4-2所示。

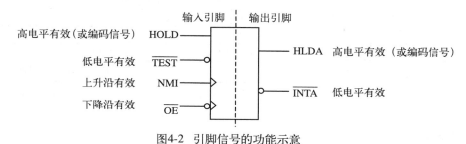

图4-2　引脚信号的功能示意

- 三态能力——指输出信号是否能够处于高阻状态。数字信号具有高电平和低电平两种稳定的状态，特别设计的输出引脚具有第三种状态：高阻状态。当输出引脚呈现高阻状态时，相当于连接了一个阻抗很高的外部器件，信号无法正常输出，实际上就是放弃了对该引脚的控制，好像被"悬空"了，与其他部件断开了连接。这时候，它所连接的某个具有控制能力的设备就可以控制与该引脚所连接的其他部件了。如果具有三态能力的输出引脚没有处于高阻状态，则该引脚或输出高电平或输出低电平，控制其他部件的工作。

4.2.1　8088的两种组态模式

在20世纪70年代大规模集成电路生产技术条件下，8088微处理器采用了当时最多引脚的封装形式，共设计了40个引脚、两种应用方式，如图4-3所示。

8088的第33引脚MN/$\overline{\text{MX}}$用来选择引脚的两种不同应用方式，称为组态模式。当MN/$\overline{\text{MX}}$接高电平时，8088工作在最小组态，可用于构成小型系统；而当MN/$\overline{\text{MX}}$接低电平时，8088工作在最大组态，可用于构成大型系统。两种组态仅部分控制引脚不同，内部工作方式等则相同。

图4-3包括了两种组态的8088引脚，未加括号的为不区分组态或最小组态下的引脚定义，加括号的为最大组态下的引脚定义（24～31）。最小组态的8088引脚包含了系统所需要的全部控制信号，我们将以此为例学习处理器引脚，所以图4-3的表中还对最小组态引脚进行了分类。

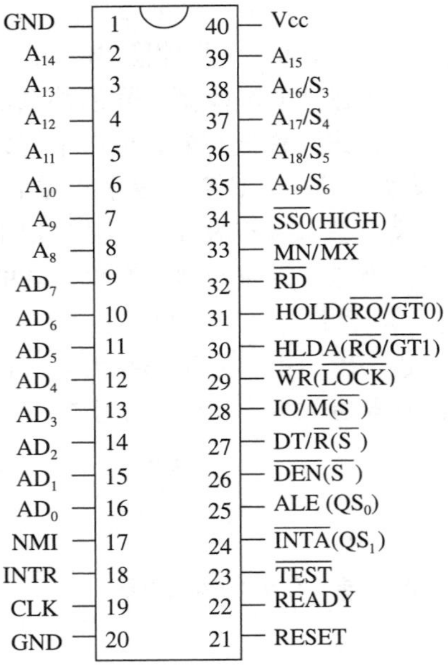

GND	1	40	Vcc
A_{14}	2	39	A_{15}
A_{13}	3	38	A_{16}/S_3
A_{12}	4	37	A_{17}/S_4
A_{11}	5	36	A_{18}/S_5
A_{10}	6	35	A_{19}/S_6
A_9	7	34	$\overline{SS0}$(HIGH)
A_8	8	33	MN/$\overline{MX}$
AD_7	9	32	$\overline{RD}$
AD_6	10	31	HOLD($\overline{RQ/GT0}$)
AD_5	11	30	HLDA($\overline{RQ/GT1}$)
AD_4	12	29	$\overline{WR}$(LOCK)
AD_3	13	28	IO/$\overline{M}$($\overline{S}$)
AD_2	14	27	DT/$\overline{R}$($\overline{S}$)
AD_1	15	26	$\overline{DEN}$($\overline{S}$)
AD_0	16	25	ALE (QS_0)
NMI	17	24	$\overline{INTA}$(QS_1)
INTR	18	23	$\overline{TEST}$
CLK	19	22	READY
GND	20	21	RESET

8088的最小组态引脚

类　　型	引　　脚
地址/数据	$AD_7 \sim AD_0$、$A_{15} \sim A_8$、$A_{19}/S_6 \sim A_{16}/S_3$
读写控制	ALE、IO/$\overline{M}$、$\overline{WR}$、$\overline{RD}$、READY
中断请求	INTR、$\overline{INTA}$、NMI
总线仲裁	HOLD、HLDA
初始化	RESET
时钟	CLK
电源和地线	V_{cc}、GND（2个）
其他	MN/$\overline{MX}$、$\overline{TEST}$、$\overline{DEN}$、DT/$\overline{R}$、$\overline{SS0}$

图4-3　8088的引脚

4.2.2 地址/数据信号

数量最多的处理器引脚是地址引脚和数据引脚，但功能单一。它们需要共同组成一个地址或数据编码。为减少引脚个数，8088使用了引脚信号分时复用技术，即同一引脚在不同的时刻具有不同的功能。下面是最常见的地址总线和数据总线的复用，即数据总线在不同的时刻还具有地址总线的功能。

- $AD_7 \sim AD_0$（Address / Data）——8个地址/数据分时复用引脚，用作地址总线时是单向输出信号，用作数据总线时是双向信号，具有三态输出能力。在访问存储器或外设的总线操作中，这些引脚在第一个时钟周期输出存储器或I/O端口的低8位地址$A_7 \sim A_0$，其他时间用于传送8位数据$D_7 \sim D_0$。
- $A_{15} \sim A_8$（Address）——8位地址引脚，具有三态能力的输出信号。这些引脚在访问存储器或外设时，提供20位地址的中间8位地址$A_{15} \sim A_8$。
- $A_{19}/S_6 \sim A_{16}/S_3$（Address / Status）——4个地址/状态分时复用引脚，是一组具有三态能力的输出信号。这些引脚在访问存储器的第一个时钟周期输出高4位地址$A_{19} \sim A_{16}$，在访问外设的第一个时钟周期输出低电平无效，其他时间输出状态信号（反映CPU的一些基本工作状态）。

8088具有8条数据总线$D_7 \sim D_0$，每次数据存取是一个字节。8088具有1MB主存空间，需要20位地址总线$A_{19} \sim A_0$。在软件编程时，需要分段管理主存，使用逻辑地址（两个16位数）来表达存储单元；在硬件连接时，需要使用20位物理地址即引脚信号$A_{19} \sim A_0$来寻址存储器单元。8088内部的地址加法器（图2-2）自动进行逻辑地址到物理地址的转换。

由于微机连接外设的能力有限且I/O地址空间不需要很大，所以8088在寻址外设时只使用20位物理地址的低16位，即$A_{15} \sim A_0$。如果仍然按照每个I/O地址对应一个字节数据，那么16位I/O地址总线具有64K个8位端口。

4.2.3 读写控制信号

处理器的读写控制信号用于控制存储器或I/O端口进行数据传输。

1. 基本读写引脚

- ALE（Address Latch Enable）——地址锁存允许引脚，是一个三态、输出、高电平有效的信号。有效时，表示复用引脚（$AD_7 \sim AD_0$和$A_{19}/S_6 \sim A_{16}/S_3$）上正在传送地址信号，也标志着一次数据传输的开始。系统可以利用ALE信号锁存地址供存储器或I/O端口使用。
- IO/$\overline{M}$（Input and Output / Memory）——I/O或者存储器引脚，是一个三态输出信号，高、低电平均有效，但具有不同的功能。该引脚高电平（IO）时，表示CPU将访问I/O接口，此时地址总线$A_{15} \sim A_0$提供16位的I/O地址。该引脚低电平（$\overline{M}$）时，表示CPU将访问存储器，此时地址总线$A_{19} \sim A_0$提供20位的存储器物理地址。
- $\overline{WR}$（Write）——写控制引脚，是一个三态、输出、低电平有效的信号。有效时，表示微处理器正将数据写到存储单元或I/O端口。
- $\overline{RD}$（Read）——读控制引脚，是一个三态、输出、低电平有效的信号。有效时，表示微处理器正在从存储单元或I/O端口读取数据。

2. 基本总线操作

处理器通过引脚对外操作（总线操作），主要有以下4种操作：

1）存储器读（Memory Read）：处理器从存储器读取代码（取指）或操作数。每条指令在执行前都需要经过取指操作进入处理器，以存储单元为源操作数的指令在执行时需要从主存获取操作数，这些操作都将启动一个存储器读总线操作。

2）存储器写（Memory Write）：处理器向存储器写入操作数。以存储单元为目的操作数的指令在执行时需要将结果保存在主存中，它会启动一个存储器写总线操作。

3）I/O读（Input / Output Read）：处理器从外设读取操作数。8088处理器只在执行输入指令IN时才启动一个I/O读总线操作。

4）I/O写（Input / Output Write）：处理器向外设写出操作数。8088处理器只有在执行输出指令OUT时才启动一个I/O写总线操作。

8088处理器利用IO/$\overline{M}$、$\overline{WR}$和$\overline{RD}$这3个信号构成了微机系统的基本控制信号，组合后可形成4种基本的总线控制信号，如表4-1所示。

表4-1　读写控制信号的组合

总线操作	IO/$\overline{M}$	$\overline{WR}$	$\overline{RD}$
存储器读$\overline{MEMR}$	低电平	高电平	低电平
存储器写$\overline{MEMW}$	低电平	低电平	高电平
I/O读$\overline{IOR}$	高电平	高电平	低电平
I/O写$\overline{IOW}$	高电平	低电平	高电平

3. 同步操作引脚

处理器在进行读写操作时应该保证外部数据按时到达，也就是存储器或外设与处理器必须实现读写操作的同步，否则将出错。如果处理器与外部器件不能实现速度匹配，可以让快速的处理器等待。这时，需要慢速的I/O或存储器发出一个请求等待或表明可以进行数据读写的信号。

- READY——（存储器或I/O端口）就绪引脚，是一个输入给处理器的信号，高电平有效表示可以进行数据读写。所以，存储器或I/O端口可利用该信号无效来请求处理器等待数据的到达。处理器在进行读写前如果检测到READY引脚为低无效信号，将进入等待状态，直到READY信号为高有效信号才进行读写操作。

另外，8088 CPU还设计有数据允许$\overline{\text{DEN}}$（Data Enable）和数据发送或接收DT/$\overline{\text{R}}$（Data Transmit/Receive）引脚，它们与写$\overline{\text{WR}}$控制和读$\overline{\text{RD}}$控制引脚具有类似的作用。设计它们的目的主要是方便连接外部芯片。

4.2.4 其他控制信号

微处理器必定具有地址总线、数据总线和基本读写控制信号，当然还有电源V_{cc}和地线GND。除此之外，微处理器还设计了一些控制引脚用于增强功能。

1. 中断请求和响应引脚

微处理器通过中断请求和响应引脚实现用中断工作方式与外部建立联系，用于与外设交换数据、处理紧急情况等。

- INTR（Interrupt Request）——可屏蔽中断请求引脚，是一个高电平有效的输入信号。该引脚信号有效时，表示中断请求设备向微处理器申请可屏蔽中断。8088通过关中断指令CLI可清除标志寄存器中的中断IF标志，从而禁止对该中断请求进行响应。可屏蔽中断主要用于实现与外设进行实时数据交换。
- $\overline{\text{INTA}}$（Interrupt Acknowledge）——可屏蔽中断响应引脚，是一个低电平有效的输出信号。该引脚信号有效时，表示来自INTR引脚的中断请求已被微处理器响应。INTR和$\overline{\text{INTA}}$是一对可屏蔽中断请求和响应的应答信号。
- NMI（Non-Maskable Interrupt）——不可屏蔽中断请求引脚，是一个利用上升沿有效的输入信号。该引脚信号有效时，表示外界向微处理器申请不可屏蔽中断。该中断的优先权显然高于可屏蔽中断请求INTR，因为微处理器无法在内部对其屏蔽，只能予以响应，也因此无须设计不可屏蔽中断响应信号。利用其不可被屏蔽的特点，不可屏蔽中断常用于发生故障等紧急情况时的系统保护。

2. 总线请求和响应引脚

微处理器通过总线请求和响应引脚将主要的总线信号交付给其他具有控制总线能力的设备使用，完成微处理器无法实现的功能，例如，存储器与外设之间的直接数据传送。

- HOLD——保持即总线请求引脚，是一个高电平有效的输入信号。该引脚有效时，表示其他总线主控设备向处理器申请使用原来由微处理器控制的总线。该信号从有效回到无效时，表示总线主控设备对总线的使用已经结束，通知微处理器收回对总线的控制权。
- HLDA（HOLD Acknowledge）——保持响应即总线响应引脚，是一个高电平有效的输出信号。该引脚有效时，表示微处理器已响应总线请求并释放总线。此时微处理器的地址总线、数据总线及具有三态输出能力的控制总线将呈现高阻状态，使总线请求设备可以控制总线。请求信号HOLD转为无效，响应信号HLDA也随之转为无效，微处理器将重新掌管总线。HOLD和HLDA是一对总线请求和响应的应答信号。

3. 其他引脚

- RESET——复位引脚，是一个高电平有效的输入信号。该引脚有效时，将迫使微处理器回到其初始状态；当它从有效转为无效时，微处理器重新开始工作。数字电路和电子设备一般都设计有复位请求信号或按钮，以便使电路或设备从初始状态开始工作。

8088复位后，寄存器CS＝FFFFH，IP＝0000H，所以复位后第一条执行的指令在物理地址FFFF0H处，即主存地址高端。通常系统会在此处安排一条段间无条件转移指令JMP，将控制转移到系统程序入口。

- CLK（Clock）——时钟输入引脚。时钟信号是一个频率稳定的数字信号，数字电路都需要一个时钟信号作为基本操作节拍。微处理器的时钟信号作为内部定时信号，其频率就是微处理器的工作频率，工作频率的倒数就是时钟周期的时间长度。
- MN/$\overline{MX}$（Minimum / Maximum）——组态选择输入引脚，该引脚接高电平控制8088引脚为最小组态，接低电平控制8088引脚为最大组态。
- $\overline{TEST}$——测试输入引脚，用于与数学协处理器8087保持同步操作。

4.3 8088的总线时序

总线信号并不是各自独立发挥作用，而是相互配合实现总线操作。总线时序（Timing）描述了总线信号随时间变化的规律以及总线信号间的相互关系。

一条指令在处理器控制下从取指、译码到最终执行完成的过程，常被称为指令周期（Instruction Cycle）。指令周期的实现需要分解为更基本的总线操作。存储器读和存储器写、I/O读和I/O写是4个基本的总线操作；处理器还会在响应外部可屏蔽中断时产生中断响应操作，还有总线请求及响应操作等。当指令在处理器内部进行执行，没有必要进行外部操作时，处理器总线将处在空闲状态。

伴随有数据交换的总线操作常被称为总线周期（Bus Cycle）或机器周期（Machine Cycle）。处理器总线周期又由多个时钟周期构成。在每个时钟周期，处理器进行不同的具体操作，处于不同的操作状态。所以，一个时钟周期也被称为一个T状态，是处理器的基本工作节拍。

处理器以统一的时钟信号为基准，控制其他信号跟随时钟相应改变，实现总线操作。8088处理器的基本总线周期由4个时钟周期构成。在每个时钟周期，8088将进行不同的具体操作，处于不同的操作状态（State），分别使用T_1、T_2、T_3和T_4表述。8088处理器的4个基本总线周期非常类似，其中存储器读和I/O读、存储器写和I/O写又可以分别统一到一个时序图表达。

总线时序常用时序图进行形象化表现，有一些约定俗成的表达形式请予以注意，例如：

- 单一信号就用单线来表示，如ALE、$\overline{WR}$。实线的高低表示确定的高低电平，虚线则表示可能的电平状态，上升和下降表示信号此时改变。
- 成组信号因为有多个信号可高可低，无法逐个画出，所以用高低双线来表示，如地址总线、数据总线，及其他编码信号。两线交叉表示成组信号改变。因此，由两个交叉点所构成的六边尖角框表示一种稳定有效的信息组合；当双线变为一条居中的横线时表示输出高阻状态。

4.3.1 写总线周期

写总线周期用来完成对存储器或I/O端口的一次写操作。没有插入等待状态的基本总线周期由4个T状态组成，编号$T_1 \sim T_4$，如图4-4所示。必要时，可在T_3、T_4间插入若干个等待状态T_w。

为了突出对总线周期的理解，图中并没有标出具体的时间参数，跟随时钟变化的其他信号的延迟在图中也被夸大了。

1. T_1状态——输出存储器地址或I/O地址

从T_1状态开始I/O或存储器选择信号 IO/$\overline{M}$ 或为高或为低,并一直保持到下个总线周期开始。

如果 IO/$\overline{M}$ 为低电平,则访问对象为存储器,分时复用总线$A_{19}/S_6 \sim A_{16}/S_3$、$AD_7 \sim AD_0$及不复用的总线$A_{15} \sim A_8$将输出20位的存储器地址,这就是一个存储器写总线周期。如果 IO/$\overline{M}$ 为高电平,则访问对象为I/O端口,$A_{15} \sim A_8$、$AD_7 \sim AD_0$将输出16位的I/O地址,而高4位的地址线$A_{19}/S_6 \sim A_{16}/S_3$始终输出低电平,这就是I/O写总线周期。对8088来说,除有效地址的位数和 IO/$\overline{M}$ 信号的电平有所不同外,存储器写和I/O写的总线周期并没有什么实质上的区别。所以,图4-4用一个写总线周期包括了这两种总线操作,但对信号进行了文字说明:如果是存储器写应该是低电平,如果是I/O写应该是高电平。

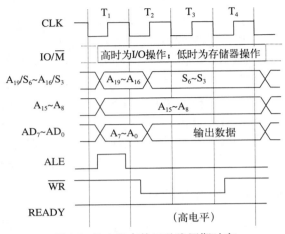

图4-4 最小组态的写总线周期时序

由于总线复用的原因,地址信息只在T_1状态出现,所以地址锁存允许ALE在T_1状态输出一个有效的正脉冲,可利用它的后沿,即下降沿来锁存复用总线上的地址,以便在整个总线周期对存储器或I/O端口都保持有效。因为每个进行数据交换的总线周期ALE信号都有效,所以这个信号实际上可以被看成是总线周期开始的标志。

2. T_2状态——输出控制信号

总线周期输出地址后,接着需要输出控制信号,以明确进行何种操作。

对于写总线周期,T_2状态将使写控制信号 $\overline{WR}$ 低有效(读控制信号 $\overline{RD}$ 高无效,图中没有画出),表明数据从处理器输出到存储器或I/O端口。同时,所有分时复用总线上的地址信号将被撤销;$AD_7 \sim AD_0$上出现处理器输出的数据,$A_{19}/S_6 \sim A_{16}/S_3$上出现CPU输出的状态。

3. T_3和T_w状态——总线操作持续,并检测READY以决定是否延长时序

CPU输出地址后,存储器或I/O端口根据地址确定具体的存储单元或I/O端口;输出控制信号之后,选中的存储单元或I/O端口就可以进行数据交换。所以在写总线周期的T_3状态,已被锁存的地址以及由CPU提供的控制信号和数据在总线上继续维持有效,留给存储器或I/O端口进行数据写入。

如果存储器或I/O端口能够同步(按时)完成数据交换,则保持准备好信号READY为高有效。8088将在T_2后沿,即T_3时钟的前沿(下降沿)对READY引脚进行检测,如果READY信号有效,则总线周期进入下一个T_4状态。

如果存储器或I/O端口不能按基本的总线周期进行数据交换时,需要控制准备好READY信号为低无效,8088在T_3前沿发现后,将不会进入到T_4状态,而是插入一个等待状态T_w,图4-5即示例了具有一个等待状态的存储器写总线周期。

T_w状态的引脚信号延续T_3时的状态,维持不变,一个T_w状态的长度也是一个时钟周期。这相当于为存储器或I/O端口多争取了一个时钟周期的操作时间。同样,在T_w的前沿,8088将继续对READY进行测试,如果无效还可继续插入T_w;只有当检测到READY有效时才转入T_4状态。

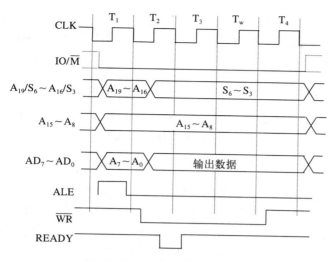

图4-5　具有一个T_w的存储器写总线周期时序

4. T_4状态——完成数据传送

在总线周期的最后一个时钟周期，处理器和存储器或I/O端口继续进行数据传送，直到完成，并为下一个总线周期做好准备。

进入T_4状态，8088对本次数据传送进行收尾，并准备过渡到下一个总线操作。此时，控制信号转为无效，数据也在下一个总线周期开始从数据总线上消失。

4.3.2　读总线周期

读总线周期用来完成对存储器或I/O端口的一次读操作。基本的读总线周期也由4个T状态组成，也可以通过READY无效在T_3和T_4间插入若干T_w，如图4-6所示。对比图4-4的写总线周期，图4-6的读总线周期并没有实质上的改变，改变的只是有关控制信号和数据流向。

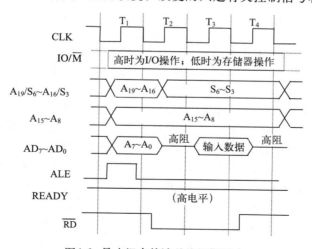

图4-6　最小组态的读总线周期时序

经过T_1状态的地址输出，CPU在T_2状态输出读控制信号 $\overline{RD}$ 低有效（而对应的写控制信号 $\overline{WR}$ 高无效，图中没有画出）要求存储器或I/O端口提供数据。此时，CPU让数据总线输出高阻，不再控制数据总线，这样，存储器或I/O端口的数据就可以发送到数据总线。

经过T_3（或者再加上若干T_w）状态，CPU将在T_4的前沿（即T_3后沿、下降沿）从数据总线采样输入的数据，也就是此时打开"大门"欢迎"数据"到来。

4.4 8086和80286的引脚

IMB PC和PC/XT机采用8088作为CPU，它源自8086，许多兼容机也采用8086 CPU；IBM PC/AT机采用80286作为CPU，本节主要简介它们的引脚，了解它们的特点。

1. 8086

8086外部数据总线是16个，是一个真正16位的微处理器，与8088"准16位"的区别主要都源于此。除此之外，二者的指令系统、功能结构和组态模式等都一样。

从内部结构比较，8088指令队列的长度为4字节，当队列中有一个字节的空缺时，它就会自动取指；当队列中保存有一个指令字节时，8088就会执行它。8086的指令队列长度为6字节，当出现两个字节的空缺时，它才会自动取指；当队列中保存有两个指令字节时，它才开始执行指令。这是由于8086的数据总线宽度为16位，一次可读取两个字节的缘故。

从外部引脚比较，8086内部数据处理和外部数据总线均为16位，拥有16位的数据/地址复用总线$AD_{15} \sim AD_0$。在读写存储器或I/O端口时，既可按字节进行访问，也可按字（两个字节）进行访问。这样，在构建主存储器时，它按16位的数据宽度来进行组织，以提高访问效率，形成了两个存储体（Bank），详见下一章介绍。为此，8088的第34号引脚$\overline{SS0}$在8086是$\overline{BHE}/S_7$。该引脚分时复用：在T_1状态时输出$\overline{BHE}$（Byte High Enable）信号，有效时，表示启用数据总线的高字节；在$T_2 \sim T_4$状态，该引脚输出状态信号S_7（但系统并未定义它的功能），高8位复用总线$AD_{15} \sim AD_8$将传送数据$D_{15} \sim D_8$。

另外，为了兼容8位的8085 CPU，8088在最小组态设计访问对象选择信号为$IO/\overline{M}$信号；而8086在最小组态下的对应信号为$M/\overline{IO}$，更改了有效电平。

2. 80286

80286是一款高性能的16位微处理器，其内部集成了约13万个晶体管。相对前一代的8086，80286的内部结构主要增加了存储管理单元MMU，丰富了一些实用指令，设计了保护工作方式及与8086兼容的实地址工作方式。

80286以8MHz时钟频率工作，具有68条外部引脚，可封装成PGA（Pin Grid Array）或LCC（Leadless Chip Carry）两种形式，图4-7所示为它的LCC封装。80286的多数引脚信号在功能和命名上与8086相同，对此我们将不再重复，下面仅介绍那些功能不同的引脚。

- $A_{23} \sim A_0$——24位地址总线。通过这些地址线，80286最多可寻址16MB物理存储器；但寻址I/O口仍然只使用其中的低16位，故最多可寻址64K个8位I/O端口。
- $D_{15} \sim D_0$——16位数据总线。80286的数据总线与地址总线完全分离，不再分时复用。
  地址总线和数据总线完全分离，既便于连接使用，还可以提高总线操作效率。80286的基本总线周期由T_S（Send Status）和T_C（Perform Command）两个T状态（时钟周期）构成，提高了数据访问的速度。
- $\overline{S1}$和$\overline{S0}$（系统状态，输出）、$COD/\overline{INTA}$（代码或中断响应，输出）、$M/\overline{IO}$（选择存储器或I/O端口，输出）——这是一组状态输出信号，它们的编码表明了CPU和总线的工作状态。
- PEREQ（协处理器8087/80287操作数请求，输入）、PEACK（协处理器操作数响应，输出）、$\overline{BUSY}$（协处理器忙，输入）、$\overline{ERROR}$（协处理器出错，输入）——一组与协处理器进行联络的引脚信号。

- CAP——衬底滤波电容输入引脚。在该引脚与地之间必须接一个电容。
- Vss——系统的参考地。
- NC（No Connection）——内部没有连接的引脚。

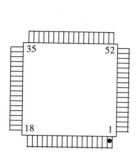

序号	引脚	序号	引脚	序号	引脚	序号	引脚
1	$\overline{BHE}$	18	A_{13}	35	V_{SS}	52	CAP
2	NC	19	A_{12}	36	D_0	53	$\overline{ERROR}$
3	NC	20	A_{11}	37	D_8	54	$\overline{BUSY}$
4	S1	21	A_{10}	38	D_1	55	NC
5	S0	22	A_9	39	D_9	56	NC
6	PEACK	23	A_8	40	D_2	57	INTR
7	A_{23}	24	A_7	41	D_{10}	58	NC
8	A_{22}	25	A_6	42	D_3	59	NMI
9	V_{SS}	26	A_5	43	D_{11}	60	V_{SS}
10	A_{21}	27	A_4	44	D_4	61	PEREQ
11	A_{20}	28	A_3	45	D_{12}	62	V_{CC}
12	A_{19}	29	RESET	46	D_5	63	$\overline{READY}$
13	A_{18}	30	V_{CC}	47	D_{13}	64	HOLD
14	A_{17}	31	CLK	48	D_6	65	HLDA
15	A_{16}	32	A_2	49	D_{14}	66	$COD/\overline{INTA}$
16	A_{15}	33	A_1	50	D_7	67	$M/\overline{IO}$
17	A_{14}	34	A_0	51	D_{15}	68	$\overline{LOCK}$

图4-7 80286的外形（LCC封装）和引脚

4.5 微机系统总线

IBM PC系列机的系统总线以I/O扩展插槽形式提供给用户，所以被称为I/O通道。IBM PC系列机的许多外设，例如显示器、打印机等，都是通过各自插在I/O通道上的接口电路卡（适配器）与微机系统连接组合起来的。

4.5.1 IBM PC总线

IBM PC总线是IBM PC/XT机上使用的8位系统总线，它是基于8088最大组态已经形成的系统总线，加以扩充和驱动产生的，所以请注意对比学习。

IBM PC总线有62条信号线，用双列插槽连接，分A面（元件面）和B面（焊接面），如图4-8a所示。为便于比较，图4-8包括下一节将学习的ISA总线，图4-8a中加有括号的信号名称就是ISA总线的名称。图4-8b则是ISA总线扩展IBM PC总线的部分。

1. 信号功能

（1）数据和地址总线

- $D_7 \sim D_0$——8位双向数据线。
- $A_{19} \sim A_0$——20位输出地址线。

IBM PC总线上不再具有三态信号线，数据总线和地址总线不再分时复用。

（2）读写控制信号线

- ALE——地址锁存允许，每个CPU总线周期的T_1状态高电平有效。
- $\overline{MEMR}$——存储器读，输出、低有效。
- $\overline{MEMW}$——存储器写，输出、低有效。
- $\overline{IOR}$——I/O读，输出、低有效。

- $\overline{IOW}$——I/O写，输出、低有效。

4个读写控制信号通常是由CPU控制发出的。但当进行DMA操作时，它们由系统板上的DMA控制器驱动。

- I/OCHRDY——I/O通道准备好，输入、高有效。I/OCHRDY与8088引脚信号READY功能相同，用于使系统插入等待状态，以便与慢速的I/O接口和存储器同步。这个信号除用于CPU总线周期外，在DMA传送的总线周期也起同样的作用。

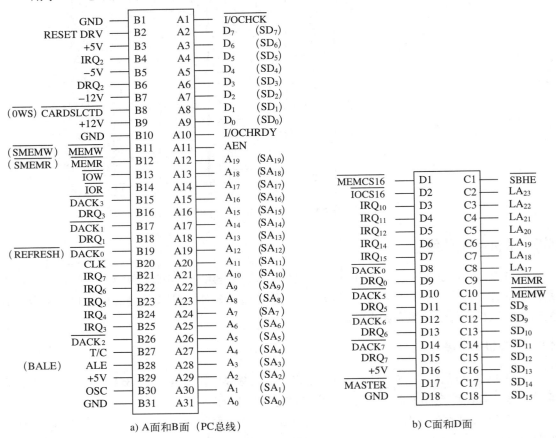

a) A面和B面（PC总线）   b) C面和D面

图4-8 微机系统总线

（3）中断请求信号线

- $IRQ_2 \sim IRQ_7$——6个中断请求信号，输入、高有效。它们接到8259A中断控制器的输入端，优先权从高到低为IRQ_2，IRQ_3，…，IRQ_7，对应中断向量号为0AH～0FH。

IBM PC/XT机的可屏蔽中断由8259A中断控制器管理，向外设提供8个中断请求输入端。其中IRQ_0和IRQ_1用于系统主机板上的时钟和键盘中断，其余引向系统总线。这些中断请求信号有些已分配给系统外设，如软盘适配器、打印机适配器。另外，中断响应信号$\overline{INTA}$已经接到中断控制器8259A，系统总线就不再提供。

（4）DMA传送控制信号线

IBM PC总线支持DMA操作。当进行DMA操作时，原来由CPU控制的读写控制信号由系统板上的DMA控制器驱动，地址总线也是由其输出存储器地址，从I/O端口读出的数据将写到那里（DMA写）或者从那里读出数据输出给I/O端口（DMA读）。I/O端口的选择利用DMA响应信号。I/OCHRDY也用于在DMA传送的总线周期插入等待状态。

- AEN——地址允许信号，输出、高有效。它由DMA控制器发出，AEN高有效说明此时正由DMA控制器控制系统总线进行DMA传送。所以AEN可用于指示DMA总线周期（对比，ALE用于指示CPU控制系统总线的CPU总线周期）。
- $DRQ_1 \sim DRQ_3$——3个DMA请求信号，输入、高有效。它们接到8237 DMA控制器上，优先权从高到低为DRQ_1、DRQ_2、DRQ_3。
- $\overline{DACK} \sim \overline{DACK}$——4个DMA响应信号，输出、低有效。
- T/C——计数结束信号，输出、正脉冲有效。它由DMA控制器发出，用于表示进行DMA传送的通道其编程时规定传送的字节数已经传送完。但它并没有说明是哪个通道，这要结合DMA响应信号$\overline{DACK} \sim \overline{DACK}$哪个有效来判断。

IBM PC/XT机的DMA操作由DMA控制器8237A管理，共有4个DMA通道。其中通道0用于动态存储器的刷新操作，其请求信号已由主板产生，优先权最高。$\overline{DACK}$用于为I/O通道扩充的存储器板上的DRAM提供刷新指示，所以也被称为刷新信号。用户在使用通道1到通道3时，请注意有些已由系统外设占用，不要发生冲突。这一点是与中断通道一样的。

（5）其他信号线

- RESET——复位信号，输出、高有效。RESET是系统输出的复位信号，表示系统正处于复位状态，而不是要求系统复位的输入信号。当冷启动或热启动微机时，RESET输出有效信号用以复位整个系统；当它从有效转为无效时系统将开始进行初始化。
- $\overline{I/OCHCK}$——I/O通道校验，输入、低有效。它有效说明扩充接口板上出现奇偶校验，并将产生NMI中断。PC中为了保证读写存储器数据的可靠性，每个字节单元都增加了一个奇偶校验位。当发生存储器读写错误时，将产生NMI中断，通常会引起系统死机。通过I/O通道扩充的存储器扩展板上的存储单元出现读写错误时，则通过系统总线的$\overline{I/OCHCK}$信号引入系统。
- OSC——晶振频率脉冲，输出14.31818MHz的主振频率信号，占空比为50%。
- CLK——系统时钟，输出4.77MHz的系统时钟信号，占空比为33%。
- +5V、−5V、+12V、−12V、GND——电源和地线。
- $\overline{CARDSLCTD}$——扩充接口卡选中信号，输入、低有效。它仅在机箱外扩充I/O插槽时使用，表明机箱外有I/O插槽。

2. 存储器读和存储器写总线周期

基本的存储器读和存储器写总线周期（没有插入等待状态）由4个T状态组成，如图4-9和图4-10所示。

T_1状态：ALE有效表示CPU总线周期的开始，$A_{19} \sim A_0$地址线上送出存储器地址。

T_2状态：对存储器读总线周期，$\overline{MEMR}$存储器读控制信号有效；对存储器写总线周期，$\overline{MEMW}$存储器写控制信号有效。同时在$D_7 \sim D_0$数据线上送出数据。

T_3状态：检测I/OCHRDY准备好信号，确定是否插入等待状态T_w。

T_4状态：对存储器读总线周期，CPU从$D_7 \sim D_0$数据线读取存储器送来的数据；对存储器写总线周期，存储器从$D_7 \sim D_0$数据线读取CPU送来的数据。这样，就完成了本总线周期的读写操作。

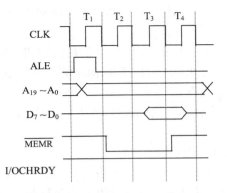

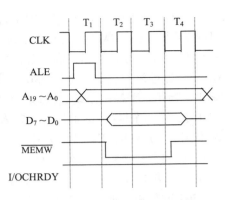

图4-9 存储器读总线周期   图4-10 存储器写总线周期

3. I/O读和I/O写总线周期

8088 CPU基本的I/O读写周期是与存储器读写周期一样的，都是由4个T状态组成。但考虑到I/O接口电路的读写操作要慢于存储器读写操作，IBM PC/XT机中设计的I/O读写总线周期由系统主机插入了一个等待状态T_w，这样PC总线的I/O读写周期就由5个T状态组成，如图4-11和图4-12所示。

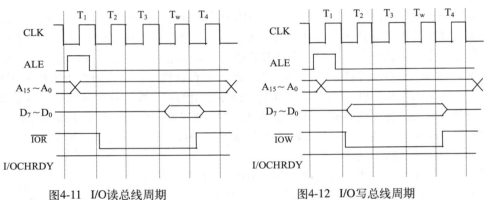

图4-11 I/O读总线周期   图4-12 I/O写总线周期

T_1状态：ALE有效表示CPU总线周期的开始，$A_{15} \sim A_0$地址线上送出I/O地址。

T_2状态：对I/O读总线周期，I/O读 $\overline{IOR}$ 控制信号有效；对I/O写总线周期，I/O写 $\overline{IOW}$ 控制信号有效。同时在$D_7 \sim D_0$数据线上送出数据。

T_3状态——确定插入一个等待状态T_w。

T_w状态——这个等待状态是由系统自动插入的，接口电路仍可以使IOCHRDY无效，要求系统再插入等待状态。所以，在这个状态检测I/OCHRDY准备好信号，确定是否再插入等待状态T_w。

T_4状态——对I/O读总线周期，CPU从$D_7 \sim D_0$数据线读取外设送来的数据；对I/O写总线周期，外设从$D_7 \sim D_0$数据线读取CPU送来的数据。这样，就完成了本总线周期的读写操作。

IBM PC总线除由CPU驱动外，还在CPU响应总线请求处于保持状态下由DMA控制器管理。此时，就是DMA总线周期，它实际上是Intel 8237A的工作周期（参见第9章）。

4.5.2　ISA总线

ISA（Industry Standard Architecture）的意思是工业标准结构。ISA总线就是IBM PC/AT机的系统总线，所以也称IBM AT总线，后被推荐为IEEE P996标准。ISA总线是针对80286 CPU在原IBM PC总线的基础上修改扩展而成的16位系统总线。

ISA总线共98个引脚，被设计成前62引脚和后36引脚的两个插座。这样它既可以利用前62引脚的插座插入与IBM PC总线兼容的8位接口电路卡，也可以利用整个插座插入16位接口电路卡。

ISA总线的前62引脚（A1～A31、B1～B31）的信号分布与功能基本同IBM PC总线，仅做了两处改动。1）原B19为 $\overline{\text{DACK}}$ ，现因IBM PC/AT机的DRAM刷新不再通过DMA伪传输完成，故直接由系统板上刷新电路产生 $\overline{\text{REFRESH}}$ 信号代替（输出），也可以由I/O接口卡上的其他微处理器驱动刷新信号（输入）。2）原B8为 $\overline{\text{CARDSLCTD}}$ ，现引入 $\overline{\text{0WS}}$ （零等待状态）信号，它表示接口电路卡上的设备不需处理器插入任何附加等待状态，即可完成当前总线周期。另外，ISA总线修改了部分总线信号的名称，但与原IBM PC总线信号保持完全的兼容，参见图4-8a。

ISA总线的后36引脚扩展了8位数据线、7位地址线以及存储器和I/O设备的读写控制线，并有中断和DMA控制线、电源和地线等。新插槽中的引脚信号分C（元件面）、D（焊接面）两列，参见图4-8b。下面我们也分几类说明。

（1）数据和地址总线

- $SD_{15}\sim SD_0$ ——16位系统数据总线 $D_{15}\sim D_0$ 。16位设备使用 $SD_{15}\sim SD_0$ ，8位设备仅使用 $SD_7\sim SD_0$ ，此时，CPU的16位数据将变换为两个8位传送，其中 $SD_{15}\sim SD_8$ 的数据需要变换到 $SD_7\sim SD_0$ 传送。
- $LA_{23}\sim LA_{17}$ ——这是非锁存地址总线 $A_{23}\sim A_{17}$ ，它与系统地址总线 $SA_{19}\sim SA_0$ 一起为系统提供多达16MB的寻址空间。 $LA_{23}\sim LA_{17}$ 在BALE为高电平时才有效，在总线周期期间不锁存，不保持整个总线周期有效。
- $\overline{\text{SBHE}}$ ——高字节允许信号，当其为低电平时表示数据总线正传送高字节 $SD_{15}\sim SD_8$ 。16位设备可以利用 $\overline{\text{SBHE}}$ 控制 $SD_{15}\sim SD_8$ 接到数据总线缓冲器上。

（2）读写控制信号线

- $\overline{\text{MEMR}}$ 、 $\overline{\text{SMEMR}}$ ——存储器读信号。 $\overline{\text{MEMR}}$ 在所有存储器读周期有效； $\overline{\text{SMEMR}}$ 仅当读取存储器低1MB时才有效。
- $\overline{\text{MEMW}}$ 、 $\overline{\text{SMEMW}}$ ——存储器写信号。 $\overline{\text{MEMW}}$ 在所有存储器写周期有效； $\overline{\text{SMEMW}}$ 仅当写入存储器低1MB时才有效。
- $\overline{\text{MEMCS16}}$ ——这个输入信号告诉系统主板，当前的数据传送是具有一个等待状态 T_w 的16位存储器总线周期。
- $\overline{\text{IOCS16}}$ ——这个输入信号告诉系统主板，当前的数据传送是具有一个等待状态 T_w 的16位I/O总线周期。

（3）中断请求信号线

- $IRQ_2\sim IRQ_7$ 、 $IRQ_{10}\sim IRQ_{12}$ 、 $IRQ_{14}\sim IRQ_{15}$ ——可屏蔽中断请求信号，优先权从高到低的顺序为 IRQ_2 、 $IRQ_{10}\sim IRQ_{12}$ 、 IRQ_{14} 、 IRQ_{15} 、 $IRQ_3\sim IRQ_7$ 。

IBM PC/AT机的可屏蔽中断由两个8259A中断控制器芯片管理，共有16个请求引脚。其中 IRQ_0 和 IRQ_1 用于系统主机板上的时钟和键盘中断， IRQ_2 用于两个中断控制器连接， IRQ_8 用于实时时钟， IRQ_{13} 连接数值协处理器，其余引向系统总线。这些中断请求信号有些已分配给系统外设，如软盘适配器、打印机适配器等。

（4）DMA传送控制信号线

- $\overline{MASTER}$——主设备，低电平有效，输入信号。它允许扩展电路作为主设备获取对系统总线的控制权。但由于系统需要每隔15μs（微秒）利用总线对组成主存的动态存储器DRAM芯片进行刷新操作，所以它需要与$DRQ_0 \sim DRQ_3$、$DRQ_5 \sim DRQ_7$一起有效，并且占用总线不能超过15μs。由此可见，ISA总线的多处理器性能很差。
- $DRQ_0 \sim DRQ_3$、$DRQ_5 \sim DRQ_7$——DMA请求信号，优先权从高到低的顺序为DRQ_0、$DRQ_1 \cdots \cdots DRQ_6$，$DRQ_7$。它们对应的响应信号分别是 $\overline{DACK_0} \sim \overline{DACK_3}$、$\overline{DACK_5} \sim \overline{DACK_7}$。
- $\overline{DACK_0} \sim \overline{DACK_3}$、$\overline{DACK_5} \sim \overline{DACK_7}$——DMA响应输出端，低电平有效。

IBM PC/AT机使用两个DMA控制器8237A管理8个DMA通道。其中$DRQ_0 \sim DRQ_3$用于8位DMA传送，$DRQ_5 \sim DRQ_7$用于16位DMA传送，DRQ_4已经用于连接两个DMA控制器。

习题

4.1 微机总线的信号线包括_____、_____、_____以及电源和地线。微机系统可以将总线划分为三层（类），它们是_____、_____和_____。

4.2 占用总线进行数据传输，一般需要经过总线请求和仲裁、_____、_____和结束4个阶段。

4.3 什么是同步时序、半同步时序和异步时序？

4.4 ISA总线的时钟频率是8MHz，每2个时钟可以传送一个16位数据，计算其总线带宽。

4.5 何为引脚信号的三态能力？当具有三态能力的引脚输出高阻时究竟意味着什么？在最小组态下，8088的哪些引脚具有三态能力？

4.6 以下输入8088的引脚信号RESET、HOLD、NMI和INTR其含义各是什么？当它们有效时，8088 CPU将出现何种反应？

4.7 执行一条指令所需要的时间被称为_____周期，而总线周期指的是_____，8088基本的总线周期由_____个T组成。如果8088的CLK引脚接5MHz的时钟信号，那么每个T状态的持续时间为_____。

4.8 请解释8088的以下引脚信号：CLK、$A_{19}/S_6 \sim A_{16}/S_3$、$A_{15} \sim A_8$、$AD_7 \sim AD_0$、$IO/\overline{M}$、$\overline{RD}$、$\overline{WR}$、ALE的含义，并画出它们在存储器写总线周期中的波形示意。

4.9 在8088的工作过程中，什么情况下会产生T_w？发生在什么具体时刻？

4.10 以8088的读总线周期为例，说明$T_1 \sim T_4$各T状态时的总线操作。

4.11 在8088系统中，读取指令"ADD [2000H], AX"（指令长度为3字节）和执行该指令各需要几个总线周期？它们各是什么样的总线周期？

4.12 对比Intel 8088最小组态的引脚和IBM PC总线，说明它们主要的异同点。

4.13 请解释IBM PC总线中$D_7 \sim D_0$、$A_{19} \sim A_0$、ALE、$\overline{IOR}$、$\overline{IOW}$、IOCHRDY信号线的含义，并画出执行外设读取指令"IN AL，DX"时引起的总线周期时序图。

4.14 对比Intel 8088最小组态和IBM PC总线的总线周期，说明它们主要的异同点。

4.15 对比IBM PC总线，ISA总线主要增加了什么信号线？

第5章 主存储器

存储器（Memory）是计算机系统的基本组成部件，用来存放程序和数据。有了它，计算机才能"记住"程序，并将数据"备好"，按程序的规定自动运行。

事实上，高性能计算机借助不同存储技术形成了复杂的层次结构存储器系统，参见13.5节。这一章，我们将介绍构成微机主存的半导体存储器及其使用，主要包括：半导体存储器概述、随机存取存储器、只读存储器的典型芯片，以及存储器芯片与CPU的连接。

5.1 半导体存储器

计算机主存储器由半导体存储器构成，常以芯片的形式存在于主板上。

5.1.1 半导体存储器的分类

可以根据工作原理、器件特点、应用形式等多种方法对半导体存储器进行分类。

按制造工艺，半导体存储器可分为"双极型"器件和"MOS型"器件。双极型器件具有存取速度快的优势，主要用于要求读写速率很高的存储场合，但集成度低、功耗大、成本高是其致命缺点。MOS型器件虽然速度较双极型器件慢，但集成度高、功耗低、价格便宜等优势使其成为当前微机系统的主要存储器。

按连接方式，半导体存储器可分为"并行"芯片和"串行"芯片。并行连接的存储器芯片设计有类似微处理器地址总线和数据总线的引脚，使用较多的地址和数据引脚可以并行传输存储器地址和数据，以获得较高的传送速率，是通用微机系统的主要存储器。串行连接的存储器芯片主要采用2线制的I^2C总线接口和3线制的SPI总线接口，只能串行传输存储器地址和数据，但引脚少可以减少封装面积，便于在嵌入式系统中使用。

从存取方式上来看，半导体存储器采用随机存取方式。随机存取（Random Access）表示可以从任意位置开始读写，存取位置可以随机确定，只要给出存取位置就可以读写内容，存取时间与所处位置无关。与随机存取对应的是顺序存取方式，顺序存取（Sequential Access）表示必须按照存储单元的顺序读写，存取时间与所处位置密切相关，例如，磁带存储器采用的就是顺序存取方式。磁盘和光盘则采用直接存取方式，磁头以随机方式寻道，以数据块为单位顺序方式读写扇区。

通常按半导体存储器的读写特点和易失性质，将半导体存储器分为随机存取存储器（RAM）和只读存储器（ROM）两类，如图5-1所示。

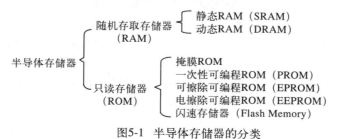

图5-1 半导体存储器的分类

1. 随机存取存储器

随机存取存储器（Random Access Memory，RAM）原意表示采用随机存取方式的存储器，而半导体随机存取存储器特指可以读出也可以写入的可读可写存储器，以与另一类只读存储器对应。需要注意的是，半导体RAM是易失性（Volatile）或称挥发性的存储器，即断掉存储器的供电后原保存的信息将丢失，这是其不足。

根据基本存储单元的不同，半导体RAM又可以分成静态RAM和动态RAM。

（1）静态RAM（Static RAM，SRAM）

静态RAM以触发器电路为基本存储单元，以其两种稳定状态表示逻辑0和逻辑1。静态RAM之所以被称为静态，是因为不需要像动态RAM那样频繁的刷新操作。SRAM的优势是速度快、无须刷新，但其集成度低，功耗和价格较高，所以多用于存储容量不大或速度较高的场合，例如嵌入式系统。

（2）动态RAM（Dynamic RAM，DRAM）

动态RAM以单个MOS管为基本存储单元，以极间电容是否充有电荷表示两种逻辑状态。由于极间电容的容量很小，充电电荷自然泄漏会很快导致信息丢失，所以要不断地对它进行刷新（Refresh）操作，即读取原内容、放大再写入。DRAM的优势是集成度高、价格低、功耗小，但速度较SRAM慢、需要刷新，所以主要用于存储容量较大的场合，例如通用微机的主存储器。

为了解决DRAM刷新问题，市场上有准静态（伪静态）RAM芯片，其存储技术实为DRAM，但内部配有自动刷新电路。为了提高DRAM读写速度，有改进其读写时序形成的更高性能的存储器芯片。为了克服RAM易失的缺点，将微型电池与RAM电路封装在一起形成非易失RAM（NVRAM，Non-Volatile），使其断电后由电池供电、信息不丢失。

PC的主存储器的RAM部分采用DRAM，并配备有刷新电路。IBM PC/AT机的配置信息采用CMOS工艺的SRAM保存（称为CMOS RAM），为了保证关机后信息不丢失，设计了断电监测电路和后备电池，并维护实时时钟的计时行走。

2. 只读存储器

只读存储器（Read Only Memory，ROM）在正常的工作状态下，只能读出其中的数据；但数据可长期保存，掉电亦不丢失，属于非易失性存储器件。虽然ROM芯片具有非易失的优势，但速度较DRAM还要慢，尤其是写入操作，所以一般用来保存固定的或者不需要频繁改变的程序或数据。

目前应用的大多数半导体ROM芯片支持写入，即编程，俗称烧写（Burning）。根据不同的编程方法，半导体ROM又可以分为以下几种：

（1）掩膜ROM（Masked ROM，MROM）

MROM在生产工厂通过掩膜工艺将程序或数据直接制作在芯片中，以后不能更改。

（2）一次性可编程ROM（One-Time Programmable ROM，OTP-ROM）

OTP-ROM出厂后只允许用户编程一次，此后不能更改。OTP-ROM也简称PROM。

（3）可擦除可编程ROM（Erasable Programmable ROM，EPROM）

EPROM一般指用紫外线光擦除并可重复编程的ROM，其准确的称呼为UV-EPROM（Ultraviolet EPROM）。EPROM芯片设计有圆形窗口，可以透过紫外线光擦除原保存的所有信息，然后进行编程写入。

（4）电擦除可编程ROM（Electrically Erasable Programmable ROM，EEPROM）

EEPROM通过加电擦除原信息并随后写入新信息（即擦写），可以以字节为单位进行擦写，擦写次数可达百万。EEPROM也表达为E^2PROM。

（5）闪速存储器（Flash Memory）

Flash Memory也是通过加电方法擦写的存储器，虽然擦写速度很快（擦除过程只在一闪之间，几毫秒），但目前只支持块擦除或者整个芯片的擦除，不能像EEPROM那样逐个字节擦写，擦写寿命也比EEPROM略短。与EEPROM相比，Flash Memory具有集成度高、价格便宜、擦除速度快等特点，是目前主要应用的半导体ROM。闪速存储器也称Flash ROM，中文简称"闪存"。

主存储器需要具备快速读写能力，所以需要配置RAM芯片。但RAM芯片的易失性又要求系统配置ROM芯片，以保存启动系统的初始化程序或者固定不变的数据等。PC在采用Pentium微处理器之前的主板上都采用EPROM芯片保存基本输入输出系统，即ROM-BIOS。现在32位PC均使用Flash Memory固化BIOS程序，所以也被称为Flash BIOS。利用Flash ROM的电擦写能力，普通PC用户就可以升级ROM-BIOS内容。

5.1.2 半导体存储器芯片的结构

半导体存储器芯片的功能结构如图5-2所示。

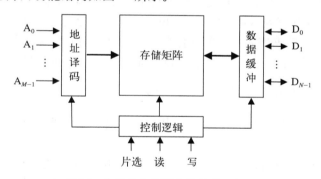

图5-2 半导体存储器芯片的典型结构

1. 存储矩阵

存储器芯片的主体是由大量存储单元组成的存储矩阵，每个存储单元拥有一个地址，可存储1位、4位、8位、16位甚至32位二进制数据。所以，存储器芯片的结构可以用"存储单元数×每个存储单元的数据位数"表示，这个乘法的运算结果恰好是芯片的存储容量。通常称每个存储单元保存1位数据的存储结构为"位片"结构，称每个存储单元保存多位数据的存储结构为"字片"结构。

存储器的地址译码电路根据微处理器输出的地址选择芯片内的某个存储单元。M个地址信号可以区别2^M个存储单元，反过来说2^M个存储单元需要M个地址信号。简单直接的方法就是一个地址信号设计一个存储器地址引脚，例如$A_0 \sim A_{M-1}$。

存储器保存的数据经数据缓冲电路读出、传送到微处理器，写入存储器的数据也要经过数据缓冲电路保存至选中的存储单元。假设每个存储单元保存的数据位数是N，如果希望同时读写这N位数据（一次操作完成），则应该设计N个数据引脚，例如$D_0 \sim D_{N-1}$。

由此可知，存储结构还能够反映芯片地址引脚和数据引脚的个数，其关系如下：

$$芯片的存储容量 = 存储单元数 \times 每个存储单元的数据位数 = 2^M \times N$$

SRAM、EPROM与并行接口的EEPROM和Flash Memory多采用这个方法设计地址引脚和数据引脚。例如，SRAM 6116是内部存储结构为$2K \times 8$的存储器芯片，具有2K个存储单元，设计了11个地址引脚（$2K = 2^{11}$）；该芯片每个存储单元保存8位数据，设计了8个数据引脚，参见图5-4。

2. 读写控制

存储器的控制逻辑电路根据微处理器输出的读写控制信号实施对芯片的读写等操作。所以，存储器芯片需要设计读控制、写控制信号。另外，还常需要设计片选信号，以便使用多个存储器芯片构成实用的存储器模块。

于是，典型的存储器芯片通常设计以下3个控制信号（引脚）：

- 片选信号：该引脚常使用$\overline{CS}$（Chip Select，芯片选中，简称片选）或$\overline{CE}$（Chip Enable，芯片允许）表示，多为低电平有效。片选有效，才可以对该芯片进行读写操作；无效时，不能进行读写操作，芯片通常也处于低功耗状态。
- 读控制信号：该引脚常用$\overline{OE}$（Output Enable，输出允许）表示，低电平有效。读信号有效，芯片读取指定存储单元的数据并从数据引脚送出，当然此时存储器芯片的片选也应该有效。显然，读控制信号功能上对应微处理器的存储器读信号$\overline{MEMR}$。
- 写控制信号：该引脚常用$\overline{WE}$（Write Enable，写允许）表示，低电平有效。写信号有效，芯片将数据引脚的数据写入指定的存储单元，同样此时存储器芯片的片选也应该有效。显然，写控制信号功能上对应微处理器的存储器写控制信号$\overline{MEMW}$。

5.1.3　半导体存储器的主要技术指标

存储器主要用容量、速度和成本来评价。其中，存储器成本通常用每位价格衡量。

1. 存储容量

微机系统的存储容量总是以字节（Byte）为基本单位，国内教材习惯用大写字母B表示。为了表达更大容量，还有KB（Kilobytes，千字节）、MB（Megabytes，兆字节、百万字节）、GB（Gigabytes，京字节、千兆字节、十亿字节）、TB（太字节、兆兆字节、万亿字节）等。其中，$1KB = 2^{10}$字节，$1MB = 2^{20}$字节，$1GB = 2^{30}$字节，$1TB = 2^{40}$字节，$2^{10} = 1024$。

半导体存储器芯片常以位（bit）为基本单位表达存储容量，国内教材常用小写字母b表示，以与表示字节的大写字母B区别。而硬盘、U盘等厂商以十进制的千（$10^3 = 1000$）表达KB、MB、GB和TB等。所以，标示为256M的存储容量，对于微机主存是$256MB = 256 \times 1024 \times 1024 = 268\ 435\ 456$字节，对于存储器芯片则是$256Mb = 256 \times 1024 \times 1024 \div 8 = 33\ 554\ 432$字节，表示U盘的容量是$256\ 000\ 000$字节（但由于计算机格式化后的存储容量采用二进制的$1K = 2^{10}$，而且U盘本身也使用了部分存储空间，所以用户实际可用的容量还要小些）。

2. 存取速度

存储器芯片主要采用存取时间（Access Time）衡量其存取速度。存取时间是指从读/写命令发出，到数据传输操作完成所经历的时间。一次数据传输完成到下一次传输开始可能需要一个过渡过程，以便结束本次传输和为下次传输做准备。所以，有时还用存取周期（Access Cycle）表达两次存储器访问所允许的最小时间间隔。存取周期大于等于存取时间，如图5-3所示。

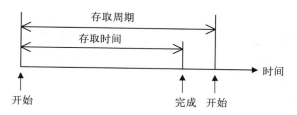

图5-3 存取时间和存取周期

类似于总线带宽，存储器的性能指标还常用存储器带宽描述。存储器带宽就是存储器的数据传输率，即单位时间传输的数据量。

5.2 随机存取存储器

半导体RAM是随机访问、可读可写的存储器，但具有易失性。本节选择静态RAM和动态RAM的典型芯片介绍其读写原理和主要特点。

5.2.1 SRAM

速度快、无须刷新、控制电路简单是SRAM的主要优势。常用的小容量SRAM芯片有6116（2K×8）、6264（8K×8）、62128（16K×8）、62256（32K×8）、62512（64K×8）等，其中括号前的数字表示芯片型号（对应其存储容量），括号内表示其存储结构（存储单元数×位数）。更大容量的SRAM有628128（128K×8）、628512（512K×8）等，其中括号前的型号反映了其存储结构。

1. SRAM 6116

SRAM 6116是2K×8存储结构即16Kb（位）的存储器芯片，我们以日本日立（Hitachi）公司HM6116系列为例，其引脚及工作方式如图5-4所示。图中使用双列直插封装（Dual In-line Package，DIP）示例，与标准16K容量的EPROM和掩膜ROM引脚兼容；它也具有小外形引脚封装（Small Out-line Package，SOP）。HM6116采用高速CMOS工艺制作，一个5V电源（引脚用Vcc表示），地线（GND）引脚用Vss表示，所有输入输出引脚直接与TTL电平兼容。其L版本还可以支持后备电池系统。

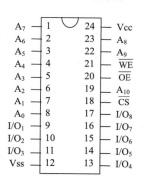

HM6116 的工作方式

工作方式	$\overline{CS}$	$\overline{OE}$	$\overline{WE}$	I/O 引脚
未选中	1	×	×	高阻
读	0	0	1	数据输出
写	0	1	0	数据输入
写[①]	0	0	0	数据输入

① 在$\overline{OE}$一直保持为低电平时的写入方式。

图5-4 HM6116的引脚及工作方式

SRAM 6116设计了24个引脚。它具有2K个单元，对应11个地址引脚$A_{10} \sim A_0$；每个存储单元保存8位数据，使用8个数据引脚$I/O_8 \sim I/O_1$。控制信号采用代表性的片选 $\overline{CS}$、输出允许 $\overline{OE}$ 和写允许 $\overline{WE}$ 形式：在片选 $\overline{CS}$ 低电平（用0表示）有效时，$\overline{OE}$ 低电平有效、$\overline{WE}$ 高电平（用

1表示）无效实现数据读出，或者 $\overline{OE}$ 高电平无效、 $\overline{WE}$ 低电平有效实现数据写入。HM6116
还能在 $\overline{OE}$ 一直保持为低电平时（片选和写允许也都有效）实现数据写入。如果 $\overline{CS}$ 为高电平
无效，则无论 $\overline{OE}$ 和 $\overline{WE}$ 是否有效（即不论是高电平还是低电平，用符号"×"表示），数据
引脚都呈现高阻状态，不能输入或输出。

2. HM6116的读写周期

HM6116基本的读写周期时序参见图5-5，最大存取时间是120ns（对应HM6116-2）。

在图5-5a的读周期时序中，HM6116获得地址信号后，在片选和输出允许有效的条件下，
数据引脚送出数据。地址一直维持有效的时间T_{RC}就是读取周期（Read Cycle Time）；而地址
开始有效到数据输出的时间T_{AA}对应读取时间（Address Access Time）。对于HM6116-2来说，
读取周期T_{RC}最小是120ns，读取时间T_{AA}最大是120ns。读周期中，写允许 $\overline{WE}$ 信号是高电平
状态（图中未画出）。

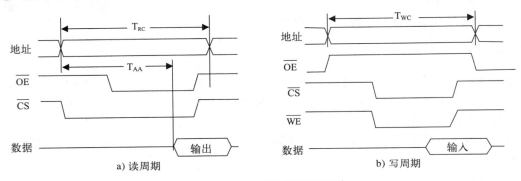

图5-5　HM6116的读写周期时序

在图5-5b的写周期时序中，HM6116获得地址信号后，在片选和写允许有效的条件下，数
据引脚接收数据。地址一直维持有效的时间T_{WC}是写入周期（Write Cycle Time）。对于
HM6116-2来说，写入周期T_{WC}最小是120ns。

图5-5的读写周期时序图仅是根据产品数据表（Data Sheet）绘制的示意图，具体的时间
参数有许多，还具有其他读写操作时序，详见产品数据表。

3. HM628512

日立HM628512是512K×8存储结构即4Mb存储容量的SRAM芯片，采用0.5μm Hi-CMOS
工艺制作，最大存取时间（HM628512-5）是55ns。HM628512采用5V电源，所有输入输出引
脚直接与TTL电平兼容，其LP版本还可以支持后备电池系统。

HM628512共有32个引脚，如图5-6所示，其中包括19个地址引脚$A_{18} \sim A_0$、8个数据引脚
$I/O_7 \sim I/O_0$。控制信号与HM6116一样采用片选 $\overline{CS}$、输出允许 $\overline{OE}$ 和写允许 $\overline{WE}$ 形式，功能和
基本读写周期时序也相同。

存储器芯片通常采用标准的封装，传统上使用DIP（双列直插），目前是塑料材质
（Plastic），缩写为PDIP。此外，还有表面贴装技术（Surface Mount Technology，SMT）衍生
的SOP（小外形引脚封装）、PLCC（Plastic Leaded Chip Carrier，塑料引线芯片载体封装）、
QFP（Quad Flat Package，四边扁平封装）等。其中SOP的应用范围很广，还逐渐派生出SOJ
（Small Out-line J-lead，J型小外形引脚封装）、TSOP（Thin SOP，薄小外形引脚封装）、SOIC
（Small Out-line Integrated Circuit，小外形引脚集成电路封装）等。例如，HM628512存储器

芯片具有DIP、SOP和TSOP封装。

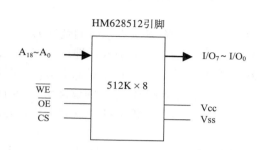

HM628512的工作方式

工作方式	$\overline{CS}$	$\overline{OE}$	$\overline{WE}$	I/O 引脚
未选中	1	×	×	高阻
输出禁止	0	1	1	高阻
读	0	0	1	数据输出
写	0	1	0	数据输入
写①	0	0	0	数据输入

① 在$\overline{OE}$一直保持为低电平时的写入方式。

图5-6 HM628512的引脚及工作方式

5.2.2 DRAM

容量大、功耗低、价位低等优势使DRAM获得广泛应用，并不断推出更高性能的产品。传统的DRAM芯片有2164/4164（61K×1）、21256/41256（256K×1）、414256（256K×4）等，新型DRAM也不断涌现。DRAM常见的是位片结构，也有4、8、16甚至32位的字片结构，还有存储模块形式。

1. DRAM 4164

DRAM 4164是64K×1存储结构即64Kb（位）的存储器芯片，我们以摩托罗拉半导体（Motorola Semiconductor，现称为飞思卡尔Freescale）公司的MCM4164CP芯片为例，其引脚及功能如图5-7所示。

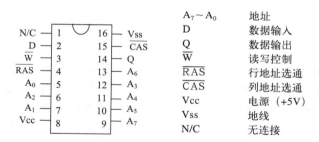

$A_7 \sim A_0$	地址
D	数据输入
Q	数据输出
$\overline{W}$	读写控制
$\overline{RAS}$	行地址选通
$\overline{CAS}$	列地址选通
Vcc	电源（+5V）
Vss	地线
N/C	无连接

图5-7 MCM4164的引脚及功能

为了保持DRAM芯片容量大、芯片小即集成度高的优势，必须减少引脚数量。DRAM芯片将地址引脚分时复用，即用一组地址引脚传送两批地址信号。第一批地址称为行地址，用行地址选通信号$\overline{RAS}$（Row Address Strobe）的下降沿来进行锁存；第二批地址称为列地址，用列地址选通信号$\overline{CAS}$（Column Address Strobe）的下降沿来进行锁存。对于64K个存储单元的DRAM，其地址引脚有8个（$A_7 \sim A_0$），两批地址信号共16个（$2^{16} = 64K$）。地址信号进入DRAM芯片后由内部译码电路选中存储单元。

在DRAM芯片中，没有像SRAM芯片那样的片选信号。对DRAM芯片进行读、写操作，$\overline{RAS}$和$\overline{CAS}$先后有效是一个前提，这两个信号所起的作用类似于SRAM芯片上的片选信号。

DRAM 4164芯片采用一个信号实现读写控制，$\overline{W}$（或$\overline{WE}$）低电平对芯片进行数据写入，高电平对芯片进行数据读出。对有些存储单元只有一位数据的DRAM芯片，设计有两个数据输入输出引脚：输入时使用D（或Din）引脚，输出时使用Q（或Dout）引脚。这时，存储系统需要通过缓冲器将它们接到一起，成为一根双向数据信号线与数据总线连接。

2. MCM4164的读写周期

MCM4164常规的读写周期时序参见图5-8，MCM4164CP15的最大存取时间是150ns。

在图5-8a的读周期时序中，地址引脚在行地址选通 $\overline{RAS}$ 的下降沿输入行地址、在列地址选通 $\overline{CAS}$ 的下降沿输入列地址，$\overline{W}$ 高电平实现Q引脚数据输出。一个行选通周期对应的时间 T_{RC} 对应存取周期（Random Read or Write Cycle Time），而行选通开始有效到数据输出的时间 T_{RAC} 对应读取时间（Access Time from Row Address Strobe）。对于MCM4164CP15来说，存取周期 T_{RC} 最小是270ns，读取时间 T_{RAC} 最大是150ns。

在图5-8b的写周期时序中，地址引脚先后输入行地址和列地址（与读周期相似），但 $\overline{W}$ 低电平实现从D引脚输入数据。

除常规读写外，MCM4164芯片还支持页模式读、页模式写以及读-修改-写周期。

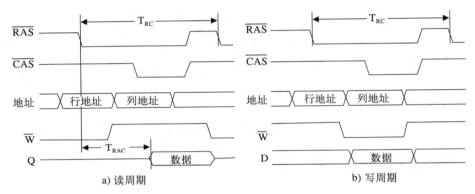

a) 读周期   b) 写周期

图5-8 MCM4164的读写周期时序

3. DRAM的刷新

DRAM的每个存储单元需要在一定时间（早期产品是2ms或4ms，目前可以是64ms）之内刷新一次，才能保持数据不变。DRAM芯片内部配备有"读出再生放大电路"，能够为存储单元进行刷新。但是，为了节省电路开销，DRAM芯片的刷新电路每次只能对一行存储单元进行刷新，而不是刷新全部存储单元。刷新的一行存储单元究竟有多少，取决于DRAM芯片容量和内部结构，通常是芯片输入行地址后选择的所有存储单元。

DRAM芯片的每次读写也具有刷新所在行的功能，但由于读写操作时的行地址没有规律，所以不将它们用于刷新。DRAM芯片设计有仅行地址选通的刷新周期，存储系统的刷新控制电路只要提供刷新行地址，就可以将存储DRAM芯片中的某一行选中进行刷新。实际上，刷新控制电路是将刷新行地址同时送达存储系统中的所有DRAM芯片，所有DRAM芯片同时进行一行的刷新操作。

刷新控制电路设置每次行地址增量，并在一定时间间隔内启动一次刷新操作，就能够保证所有DRAM芯片的所有存储单元得到及时刷新。

图5-9是MCM4164的仅行地址选通刷新周期

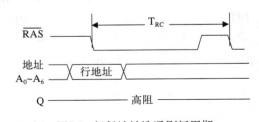

图5-9 仅行地址选通刷新周期

时序。在行地址选通有效时输入7位行地址（此时，列选通为高、数据输入和写控制任意），选择512（$=2^9$）存储单元进行刷新。MCM4164共有128（$=2^7$）行，需要在2ms之内刷新一次。如果将刷新操作平均分散到整个2ms的时间内，就需要每隔2ms$\div$128＝15.6μs时间进行一次刷新。尽管DRAM芯片容量不同，每行刷新的存储单元数不同，但每隔15.6μs时间必须进行一次刷新操作却成为PC标准的刷新方式。

将刷新操作平均分散到整个间隔时间内的方式称为分散刷新，这是主要使用的方法。如果连续进行刷新操作，称为集中刷新，但可能在集中刷新操作的时间内存储器无法响应微处理器的读写操作，导致指令执行的暂停。如果将刷新操作安排在读写操作周期中，则可以实现隐藏刷新（Hidden Refresh），但可能加长读写周期，导致性能降低。

4. MCM414256

MCM414256是256K×4存储结构即1Mb存储容量的DRAM芯片，如图5-10所示。对于256K个存储单元的DRAM，其地址引脚有9个：$A_8 \sim A_0$，分行地址和列地址两批共18个（$2^{18}=256K$）信号输入。每个存储单元保存4位数据，利用4个数据引脚$DQ_3 \sim DQ_0$实现数据输入和输出。

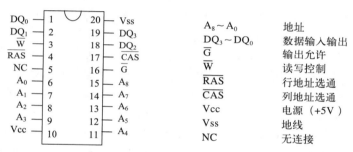

图5-10　MCM414256的引脚及功能

MCM414256常规的读写周期与MCM4164相似（MCM414256-70的最大存取时间是70ns，最小存取周期是140ns），也支持读−写周期，还增加了输出允许$\overline{G}$控制的写入周期、快页模式读、快页模式写和快页模式读−写周期。

MCM414256要求8ms间隔内完成512行的刷新，可以进行分散刷新（即每隔15.6μs刷新一行），也可以进行猝发刷新（将512行连续地集中刷新）。除支持仅行选通刷新周期外，常规的读写周期也可以刷新所在行的512个存储单元（2048位），还支持隐藏刷新功能。

5. 高性能DRAM

高性能微处理器必须配合快速主存储器才能真正发挥其作用。作为主存的DRAM芯片容量大但速度较慢。标准的DRAM读写方式，需要先在行地址选通信号有效时输出行地址，再在列地址选通信号有效时输出列地址，然后才可以读写一个数据。

从主存储器系统的组织结构上看，交叉存储（Interleaved Memory）可以提高存储器访问的并行性。它的思想是将主存划分为几个等量的存储体（Bank），每个存储体都有一套独立的访问机构，当访问还在某个存储体中进行时，另一个存储体也开始进行下一个数据的访问，这样它们的工作周期有一部分是重叠的。交叉存储的缺点是扩展存储器不方便，因为必须同时增加多个存储体。

从DRAM芯片本身来看，如下技术可以提高其工作速度：

- FPM DRAM（Fast Page Mode DRAM，快页方式DRAM）——读写存储器时，存储单元往往是连续的，许多时候行地址并不改变，变化的只是列地址。在快页读写方式，在对同一行的不同列（称同一页面）进行访问时，第一个字节为标准访问。此后，行地址选通信号 $\overline{RAS}$ 一直维持有效，即行地址不变，但列地址选通信号 $\overline{CAS}$ 多次有效，即列地址多次改变。这样可节省重复传送行地址的时间，使页内（一般为512字节至几千字节）访问的速度加快。当行地址发生改变时，再改用一次标准访问。
- EDO DRAM（Extended Data-Out DRAM，扩展数据输出DRAM）——在快页方式下每次列地址选通信号有效才能开始一个数据传输。如果减少列地址选通信号有效时间就可以加快数据传输速度，但是列地址选通信号无效将导致数据不再输出。于是EDO DRAM修改了内部电路，使得数据输出有效时间加长，即扩展了。
- SDRAM（Synchronous DRAM，同步DRAM）——在学习微处理器总线时，谈到过微处理器采用半同步时序传输数据，微处理器与主存的数据传输并没有达到真正的同步。微处理器输出地址、发出控制信号，存储器在其控制下传输数据。如果存储器无法完成数据传输，则设置没有准备好信号，微处理器需要在其总线时序中插入等待状态。换句话说，微处理器的总线时序依赖于存储器的存取时间。SDRAM芯片与微处理器具有公共的系统时钟，所有地址、数据和控制信号都同步于这个系统时钟，没有等待状态。

  具有公共系统时钟的SDRAM能够方便地支持猝发传送（从80486开始，IA-32微处理器就设计了猝发传送方式）。微处理器只需提供首个存储单元的地址，后续地址由存储器芯片自动产生，猝发传送的数据长度可以通过编程设置。另外，SDRAM芯片内部采用了交叉存储方式组织存储体，使性能进一步得到提高。
- DDR DRAM（Double Data Rate DRAM，双速率DRAM）——传统上，每个系统时钟实现一次数据传输，DDR DRAM则在同步时钟的前沿和后沿各进行一次数据传送，使传输性能提高一倍。
- RDRAM（Rambus DRAM）——EDO、SDRAM和DDR DRAM是由工业界建立的标准，每个DRAM生产企业都支持它们。但是，RDRAM是由Rambus公司推出的一种专利技术，采用了全新设计的内存条，包括专用芯片、独特的芯片间总线和系统接口。RDRAM能够以很高的时钟频率快速传输数据块。RDRAM技术封闭、价格高，市场推广尚不成功。

5.3 只读存储器

半导体ROM随机读取、非易失的优势使其成为计算机主存中不可缺少的部分。本节以典型的EPROM、EEPROM和Flash Memory芯片为例，介绍它们的主要特点及编程原理。

5.3.1 EPROM

EPROM是最早开发的可重复编程的半导体ROM芯片。它需要使用一定强度的紫外线光经一定时间照射才能擦除整个芯片的内容，然后进行编程，使用起来略显烦琐。

EPROM芯片型号以27开头，小容量有2716（2K×8）、2732（4K×8）、2764（8K×8）、27128（16K×8）、27256（32K×8）、27512（64K×8），其中括号前的数字表示芯片型号，对应其以千（K）为单位的存储容量，括号内表示其存储结构（存储单元数×位数）；更大容量有27010（128K×8）、27020（256K×8）、27040（512K×8）、27080（1M×8）等，其中

括号前的型号反映了其以兆（M）为单位的存储容量。

为便于通用，相同容量的SRAM与EPROM以及并行接口的EEPROM和Flash Memory芯片，引脚排列很多是兼容的，同类芯片、不同容量，其引脚排列和工作方式也相似。

1. EPROM 2764

EPROM 2764是8K×8存储结构即64Kb（位）的存储器芯片，我们以Microchip公司27C64为例，其DIP封装引脚及工作方式如图5-11所示。它采用CMOS工艺制造，还具有SOIC和PLCC封装形式。

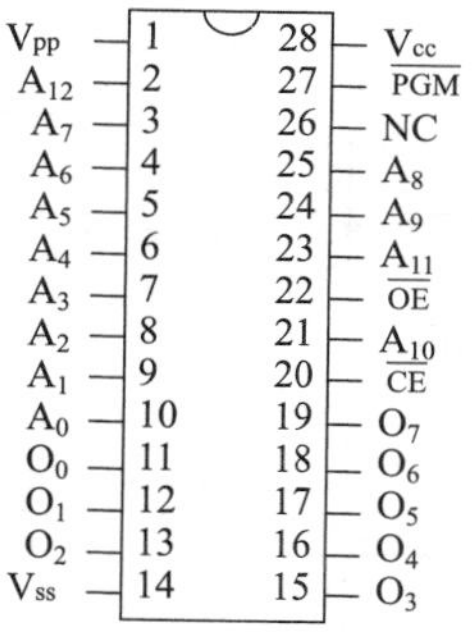

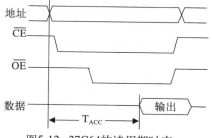

27C64 的工作方式

工作方式	$\overline{CE}$	$\overline{OE}$	$\overline{PGM}$	A_9	V_{pp}	$O_7 \sim O_0$
读	0	0	1	×	V_{cc}	输出
输出禁止	0	1	1	×	V_{cc}	高阻
备用	1	×	×	×	V_{cc}	高阻
识别	0	0	1	+13V	V_{cc}	识别代码
编程	0	1	0	×	+13V	输入
编程校验	0	0	1	×	+13V	输出
编程禁止	1	×	×	×	+13V	高阻

图5-11　27C64的引脚及工作方式

27C64有13个地址引脚$A_{12} \sim A_0$、8个数据引脚$O_7 \sim O_0$，片选引脚$\overline{CE}$和输出允许引脚$\overline{OE}$，以及用于编程的控制引脚$\overline{PGM}$和编程电压引脚V_{pp}。27C64通过V_{cc}提供+5V工作电压，V_{ss}是地线。编程时需要通过V_{pp}提供+13V电压，通过$\overline{PGM}$编程引脚输入100μs宽度的低脉冲。注意，针对不同生产厂商、不同种类的EPROM芯片编程电压V_{PP}可能不同，具体的编程算法也有些差别（但基本原理和过程类似）。

EPROM的正常工作是进行读取，27C64的读周期时序见图5-12（类似于SRAM的读周期时序，参见图5-5）。通过地址引脚选择存储单元、在片选引脚有效和输出允许引脚有效的情况下，经T_{ACC}时间，数据出现在数据引脚。T_{ACC}（Address to Output Delay）就是其读取时间，对27C64-12芯片来说，最大是120ns。

在V_{PP}接V_{cc}电压（+5V）的非编程状态，27C64还可以处于输出禁止（Output Disable）状态，此时片选

图5-12　27C64的读周期时序

虽然有效，但输出允许引脚无效，数据引脚呈现高阻。另外，备用（Standby）也是ROM芯片常支持的一种无数据输出状态，此时片选引脚无效表明未选中芯片，芯片功耗可以降低（对27C64来说，将从正常工作的20mA降低为备用的100μA）。

许多电子器件在生产过程中制作了一些识别代码，用户可以通过程序读出，以便确认器件并充分利用器件本身的特点。所谓识别（Identity）工作方式，就是在特定条件下读取这些识别代码的操作状态。对27C64来说，V_{PP}接V_{CC}电压、$\overline{CE}$和$\overline{OE}$均为低电平、$\overline{PGM}$为高电平，还要求其中一个地址引脚A_9接+13V高电平，此时地址$A_0 = 0$时读取的一个字节是生产厂商的代码（例如，Microchip公司是29H），地址$A_0 = 1$时读取的一个字节是器件代码（例如，27C64是02H，但可能变化）。

2. EPROM的编程

对UV-EPROM芯片编程前，需要擦除原保存信息，也就是将其内容全部设置为逻辑1状态。EPROM芯片顶部开有一个窗口，用于透过紫外线光进行擦除。例如，27C64要求使用每平方厘米15瓦秒（watt-second/cm²）能量的光线进行照射，这意味着芯片需要直接放置于2537Å波长、每平方厘米12 000μW强度的紫外线灯管下，距离不超过1英尺，大约被照射20分钟（有专用的紫外线擦除器）。由于自然光也含有一定强度的紫外线，所以编程后的EPROM芯片窗口需要避光使用，如贴一个不透光的胶带。

擦除后就可以进行编程了。设置V_{pp}接+13V电压（还要求V_{cc}接6.5V），27C64进入编程工作状态，其编程周期时序如图5-13所示。

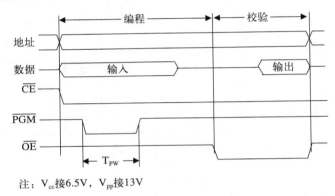

注：V_{cc}接6.5V，V_{pp}接13V

图5-13   27C64的编程周期时序

通过地址引脚提供存储单元地址后，在 $\overline{CE}$ 引脚低有效、$\overline{OE}$ 高无效、$\overline{PGM}$ 提供一个较长时间的编程低脉冲时，可以将数据引脚输入的一个字节数据写入指定单元，这就是编程工作方式。图中T_{pw}是编程低脉冲的时间，典型值是100μs。

为了验证写入正确，在仍然选中芯片的情况下，可以接着使 $\overline{OE}$ 低有效读出刚写入的数据，当然此时要撤销编程低脉冲，这就是编程校验工作方式。而编程禁止方式是没有选中芯片的状态，此时禁止对该芯片进行写入。

利用编程周期可以实现一个字节数据的写入和校验，重复进行字节编程实现整个芯片的编程，参见图5-14。这是27C64支持的快速编程算法的流程图。其中，可以最多使用10个100μs时间以保证一个字节的正确写入。在编程状态完成所有数据写入后，应该将芯片设置为非编程的正常工作状态，并进行数据读取、比较，验证所有写入数据的正确性。

3. EPROM 27C512

EPROM 27C512是Microchip公司使用CMOS工艺生产的存储器芯片，具有高性能（读取时间90ns）、低功耗（正常工作电流25mA，备用状态30μA）特性。27C512是64K×8存储结构即512Kb（位）的存储器芯片，具有16个地址引脚A_{15}~A_0和8个数据引脚O_7~O_0，其DIP封装引脚及工作方式如图5-15所示。

27C512的编程电压V_{pp}信号与输出允许 $\overline{OE}$ 信号共用一个引脚，并具有编程控制作用。片选引脚 $\overline{CE}$ 为低电平、$\overline{OE}/V_{pp}$引脚为低电平时，该芯片处于正常读取工作方式。而片选引脚 $\overline{CE}$ 为低电平、$\overline{OE}/V_{pp}$引脚为编程电压+13V时，该芯片进行编程写入。其他工作方式和快速编程算法与27C64相同，写入一个字节的时间也是100μs。

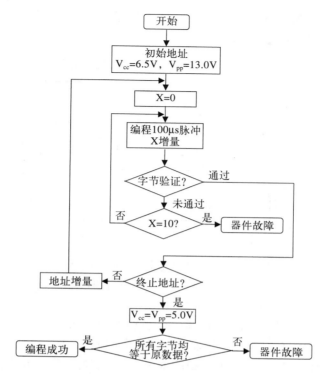

图5-14　27C64的快速编程算法

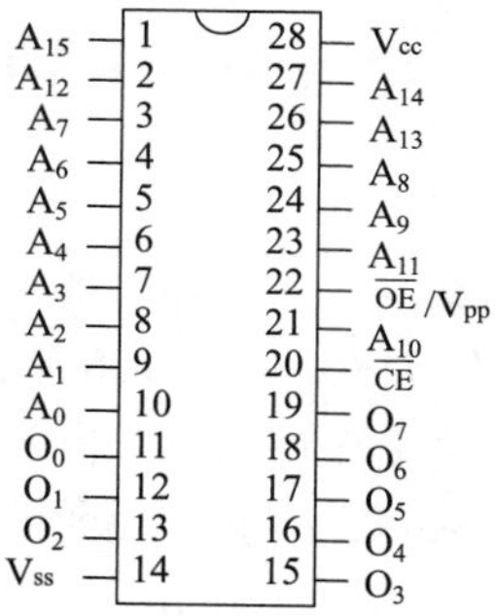

27C512 的工作方式

工作方式	$\overline{CE}$	$\overline{OE}/V_{pp}$	A_9	$O_7 \sim O_0$
读	0	0	×	输出
输出禁止	0	1	×	高阻
备用	1	×	×	高阻
识别	0	0	+13V	识别代码
编程	0	+13V	×	输入
编程校验	0	0	×	输出
编程禁止	1	+13V	×	高阻

图5-15　27C512的引脚及工作方式

5.3.2 EEPROM

EEPROM（E²PROM）芯片不需要专门的擦除过程，在进行编程前自动用电实现擦除（被称为擦写），使用起来比UV-EPROM更加方便。

并行接口的EEPROM芯片型号多以28开头，如2816（2K×8）、2864（8K×8）、28256（32K×8）、28512（64K×8）、28010（128K×8）、28020（256K×8）、28040（512K×8）等。串行接口的EEPROM芯片型号常见24、25和93开头的系列。

1. EEPROM 2816

EEPROM 2816是2K×8存储结构即16Kb（位）的存储器芯片，我们以Atmel公司

AT28C16为例，其DIP封装引脚及工作方式如图5-16所示。它采用CMOS工艺制造，可以进行1～10万次编程，数据保存可达10年。

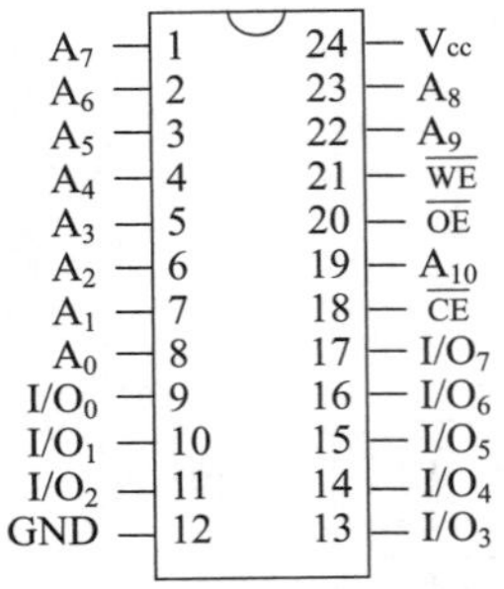

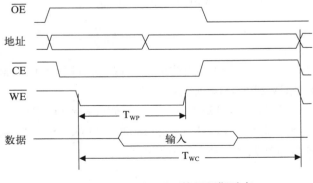

AT28C16的工作方式

工作方式	$\overline{CE}$	$\overline{OE}$	$\overline{WE}$	I/O
读	0	0	1	输出
输出禁止	×	1	×	高阻
备用/写禁止	1	×	×	高阻
写	0	1	0	输入
写禁止	×	×	1	
写禁止	×	0	×	
芯片擦除	0	12V	0	高阻

引脚图（左侧）：
A_7—1，A_6—2，A_5—3，A_4—4，A_3—5，A_2—6，A_1—7，A_0—8，I/O_0—9，I/O_1—10，I/O_2—11，GND—12；右侧：V_{cc}—24，A_8—23，A_9—22，$\overline{WE}$—21，$\overline{OE}$—20，A_{10}—19，$\overline{CE}$—18，I/O_7—17，I/O_6—16，I/O_5—15，I/O_4—14，I/O_3—13

图5-16 AT28C16的引脚及工作方式

AT28C16具有11个地址引脚A_{10}～A_0、8个数据引脚I/O_7～I/O_0，读写控制与SRAM一样，采用典型的片选$\overline{CE}$、输出允许$\overline{OE}$和写允许$\overline{WE}$的3个引脚形式。

AT28C16读工作方式类似于SRAM，也与EPROM相同。片选和输出允许引脚为低有效、写允许为高电平时读取存储的数据，其读周期时序可以参见EPROM的读周期时序（图5-12），这里不再重复。对AT28C16-15来说，读取时间最大是150ns。当片选或者输出允许引脚为高电平时，数据输出引脚呈高阻。片选高无效的备用状态，将使工作电流从有效的30mA降低为备用的100μA。

另外，AT28C16包含额外的32字节EEPROM存储单元，用于芯片识别。将地址引脚A_9接上12V高电压，使用7E0H～7FFH地址，可以像常规存储单元一样写入或读取这些附加的字节数据（图5-16中没有罗列）。

2. EEPROM的编程

AT28C16的编程使用字节写入工作方式，写入前自动擦除，无须外部其他部件和编程高电压，类似于SRAM的写入过程。图5-17是$\overline{WE}$写信号控制的写周期时序（还有$\overline{CE}$片选信号控制的写周期，只是$\overline{WE}$和$\overline{CE}$的波形交换，其他相同）。在输出允许引脚为高、片选引脚为低电平时，写允许引脚的一个低脉冲启动字节写入（Byte Load）。写允许$\overline{WE}$的下降沿锁存地址，而其上升沿锁存输入的数据。写脉冲宽度T_{WP}最少100ns，最多1000ns。

图5-17 AT28C16的写周期时序

一旦字节写入操作开始，芯片将自动定时直到完成。在写周期T_{WC}期间（典型是0.5ms，最大1ms），读取操作则是查询写入是否完成。当写入操作尚在进行时，从数据引脚最高位I/O_7读取的数据位与实际写入的相反（其他数据引脚不定）；而当写入操作完成后，读取的最高位就是实际写入的数据位。这就是AT28C16支持的数据查询（Data Polling）。

AT28C16支持写保护功能。当输出允许$\overline{OE}$为低或片选$\overline{CE}$为高或写允许$\overline{WE}$为高时，都禁止字节写入周期。当V_{cc}的电压低于3.8V时也禁止写入。而当V_{cc}达到3.8V时自动延时5ms之后才允许字节写入。

另外，AT28C16支持芯片擦除工作方式。设置片选$\overline{CE}$为低、输出允许$\overline{OE}$接12V，整个芯片可以在写允许$\overline{WE}$的10ms低脉冲控制下实现擦除，成为逻辑1状态。

3. AT28C040

Atmel公司的AT28C040是512K×8存储结构即4Mb（位）的并行EEPROM存储器芯片，具有19个地址引脚和8个数据引脚，采用片选$\overline{CE}$、输出允许$\overline{OE}$和写允许$\overline{WE}$控制引脚，与典型的SRAM芯片引脚一样（参见HM628512引脚图5-6）。AT28C040使用CMOS工艺生产，采用单一的5V供电，工作电流为80mA，可以进行1万次编程，数据可保存10年。

AT28C040具有与AT28C16相同的基本工作方式（参见图5-16），读写时序也相同，读取时间是200ns。它可以进行字节写入，也支持1～256字节的页写入（Page Write）方式（写入过程与闪存的写入操作类似，参见5.3.3节），最大写入周期是10ms（即可以写入最多256字节）。字节或页写入操作的完成可以使用数据查询方式，具体为：写入进行中，数据引脚I/O_7读取的数据位与写入的相反；写入完成，所有数据引脚获得实际写入的内容。AT28C040还可以采用翻转位（Toggle Bit）方法查询是否完成写入操作，具体为：写入进行中，连续对数据引脚I/O_6读取，其结果在0和1之间不断翻转；写入完成，该引脚停止翻转，获得实际写入的内容。

除有类似于AT28C16的硬件写保护外，AT28C040还引入了软件数据保护（与Atmel公司的闪存相同，参见5.3.3节）。AT28C040的芯片擦除可以使用软件方法，这要求使用6字节的软件擦除代码。另外，AT28C040的芯片识别使用额外的256字节EEPROM存储单元。将地址引脚A_9接上12V高电压，使用7FF80H～7FFFFH地址，可以像常规存储单元一样写入或读取这些附加的字节数据。

5.3.3　Flash Memory

相对于EEPROM芯片，Flash Memory能够快速进行数据块或整个芯片的擦写，容量大、集成度高，是目前主要应用的半导体ROM。

Flash Memory也采用加电擦写，所以并行接口的Flash Memory芯片型号也以28开头，但后面常跟F以示区别，如28F010（128K×8）、28F020（256K×8）等。并行接口的Flash Memory芯片型号还常以29开头，如29C512或29F512（64K×8）、29C010或29F010（128K×8）、29C020或29F020（256K×8）、29C040或29F040（512K×8）等。

1. Flash Memory 29C512

29C512是64K×8存储结构即512Kb（位）的闪存芯片，我们以Atmel公司的AT29C512为例说明。AT29C512采用CMOS工艺制造，其编程只需要采用+5V电压，次数可以超过1万次。它设计有32个引脚，其中包括16个地址引脚A_{15}～A_0、8个数据引脚I/O_7～I/O_0和3个控制引脚

（片选 $\overline{\text{CE}}$、输出允许 $\overline{\text{OE}}$、写允许 $\overline{\text{WE}}$），其PLCC引脚及工作方式如图5-18所示。

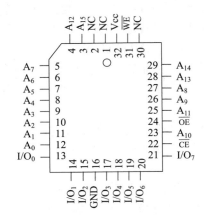

AT29C512的工作方式

工作方式	$\overline{\text{CE}}$	$\overline{\text{OE}}$	$\overline{\text{WE}}$	I/O
读	0	0	1	输出
输出禁止	×	1	×	高阻
备用/写禁止	1	×	×	高阻
写	0	1	0	输入
写禁止	×	×	1	
写禁止	×	1	×	
5V芯片擦除	0	1	0	

图5-18　AT29C512的引脚及工作方式

AT29C512读操作工作方式与EPROM和EEPROM相同，片选和输出允许引脚为低有效、写允许引脚为高无效时读取存储的数据（参见EPROM的读周期时序图5-12）。对AT29C512-70来说，读取时间最大是70ns。当片选或者输出允许引脚为高电平时，数据输出引脚呈高阻。片选高无效的备用状态，将使工作电流从有效的50mA降低为备用的100μA。

AT29C512支持硬件方法获取芯片识别代码。此时，要求地址引脚A_9接12V高电压，地址引脚$A_{15} \sim A_1$（除A_9外）全部接低电平，当A_0为0时从数据引脚读取厂商代码1FH；当A_1为1时从数据引脚读取器件代码5DH（图5-18中没有罗列）。

AT29C512还支持软件方法获取芯片识别代码，其内容与硬件方法相同。向特定地址单元写入特定数据将进入该芯片的软件产品识别模式（如图5-19a所示），设置地址引脚$A_{15} \sim A_1$全部为逻辑0，当$A_0 = 0$时读取厂商代码，当$A_1 = 1$时读取器件代码。类似的流程（如图5-19b所示）实现退出软件产品识别模式。断电后，器件不会保持在产品识别模式。

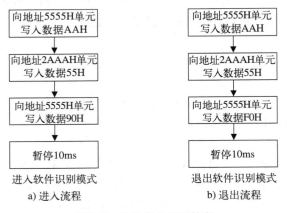

图5-19　软件产品识别流程

2. Flash Memory的编程

闪存的编程（擦写）是以扇区（Sector）为基本数据单位（类似于磁盘的写入），一个扇区是指一个连续的数据块。即使只有一个字节需要修改，也必须将包含该字节的整个扇区数据一起写入。扇区没有写入的存储单元，其数据将呈现不确定状态。

AT29C512的每个扇区是128字节，整个芯片分成512个扇区。当片选和写允许引脚为低有效、输出允许引脚为高无效时开始字节写入操作，其时序与AT28C16相同（参见图5-17）。随着第一个字节的写入，后续字节也采用同样的方式进行写入，如图5-20所示。其中地址引脚A_7~A_{15}提供扇区地址，地址引脚A_0~A_6指明扇区内的字节地址，但并不要求按照地址顺序写入字节数据。每个写允许引脚$\overline{WE}$（写允许控制的写入操作时序）或者片选引脚$\overline{CE}$（片选控制的写入操作时序）需要保持有效T_{WP}最少90ns，$\overline{WE}$或$\overline{CE}$从上升沿到下一个写入字节的下降沿必须在$T_{BLC}=150\mu s$之内，也就是字节写入周期时间（Byte Load Cycle Time）最大为$150\mu s$。

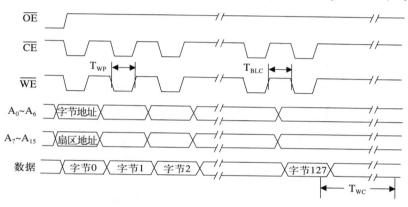

图5-20 AT29C512的编程周期时序

如果$\overline{WE}$或$\overline{CE}$保持高电平时间超过$150\mu s$，写入阶段即告结束，内部编程阶段随即开始，并持续写入周期时间T_{WC}，最多是10ms。在编程开始的整个写入周期内，读取操作则是判断是否完成擦写过程的查询操作。

AT29C512支持以下两种判断擦写是否完成的方法（与EEPROM的AT28C040相同）：

1）I/O_7位的数据查询方式：编程过程中，数据引脚I/O_7读取的数据位与最后一个写入字节相应位相反；编程结束，所有数据引脚获得最后写入的内容。

2）I/O_6位的翻转方式：编程过程中，连续对数据引脚I/O_6读取，其结果在0和1之间不断翻转；编程结束，该引脚停止翻转，获得最后写入的内容。

另外，AT29C512与AT28C040一样支持软件方法进行芯片擦除。

3. Flash Memory的数据保护

为了防止错误编程，AT29C512使用如下硬件保护措施：

1）V_{cc}敏感：当V_{cc}的电压低于3.8V时，编程功能被禁止。

2）V_{cc}上电延时：当V_{cc}达到敏感电位（3.8V）时，自动延时5ms之后才允许编程。

3）编程禁止：当输出允许$\overline{OE}$为低或片选$\overline{CE}$为高或写允许$\overline{WE}$为高时都禁止编程。

4）噪声滤波：片选$\overline{CE}$或写允许$\overline{WE}$的脉冲小于15ns宽度时将不启动编程周期。

AT29C512还提供了软件数据保护（Software Data Protection）方法。软件数据保护功能可以由用户编程启用或者不用，芯片出厂时默认没有启用。用户需要向芯片的3个特定地址写入3个特定字节的命令，才能启用软件数据保护功能（如图5-21a所示）。启用后，整个芯片将处于写保护状态。但这不意味着不能写入，只是写入操作前必须写入启用时同样的3字节命令。启用后将一直保持该功能，关闭电源并不能关闭软件数据保护功能，必须进行软件编程（按要求向指定地址写入指定内容）才能停用（如图5-21b所示）。

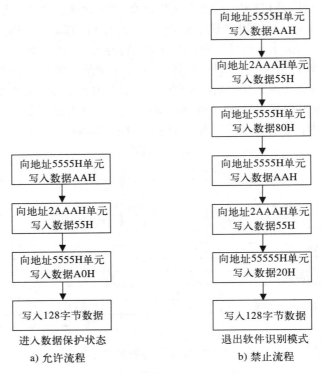

图5-21 软件数据保护流程

4. AT29C020

AT29C020是256K×8存储结构即2Mb（位）的闪存芯片，与AT29C512同为Atmel公司的系列产品，所以它们的制作工艺、引脚排列、工作方式等都相同，只是地址引脚是18个（地址引脚A_{16}和A_{17}分别安排在32引脚PLCC封装的第2和第30引脚位置，参见图5-18）。AT29C020的读取时间是70ns，一个扇区的编程写入周期也是10ms，但每个扇区是256字节，芯片共1024个扇区。

AT29C020新增了两个8KB的可以独立锁定（Lockout）的引导模块（Boot Block），启用锁定功能是指不允许对这8KB进行擦除和编程（不影响其他存储单元的编程）。它们分别被安排在最初和最后的8KB地址空间，分别对应了从低地址和高地址引导的计算机系统，所以可用于保存引导计算机系统的启动程序等重要代码。芯片是否启用该锁定功能，可以在软件产品识别状态加以判断。启用该锁定功能需要通过向特定地址单元写入7个特定字节命令实现（类似于前述软件保护功能的启用或停用）。一旦启用了锁定功能，芯片擦除功能就将被禁止。

5. Flash Memory的两种类型

1984年，在东芝公司工作的Fujio Masuoka博士发明了Flash Memory，包括两种类型，根据逻辑门特点被分别命名为NOR和NAND类型。

1988年，Intel公司首先推出了基于NOR Flash技术的存储器芯片。NOR 类型闪存擦写时间较长，像SRAM那样提供完整的地址和数据总线（如上所介绍的并口Flash Memory），允许对任何地址进行随机存取，可以支持"就地执行"（eXecute In Place，XIP），也就是保存在

NOR Flash的程序可以直接运行，不必先复制到RAM中再执行。因此，NOR类型闪存适合作为系统ROM。

1989年，东芝（Toshiba）公司发表了NAND Flash技术的闪存。NAND类型闪存的擦写速度快于NOR类型闪存，集成度也远大于NOR类型，同时采用串行接口减小了芯片尺寸，所以NAND类型闪存的容量更大、价格更低、体积更小，这使其更适合用作大容量的辅助存储器。NAND类型擦写次数可达100万次，是NOR类型10万次擦写次数的10倍。但是，NAND类型闪存的坏块是随机分布的，使用上比NOR类型的闪存更复杂一些。

从实现技术角度来说，NOR和NAND闪存的主要区别是存储单元间的连接不同和读写存储器的接口不同（NOR允许随机读取，而NAND只允许页存取）。NOR和NAND闪存的名称来自存储单元间的互连结构。在NOR闪存中，存储单元以并行方式连接到位线上（类似于CMOS NOR门晶体管的并行连接），这样就可以允许存储单元单独读取和编程。而NAND闪存的存储单元采用串联方式（像一个NAND门）。串联比并联节省芯片空间，这样就降低了NAND闪存的成本，不过却使其无法进行单独读取和编程。

NOR闪存的预期目标是开发更经济、更方便的可重复写入ROM来替代过去的EPROM和EEPROM存储器，因此随机读取电路是必需的。不过，NOR闪存ROM的读取要远多于写入，所以写入电路相对较慢，只支持以块模式进行擦除。NAND的开发目标是在给定存储容量下减少芯片面积，这样可以降低每位成本、增加容量；通过去除外部地址和数据总线的电路，还可以进一步降低成本，但也使得NAND闪存无法实现随机存取。不过，NAND闪存主要用于替代磁记录设备（如硬盘），而不是替代系统ROM存储器。

5.4 半导体存储器的连接

对比微处理器与半导体存储器芯片的总线（信号、引脚），可以看到它们都具有数据、地址和控制总线（信号、引脚），并且功能对应，参见图5-22的连接示意。其中，需要通过译码微处理器的部分地址信号产生存储器片选 $\overline{CE}$ 信号，微处理器的存储器读 $\overline{MEMR}$ 信号对应存储器的输出允许 $\overline{OE}$ 信号，微处理器的存储器写 $\overline{MEMW}$ 信号对应存储器的写允许 $\overline{WE}$ 信号。

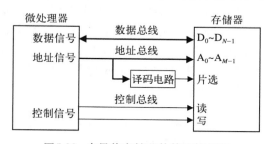

图5-22 半导体存储芯片的连接示意

进一步对比它们的读写周期，其操作时序也相似。微处理器输出地址编码，发出读写控制命令，实现数据存取；存储器芯片接收地址编码，通过内部译码选择某个存储单元，在读写信号的控制下将数据读出或者写入。

本节以8088/8086微处理器和典型的SRAM芯片为例介绍半导体存储器的连接，主要讨论如何选中芯片和扩大存储容量问题，这些连接原理同样适用于各种并行接口的可编程ROM芯片。对ROM芯片的编程、DRAM芯片的连接和刷新以及具体的信号驱动和时序配合等问题这里不深入展开。

5.4.1 存储器芯片的地址译码

半导体存储器芯片的数据、地址、读写控制引脚都对应有微处理器总线的信号，从功能上说多数可以直接相连。但其中微处理器的地址总线个数要远多于存储器芯片的地址引脚个数，而且通常需要多个存储器芯片才能组成一定容量的存储系统，也需要利用地址总线控制存储器片选信号。

1. 地址译码

译码（Decode）是指将某个特定的编码输入翻译为有效输出的过程。例如，有8盏电灯需要集中管理，每次只能打开一盏电灯，要求只使用3个开关。8盏电灯可以分别编号为0～7，对应的二进制编码需要3位，依次是000～111，每一个二进制位设计一个开关，共需要3个开关，开关向上ON对应1，开关向下OFF对应0。如果需要5号灯打开，对应的编码为101，即前后两个开关向上为1、中间开关向下为0，此时5号灯点亮（有效输出），其余灯都不亮（无效输出）。拨动开关形成编码输入到相应电灯点亮的过程需要译码，完成将编码变换成一路控制信号的电路就是译码电路。在该例中，输入为3位编码，输出为8路，每组编码都对应一路有效其余7路无效，称为3∶8译码或8选1译码。最简单的是1∶2译码，还有2∶4译码、4∶16译码等。与译码电路对应的是编码电路，后者将多个输入信号变换成一组特定数码输出。

当前微机系统的存储器地址译码多集成在各种可编程逻辑器件（Programmable Logic Devices，PLD）中。为了便于理解，使用简单的逻辑门和译码器电路进行说明，有些小型系统或特殊应用场合也会采用这种方式。

2. 门电路译码

图5-23采用多输入与非门实现译码，将32K×8结构的SRAM与具有8位数据总线的微处理器连接，假设该微处理器像8088一样共有20个地址总线A_{19}～A_0。

32K×8结构的存储器芯片有15个地址引脚A_{14}～A_0，这些引脚的32K种逻辑0和1组合寻址该芯片内部的一个具体存储单元，例如，全部15个引脚都为0寻址首个存储单元，全部都为1则寻址最后一个存储单元。但是，该芯片能够工作还需要片选信号有效。当微处理器输出地址信号A_{19}为低电平逻辑0时，经反相器成为高电平逻辑1输入与非门。同样，地址信号A_{18}～A_{16}为逻辑0时，反相后输入与非门逻辑1。微处理器输出地址信号A_{15}为逻辑1送入与非门。所有与非门的输入端为逻辑1，求与之后才为逻辑1，再求反则为逻辑0，即低电平，与非门输出与存储器芯片低有效的片选信号连接。这样，当微处理器输出地址信号A_{19}～A_{15}=00001编码时，经反相器和与非门组成的译码电路输出到该存储器芯片的片选信号，此时该芯片才能被选中读写数据。

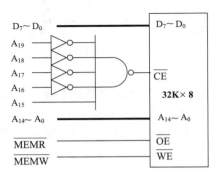

地址表

A_{19}～A_{15}	A_{14}～A_0	地址
	000000000000000	08000H
	000000000000001	08001H
00001	...	...
	111111111111110	0FFFEH
	111111111111111	0FFFFH

图5-23　简单的门电路译码

结合高位地址的固定编码和低位地址的各种组合，该存储器芯片首个存储单元需要在A_{19}～

A_0 = 0000100000000000（十六进制08000H）时被选中，所以首个存储单元的地址是08000H。同样，该存储器芯片最后一个存储单元的地址是0FFFFH。所以，该芯片在微机系统占用了08000H～0FFFFH的地址范围，容量是32KB。

3. 译码器

微机系统高位地址译码还可以使用译码器。例如，通用数字集成电路74系列中，型号为139的集成电路芯片是一个由两个2：4译码电路组成的译码器，型号为138的集成电路芯片是一个3：8译码器，型号为154的集成电路芯片是4：16译码器。16位IBM PC系列微机中就使用了74LS138译码器，如图5-24所示是其功能表和译码示例。

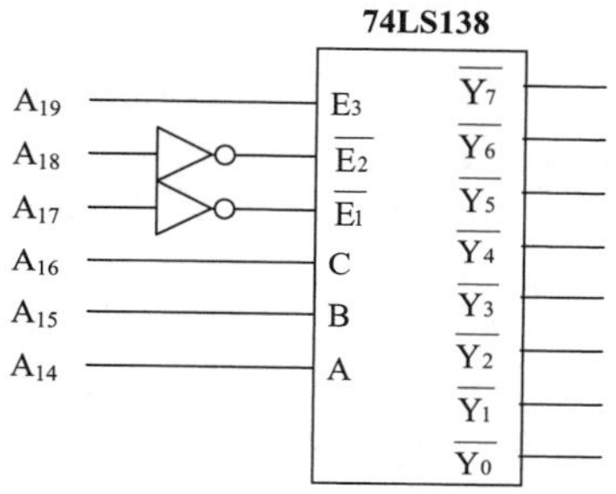

74LS138功能表

控制输入			编码输入	译码输出
E_3	$\overline{E_2}$	$\overline{E_1}$	C B A	$\overline{Y_7}$ $\overline{Y_6}$ $\overline{Y_5}$ $\overline{Y_4}$ $\overline{Y_3}$ $\overline{Y_2}$ $\overline{Y_1}$ $\overline{Y_0}$
1	0	0	0 0 0	1 1 1 1 1 1 1 0
1	0	0	0 0 1	1 1 1 1 1 1 0 1
1	0	0	0 1 0	1 1 1 1 1 0 1 1
1	0	0	0 1 1	1 1 1 1 0 1 1 1
1	0	0	1 0 0	1 1 1 0 1 1 1 1
1	0	0	1 0 1	1 1 0 1 1 1 1 1
1	0	0	1 1 0	1 0 1 1 1 1 1 1
1	0	0	1 1 1	0 1 1 1 1 1 1 1
非上述情况			× × ×	1 1 1 1 1 1 1 1

图5-24 译码器74LS138的引脚和功能表

138译码器有3个控制输入引脚：E_3、$\overline{E_2}$ 和 $\overline{E_1}$，后两个是低电平有效。只有这3个控制输入的信号都有效，才能实现译码功能，否则没有一个译码输出信号是有效的。在控制输入信号有效的条件下，3个编码输入引脚C、B和A的8种编码各对应一个译码输出引脚低电平有效。CBA = 000编码使 $\overline{Y_0}$ 低有效，其他输出高电平无效信号；CBA = 001编码使 $\overline{Y_1}$ 低有效，……，CBA = 111编码使 $\overline{Y_7}$ 低有效。

假设138译码器按照图5-24所示与微处理器高位地址连接进行译码。要使 $\overline{Y_0}$ 译码输出有效，必须做到如下两点：

1) $E_3 \overline{E_2} \overline{E_1}$ = 100。因为A_{19}与E_3连接，A_{18}和A_{17}经反相后分别与 $\overline{E_2}$ 和 $\overline{E_1}$ 连接，所以$A_{19}A_{18}A_{17}$ = 111。

2) CBA = 000。因为A_{16}、A_{15}和A_{14}依次连接C、B和A，所以$A_{16}A_{15}A_{14}$ = 000。

这样当微处理器输出高位地址A_{19}～A_{14} = 111000时，$\overline{Y_0}$ 输出低电平有效。如果将 $\overline{Y_0}$ 与一个存储器芯片的片选信号连接，则这个存储器芯片的地址范围将是E0000H～E3FFFH，容量是16KB（E3FFFH − E0000H + 1 = 4000H = 2^{14} = 16K）。同样，可以得到其他译码输出引脚对应的地址范围。

4. 全译码和部分译码

在上面的连接示例中，使用了全部的微处理器地址总线，其中低位地址信号直接与存储器芯片具有的地址引脚相连实现片内寻址，剩余的高位地址信号经译码与存储器芯片的片选引脚相连实现片选寻址。这种使用全部系统地址总线的译码方法，称为全译码方式（Absolute

Decoding)。全译码的特点是地址唯一：一个存储单元只对应一个存储器地址（反之亦然），组成的存储系统的地址空间连续。

在有些简单的小型系统中，经常采用译码电路也相对简单的部分译码方式（Linear Select Decoding）。部分译码只使用部分系统地址总线进行译码。没有被使用的地址信号对存储器芯片的工作不产生影响，有一个不使用的地址信号就对应有两种编码，这两种编码实际上指向同一个存储单元，这就出现了地址重复（Alias）：一个存储单元对应多个存储器地址（好像一部电话有多个号码一样），浪费了存储空间。

图5-24的每个译码输出对应16KB存储单元，正好可以用于一个16K×8存储器芯片的片选。没有必要用它连接一个32K×8或更大容量的存储器芯片，因为这样的话，存储器芯片就有多余地址引脚无处连接，实际只能使用其中的16KB容量。

如果用图5-24的译码输出 $\overline{Y_0}$ 连接一个8K×8结构的存储器芯片又会怎么样呢？因为8K×8存储器芯片只有13个地址引脚$A_{12} \sim A_0$，高位译码使用了6个，还有一个微处理器地址信号没有使用，显然这是部分译码。

现在假设将存储器芯片地址引脚$A_{12} \sim A_0$与微处理器地址信号$A_{12} \sim A_0$对应连接，如图5-25所示，微处理器地址信号A_{13}没有连接使用，可以任意，分析如下：

- $A_{13}=0$时，该芯片首个存储单元的地址：

$$A_{19} \sim A_{14}A_{13}A_{12} \sim A_0 = 11100000000000000000 = \text{E0000H}$$

- $A_{13}=0$时，该芯片最后一个存储单元的地址：

$$A_{19} \sim A_{14}A_{13}A_{12} \sim A_0 = 11100001111111111111 = \text{E1FFFH}$$

- $A_{13}=1$时，同样也会选中该芯片，其首个存储单元的地址：

$$A_{19} \sim A_{14}A_{13}A_{12} \sim A_0 = 11100010000000000000 = \text{E2000H}$$

- $A_{13}=1$时，该芯片最后一个存储单元的地址：

$$A_{19} \sim A_{14}A_{13}A_{12} \sim A_0 = 11100011111111111111 = \text{E3FFFH}$$

分析结论是：该8KB存储器芯片占用了E0000H～E1FFFH地址范围（$A_{13}=0$时），还占用了E2000H～E3FFFH地址范围（$A_{13}=1$时）。例如，其首个存储单元可以用地址E0000H访问，也可以用地址E2000H访问。实际应用中，常选择第一个地址。

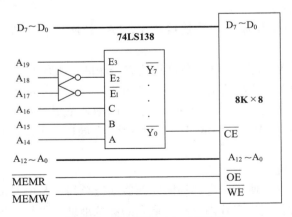

图5-25　部分译码（A_{13}未连接）

再假设存储器芯片地址引脚$A_{12} \sim A_0$与微处理器地址信号$A_{13} \sim A_1$对应连接，最低微处理器地址信号A_0没有连接使用，分析如下：

- $A_0 = 0$时，该芯片首个存储单元的地址：

$$A_{19} \sim A_{14}A_{13} \sim A_1A_0 = 11100000000000000000 = E0000H$$

- $A_0 = 0$时，该芯片最后一个存储单元的地址：

$$A_{19} \sim A_{14}A_{13} \sim A_1A_0 = 11100011111111111110 = E3FFEH$$

- $A_0 = 1$时，该芯片首个存储单元的地址：

$$A_{19} \sim A_{14}A_{13} \sim A_1A_0 = 11100000000000000001 = E0001H$$

- $A_0 = 1$时，该芯片最后一个存储单元的地址：

$$A_{19} \sim A_{14}A_{13} \sim A_1A_0 = 11100011111111111111 = E3FFFH$$

分析结论是：该8KB存储器芯片仍然占用了E0000H～E3FFFH地址范围，只不过在$A_0 = 0$时占用了该范围的所有偶地址，$A_0 = 1$时占用了该范围的所有奇地址。例如，其首个存储单元可以用地址E0000H访问，也可以用地址E0001H访问。实际应用中，常选择第一个偶地址。

通过上述分析，部分译码会出现地址重复，给地址空间的分配和使用带来了麻烦，尤其是用汇编语言进行底层开发时多有不便。所以，存储器地址译码一般使用全译码，部分译码在I/O地址译码中经常使用，PC也是这样。

5.4.2 存储容量的扩充

一个存储器芯片的容量有限，主存通常需要使用多个RAM和ROM芯片。

假设某个计算机系统设计了128KB的 ROM空间和512KB的RAM空间。

对于128KB的ROM空间，如果使用128K×8结构的EPROM（如27010），则只需要1个芯片。如果使用64K×8结构的EPROM（如27512），则需要使用2个芯片。

对于512KB的RAM空间，如果使用128K×8结构的SRAM（如628128），则需要4个芯片。如果使用256K×4结构的DRAM（如414256），也需要4个芯片。但如果使用64K×1结构的DRAM（如4164），则需要$8 \times 8 = 64$个芯片。

一般来说，如果使用同样存储结构的芯片构成一定容量的存储器模块，所需要的芯片个数可以通过如下公式计算：

$$芯片个数 = \frac{存储器模块的容量}{芯片的存储单元数 \times 数据位数}$$

例如，64K×1存储结构的芯片构成512KB存储器模块，所需要的芯片个数是：

$$芯片个数 = \frac{512KB}{64K \times 1} = \frac{512K \times 8}{64K \times 1} = 8 \times 8 = 64$$

1. 位扩展

SRAM存储器芯片的数据引脚多是8个，对8位数据总线的微处理器，可以与数据信号一一对应直接相连。而DRAM常有每个存储单元是1或4位的结构，要组成一个字节的存储单元需要扩展数据位数，也就是使用多个同样结构的芯片，这就是所谓的"位扩展"，如图5-26所示。

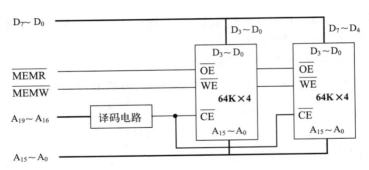

图5-26　位扩展

在图5-26中，存储器芯片是64K×4结构，需要使用2个芯片构成一个64KB的存储器模块。其中一个芯片的4个数据引脚接微处理器低4位数据信号$D_3 \sim D_0$，另一个则接微处理器高4位数据信号$D_7 \sim D_4$。这两个芯片其他引脚（地址引脚、片选引脚和读写控制引脚）的连接相同。这样，这两个芯片同时被选中工作，同一个存储器地址将同时访问到这两个存储器芯片，各自提供4位构成一个字节数据。

2. 字扩展

使用64K×8结构的存储器芯片无须位扩展就可以构成64KB存储容量，但要设计128KB存储容量，就需要再使用一个64K×8结构的存储器芯片扩展存储单元数，这就是所谓的"字扩展"，如图5-27所示。

进行字扩展，各个芯片的数据引脚、地址引脚和读写控制引脚连接相同，但片选引脚来自译码电路的不同译码输出信号，用于区别不同的地址范围。假设$A_{19} \sim A_{16} = 1110$时左边①号芯片被选中，其地址范围是E0000H～EFFFFH；$A_{19} \sim A_{16} = 1111$时右边②号芯片被选中，其地址范围是F0000H～FFFFFH。

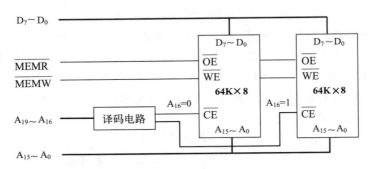

图5-27　字扩展

实际的存储器模块可能混用不用结构的存储器芯片，可能既需要字扩展，也需要位扩展，也可能RAM和ROM芯片都有，全译码和部分译码都用。图5-28是一个综合性的连接示例，采用2片256K×8结构的SRAM和2片64K×8结构的EEPROM，构成512KB RAM和128KB ROM存储系统。

图5-28中，地址信号A_{19}和A_{18}经一个2：4译码器获得4个片选输出信号，每个片选对应256KB存储容量。其中，$A_{19}A_{18} = 00$时的低有效片选信号选中①号存储器芯片，$A_{19}A_{18} = 01$时的低有效片选信号选中②号存储器芯片，$A_{19}A_{18} = 11$时的低有效片选信号用于③和④号存储器

芯片。而③和④号存储器芯片是64K×8结构，只有16个地址引脚，还有两个高位地址信号A_{17}和A_{16}，本例仅使用A_{16}区别③和④号存储器芯片，A_{17}没有使用，是部分译码。

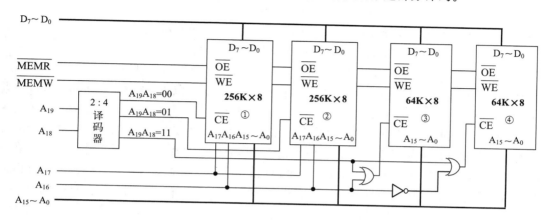

图5-28　综合示例

3. 8086的16位存储结构

当使用数据总线是16位的微处理器（例如8086和80286）时，由于多数存储器芯片仍然是8位结构，所以也需要数据位扩展才能实现16位数据传输；但是8086还要求能够进行8位数据传输，并保证每个8位存储单元具有一个物理地址，所以需要做些改进，如图5-29所示是8086的16位存储结构示例。

8086的存储系统由对称的两个存储体（Bank）即存储模块构成。其中一个为偶存储体，对应所有的偶地址单元（0，2，4，…，FFFFEH）；另一个为奇存储体，对应所有的奇地址单元（1，3，5，…，FFFFFH）。两个存储体都是8位数据引脚，偶存储体接微处理器低8位数据总线$D_7 \sim D_0$，奇存储体接微处理器高8位数据总线$D_{15} \sim D_8$。

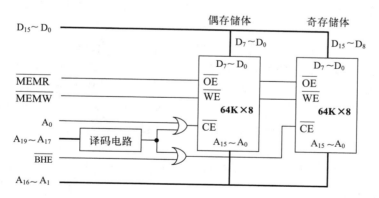

图5-29　8086的16位存储结构

8086设计有高字节允许信号$\overline{BHE}$，它与地址A_0一起用于选择存储体。在图5-29中，两个存储体与同一个译码电路输出（低电平有效）关联，说明两者占用了同一个地址范围。但必须$A_0 = 0$（低电平）通过或门才能选通偶存储体，$\overline{BHE} = 0$才能选通奇存储体。这时，两个存储器的地址引脚$A_{15} \sim A_0$需要与微处理器地址总线$A_{16} \sim A_1$对应连接。

在图5-29中，假设微处理器高位地址$A_{19} \sim A_{17}$输出011编码时，这两个存储体片选信号都有效。这时，如果微处理器低位地址$A_{16} \sim A_1$全部输出0，那么：

- $A_0 = 0$（存储器地址60000H），同时$\overline{BHE} = 0$，访问16位数据。
- $A_0 = 0$（存储器地址60000H），同时$\overline{BHE} = 1$，仅访问低8位数据。
- $A_0 = 1$（存储器地址60001H），同时$\overline{BHE} = 0$，仅访问高8位数据。
- $A_0 = 1$，$\overline{BHE} = 1$，两个存储体都没有选中，是无效的数据访问组合。

8086微处理器的存储器按16位数据宽度进行组织，但既可以进行8位数据访问，也可以进行16位数据访问。在进行8位数据访问时，偶地址单元的访问数据将出现在低8位数据总线$AD_7 \sim AD_0$上，奇地址单元的访问数据将出现在高8位数据总线$AD_{15} \sim AD_8$上。在进行16位数据访问时，以偶地址开始可以一次总线操作完成，以奇地址开始则需要两次总线操作：第一次访问奇地址的8位数据，第二次访问下一个地址的8位数据。8086微处理器内部设计有相应电路，当以奇地址访问16位数据时将被分成两个总线周期，所以16位数据最好以偶地址开始，即对齐（Align），否则访问时间会加倍（有关地址对齐的概念，参见2.1.4节）。

习题

5.1 可读可写的半导体存储器为什么被称为RAM？什么是SRAM和DRAM？说明各自的特点。

5.2 只读的半导体存储器ROM能写入吗？从编程角度说明MROM、OTP-ROM、UV-EPROM、EEPROM和Flash Memory的不同。

5.3 类似于微处理器总线，存储器芯片也分成数据、地址和控制3类引脚。以存储结构为32K×8的SRAM 62256为例，该芯片应有＿＿＿＿＿＿个数据引脚、＿＿＿＿＿＿个地址引脚，3个典型的控制引脚分别是＿＿＿＿＿、＿＿＿＿＿和＿＿＿＿＿。

5.4 都是描述半导体存储器的存取速度，存取时间和存取周期有什么不同？制作一张表罗列本章介绍的10个存储器芯片的读取时间和读取周期。

5.5 什么是动态RAM的刷新？为什么动态RAM需要经常刷新？存储系统如何进行动态RAM的刷新？

5.6 可编程ROM芯片的备用工作方式有什么特点？芯片识别代码有什么作用？

5.7 EEPROM的擦写与闪存的擦写有什么不同？以AT28C040或AT29C512为例，说明两种判断擦写是否完成的常用方法，并估算两者完成整个芯片编程的最快时间。

5.8 SRAM芯片的片选引脚有什么用途？假设在8088微处理器系统中，地址信号$A_{19} \sim A_{15}$输出01011时译码电路产生一个有效的片选信号，则该片选信号将占多少主存容量？其地址范围是什么？

5.9 请给出图5-24中138译码器的所有译码输出引脚对应的地址范围。

5.10 什么是系统地址信号的全译码和部分译码，各有什么特点？哪种译码方式会产生地址重复？如果连接一个存储器芯片时有2个高位系统地址信号没有参加译码，则该芯片的每个存储单元占几个存储器地址？

5.11 什么是存储器芯片连接中的"位扩展"和"字扩展"？采用DRAM 21256（256K×1）构成512KB的RAM存储模块，需要多少个芯片，怎样进行位扩展和字扩展？

5.12 使用一个16K×8结构的SRAM，采用全译码方式，在8088系统中设计首地址是20000H的存储器，画出该芯片与系统总线的连接示意图。

5.13 给出图5-28中4个存储器芯片各自占用的地址范围。如果采用部分译码，要指出重复的地址范围。

5.14 使用3：8译码器74LS138和多片8K×8结构的SRAM，采用全译码方式，在8088系统中设计存储模块，占用从0开始的最低32KB地址空间，画出连接示意图。

5.15 开机后，微机系统常需要检测主存储器是否正常。例如，可以先向所有存储单元写入数据55H（或00H）然后读出，看是否还是55H（或00H）；接着再向所有存储单元写入数据AAH（或FFH）然后读出，看是否还是AAH（或FFH）。利用两个二进制各位互反的"花样"数据的反复写入、读出和比较就能够识别有故障的存储单元。利用获得的有故障存储单元所在的物理地址，如果能够分析出该存储单元所在的存储器芯片，就可以实现芯片级的维修。试利用汇编语言编写一个检测程序，检测逻辑地址从9000H：0000H到9000H：FFFFH的存储空间是否有读写错误，如果发现错误请显示其逻辑地址。

第6章 输入输出接口

由处理器和主存储器组成的微机基本系统，通过输入输出接口与外部设备实现连接，在接口硬件电路和驱动程序控制下完成数据交互。本章在介绍输入输出接口电路特性及输入输出指令的基础上，介绍无条件传送、查询传送、中断传送和DMA传送的工作过程。

6.1 I/O接口概述

微机系统根据需要会连接各种各样的输入输出设备，如键盘、鼠标、显示器、打印机等；而在控制领域，常使用模拟数字转换器、数字模拟转换器、发光二极管、数码管、按钮和开关等。这些外部设备在工作原理、驱动方式、信息格式以及工作速度等方面彼此差别很大，与处理器的工作方式也大相径庭。所以，外设不会像存储器芯片那样直接与处理器相连，必须经过一个转换电路。这部分电路就是输入输出接口电路，或简称I/O接口（Input/Output Interface）。也就是说，I/O接口是位于基本系统与外设间实现两者数据交换的控制电路。例如，PC主板上的中断控制器、DMA控制器、定时控制电路以及连接键盘和鼠标的电路等都属于I/O接口。再如，插在系统总线插槽中用来连接外设的电路卡（Card）也是I/O接口电路。早期的PC主板上的功能有限，许多功能模块都需要通过总线插槽进行扩展，将这些电路卡通俗地称为适配器（Adapter），它也属于I/O接口电路。

6.1.1 I/O接口的典型结构

从应用角度来看，I/O接口有许多特性值得注意，本小节概括地加以说明。

1. 内部结构

实际的I/O接口电路可能很复杂，但从应用角度可以归结为3类可编程的寄存器，对应3类信号，如图6-1所示。

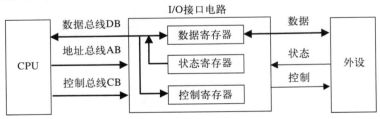

图6-1 I/O接口的典型结构

（1）数据寄存器

数据寄存器保存处理器与外设之间交换的数据，又可以分成数据输入寄存器和数据输出寄存器。当接口电路连接输入设备时，需要从输入设备获取数据。数据从输入设备出来暂时保存在数据输入寄存器中，处理器选择合适的方式进行读取。同样，当接口电路连接输出设备时，处理器发往输出设备的数据被临时保存在数据输出寄存器中，适时到达输出设备。很多外设既可以输入又可以输出，常共享同一个I/O地址与处理器交换数据，所以数据输入寄存器和数据输出寄存器统一称为数据寄存器。

（2）状态寄存器

状态寄存器保存外设或其接口电路当前的工作状态信息。处理器与外设交换数据时，很多时候都需要明确外设或其接口电路当前的工作状态，所以接口电路设置了状态寄存器以便处理器读取。处理器掌握了外设的工作状态，数据交换的可靠性才有保障。

（3）控制寄存器

控制寄存器保存处理器控制接口电路和外设操作的有关信息。接口电路常有多种工作方式可以选择，与外设交换数据的过程中也需要控制其操作，处理器通过向接口电路的控制寄存器写入控制信息实现这些功能。

I/O接口的寄存器有3类，每种类型的寄存器可能有多个。微机系统使用编号区别各个I/O接口寄存器，这就是输入输出地址或I/O地址，也常用更形象化的术语——I/O端口（Port）。这3类接口寄存器也就相应地称为数据端口、状态端口和控制端口，或简称数据口、状态口和控制口。处理器指令通过I/O地址与接口寄存器联系，实现与外设的数据交换。

2. 外部特性

接口电路的外部特性由其引出信号来体现。由于I/O接口处于处理器与外设之间，起着桥梁的作用，所以它的引出信号常可以分成与处理器连接和与外设连接两部分。

面向处理器一侧的信号与处理器总线或系统总线类似，也有数据信号、地址信号和控制信号，以方便与处理器的连接。从前面的章节已经了解到，处理器读写存储器的总线周期和读写I/O端口的总线周期一样，所以I/O接口与处理器的连接类似于存储器与处理器的连接。

面向外设一侧的信号与外设有关，以便连接外设。由于外设种类繁多，其工作方式和所用信号可能各不相同，所以与外设的连接需要针对具体的外设来进行讨论。不过，也可以像接口寄存器一样，笼统地分成与I/O接口交换数据的外设数据信号、提供外设工作状态的状态信号和接收控制命令的控制信号。

3. 基本功能

I/O接口从简单到复杂，实现的功能各不相同，这里主要强调它的两个基本功能。

（1）数据缓冲

在计算机中，缓冲（Buffer）是一个常用的专业术语。缓冲的基本含义是实现接口双方数据传输的速度匹配。例如，高速缓冲存储器Cache用于加快主存储器的存取速度，实现与处理器处理速度的匹配。打印机的内部电路通常设计有一个数据缓冲区，用于保存由主机发送过来的打印信息，然后按照打印速度打印。在各种具体的应用场合，有缓冲作用的实现电路可能是通用数字集成电路的缓冲器、锁存器，也可能是存储器芯片，还可能是微机主存的一个区域等。

I/O接口的数据缓冲用于匹配快速的处理器与相对慢速的外设之间的数据交换，与数据寄存器的作用相对应。

（2）信号变换

数字计算机直接处理的信号为一定范围内的数字量（0和1组成的信号编码）、开关量（只有两种状态的信号）和脉冲量（多数时间是高电平、短时间是低电平的低脉冲信号，或者多数时间是低电平、短时间是高电平的高脉冲信号）。而外设所使用的信号多种多样，可能完全不同。所以，I/O接口需要把信号转换为适合对方的形式。例如，将电平信号变为电流信号、将数字信号变为模拟信号、将并行数据格式变为串行数据格式，以及相反的转变等。

4. 软件编程

I/O接口电路早期由分立元件构成，后改用集成芯片。它可能是一块中、小规模集成电路，也可能是一块大规模通用或专用的集成电路，有些接口电路的复杂程度不亚于主板（如图形加速卡等）。但接口电路的核心往往是一块或几块大规模集成电路芯片，通常称之为接口芯片。

为了能够具有一定的通用性，I/O接口芯片设计有多种工作方式。针对特定的应用情况或外设，处理器需要选择相应的工作方式。处理器通过向接口芯片写入命令字（Command Word）或控制字（Control Word），选择其工作方式。所以，接口芯片往往具有可编程性（Programmable），或称之为可编程芯片。

选择I/O接口的工作方式、设置原始工作状态等的程序段常被称为初始化程序，操纵I/O接口完成具体工作的程序常被称为驱动程序。驱动程序有多个层次。初始化程序和最底层的驱动程序需要结合硬件电路编写，实现基本数据传输、操作控制等功能。它对应ROM-BIOS层次，适合采用汇编语言编写，也是本课程的一个教学内容。操作系统利用最底层的驱动程序提供更方便使用的程序模块或函数，应用程序则为最终用户呈现操作界面。

总之，设计I/O接口不仅有接口电路的硬件部分，还包括编写初始化程序和驱动程序的软件部分。在学习时，要注意软硬结合的特点，即编写软件程序时需要对应硬件电路。

6.1.2 I/O端口的编址

外设，准确地说是I/O接口的各种寄存器，需要利用I/O地址（I/O端口）区别。微机系统已经有存储器地址，那么这两种地址是独立还是统一编排呢？这就是I/O端口的编址问题。

1. I/O端口与存储器地址独立编址

独立编址是将I/O端口单独编排地址，独立于存储器地址，如图6-2a所示。这样，微机系统就有两种地址空间，一种是I/O地址空间，用于访问外设，通常较小；另一种是存储器空间，用于读写主存储器，一般很大。

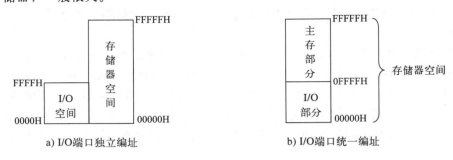

a) I/O端口独立编址   b) I/O端口统一编址

图6-2 I/O端口的编址

采用I/O端口独立编址方式，处理器除要具有存储器访问的指令和引脚外，还需要设计I/O访问的I/O指令和I/O引脚，因为两者不同。独立编址的优点是：不占用宝贵的存储器空间；I/O指令使程序中的I/O操作一目了然；较小的I/O地址空间使地址译码简单。独立编址的不足主要是I/O指令的功能简单，寻址方式没有存储器指令丰富。

8088/8086系列处理器采用I/O独立编址方式，只使用最低16个地址信号，对应64K个8位

I/O端口。这64K地址空间不需要分段管理，只能使用输入指令IN和输出指令OUT访问。执行IN指令时，处理器的I/O读 $\overline{\text{IOR}}$ 信号有效，产生I/O读总线周期；执行OUT指令时，处理器的I/O写 $\overline{\text{IOW}}$ 信号有效，产生I/O写总线周期。

2. I/O端口与存储器地址统一编址

统一编址是将I/O端口与存储器地址统一编排，共享一个地址空间。或者说，I/O端口使用部分存储器地址空间，如图6-2b所示。这种方式也称为"存储器映像"方式，因为它将I/O地址映射（Mapping）到了存储器空间。

采用I/O端口统一编址方式，处理器不再区分I/O端口访问和存储器访问。统一编址的优点是：处理器不用设计I/O指令和引脚，丰富的存储器访问方法同样能够运用于I/O访问。统一编址的缺点是：I/O端口会占用存储器的部分地址空间，通过指令不易辨认I/O操作。

Motorola（摩托罗拉）公司生产的68系列处理器采用统一编址处理I/O端口。8088/8086处理器也可以形成统一编址的I/O端口，或者将部分I/O端口按照统一编址原则映射到特定的存储器空间。

3. I/O地址译码

I/O接口与处理器的连接类似于存储器与处理器的连接，主要的问题也是处理好高位地址的译码。I/O地址译码与存储器地址译码在原理和方法上完全相同，但I/O地址不太强调连续，多采用部分译码，这样可节省译码的硬件开销。在进行部分译码时，用高位地址总线参与接口电路芯片的片选译码，用低位地址总线参与片内译码。有时中间部分地址总线不参与译码，有时部分最低地址总线不参与译码。

图6-3所示是IBM PC/AT主板上的I/O译码电路。总线响应信号HLDA和主设备信号MASTER（参见第4章8088引脚和ISA信号）参与译码，表明只有处理器可以控制译码器工作，进而选中这些I/O接口。80x86处理器使用低16个地址总线$A_{15} \sim A_0$寻址I/O端口，但在IBM公司设计16位PC时主板上只使用低10个地址总线$A_9 \sim A_0$，这个译码电路的高位地址是$A_9 \sim A_5$。当$A_9 \sim A_5 = 00000$编码时，译码输出 $\overline{Y_0}$ 有效，对应DMA控制器1

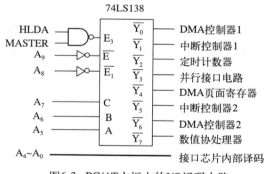

图6-3 PC/AT主板上的I/O译码电路

的I/O地址范围是0000H～001FH。当$A_9 \sim A_5 = 00001$编码时，译码输出 $\overline{Y_1}$ 有效，对应中断控制器1的I/O地址范围是0020H～003FH。同理，定时计数器的I/O地址范围是0040H～005FH，并行接口电路的I/O地址范围是0060H～007FH，等等。

6.1.3 输入输出指令

8088/8086处理器的常用指令都可以存取存储器操作数，但存取I/O端口实现输入输出的指令数量很少。简单地说，只有两种：输入指令IN和输出指令OUT。

助记符IN表示输入指令，实现数据从I/O接口输入到处理器，格式如下：

```
IN AL/AX, i8/DX
```

助记符OUT表示输出指令，实现数据从处理器输出到I/O接口，格式如下：

```
OUT i8/DX, AL/AX
```

1. I/O寻址方式

8088/8086处理器可以通过多种存储器寻址方式访问存储单元。但是，访问I/O接口时只有两种寻址方式：直接寻址和DX间接寻址。

I/O地址的直接寻址是由I/O指令直接提供I/O地址。但8088/8086只允许使用8位地址，只能寻址最低256个I/O地址（00～FFH）。在I/O指令中，用i8表示这个直接寻址的8位I/O地址。虽然形式上与立即数一样，但应用于IN或OUT指令就表示直接寻址的I/O地址。

I/O地址的间接寻址是用DX寄存器保存访问的I/O地址。由于DX是16位寄存器，所以可寻址全部I/O地址（0000～FFFFH）。在I/O指令中，直接书写成DX来表示I/O地址。

8088/8086处理器的I/O地址共64K个（0000～FFFFH），每个地址对应一个8位端口，不需要分段管理。最低256个（00～FFH）可以用直接寻址或间接寻址访问，高于256的I/O地址只能使用DX间接寻址访问。

2. I/O数据传输量

IN和OUT指令只允许通过累加器与外设交换数据：8位I/O指令使用AL，16位I/O指令使用AX。执行输入指令IN时，外设数据进入处理器的AL/AX寄存器（作为目的操作数，被书写在左边）。执行OUT输出指令时，处理器数据通过AL/AX送出去（作为源操作数，被写在右边）。例如：

```
in  al,21h      ;从I/O端口21H输入一个字节数据到AL
mov dx,300h     ;DX指向300H
out dx,al       ;将AL中的字节数据输出到DX指定的I/O端口
```

8088/8086处理器只支持使用AL和AX的8位和16位输入输出指令。能够使用16位I/O指令的前提是设计有16位I/O接口电路，并相应使用偶地址。例如，电路设计从60H端口输入一个字节，从61H端口输入另一个字节，于是可以利用如下指令实现数据输入：

```
in  al,61h      ;从I/O地址61H输入一个字节数据到AL
mov ah,al       ;AH＝AL
in  al,60h      ;从I/O地址60H输入一个字节数据到AL
```

如果没有相应的电路支持，上述程序片段并不能使用"IN AX,60H"指令替代，虽然该指令实现的功能是从60H和61H端口读取一个字到AX。本书以介绍8位I/O接口为主，所以只使用"IN AL,i8/DX"和"OUT i8/DX,AL"指令形式。

例6.1　读取CMOS RAM数据程序。

PC的配置信息以及实时时钟被保存在CMOS RAM芯片中，系统断电后由后备电池供电，以保证信息不丢失。CMOS RAM有64字节容量，以8位I/O接口形式与处理器连接，通过两个I/O地址访问。访问CMOS RAM的内容，需要首先向I/O地址70H输出要访问的字节编号，然后用I/O地址71H读写。

CMOS RAM的9、8和7号字节单元依次存放着年月日数据（参见表6-1），本示例程序读出并显示它们。这些数据的编码采用压缩BCD码，所以需要转换为ASCII字符后显示。

CMOS RAM保存着系统的配置信息，除了上述实时时钟单元外，不要向其他单元写入内容，以免引起系统错误。

表6-1　CMOS RAM实时时钟信息

单元编号	含义及数值
0	秒，00H～59H依次表示0～59秒
2	分，00H～59H依次表示0～59分
4	时，00H～23H依次表示0～23小时
6	星期，01～07H依次表示周日、周一～周六
7	日，01H～31H依次表示1～31日
8	月，01H～12H依次表示1～12月
9	年，00H～99H依次表示年份的后两位XX00～XX99年

```
        ;数据段
date    db  '2000-01-01','$'
        ;代码段
        mov bx,offset date+2
        mov cl,4
        mov al,9            ;AL＝9（准备从9号单元获取年代数据）
        out 70h,al         ;从70H的I/O地址输出，选择CMOS RAM的9号单元
        in al,71h          ;从71H的I/O地址输入，获取9号单元的内容，保存在AL
        mov ah,al          ;转存AH
        shr ah,cl          ;处理年代高位
        add ah,30h         ;转换为ASCII码
        mov [bx],ah        ;存入数据区
        add bx,1           ;指向下位
        and al,0fh         ;处理年代低位
        add al,30h         ;转换为ASCII码
        mov [bx],al        ;存入数据区
        add bx,2           ;指向下位

        mov al,8           ;AL＝8（从8号单元获取月份数据）
        out 70h,al
        in al,71h
        mov ah,al          ;转存AH
        shr ah,cl          ;处理月份高位
        add ah,30h         ;转换为ASCII码
        mov [bx],ah        ;存入数据区
        add bx,1           ;指向下位
        and al,0fh         ;处理月份低位
        add al,30h         ;转换为ASCII码
        mov [bx],al        ;存入数据区
        add bx,2           ;指向下位

        mov al,7           ;AL＝7（从7号单元获取日期数据）
        out 70h,al
        in al,71h
        mov ah,al          ;转存AH
        shr ah,cl          ;处理日期高位
        add ah,30h         ;转换为ASCII码
```

```
        mov [bx],ah          ;存入数据区
        add bx,1             ;指向下位
        and al,0fh           ;处理日期低位
        add al,30h           ;转换为ASCII码
        mov [bx],al          ;存入数据区

        mov dx,offset date
        mov ah,9
        int 21h              ;显示
```

6.1.4 外设与主机的数据传送方式

实现外设与主机的数据传送是I/O接口的主要功能之一，根据外设的工作特点等，可以采用多种具体实现方式，如图6-4所示。数据传送可以通过处理器执行I/O指令完成，此时可分成无条件传送、查询传送和中断传送。外设数据传送还可以以硬件为主，加快传输速度，如直接存储器存取（DMA）或者使用专门的I/O处理器。

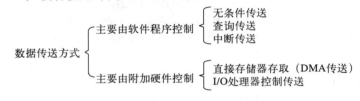

图6-4 数据传送方式

1. 主要由软件程序控制的数据传送

这种数据传送方式是处理器通过执行驱动程序中的I/O指令完成数据交换，进一步分为：

- 无条件传送——对工作方式简单的外设，无须事先进行确认，处理器随时可以与之进行数据传送。
- 查询传送——对实时性要求不高的外设，处理器可以在不繁忙的时候询问外设的工作状态。当外设准备好数据后，处理器才与之进行数据传送。
- 中断传送——需要及时处理外设数据时，外设可以主动向处理器提出请求。在满足条件的情况下，处理器暂停执行当前程序，转入执行处理程序与外设进行数据传送。

2. 主要由附加硬件控制的数据传送

这种数据传送方式是在I/O接口中，增加专用硬件电路，控制外设与主机的数据传送，减轻处理器负担，进一步分为：

- DMA传送——对需要快速传送大量数据的外设，处理器让出总线的控制权，由DMA控制器接管，并在外设与存储器之间建立直接的通路进行数据传送。
- I/O处理器控制传送——如果有大量外设需要接入系统，可以专门设计I/O处理器管理外设的数据交换甚至数据处理等工作。这种方式主要用在大型计算机系统中。

6.2 无条件传送

有些简单设备，如发光二极管（Light-Emitting Diode，LED）和数码管、按键和开关等，它们的工作方式十分简单，相对处理器而言，其工作速度很慢。例如，对于数码管，只要处理器将数据传给它，就可立即获得显示；又如，对于按键，每次按键将持续几十毫秒，处理

器可随时读取其闭合状态。因此，当这些设备与处理器交换数据时，可以认为它们总是处于准备好（Ready）状态，随时可以进行数据传送。这就是无条件传送，有时也称为立即传送或同步传送。

用于无条件传送的I/O接口电路十分简单，接口中只考虑数据缓冲，不考虑信号联络。实现数据缓冲的器件是三态缓冲器和锁存器。

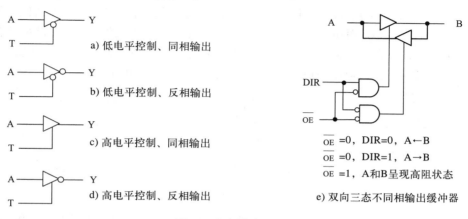

图6-5　三态缓冲器

1. 三态缓冲器

由于某个时刻只能有一个设备向总线发送数据，所以在输入接口中至少要安排一个隔离环节。只有当处理器选通该隔离环节时，才允许被选中设备将数据送到系统总线，此时其他输入设备与数据总线断开。

隔离环节常用数字电路的三态缓冲器实现，如图6-5所示。三态缓冲器实际上是加有控制端的同相器或反相器。例如，图6-5a是一个低电平控制、同相输出的三态缓冲器（图中使用了反相小圆"∘"表示该信号低电平有效）。当控制端T为低电平有效时，控制输入A端输出到Y端，功能与普通的同相器一样；但当控制端T无效时，输出Y端呈现第三态高阻状态，好像与后续电路断开一样。同理，图6-5b是低电平控制、反相输出三态缓冲器。当控制端T有效时，Y输出是输入A的反相（电平相反）；当控制端T无效时，输出为高阻。图6-5c和图6-5d则是高电平控制的三态缓冲器。将这样的三态缓冲器4个或8个一组，控制端连接在一起就构成常用的三态缓冲器芯片。例如，通用集成电路74LS244是一个双4位三态同相缓冲器，4个三态缓冲器的控制端连接在一起，有两组，都是低电平有效。在实际应用中，经常将它们的两个控制端连接在一起构成一个8位三态缓冲器。

利用两个三态缓冲器还可以构成一个双向三态缓冲器，如图6-5e所示。它有两个控制端，即输出允许控制端 $\overline{OE}$ 和方向控制端DIR（Direction）。前者用来控制数据的输出：低有效时，允许数据输出（包括从A到B和从B到A）；高无效时，双向输出均呈现高阻。后者用来控制数据驱动的方向：高电平时，从A侧向B侧驱动；低电平时，从B侧向A侧驱动。同样，将8个这样的双向三态缓冲器组合起来，控制端连接在一起，就是8位双向三态缓冲器芯片，如通用集成电路74LS245。

2. 锁存器

在输出接口电路中，一般会安排一个锁存环节（如锁存器），以便将数据总线的数据暂时锁存，使较慢的设备有足够的时间进行处理，此时处理器可以利用系统总线完成其他工作。

　　锁存器由数字电路的D触发器构成，如图6-6所示。D触发器的输入端为D端，控制端为C端，有两个相反的输出信号Q和$\overline{Q}$。D触发器有两种锁存方式，图6-6a是电平锁存：在控制端C为高电平时，输出跟随输入变化Q＝D，好像输入直接通到输出、透明似的（常称为直通、透明）；在控制端C为低电平时，输出Q锁存C端从高电平下降为低电平时刻的D端状态，并保持不变，而不管此后D端再发生什么变化。图6-6b是边沿锁存：在控制端C从低电平转换为高电平时，输出Q锁存此时的D端状态，以后不管C端为高电平或低电平、D端如何变化，输出Q端不再变化，直到C端再次出现上升沿。电平锁存也可以使用高电平锁存，边沿锁存也可以使用下降沿锁存，此时电路中通常会使用一个低电平有效的小圆表示。

a) 电平锁存　　　　　　　b) 边沿锁存　　　　　　　c) 三态缓冲锁存器

图6-6　D触发器

　　将多个D触发器的控制端连接在一起，就构成了锁存器。例如，通用集成电路74LS273是上升沿锁存的8位边沿锁存器。

　　接口电路中也常常需要既有锁存能力又有三态缓冲能力的器件，将锁存器输出再接一个三态缓冲器就可以了，如图6-6c所示。在该三态缓冲锁存器中，通过CLK控制锁存，使用T控制三态功能。例如，通用集成电路74LS373是一个电平锁存的8位三态缓冲锁存器，也称三态透明锁存器。

　　另外，D触发器还可以具有复位R或置位S控制端，不管D端的状态是什么，当它们有效时分别使得输出Q为0或1，用于设置锁存器的初始化状态。

3. 接口电路

　　图6-7示例了无条件输入接口电路连接开关，无条件输出接口电路连接发光二极管。

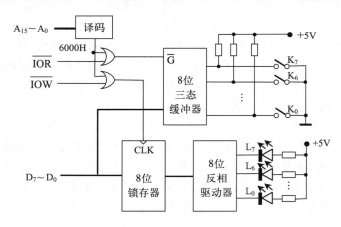

图6-7　无条件传送接口

8位三态缓冲器构成输入接口，连接8个开关$K_7 \sim K_0$，开关的输入端通过电阻挂到高电平上，另一端接地。这样，当开关打开时，缓冲器输入端为高电平（逻辑1）；当开关闭合时，缓冲器输入端为低电平（逻辑0）。

在这个简单的输入接口电路中，8位三态缓冲器构成数据输入寄存器，假设其I/O地址被译码为6000H。以DX = 6000H为I/O地址，执行"IN AL, DX"输入指令就形成I/O读总线周期，产生读控制 $\overline{IOR}$ 信号低有效。译码输出和读控制同时低有效，使得三态缓冲器控制端低有效。开关的当前状态被三态缓冲器传输到数据总线$D_7 \sim D_0$上，此时处理器恰好读取数据总线的数据，于是开关状态被传送到AL寄存器：其中某位$D_i = 0$，说明开关K_i闭合；$D_i = 1$，说明开关K_i断开。不以6000H为地址或者不是执行IN指令，这个三态缓冲器的控制端无效，相当于与数据总线断开。

8位锁存器（无三态控制）构成输出接口。当其时钟控制端CLK出现上升沿时锁存数据，被锁存的数据输出，经反相驱动器驱动8个发光二极管（$L_7 \sim L_0$）发光。当处理器的某个数据总线D_i输出高电平（逻辑1）时，经反相为低电平接到发光二极管L_i负极，发光二极管正极接着高电平。这样，二极管形成导通电流，发光二极管L_i将点亮。当处理器的某个数据总线D_i输出低电平时，对应发光二极管L_i不会导通，将不发光。

对这个简单的输出接口电路来说，8位锁存器就是数据输出寄存器，仍可以译码其I/O地址为6000H。以DX = 6000H为I/O地址，执行"OUT DX, AL"输出指令就形成I/O写总线周期，产生写控制 $\overline{IOW}$ 信号低有效。译码输出和写控制同时低有效，使得8位锁存器控制输入CLK为低。经过一个时钟周期，译码输出或写控制无效将使得CLK恢复为高。在CLK的上升沿，8位锁存器将锁存此时出现在其输入端（即数据总线$D_7 \sim D_0$）的数据，而此时处理器输出的正是AL寄存器的内容。

下面的程序读取8个开关状态。当开关闭合时，相应发光二极管点亮，并调用延时子程序DELAY保持一定时间。开关闭合读取为0，但输出为1才会点亮发光二极管，所以中间进行了简单的数据处理，即求反。

```
mov dx,6000h      ;DX指向输入端口
in al,dx          ;从输入端口输入开关状态
not al            ;求反
out dx,al         ;将数据从输出端口输出，控制发光二极管显示
call delay        ;调子程序DELAY进行延时
```

本示例中，输入端口和输出端口使用了同一个I/O地址，由于有读写控制信号参与打开不同的控制端并访问不同的对象，需要分别执行IN和OUT指令，所以并不会混淆。

在I/O接口电路中，一个I/O地址可以被设计为输入端口或输出端口，也可以被设计为既能输入又能输出的双向端口。而且对同一个I/O地址，输入输出也可能连接不同的接口电路。写入某个I/O端口的内容，不一定能够读取；即使可以读取，也不一定就是写入的内容。这些都与I/O接口电路的具体设计有关，或者说I/O接口的译码电路决定了I/O地址的访问方式。注意这与主存储器访问不同：写入某个主存单元的内容，通常可以从中读回，而且应该是原来写入的内容，除非它被改变了。

6.3 查询传送

查询（Polling）传送也称为异步传送（与无条件传送被称为同步传送对应）。当处理器需

要与外设交换数据时，首先查询外设工作状态，只有在外设准备好的情况下才进行数据传输。所以，查询传送有查询和传送两个环节，如图6-8所示。

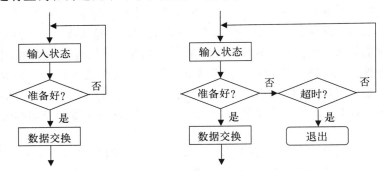

图6-8 查询传送流程图

1. 查询过程

为了获知外设的工作状态，I/O接口需要设计实现查询功能的电路。它与外设的状态输入信号连接，外设的工作状态被保存在状态寄存器中。处理器通过状态端口读取状态寄存器，然后检测外设是否准备好：如果没有准备好，程序将通过循环继续查询；如果准备好，则进行数据传送。在外设准备好后，处理器通过数据端口进行数据传送。如果是输入，执行输入指令从数据端口读入数据；如果是输出，执行输出指令向数据端口输出数据。

外设的工作状态在状态寄存器中使用一位或若干位表达，查询是通过输入指令来实现的。检测是否准备好利用检测TEST等指令。如果有多个状态需要查询，可以按照一定原则轮流查询。一般来说，先检测到准备好的外设先开始数据传送。

外设可能因为故障等原因始终不能准备好，为避免使查询环节陷入死循环而不能自拔，在实际的查询程序中常引入超时判断。当查询超过了规定的时间，但设备仍未准备好时，便退出查询环节，放弃此次数据交换任务。此种情况下，查询程序可以提示超时错误，等待用户处理。

相对简单的无条件传送来说，查询传送工作可靠，具有较广的适用性。但是，查询需要大量处理器时间，效率较低。

2. 查询输入接口

图6-9为一个采用查询方式输入数据的I/O接口示意图。8位锁存器与8位三态缓冲器构成数据输入寄存器（即数据端口），假设其I/O地址译码为5000H。它一侧连接输入设备，一侧连接系统的数据总线。1个D触发器和1个三态缓冲器构成状态寄存器（即状态端口），假设其I/O地址译码为5001H，1位状态使用数据总线的最低位D_0。

当输入设备有一个数据需要输入处理器时，它利用选通信号 $\overline{STB}$ 将数据送入接口电路的数据输入寄存器。与此同时，选通信号还使D触发器输出Q信号置位为1（因为其输入端D总是为高电平），说明数据寄存器中已经有外设数据，可以提供给处理器，也就是表示外设数据准备好的状态信息。

当处理器需要从这个输入设备输入数据时，它首先读取状态端口来查询接口电路（或外设）数据是否准备好。如果$D_0=1$，说明输入数据准备好，此时，处理器读取数据端口得到外设提供的数据。读取数据产生的控制信号还被连接到D触发器的复位信号R（低电平有效），该复位信号将触发器输出Q恢复为0，表示数据已被取走。如果检测到$D_0 = 0$，说明输入数据还没有准备好，应继续查询。

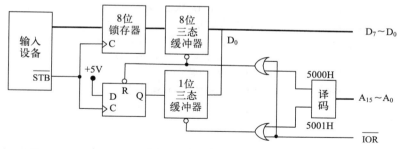

图6-9 查询输入接口

如下查询输入程序片段（无超时判断）使用该I/O接口电路实现一个字节数据的输入：

```
          mov dx,5001h        ;DX指向状态端口
status:   in al,dx            ;读取状态端口的状态信息
          test al,01h         ;测试状态位D0
          jz status           ;D0＝0，没有准备好，继续查询
          dec dx              ;D0＝1，准备好，DX指向数据端口
          in al,dx            ;从数据端口输入数据
```

3. 查询输出接口

图6-10为一个采用查询方式输出数据的I/O接口示意图。8位锁存器构成数据输出寄存器（即数据端口），假设其I/O地址译码为5002H。它一侧连接系统的数据总线，一侧连接输出设备。1个D触发器和1个三态缓冲器构成状态寄存器（即状态端口），其I/O地址译码为5001H，1位状态使用数据总线的D_7位。

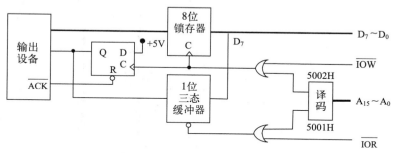

图6-10 查询输出接口

当处理器需要输出数据给输出设备时，应先查询状态端口了解接口电路（或外设）是否能够接收数据。该接口电路设计$D_7 = 0$，表示可以接收数据。此时，处理器可将数据写入数据端口。写入数据产生的控制信号也作为D触发器的控制信号，使其Q端置位为1，以便通知外设接收数据。D触发器的Q信号经三态缓冲器连接数据D_7位，所以$D_7 = 1$说明接口电路的数据尚没有被外设取走，处理器应继续查询。

输出设备可利用D触发器的Q信号从接口电路的数据输出寄存器接收数据。数据处理结束可以接收新数据时，它提供应答信号 $\overline{ACK}$，该信号将状态寄存器D_7重新复位为0，表示外设准备好接收新数据。

如下查询输出程序片段（无超时判断）使用该I/O接口电路实现一个字节数据的输出：

```
            mov dx,5001h       ;DX指向状态端口
status:     in al,dx           ;读取状态端口的状态信息
            test al,80h        ;测试状态位D₇
            jnz status         ;D₇＝1，没有准备好，继续查询
            inc dx             ;D₇＝0，准备好，DX指向数据端口
            mov al,buf         ;主存变量BUF赋给AL
            out dx,al          ;将AL中的数据从数据端口输出
```

6.4 中断传送

查询传送需要处理器主动了解外设的工作状态，并在不断的查询循环中浪费了很多时间。在中断（Interrupt）传送方式下，处理器正常执行程序，处理各种事务。外设在准备好的条件下通过请求信号，主动向处理器提出交换数据的请求。如果处理器有更紧迫的任务，它可以暂时不响应。否则，处理器将响应请求，执行中断服务程序完成一次数据传送，中断处理结束后返回，继续执行原来的程序，如图6-11所示。

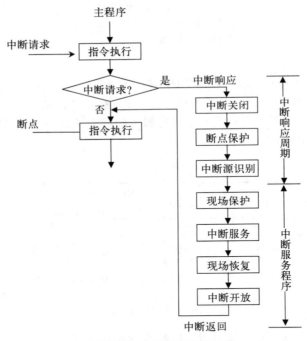

图6-11　中断传送工作过程

采用中断传送，外部设备启动后可以与主机各自独立、并行地工作，只有需要进行数据交换时，才由外设主动通过I/O接口电路向处理器提出。外设何时请求，请求时处理器正在执行什么程序、执行到哪条指令并不确定，所以对处理器来说都是随机的。但处理器事先设计了实现中断传送的中断服务程序，由中断请求引起处理器调用。执行中断服务程序的时间通常很短，执行后处理器和外设又可以各自独立地工作。所以，中断传送方式的实时性较强、效率较高。

然而，实现中断传送需要外设接口电路、处理器中断机制等多方配合，相对也较复杂。

所以，整个中断传送的工作过程由多个阶段完成，有些阶段由处理器等硬件自动完成，有些阶段需要事先编写的中断服务程序完成。

6.4.1 中断传送的工作过程

为便于对比，我们将前一节查询输入接口（图6-9）改造为中断输入接口（图6-12）。

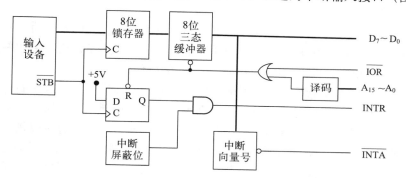

图6-12　中断输入接口

输入设备利用选通信号 $\overline{STB}$ 将准备好的数据送入锁存器，并使D触发器输出Q信号置位。但D触发器输出不是作为状态信号引向处理器的数据总线，而是与处理器的中断请求信号INTR相连。处理器设计中断请求INTR信号（参见4.2.4节，8088的控制信号）获知外设提出中断请求，在一定条件下予以响应，并用中断响应信号 $\overline{INTA}$ 有效表示处理器进入中断响应周期。这里的中断接口电路提供了一个中断编号（向量号），借此处理器识别出提请中断的外设，转向为其服务的程序，执行I/O指令，通过三态缓冲器从数据总线输入外设数据。

为了能够控制外设的中断请求，接口电路可以设计一个用于禁止中断请求信号输出的中断屏蔽位。另外，中断接口电路可以只有数据端口，不设计查询用的状态端口（当然也可以有，这样就可以支持查询传送或者中断查询，见后面的解释）。

　1. 中断请求和响应

中断传送过程由外设的中断请求启动。中断请求就是外设以硬件信号的形式，通过中断接口电路向处理器发送有效的中断请求信号。通常，处理器要求该信号应保持有效到被响应为止。也只有中断请求获得处理器认可，才真正进入中断传送过程。

处理器需要满足一定条件，才能响应中断请求，进入中断响应周期。这些条件主要是：

1）指令执行结束后才能响应外设的中断请求。为了保证一条指令的完整执行，处理器是在指令执行结束后才检测是否有中断请求。所以，只有指令执行结束才可能响应中断，也因此要求中断请求信号应维持到响应。个别与中断有关的指令（如中断返回、允许中断等指令）执行结束后，需要再执行一条指令才能响应中断，这样便于隔离前后两个中断。

2）处理器处于开放中断的状态（详见下文）。

3）中断请求的同时，没有更高级别的其他请求。能改变处理器执行流程的请求信号有多个（参见4.2.4节），优先级别最高的是复位信号，其次是总线请求信号，接着是不可屏蔽中断请求信号，最后才是用于外设数据交换的可屏蔽中断请求。如果出现同时请求的情况，处理器自然先处理优先级别较高的请求。

2. 中断关闭和开放

为了防止重要的程序被外设中断打扰，处理器内部设计有控制中断是否被响应的触发器，称为中断屏蔽位、中断允许位或者中断控制位。例如，在8088/8086处理器上，中断屏蔽位称为中断允许标志IF（参见2.1.3节，详见第7章）。所以，用于外设数据交换的中断属于可屏蔽中断，要响应可屏蔽中断，处理器必须处于中断开放的状态。而处于中断关闭状态，则可以禁止中断响应。

中断开放就是允许可屏蔽中断被响应，也可称为中断允许，简称开中断。与之相反，不允许可屏蔽中断被响应就是中断关闭，即中断被屏蔽了、被禁止了，简称关中断。处理器设计了开中断和关中断指令，用于实现开放和关闭中断的操作。

中断开放是响应可屏蔽中断的一个前提条件。然而，处理器一旦进入中断响应周期，将自动关闭中断，以免被新的可屏蔽中断打扰。而为了在本次中断结束后又可以响应下次中断请求，最迟于中断返回前，应该重新开放中断。如果中断服务程序本身可以被中断，以便实现中断嵌套（详见下一小节），可以将开放中断的操作提前，例如，进入中断服务程序之后马上开放中断。如果中断服务程序中有关键代码，不希望被打断，也可以通过关闭中断进行屏蔽控制，但注意一定要在中断返回前开放中断。

处理器的中断屏蔽位用于控制所有利用可屏蔽中断的外设请求。为了灵活控制某个外设的中断请求，其接口电路也可以设计一个中断屏蔽位（如图6-12所示），只用于控制该外设的中断请求是否开放。

3. 断点保护和中断返回

断点是指被中断执行的指令位置。断点保护就是保护断点指令所在的存储器地址，以便中断结束后接续原来的程序。断点保护一般由处理器自动完成，有的处理器还可能自动保护程序状态，也是便于在中断结束后继续拥有原来程序的工作状态。

利用保护的断点地址，处理器就可以实现中断返回，即处理器返回断点继续执行原来的程序，完成一次中断传送过程。中断返回一般由中断服务程序最后的一条中断返回指令实现。中断返回指令类似于子程序返回指令实现程序返回，但它会进行更多的恢复操作（如恢复程序状态，对应中断响应周期的自动保护程序状态操作）。

4. 中断源识别

中断源是指引起处理器中断的来源或原因。实际的微机系统可能有多个中断源。所以，处理器需要首先识别出当前究竟是哪个中断源提出了请求，并明确与之相应的中断服务程序所在的主存位置，即中断源识别。

中断源的识别主要采用中断向量（Vector）方法。处理器响应中断请求时，生成中断响应总线周期。在中断响应周期，处理器的中断响应信号选通中断接口电路，中断接口电路将中断向量号（类型号，即中断编号）送至数据总线。一个中断向量号对应一个中断，处理器读取后便获知中断的来源，并自动转向相应的中断服务程序（如图6-12所示）。

外设的中断请求信号一方面可以引到处理器的中断请求引脚上提出中断请求，另一方面也可以像查询传送方式一样保存在状态寄存器（即中断请求的状态寄存器）中。处理器获知有中断请求后，依次查询中断状态寄存器，发现某个中断请求状态有效则说明其提出了请求。这就是中断源的查询识别方法。

图6-13用锁存器和三态缓冲器构成了一个中断查询接口示意图。中断请求状态被保存在

锁存器中，并通过"或门"向处理器申请中断。在中断服务程序中，处理器通过输入指令选通三态缓冲器读取已经锁存的中断请求状态，并依次查询它们是否有效。

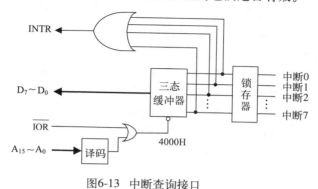

图6-13　中断查询接口

5. 现场保护和恢复

现场是指对处理器执行程序有影响的工作环境（主要是寄存器），为了避免由于执行中断服务程序而遭到破坏，所以进入中断后需要保护现场，中断返回前需要恢复现场。

断点地址（或加上程序状态）由处理器硬件自动保护和恢复，其他需要由中断服务程序进行保护和恢复。这是因为，编写中断服务程序时会明确破坏哪些数据（通常是处理器的通用寄存器）。具体的编程方法类似于子程序编程，例如，将它们依次压入堆栈或保存在临时变量中进行保护，进行恢复时弹出堆栈或从临时变量中读回。

6. 中断服务

在软硬件配合下经过一系列准备工作，中断工作过程才进入实质性阶段，实现本次中断的目的，即中断服务。这里的"中断服务"特指处理器执行I/O指令实现外设数据传送等处理工作。

中断服务程序应专注于中断的目的，尽量短小简洁，以免过多占用处理器时间，影响其他程序的执行。有时，可以通过控制中断屏蔽位使处理器能及时处理更紧迫的事件。

6.4.2　中断优先权管理

计算机系统会有多个中断源，可以按照先来先服务原则进行中断源识别。但是，如果出现同时请求或者中断工作过程中又出现请求，那该如何处理呢？为此，可以根据中断事件的轻重缓急，为每个中断源分配一个优先处理的级别，即中断优先权（Interrupt Priority）。

1. 中断优先权排队

当处理器发现有多个中断源提出了中断请求时，应该按照它们的优先权高低顺序依次处理，即进行中断优先权排队。

如果采用中断查询方法进行中断源识别，可以很方便地同时进行优先权排队，然后按照优先权高低顺序依次查询和服务就可以了。例如，在图6-13的中断查询接口中，假设中断优先权从高到低依次是中断0、中断1、…、中断7，中断查询流程从最高级别的中断0开始，如图6-14所示。如果中断0提出了请求，就响应它，转向其中断服务程序；否则，查询中断1是否请求，如果中断1有请求，响应它；否则，再继续查询中断，直到最低级别的中断7。所以，先查询的中断具有较高的优先权，如果有请求会被先行服务。

用查询方法实现中断优先权排队比较花费时间，适用于小型计算机系统，或者是针对某个外设的多种中断情况。复杂的计算机系统通常用硬件电路实现中断优先权排队，与总线仲裁类似。硬件优先权排队电路常由编码电路和比较电路构成。编码电路为每个中断进行编号，比较电路则比较编号大小，用编号的大小对应优先权的高低（参见第7章中断控制器8259）。硬件优先权排队电路还常用链式排队电路。每个中断源都是中断优先权链条上的一个节点，链条前面的中断优先权高，后面的中断优先权低。

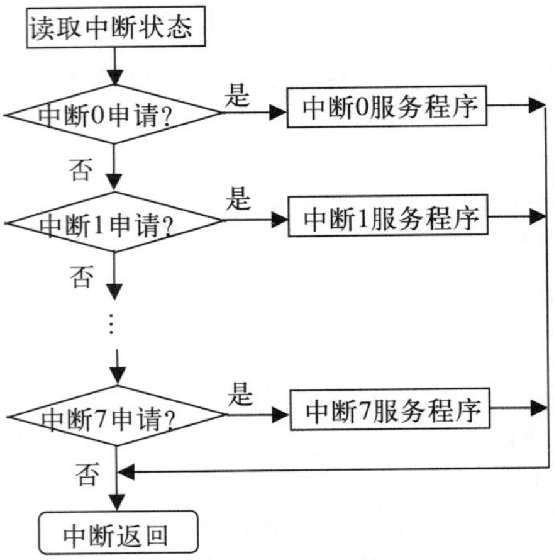

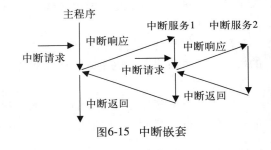

图6-14 中断查询的优先权排队

2. 中断嵌套

当处理器正在为某个中断进行服务时，又有中断提出请求，该怎么办呢？这时也涉及中断优先权排队问题。一般的处理原则是：

- 如果新提出中断请求的优先权低于或等于当前正在服务的中断，处理器可以不予理会，待完成当前中断服务后再处理。
- 如果新提出中断请求的优先权高于当前正在服务的中断，处理器应当暂停当前工作，先行服务级别更高的中断，待优先权更高的中断处理完成后再接着处理被打断的中断。一个中断处理过程中又有一个中断请求并被响应处理，称为中断嵌套或多重中断，参见图6-15。只要条件满足，这样的嵌套可以发生多层。

因为处理器响应中断后通常自动关闭可屏蔽中断，所以某个中断如果允许被中断嵌套，必须在中断服务程序中打开中断。这样，在中断优先权排队的配合下，可以方便地实现中断嵌套。另

图6-15 中断嵌套

外，处理器利用外设的中断屏蔽位可以控制某个外设中断的开放和关闭，进而改变优先处理顺序。

最后需要特别指出的是，本小节主要论述与外设进行数据传送的可屏蔽中断，而实际上中断的思想已经外延。除可屏蔽中断外，还有用于处理故障等紧急情况的非屏蔽中断，以及处理器执行指令时出现异常导致的内部中断，它们不受中断屏蔽位控制，详见第7章。

6.5 DMA传送

在微机系统中，处理器主要进行数据处理工作，数据来自主存储器或外设。在上述程序控制的数据传送方式中，所有传送都必须通过处理器执行输入输出指令来完成。要实现外设和存储器间的数据交换，就需要走"外设→处理器→存储器"路径，或者走"存储器→处理器→外设"路径。总之，存储器与外设间的数据传送都需要处理器这个中间桥梁。不论是简单的无条件传送、效率较低的查询传送，还是实时性较高的中断传送，都是这样。例如，在中断工作过程中，为了实现数据传送，即执行中断服务程序这个实质性阶段，在其前后需要

许多其他阶段，花费了不少时间。

那么，能不能实现主存储器与外设之间直接传送呢？当然可以，只要在它们之间设置一条专用通道就可以了，但是这种方法不太经济。于是，考虑利用微机系统现有的系统总线实现。这时，处理器控制系统总线的"大权旁落"，其他控制器接管系统总线实现存储器与外设之间的数据直接传输。这种方法称为直接存储器存取（Direct Memory Access，DMA），这个控制器称为DMA控制器或DMAC（DMA Controller）。

在微机系统中，DMA控制器有双重"身份"：在处理器掌管总线时，它是总线的被控设备（I/O设备），处理器可以对它进行I/O读和I/O写；在DMA控制器接管总线后，它是总线的主控设备，通过系统总线来控制存储器和外设直接进行数据交换。因此，DMA控制器也会产生总线周期，但因为使用同一个系统总线，所以其总线周期与处理器的总线周期类似（详见第9章）。

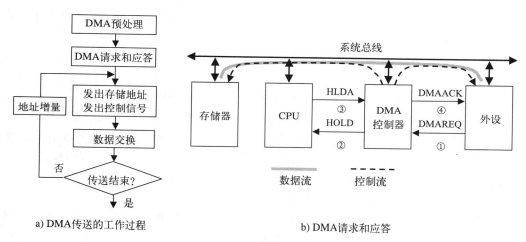

a) DMA传送的工作过程 b) DMA请求和应答

图6-16 DMA传送示意图

图6-16是DMA传送的示意图，其工作过程（图6-16a）是：

1）DMA预处理。DMA控制器作为主控设备前，处理器要将有关参数（工作方式、存储单元首地址以及传送字节数等）预先写到DMA控制器中。

2）DMA请求和应答（图6-16b）。外设需要进行DMA传送时，应首先向DMA控制器发DMA请求（DMAREQ）信号，该信号通常应维持到DMA控制器响应为止。DMA控制器收到请求后，转向处理器发总线请求（HOLD）信号，申请接管总线，该信号在整个传送过程中应一直维持有效。处理器在当前总线周期结束时将响应该请求并向DMA控制器应答总线响应（HLDA）信号，表示它已放弃总线（即处理器的数据总线、地址总线和三态输出控制总线呈现高阻状态）。此时，DMA控制器向外设回答DMA响应（DMAACK）信号，DMA传送即可开始。

3）DMA数据交换。DMA控制器接管系统总线，实现数据在存储器与外设间的直接传送。DMA传送有两种类型：

• DMA读——存储器的数据被读出传送给外设。DMA控制器提供存储器地址和存储器读控制（$\overline{\text{MEMR}}$）信号，使被寻址存储单元的数据放到数据总线上；同时向提出DMA请求的外设提供响应信号和I/O写控制信号（$\overline{\text{IOW}}$），将数据总线上的数据送入外设。

• DMA写——外设的数据被写入存储器。DMA控制器向提出DMA请求的外设提供响应信号和I/O读控制信号（$\overline{\text{IOR}}$），令其将数据放到数据总线上；同时提供存储器地址和存储器写控制信号（$\overline{\text{MEMW}}$），将数据总线上的数据送入所寻址的存储单元。

在DMA传送中，DMA控制器同时访问存储器和外设，一个读一个写，但只提供存储器地址。外设不需要利用I/O地址访问，因为已经针对它的响应信号选择了这个I/O端口。

4）DMA控制器对传送字节数进行计数，据此判断全部数据是否完成传送。如果传送没有结束，DMA控制器增量或减量存储器地址，并重复上述数据交换过程；如果传送结束，DMA控制器将使总线请求信号无效，表示归还总线控制权。此时，处理器将重新接管总线。

微机系统中可能有多个外设需要使用DMA传送，所以可以设计多个DMA传送通道。当出现多个外设同时提出DMA请求时，与中断类似，需要由DMA优先权排队决定响应哪个DMA请求。不过，DMA传送不能实现嵌套处理，这一点不同于中断。

DMA数据传送使用硬件完成，不需要处理器执行指令，数据不需要进入处理器也不需要进入DMA控制器。所以，DMA是一种外设与存储器之间直接传输数据的方法，适用于需要数据高速地大量传送的场合。

习题

6.1 典型的I/O接口电路通常有哪3类可编程寄存器？各自的作用是什么？

6.2 I/O端口与存储器地址常有_____和_____两种编排方式，8088/8086处理器支持后者，设计有专门的I/O指令。其中指令IN是将数据从_____传输到_____，执行该指令时8088/8086处理器引脚产生_____总线周期。指令"OUT DX，AL"的目的操作数是_____寻址方式，源操作数是_____寻址方式。

6.3 参考例6.1读取CMOS RAM数据，编写一个显示当前时分秒时间的程序。

6.4 基于图6-7接口电路，编程使发光二极管循环发光。具体要求是：单独按下开关K_0，发光二极管以L_0，L_1，L_2，…，L_7顺序依次点亮，每个维持200ms，并不断重复，直到有其他按键操作；单独按下开关K_1，发光二极管以L_7，L_6，L_5，…，L_0顺序依次点亮，每个也维持200ms，并不断重复，直到有其他按键操作；其他开关组合均不发光，单独按下开关K_7，则退出控制程序。延时200ms可以直接调用子程序DELAY实现。

6.5 有一个类似于图6-9的查询输入接口电路，但其数据端口为8F40H、状态端口为8F42H。从状态端口最低位可以获知输入设备是否准备好一个字节的数据：$D_0=1$表示准备好，$D_0=0$说明没准备好。不考虑查询超时，编程从输入设备读取100个字节保存到INBUF缓冲区。

6.6 有一个类似于图6-10的查询输出接口电路，但其数据端口和状态端口均为8000H，并从状态端口的D_6位获知输出设备是否能够接收一个字节的数据：$D_6=1$表示可以接收，$D_6=0$说明不能接收。不考虑查询超时，编程将存放于缓冲区OUTBUF处的字符串（以0为结束标志）传送给输出设备。

6.7 结合中断传送的工作过程，简述有关概念：中断请求、中断响应、中断关闭、断点保护、中断源识别、现场保护、现场恢复、中断开放、中断返回、中断优先权和中断嵌套。

6.8 基于图6-13中断查询接口电路，按照图6-14优先权排队流程，编写中断查询程序。假设中断i的请求状态由数据D_i位反映（为1表示有请求），对应中断服务子程序$INTP_i$。

6.9 简述DMA传送的工作过程，什么是DMA读和DMA写？

6.10 查询、中断和DMA传送是微机中常用的外设数据交换方式，请说明各自的特点。

第7章 中断控制接口

中断是微机系统中非常重要的一种技术，是对微处理器功能的有效扩展。利用外部中断，微机系统可以实时响应外部设备的数据传送请求，能够及时处理外部意外或紧急事件。利用内部中断，微处理器为用户提供了发现、调试并解决程序执行时异常情况的有效途径。正是借助了内部的中断指令，ROM-BIOS和DOS系统为程序员提供了各种功能调用。

本章展开8088/8086的中断工作原理以及编写中断服务程序的方法，重点是处理器和外设交换数据的外部可屏蔽中断。

7.1 8088中断系统

Intel 8088的中断系统采用向量中断机制，能够处理256个中断，用中断向量号0～255区别，其中，可屏蔽中断还需要借助专门的中断控制器Intel 8259A实现优先权管理。

7.1.1 8088的中断类型

按照引起中断的原因分类，8088 CPU的256个中断可分为内部中断和外部中断两类多种，如图7-1所示。

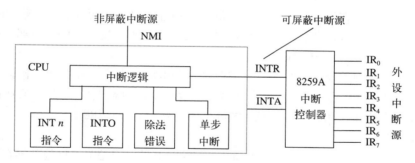

图7-1 8088 CPU的中断源

1. 内部中断

内部中断是由于8088内部执行程序出现异常引起的程序中断。在程序设计时，我们已经见到并使用了内部中断，它又可以分成多种。

（1）除法错中断

在执行除法指令时，若除数为0或商超过了寄存器所能表达的范围，则产生一个向量号为0的内部中断，称为除法错中断。

```
;商＝200H,不能用AL表达,产生除法错中断
mov ax,200h
mov bl,1
div bl
;除数BL＝0,产生除法错中断
```

```
mov ax,200h
mov bl,0
idiv bl
```

（2）指令中断

在执行中断指令INT n时产生的一个向量号为n的内部中断，称为指令中断。INT n通常为两字节指令（机器代码是11001101 —n—），但向量号为3的指令中断是1字节指令（机器代码是11001100），该指令中断常用作程序调试的断点中断。

（3）溢出中断

在执行溢出中断指令INTO时，若溢出标志OF为1，则产生一个向量号为4的内部中断，称为溢出中断。

```
mov ax,2000h
add ax,7000h   ;2000H＋7000H＝9000H,溢出:OF＝1
into           ;因为OF＝1,所以产生溢出中断
```

（4）单步中断

若单步标志TF为1，则在每条指令执行结束后产生一个向量号为1的内部中断，称为单步中断。

2. 外部中断

外部中断是由于8088外部提出中断请求引起的程序中断。相对于微处理器来说，外部中断是随机产生的，所以才是真正意义上的中断。内部中断现在也常称为异常。

（1）非屏蔽中断

对于外部通过非屏蔽中断（Non Maskable Interrupt，NMI）的请求信号向微处理器提出的中断请求，微处理器在当前指令执行结束就予以响应，这个中断就是非屏蔽中断。8088给非屏蔽中断分配的中断向量号是2，设计的NMI信号是上升沿触发，由CPU内部锁存，但要求NMI的有效高电平持续2个时钟周期以上。

非屏蔽中断主要用于处理系统的意外或故障，如电源掉电、存储器读写错误或受到严重干扰。例如，在IBM PC系列微机中，若系统板上存储器产生奇偶校验错或I/O通道上产生奇偶校验错或协处理器Intel 8087/80287产生异常都会引起一个NMI中断。

（2）可屏蔽中断

对来自外部可屏蔽中断（INTerrupt Request，INTR）的请求信号，微处理器在允许可屏蔽中断的条件下，在当前指令执行结束后予以响应，同时输出可屏蔽中断响应信号（INTerrupt Acknowledge，INTA）。这个中断就是可屏蔽中断。

8088微处理器的可屏蔽中断还需要中断控制器Intel 8259A负责处理优先权排队等问题，主要用于与外设进行数据交换。8088的INTR信号是高电平触发的，可以随时变高电平有效，但要求高电平必须保持到当前指令执行结束。8088的中断请求和响应信号通常与中断控制器连接，外设的中断请求信号只接到中断控制器的中断请求信号线上。

除要求当前指令执行结束外，对可屏蔽中断请求，CPU是否响应还要取决于中断标志IF的状态。若IF＝1，则CPU是开中断的，可以响应；若IF＝0，则CPU是关中断的，不能响应。因为受到微处理器的控制，所以这种中断被称为"可屏蔽中断"。而对于出现在NMI信号上的中断请求，因不受控制，就相应被称为"非屏蔽中断"。显然非屏蔽中断的优先权高于可屏蔽中断的优先权。

在8088中，IF＝0关中断的情况有：系统复位后、任何一个中断（包括外部中断和内部中断）被响应后和执行关中断指令CLI后。要使8088处于开中断的状态，需要执行开中断指令STI，

使IF＝1。另外注意，中断服务程序最后执行中断返回指令IRET，将恢复到进入该中断前的IF状态；即中断前是开中断的，则中断处理结束返回后，还是开中断的，否则就是关中断的。

其他类型中断的向量号或是包含在指令中或是预定好的，而可屏蔽中断的向量号需要外部（通常是中断控制器）提供，微处理器产生中断响应周期（详见7.3.2节）的同时读取一个字节的中断向量号数据。

7.1.2 8088的中断响应过程

当微处理器执行程序出现内部中断或当中断请求信号有效提出外部中断时，8088按照图7-2左半部分的顺序检测，并从内部或外部得到反映该中断的向量号。所以，8088各种中断的优先权从高到低排序为：软件中断（指除法错中断、指令中断、溢出中断这3种同级中断，它们不可能同时产生）、非屏蔽中断、可屏蔽中断、单步中断。

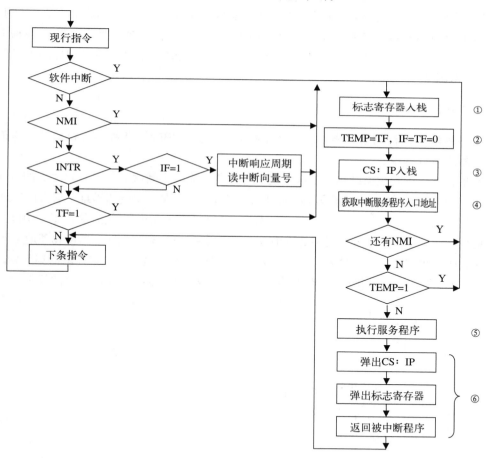

图7-2 8088中断的处理流程图

尽管不同的中断其向量号不同，但获取向量号后，8088对它们的响应过程是一样的，如图7-2右半部分所示：

①将标志寄存器压入堆栈，保护各个标志位。

②使IF和TF为0，禁止可屏蔽中断和单步中断。

③将中断点的逻辑地址压入堆栈。

④从向量号乘4的主存地址中取出中断服务程序入口地址送CS:IP寄存器。

⑤控制转移至中断服务程序入口地址，执行处理程序，最后是中断返回指令IRET。

⑥IRET指令将断点地址和标志寄存器出栈恢复，于是控制又返回到断点处继续执行。

注意，在图7-2的第②步中还有复制TF到临时寄存器TEMP的过程，它用于在第④和⑤步之间（获取中断服务程序入口地址后，开始执行中断程序前）进一步判断是否存在单步中断。目的是在系统单步工作时又产生其他中断的情况下，尽管系统首先识别出其他中断，但在执行该服务程序之前，还可以识别出单步中断，并首先开始执行单步中断服务程序。当单步中断处理结束后，才返回原先被挂起的其他中断处理程序。第④和⑤步之间还判断是否存在非屏蔽中断的原因，也是为了系统能够及时处理外部紧急事件提出的中断请求。

这里需要明确一点，根据前面章节的知识我们知道，外部中断优先权高者将首先被响应。但由于8088微处理器扩展了传统意义上的外部中断，引入了内部中断，所以，8088各种中断源的优先权实际上是指被识别出来的先后顺序。多种中断同时请求时，最先响应的则可能是单步中断或NMI中断。

7.1.3 8088的中断向量表

在8088中断响应过程的第④步，要利用中断向量表获取中断服务程序入口地址，进而控制转移到中断服务程序中。

中断向量表是一种表数据结构，是中断向量号与其对应的中断服务程序入口之间的链接表（见3.4节例3.7的工作原理）。中断服务程序入口地址（首地址）是一个逻辑地址，含有段地址CS和偏移地址IP，是一个32位远指针。按照"低对低、高对高"的小端存储方法，每个中断服务程序入口地址的低字是偏移地址，高字是段地址，需占用4字节。8088微处理器从物理地址000H开始，依次安排各个中断服务程序入口地址，向量号也从0开始。这样，从主存最低端开始，每4字节为一个中断服务程序入口地址，256个中断占用1KB区域，就形成中断向量表，如图7-3所示。

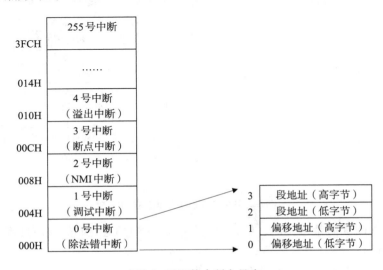

图7-3 8088的中断向量表

于是，我们得到结论：对于向量号为n的中断服务程序入口地址要从物理地址＝n×4取得。

在8088支持的256个中断中，Intel公司规定向量号0～4是专用的中断（依次为除法错、单步、非屏蔽、断点和溢出中断）；向量号5～31是为将来扩展或特殊用途而保留的中断；向量号32～255是用户可使用的中断。但在具体的微机系统中，可能对用户可使用的中断又有规定。

7.2 内部中断服务程序

学习了8088中断系统，使我们真正理解了中断调用指令INT *n*的执行过程，同时为编写内部中断服务程序奠定了基础。编写内部中断服务程序与编写子程序类同，都是利用过程定义伪指令PROC／ENDP。所不同的是，进入中断服务程序后，通常要执行STI指令开放可屏蔽中断，最后执行IRET指令返回调用程序。内部中断服务程序通常采用寄存器传递参数（回忆一下你使用的功能调用）。

主程序通过中断调用指令INT *n*执行内部中断服务程序，其实质相当于子程序调用。主程序在调用内部中断服务程序之前，必须在中断向量表中设置中断服务程序入口地址，使其指向相应的中断服务程序。可以自编一个这样的程序段或利用DOS功能调用实现这一功能。

（1）中断服务程序入口地址设置（DOS功能调用INT 21H）

功能号：AH＝25H

入口参数：AL＝中断向量号，DS:DX＝中断服务程序入口地址（段基地址:偏移地址）

中断服务程序如果只是被某个应用程序使用，那么应用程序返回DOS前，还要设置中断服务程序入口地址，使系统恢复原状态。这需要在设置中断服务程序入口地址之前，首先读取并保存原中断服务程序入口地址。同样可以自编一个这样的程序段或利用DOS功能调用实现这一功能。

（2）获取中断服务程序入口地址（DOS功能调用INT 21H）

功能号：AH＝35H

入口参数：AL＝中断向量号

出口参数：ES:BX＝中断服务程序入口地址（段基地址:偏移地址）

例7.1 内部中断服务程序。

编写80H号中断服务程序，使其具有显示以"0"结尾字符串的功能（利用显示器功能调用INT 10H）。字符串缓冲区首地址为入口参数，利用DS:DX（段基地址：偏移地址）传递。

```
            ;数据段
intoff      dw ?                            ;用于保存原中断服务程序的偏移地址
intseg      dw ?                            ;用于保存原中断服务程序的段基地址
intmsg      db 'A Instruction Interrupt !',0dh,0ah,0   ;字符串（以0结尾）
            ;代码段
            mov ax,3580h                    ;获取系统的原80H中断服务程序入口地址
            int 21h
            mov intoff,bx                   ;保存偏移地址
            mov intseg,es                   ;保存段基地址
            push ds
            mov dx,offset new80h
            mov ax,seg new80h
            mov ds,ax
            mov ax,2580h                    ;设置本程序的80H中断服务程序入口地址
            int 21h
```

```
                pop ds
                ;
                mov dx,offset intmsg         ;设置入口参数DS:DX
                int 80h                      ;调用80H中断服务程序,显示字符串
                ;
                mov dx,intoff                ;恢复系统的原80H中断服务程序入口地址
                mov ax,intseg                ;注意先设置DX、后设置DS入口参数
                mov ds,ax                    ;因为先改变了DS,就不能准确取得intoff变量值
                mov ax,2580h
                int 21h
                mov ax,4c00h
                int 21h                      ;主程序返回DOS
                ;80H内部中断服务程序:显示字符串(以0结尾); 入口参数:DS:DX=缓冲区首地址
new80h          proc                         ;过程定义
                sti                          ;开中断(也可安排在保护寄存器之后)
                push ax                      ;保护寄存器
                push bx
                push si
                mov si,dx
new1:           mov al,[si]                  ;获取欲显示字符
                cmp al,0                     ;为"0"结束
                jz new2
                mov bx,0                      ;采用ROM-BIOS调用显示一个字符
                mov ah,0eh
                int 10h
                inc si                       ;显示下一个字符
                jmp new1
new2:           pop si                       ;恢复寄存器
                pop bx
                pop ax
                iret                         ;中断返回
new80h          endp                         ;中断服务程序结束
```

该程序首先读取并保存中断80H的原中断服务程序入口地址,然后设置新中断服务程序入口地址。此时,程序中就可以调用80H号中断服务程序了。当不再需要这个中断服务程序时,就将保存的原中断服务程序入口地址恢复,这样,该程序返回DOS后不改变系统状态。

7.3 8259A中断控制器

Intel 8259A是一种可编程中断控制器(Programmable Interrupt Controller),它是为管理Intel 8080/8085和Intel 8086/8088微处理器的可屏蔽中断而设计的,也可用于Intel 80286。一片8259A可以管理8级中断,通过多片级联可扩展至64级;每一级中断都可单独被屏蔽或允许。8259A在中断响应周期,可提供相应的中断向量号;8259A设计有多种工作方式,可以通过编程来选择,以适应不同的应用场合。

由于8位8080/8085的中断机制不同于16位80x86的中断机制,所以8259A配合两类微处理器时的工作原理也有所不同,但本书仅讨论8259A与16位80x86配合的情况。

7.3.1 8259A的内部结构和引脚

从应用角度看,8259A的内部结构参见图7-4,我们分成几部分介绍。

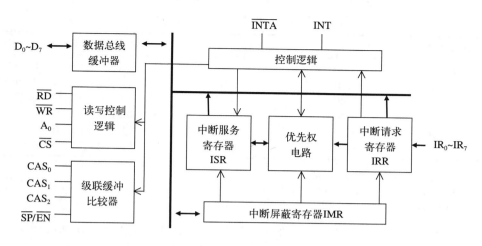

图7-4 8259A的内部结构

1. 中断控制

辅助处理器对可屏蔽中断进行优先权管理是8259A的主要任务。中断控制部分可以接收外界的8个中断请求，对应引脚$IR_0 \sim IR_7$。当IR引脚中断请求有效时，8259A的优先权电路经过判断确定当前最高优先权的中断请求，通过本身的中断请求信号INT使处理器的可屏蔽中断请求引脚INTR有效，向处理器提出可屏蔽中断请求。处理器在条件满足时进入中断响应周期，使中断响应信号$\overline{\text{INTA}}$有效，读取8259A提供的中断向量号。

对用户来说，8259A主要提供了3个8位可读写寄存器。

- 中断请求寄存器（Interrupt Request Register，IRR）：保存8条外界中断请求信号$IR_0 \sim IR_7$的请求状态。D_i位为1表示IR_i引脚有中断请求；为0表示该引脚无请求。
- 中断服务寄存器（In-Service Register，ISR）：保存正在被8259A服务着的中断状态。D_i位为1表示IR_i中断正在服务中；为0表示没有被服务。
- 中断屏蔽寄存器（Interrupt Mask Register，IMR）：保存对中断请求信号IR的屏蔽状态。D_i位为1表示IR_i中断被屏蔽（禁止）；为0表示允许该中断。IMR对各个中断的屏蔽是相互独立的，例如对较高优先权的中断请求实现屏蔽并不影响较低优先权的中断请求。

2. 与处理器接口

8259A通过双向三态的数据总线缓冲器与系统数据总线的接口，实现与处理器的数据交换。交换的数据有写入8259A的4个初始化命令字ICW、3个操作命令字OCW和4个状态字；还有在中断响应周期，8259A送出的中断向量号。读写控制逻辑具体控制接收CPU送来命令和读出8259A的状态。

与处理器接口部分的8259A引脚有双向三态数据线$D_0 \sim D_7$、读信号线$\overline{\text{RD}}$、写信号线$\overline{\text{WR}}$、地址信号线A_0和片选信号线$\overline{\text{CS}}$。它们通常与系统对应的信号线相连，在处理器的控制下实现数据输入输出，如表7-1所示。其中主、从8259A地址是指PC的端口地址。

3. 中断级联

在一个系统中，8259A可以级联，有一个主8259A，若干个从8259A。从8259A最多可有8个，把中断源扩展到64个。8259A内部的级联缓冲比较器完成级联任务。

表7-1   8259A的命令字/状态字读写条件

A_0	$\overline{RD}$	$\overline{WR}$	$\overline{CS}$	主8259A地址	从8259A地址	功　能
0	1	0	0	20H	A0H	写入ICW1, OCW2和OCW3①
1	1	0	0	21H	A1H	写入ICW2, ICW3, ICW4和OCW1②
0	0	1	0	20H	A0H	读出IRR, ISR和查询字③
1	0	1	0	21H	A1H	读出IMR
×	1	1	0			数据总线高阻状态
×	×	×	1			数据总线高阻状态

① 由命令字中的D4D3两个标志位决定。

② 写入ICW1后，由片内的顺序逻辑确定后续ICW；否则写入OCW1。

③ 由OCW3的内容选择（详见7.3.4节）。

8259A在级联时，主8259A的三条级联线$CAS_0 \sim CAS_2$作为输出线，连至每个从8259A的$CAS_0 \sim CAS_2$。每个从8259A的中断请求信号INT，连至主8259A的一个中断请求输入端IR。主8259A的INT线连至CPU的中断请求输入端INTR。

主8259A和每个从8259A必须分别初始化和设置必要的工作状态。当任一个从8259A有中断请求时，经过主8259A向CPU发出请求。当CPU响应中断时，在第一个中断响应周期，主8259A通过三条级联线输出被响应中断的从8259A的编码。由此编码确定的从8259A，在第二个中断响应周期输出它的中断向量号。

从片/开启缓冲器信号$\overline{SP}/\overline{EN}$具有两个功能。在缓冲工作方式下为输出信号，控制数据缓冲器（$\overline{EN}$）；在非缓冲方式下为输入信号，规定该8259A是主片（$\overline{SP}=1$）还是从片（$\overline{SP}=0$）。

7.3.2　8259A的中断过程

8259A的具体中断请求和响应过程分步详述如下，它需要配合处理器的中断响应周期共同实现中断控制，如图7-5所示。

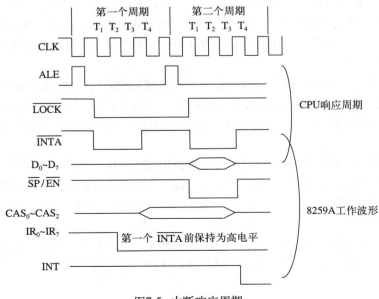

图7-5　中断响应周期

1）8259A的一条或几条IR_i信号高电平有效表示请求中断，使IRR的D_i位置位。

2）8259A对这些请求进行分析，如果中断允许则向CPU发出INT信号。

3）CPU在允许可屏蔽中断状态时对INTR做出响应，产生中断响应周期。

4）8259A收到第一个$\overline{INTA}$有效信号后，使最高优先权的ISR位置位，对应的IRR位复位。

5）8259A在第二个$\overline{INTA}$有效时，把中断向量号送上数据总线，供CPU读取。

6）CPU利用向量号转至中断服务程序执行程序，直到执行IRET指令返回。与此同时，若8259A工作在自动中断结束方式，在最后一个$\overline{INTA}$时，发生中断的ISR相应位复位，8259A就认为中断已经完成。如果8259A为非自动中断结束方式，就等待CPU发送中断结束命令，该命令来到时ISR相应位才复位，此时8259A完成对该中断的处理。

由图可见，对可屏蔽中断请求，微处理器产生了两个中断响应周期，每个响应周期都发出中断响应信号$\overline{INTA}$。第一个响应信号启动$\overline{LOCK}$信号，使中断响应过程中其他处理器不能对总线进行存取操作；同时，还用于中断控制器级联方式时选择从片。第二个响应周期用于读取外部送来的中断向量号（通常由中断控制器提供）。

7.3.3 8259A的工作方式

8259A不仅能够实现常规的中断控制，还在此基础上进行了扩展，以便实现灵活和复杂的中断控制（但它们不常用也不好用）。因此，8259A具有多种工作方式，参见图7-6。

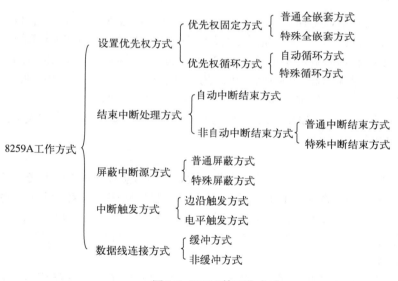

图7-6 8259A的工作方式

1. 设置优先权方式

按照对8个中断请求的优先权设置方法来分，8259A有两类4种工作方式。

（1）普通全嵌套方式

在普通全嵌套方式中，8259A的中断优先权顺序固定不变，从高到低依次为IR_0，IR_1，IR_2，…，IR_7。中断请求后，8259A对当前优先权最高的请求中断IR_i予以响应，将其向量号送上数据总线，对应ISR的D_i位置位，直到中断结束（ISR的D_i位复位）。在ISR的D_i位置位期间，禁止再发生同级和低级优先权的中断，但允许高级优先权中断的嵌套。

　　普通全嵌套方式是8259A初始化后默认的工作方式，也是最常用的工作方式，常简称为全嵌套方式。

　　（2）特殊全嵌套方式

　　这种方式特殊在当处理某一级中断时，允许同级中断的嵌套；其他与普通全嵌套相同。特殊全嵌套方式一般用在8259A级联系统中，在这种情况下，主片8259A编程为特殊全嵌套方式，但从片仍处于其他优先权方式。这样，当来自某一从片的中断请求正在处理时，一方面允许来自主片的优先权较高的其他引脚上的中断请求；另一方面也允许来自同一从片的较高优先权的中断请求。

　　（3）优先权自动循环方式

　　在优先权自动循环方式中，优先权队列是在变化的。一个中断得到响应后，它的优先权自动降为最低，而原来比它低一级的中断则为最高级，依次排列。初始优先权队列从高到低规定为IR_0，IR_1，IR_2，…，IR_7。例如，在优先权队列初始状态时，若IR_4中断请求，则处理IR_4。处理IR_4后，IR_5成为最高优先权，然后依次为IR_6，IR_7，IR_0，IR_1，IR_2，IR_3，IR_4；IR_4自动变为最低优先级。这种方式一般用在系统中多个中断源优先权相等的场合。

　　（4）优先权特殊循环方式

　　这种方式特殊在初始最低优先权是由编程确定的，其他与自动循环方式相同。例如，确定IR_5为最低优先级，那么优先级从高到低顺序就是为IR_6，IR_7，IR_0，…，IR_5。

　　2. 结束中断处理方式

　　当一个中断请求D_i得到响应时，8259A会在中断服务寄存器ISR中的D_i位置位，为以后中断优先权电路的工作提供依据。当CPU的中断服务程序执行结束时，应该使ISR的D_i位复位；否则，8259A的中断控制功能就会不正常。使ISR某位复位，实际上就是8259A的中断结束处理。注意，这里的中断结束是指8259A结束中断的处理，而不是CPU执行中断服务程序结束。我们应该使CPU执行服务程序结束的同时，使8259A结束中断处理。

　　8259A分自动中断结束方式和非自动中断结束方式，而非自动中断结束方式又分为普通中断结束方式和特殊中断结束方式。

　　（1）自动中断结束方式

　　在自动中断结束方式中，处理器一进入中断过程，8259A就自动将中断服务寄存器中的对应位清除。这样，尽管处理器正在执行某个设备的中断服务程序，但对8259A来说，中断服务寄存器中却没有对应位进行指示，表示已经结束了中断服务。这种最简单的中断结束方式，主要是怕没有经验的程序员忘了在中断服务程序中给出中断结束命令而设立的。

　　（2）普通中断结束方式

　　普通中断结束方式配合全嵌套优先权方式使用。当CPU用输出指令往8259A发出普通中断结束（End Of Interrupt，EOI）命令时，8259A就会把所有正在服务的优先权最高的中断ISR位复位。因为在全嵌套方式中，当前ISR最高优先权中断对应了最后一次被响应的和被处理的中断，也就是当前正在处理的中断。所以，当前最高优先权的ISR位复位相当于结束了当前正在处理的中断。

　　（3）特殊中断结束方式

　　特殊中断结束方式配合循环优先权方式使用。CPU在程序中向8259A发送一条特殊中断结束命令，这个命令中指出了要清除哪个ISR位。

　　在8259A的级联系统中，一般不采用自动中断结束方式。但不管是用普通中断结束方式，还是用特殊中断结束方式，对于级联系统的从片在一个中断服务程序结束时，都必须发两次中断结束命令，一次对主片发送，一次对从片发送。

3. 屏蔽中断源方式

8259A内部有一个屏蔽寄存器IMR，它的每一位对应了一个中断请求输入。通过编程可以使IMR任一位或几位置0或置1，从而允许或禁止相应中断。8259A有两种屏蔽中断源的工作方式。

（1）普通屏蔽方式

在普通屏蔽方式中，将IMR的D_i位置1，则对应的中断IR_i就被屏蔽，从而使这个中断请求不能从8259A送到CPU。如果IMR的D_i位置0，则允许IR_i中断产生。

（2）特殊屏蔽方式

在特殊屏蔽方式中，将IMR的D_i位置1，就会同时使ISR的D_i位置0。这样，就会真正开放其他级别较低的中断，当然未被屏蔽的更高级中断也可以得到响应。因为在普通屏蔽方式中，如果ISR位没有复位，8259A就会据此而禁止所有优先权比它低的中断。

4. 中断触发方式

中断触发方式是指中断请求信号IR的有效形式，可以是上升沿或高电平有效触发。

（1）边沿触发方式

在边沿触发方式下，8259A将中断请求输入端出现的上升沿作为中断请求信号。IR出现上升沿触发信号以后，可以一直保持高电平。

（2）电平触发方式

在电平触发方式下，中断请求端出现的高电平是有效的中断请求信号。在这种方式下，应注意及时撤除高电平。如果在发出EOI命令之前，或CPU开放中断之前，没有去掉高电平信号，则可能引起不应该有的第二次中断。

无论是边沿触发还是电平触发，中断请求信号IR都应维持足够的宽度。即在第一个中断响应信号$\overline{INTA}$结束之前，IR都必须保持高电平。如果IR信号提前变为低电平，8259A就会自动假设这个中断请求来自引脚IR_7。这种办法能够有效地防止由IR输入端上严重的噪声尖峰而产生的中断。为实现这一点，对应IR_7的中断服务程序可执行一条返回指令，以滤除这种中断。如果IR_7另有他用，仍可通过读ISR状态而识别非正常的IR_7中断。因为正常的IR_7中断会使相应的ISR位置位，而非正常的IR_7中断则不会使ISR的D_7位置位。

5. 数据线连接方式

8259A数据线与系统数据总线的连接有两种方式。

（1）缓冲方式

缓冲方式是指8259A的数据线需加缓冲器予以驱动。这时8259A把$\overline{SP}/\overline{EN}$引脚作为输出端，输出允许信号，用以锁存或开启缓冲器。

（2）非缓冲方式

在非缓冲方式时，$\overline{SP}/\overline{EN}$引脚为输入端，若8259A级联，由其确定是主片或从片。

7.3.4 8259A的编程

对8259A的编程，可以分成初始化编程和中断操作编程。

8259A能够开始工作前，必须进行初始化编程，也就是给8259A写入初始化命令字（Initialization Command Words，ICW）。在8259A工作期间，可以通过写入操作命令字（Operation Command Words，OCW）将选定的操作传送给8259A，使之按新的要求工作。同时，还可以读取8259A的信息，以便了解它的工作状态。

1. 初始化命令字ICW

初始化命令字ICW最多有4个，是8259A在开始工作前必须写入8259A的，而且必须按照ICW1～ICW4顺序写入。其中ICW1和ICW2是必须送的，而ICW3和ICW4是由工作方式决定的（ICW1的有关位），如图7-7所示。

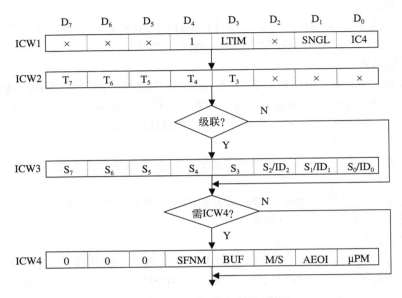

图7-7 8259A的初始化编程

（1）ICW1

ICW1是初始化字，是8259A第一个写入的命令字。写入ICW1的条件是8259A地址引脚$A_0 = 0$以及ICW1的$D_4 = 1$。各位的含义如下：

IC4（D_0）：规定是否写入ICW4。IC4=1，要写入ICW4；而IC4=0，不写入ICW4，也即ICW4规定的位全为0。

SNGL（D_1）：规定单片或级联方式。SNGL=1，是单片方式，不需写入ICW3；SNGL=0，是级联方式，要写入ICW3。

LTIM（D_3）：规定中断触发方式。LTIM=1，是电平触发方式；否则为边沿触发方式。

另外，ICW1的D_4位必须为1，用作ICW1的标志。其他"×"号表示的位是8259A配合8088CPU时没有用的位，可以任意（建议为0）。

（2）ICW2

ICW2是中断向量字，用于设置中断向量号。$T_7 \sim T_3$作为中断向量号的高5位，而低3位由8259A自动按IR输入端确定：IR_0为000，IR_1为001，…，IR_7为111。

（3）ICW3

ICW3是级联命令字。在级联系统中，主片和从片都需要写入，但两者含义不同。

对主片8259A：ICW3的每一位$S_0 \sim S_7$表明$IR_0 \sim IR_7$引脚上哪些接有从片。$S_i = 1$对应IR_i接有从片；否则，IR_i没有连接从片。

对从片8259A：ICW3的低3位$ID_0 \sim ID_2$有效，它们的组合编码说明从片INT引脚接到主片的哪个IR引脚上，如表7-2所示。

表7-2 IR的组合编码

IR	ID$_2$ ID$_1$ ID$_0$	L$_2$ L$_1$ L$_0$	W$_2$ W$_1$ W$_0$
IR$_0$	0 0 0	0 0 0	0 0 0
IR$_1$	0 0 1	0 0 1	0 0 1
IR$_2$	0 1 0	0 1 0	0 1 0
IR$_3$	0 1 1	0 1 1	0 1 1
IR$_4$	1 0 0	1 0 0	1 0 0
IR$_5$	1 0 1	1 0 1	1 0 1
IR$_6$	1 1 0	1 1 0	1 1 0
IR$_7$	1 1 1	1 1 1	1 1 1

（4）ICW4

ICW4是中断方式字，用于设置8259A的基本工作方式。

μPM（D$_0$）：说明选用的微处理器类型是16位80x86（μPM＝1）还是8位8080/8085（μPM＝0）。

AEOI（D$_1$）：说明8259A采用自动中断结束（AEOI＝1）还是非自动中断结束（AEOI＝0）。

M/S（D$_2$）：说明该8259A是主片（M/S=1）还是从片（M/S=0）。

BUF（D$_3$）：说明8259A数据线采用缓冲方式（BUF＝1）还是非缓冲方式（BUF＝0）。

SFNM（D$_4$）：说明8259A工作于特殊全嵌套方式（SFNM＝1）还是普通全嵌套方式（SFNM＝0）。

2. 操作命令字OCW

8259A工作期间，可以随时接收操作命令字OCW。OCW共有3个：OCW1～OCW3。写入时没有顺序要求，需要哪个OCW就写入哪个OCW，如图7-8所示。

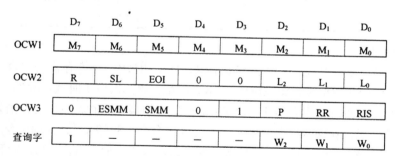

图7-8 8259A的操作命令字和查询字

（1）OCW1

OCW1是屏蔽命令字，内容写入中断屏蔽寄存器IMR。D$_i$＝M$_i$对应IR$_i$，为1禁止IR$_i$中断；为0允许IR$_i$中断。屏蔽某个引脚并不影响其他引脚的屏蔽状态。

（2）OCW2

OCW2是中断结束和优先权循环命令字，R（循环）、SL（设置优先权）和EOI（中断结束）3位配合使用，用以产生中断结束EOI命令和改变优先权顺序，如表7-3所示。L$_2$～L$_0$的3位编码指定IR引脚，其编码规则如ID$_2$～ID$_0$（参见表7-2）。

（3）OCW3

OCW3是屏蔽和读状态命令字。其中，ESMM和SMM两位用于设置中断屏蔽方式，如表7-4所示。P、RR和RIS用于规定随后读取的状态字含义，如表7-5所示。

表7-3　中断结束和优先权组合编码

R SL EOI	功　　能
0 0 1	普通EOI命令，全嵌套方式
0 1 1	特殊EOI命令，全嵌套方式，$L_2 \sim L_0$指定对应的ISR位清零
1 0 1	普通EOI命令，优先权自动循环
1 1 1	普通EOI命令，优先权特殊循环，$L_2 \sim L_0$指定优先权最低的IR
1 0 0	自动EOI时，优先权自动循环
0 0 0	自动EOI时，取消优先权自动循环
1 1 0	优先权特殊循环，$L_2 \sim L_0$指定最低的IR
0 1 0	无操作

表7-4　中断屏蔽方式

ESMM	SMM	功　　能
1	0	复位为普通屏蔽方式
1	1	置位为特殊屏蔽方式
0	×	无操作

表7-5　状态字含义

P	RR	RIS	功　　能
1	×	×	下一个读指令，读查询字
0	1	0	下一个读指令，读IRR
0	1	1	下一个读指令，读ISR
0	0	×	无操作

3. 读取状态字

为了解8259A的工作状态，CPU可读出IRR，ISR和IMR三个寄存器的内容，还有一个查询字。OCW3中RR和RIS位设定读取IRR和ISR。而A_0引脚为高电平时读取的都是IMR。

CPU内部禁止中断时，或者不想用INT引脚向CPU申请中断时，我们可以通过查询字获知外界的中断请求情况。在OCW3中，使P＝1发出查询命令。8259A得到查询命令后，立即组成查询字，等待CPU来读取。所以，CPU执行下一条输入指令时（$A_0 = 0$），便可读得查询字。在查询字中，如果I位为1，表示有外设请求中断，而$W_2 \sim W_0$的编码（其编码规则同$ID_2 \sim ID_0$）表明当前中断请求的最高优先权。I＝0说明无外设请求中断。

4. 命令字和状态字的区别方法

通过学习基本输入/输出接口，我们体会到：处理器输出命令或数据时，程序员必须明确向哪个端口输出什么信息；处理器输入状态或数据时，程序员也必须清楚从哪个端口输入了什么信息。中断控制器以I/O接口电路的形式与处理器连接，所以处理器必须通过I/O端口地址，使用输入/输出指令来对它进行读写。

由于8259A只设计了一个地址信号A_0，所以其端口地址不太规则。具体来说：$A_0 = 0$时，可以写入ICW1、OCW2、OCW3并读出IRR、ISR和查询字；$A_0 = 1$时，可以写入ICW2～ICW4、OCW1并读出IMR。这样，对8259A初始化编程时，一方面要参照中断系统的硬件连接和软件安排才能决定每个ICW中的各个位是0还是1，另一方面还必须按顺序通过正确的端口地址写入。例如，IBM PC/AT机使用两个8259A芯片形成级联系统，ROM-BIOS对它们的初始化程序如下：

```
            ;初始化主片8259A
            mov al,11h          ;写入ICW1:设定边沿触发,级联方式
            out 20h,al          ;主片I/O地址是20H和21H（参见表7-1）
            jmp intr1           ;本程序段的转移指令起延时作用,等待8259A操作结束
  intr1:    mov al,08h          ;写入ICW2:设定主片IR₀的中断向量号为08H
            out 21h,al
            jmp intr2
  intr2:    mov al,04h          ;写入ICW3:设定主片IR₂级联从片
            out 21h,al
            jmp intr3
  intr3:    mov al,1h           ;写入ICW4:设定普通全嵌套方式,普通中断结束方式
            out 21h,al
            ;初始化从片8259A
            mov al,11h          ;写入ICW1:设定边沿触发,级联方式
            out 0a0h,al
            jmp intr5
  intr5:    mov al,70h          ;写入ICW2:设定从片IR₀的中断向量号为70H
            out 0a1h,al
            jmp intr6
  intr6:    mov al,02h          ;写入ICW3:设定从片级联于主片的IR₂
            out 0a1h,al
            jmp intr7
  intr7:    mov al, 01h         ;写入ICW4:设定普通全嵌套方式,普通中断结束方式
            out 0a1h,al
```

综上所述，写入8259A的命令字共有7个，而从8259A读出的状态字有4个，它们是由读 $\overline{RD}$ 和写 $\overline{WR}$ 信号、地址信号 A_0 以及命令字中的某些特定位所区分的，参见表7-1。具体采用的区别方法总结如下：

1）利用读写信号区别写入的控制寄存器和读出的状态寄存器。

2）利用地址信号区别不同I/O地址的寄存器。

3）由控制字中的标志位说明是哪个寄存器。

4）由芯片内顺序控制逻辑按一定顺序识别不同的寄存器。

5）由前面的控制字决定后续操作的寄存器。

实际上，这就是微机区别接口电路（芯片）中不同的寄存器（或控制字和状态字）的主要方法。后续章节的接口电路中同样采用了这些方法，另外也还有一些其他方法。

例如，应该怎样读写ICW2呢？ICW2是一个命令字，需要使用OUT指令，PC中I/O地址是 $A_0=1$ 时的21H或A1H，并且跟在ICW1写入之后。再如，下段程序读出了什么内容？

```
mov al,0ah    ;0AH=00001010B
out 20h,al
nop           ;延时等待操作完成
in al,20h
```

从端口20H（$A_0=0$）输出的命令字有ICW1、OCW2和OCW3，从命令字0AH的$D_4D_3=01$判断这是OCW3。再从表7-5看出$D_2D_1D_0=010$时，下一个读指令（地址$A_0=0$时）应该是读取中断请求寄存器IRR的内容。

7.4 8259A在IBM PC系列机上的应用

IBM PC/XT使用一片8259A管理8级可屏蔽中断，称为$IRQ_0 \sim IRQ_7$。IBM PC/AT在原来保留的IRQ_2中断请求端又扩展了一个从片8259A，所以，相当于主片的IRQ_2又扩展了8个中断请求端$IRQ_8 \sim IRQ_{15}$；形成的主从结构提供了16级中断，其硬件连接图如图7-9所示。

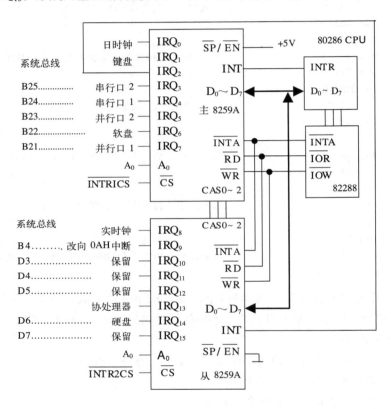

图7-9 IBM PC/AT的8259A连接示意图

$\overline{SP}/\overline{EN}$接高电平为主片，$\overline{SP}/\overline{EN}$接低电平为从片。主、从8259A通过级联信号$CAS_0 \sim CAS_2$联系。主片8259A在$A_9A_8A_7A_6A_5=00001$时使片选信号有效，I/O地址20H～3FH都选中这片8259A；ROM BIOS中规定使用20H（$A_0=0$）和21H（$A_0=1$）。从片8259A的片选地址为A0H～BFH，常用A0H（$A_0=0$）和A1H（$A_0=1$），如表7-1所示。I/O端口地址20H和A0H可以实现写入ICW1，OCW2、OCW3和读出IRR、ISR和查询字；地址21H和A1H可以实现写入ICW2～ICW4，OCW1和读出IMR。

PC对16级中断的分配参见图7-9，主板上使用的情况是：

- IRQ_0接至8253/8254计数器0的输出信号OUT_0，用于微机系统的日时钟中断请求。
- IRQ_1接至键盘输入接口电路送来的中断请求信号，用来请求CPU读取键盘扫描码。

- IRQ$_2$连接从片8259A，从片的IRQ$_9$替代其原在IBM PC/XT的作用，供用户使用。
- IRQ$_8$连接实时时钟电路，用于其周期中断和报警中断。
- IRQ$_{13}$来自协处理器。

除上述中断请求信号外，其他的中断请求信号都来自系统总线，例如，IRQ$_3$用于第2个串行异步通信接口，IRQ$_4$用于第一个串行异步通信接口，IRQ$_7$用于并行打印机。

在软件上，我们已在前面看到系统ROM-BIOS对中断控制器的初始化编程。从以上程序可知8259A在IBM PC系列机上的应用方式。为保持软件和硬件的兼容性，用户不应改变。

1）利用上升沿作为中断请求IRQ的有效信号。

2）IRQ$_0$~IRQ$_7$的中断向量号依次为08H~0FH，IRQ$_8$~IRQ$_{15}$依次为70H~77H。

3）采用普通全嵌套优先权方式，中断优先权从高到低顺序为IRQ$_0$~IRQ$_2$，IRQ$_8$~IRQ$_{15}$，IRQ$_3$~IRQ$_7$，且不能改变。

4）采用普通中断结束EOI方式，需要在中断服务程序最后发送普通EOI命令：

```
;对主片8259A的IRQ0~IRQ7中断,发送普通EOI命令（OCW2命令字）
mov al,20h
out 20h,al
;对从片8259A的IRQ8~IRQ15中断,发送两个EOI命令:一个给从片,一个给主片
mov al,20h
out 0a0h,al          ;写入从片EOI命令
out 20h,al           ;写入主片EOI命令
```

5）一般采用普通屏蔽方式，通过写入IMR允许中断，但注意不要破坏原屏蔽状态。如允许日时钟IRQ$_0$和键盘IRQ$_1$中断，其他中断状态不变，这时可发送OCW1命令：

```
in al,21h           ;读出IMR
and al,0fch         ;只允许IRQ0和IRQ1,其他不变
out 21h,al          ;写入OCW1,即IMR
```

最后说明一下：在PC/XT机上，IRQ$_2$（向量号0AH）引向系统总线的B4引脚，供用户使用。但在PC/AT机上，IRQ$_2$连接从片8259A，于是，用从片IRQ$_9$（向量号71H）引向总线B4引脚，系统设计如下面71H号中断服务程序：

```
push ax
mov al,20h          ;向从片发送EOI命令
out 0a0h,al
pop ax
int 0ah             ;调用0AH号中断
```

由于71H中断服务程序调用了0AH中断，所以它完全替代了原IRQ$_2$的作用。用户仍然像原来一样使用B4引脚的0AH号中断。

7.5 外部中断服务程序

外部可屏蔽中断用于实现微处理器与外设交换信息，是真正意义上的"中断"。编程可屏蔽中断具有一定的特殊性，较编写内部中断服务程序要复杂，需要注意的问题如下：

- 发送中断结束命令。由于采用中断控制器管理可屏蔽中断，它采用普通中断结束方式，需要中断结束命令。
- 一般只能采用存储单元传递参数。外部中断是随机发生的。所以系统进入服务程序时，除CS和IP寄存器外，当前的运行状态，包括其他寄存器都是不可知的，想通过寄存器传

递参数显然不行。但是，寄存器的保护和恢复还是必需的。
- 不要使用DOS系统功能调用。外部中断可能引起程序的重入。例如，当主程序在执行一个DOS系统功能调用时，产生了外部中断，外部中断服务程序又调用这个DOS系统功能，就出现了重入。由于DOS内核是不可重入的，所以这是不允许的。中断服务程序若要控制I/O设备，最好调用ROM-BIOS功能或者对I/O接口直接编程。
- 中断服务程序尽量短小。一般而言，外部中断的实时性很强，应主要处理较急迫的事务。因此，中断服务时间应尽量短，能放在主程序完成的任务，就不要由中断服务程序完成。这样，可以尽量减小对其他中断设备的影响。

另一方面，主程序除需要修改中断服务程序入口地址外，还要注意如下几点：
- 控制CPU的中断允许标志。可屏蔽中断的响应受中断标志的控制。当不需要可屏蔽中断或程序不能被外部中断时，就必须关中断，防止不可预测的后果；而在其他时间则要开中断，以便及时响应中断，为外设提供服务。例如，在设置好可屏蔽中断服务程序之前和为中断服务程序提供初值时，不能响应中断，所以应关中断。在此之后，则应开中断。另外，进入中断服务程序之后，应马上开中断，以允许较高级的中断，实现中断嵌套。
- 设置8259A的中断屏蔽寄存器。可屏蔽中断还可通过中断控制器管理，所以，某个可屏蔽中断响应与否还受控于中断屏蔽寄存器。CPU的中断标志IF是控制所有可屏蔽中断的，而中断屏蔽寄存器是分别控制某个可屏蔽中断源的。

在主程序和中断服务程序中都可以通过控制中断屏蔽寄存器的有关位，随时允许或禁止对应中断的产生。同样，为了应用程序返回DOS后，恢复原状态，应在修改IMR之前，保存原内容；程序退出前，予以恢复。

例7.2 可屏蔽中断服务程序。

8259A的IRQ_0（向量号为08H）的中断请求来自定时器8253，每隔55ms产生一次。DOS系统利用它实现日时钟计时功能。本程序用新的08H号中断服务程序暂时替代计时程序，使得每次中断显示一串信息，显示10次后，恢复原中断服务程序，返回DOS。

为了获知中断次数，我们用主存单元（共享变量）在主程序与外部中断服务程序之间传递参数，显示信息也安排在共同的数据段中（也可以与中断服务程序一体）。

```
              ;数据段
intmsg   db  'A 8259A Interrupt ! ',0dh,0ah,0
counter  db 0                      ;中断次数记录单元
              ;代码段
              mov ax,3508h              ;获取原中断服务程序入口地址
              int 21h
              push es                   ;保存原中断服务程序入口地址（利用堆栈）
              push bx
              cli                       ;关中断
              push ds                   ;设置新中断服务程序入口地址
              mov ax,seg new08h
              mov ds,ax
              mov dx,offset new08h
              mov ax,2508h
              int 21h
              pop ds
```

```
            in al,21h              ;读出IMR
            push ax                ;保存原IMR内容
            and al,0feh            ;允许IRQ₀,其他不变
            out 21h,al             ;设置新IMR内容
            mov counter,0          ;设置中断次数初值
            sti                    ;开中断
            ;主程序完成中断服务程序设置,可以处理其他事务
  start1:   cmp counter,10         ;本例的主程序仅循环等待中断
            jb start1              ;中断10次退出
            ;
            cli                    ;关中断
            pop ax                 ;恢复IMR
            out 21h,al
            pop dx                 ;恢复原中断服务程序入口地址
            pop ds
            mov ax,2508h
            int 21h
            sti                    ;开中断
            mov ax,4c00h           ;返回DOS
            int 21h                ;主程序结束
            ;
  new08h    proc                   ;中断服务程序
            sti                    ;开中断
            push ax                ;保护寄存器
            push bx
            push ds
            mov ax,@data           ;外部随机产生中断,DS也不确定,所以必须设置DS
            mov ds,ax
            inc counter            ;中断次数加1
            mov si,offset intmsg   ;显示信息
            call dpstri
            mov al,20h             ;发送EOI命令
            out 20h,al
            pop ds                 ;恢复寄存器
            pop bx
            pop ax
            iret                   ;中断返回
  new08h    endp
  dpstri    proc                   ;显示字符串子程序
            push ax                ;入口参数：DS:SI＝字符串首址
            push bx
  dps1:     lodsb
            cmp al,0
            jz dps2
            mov bx,0               ;调用ROM-BIOS功能显示al中的字符
            mov ah,0eh
            int 10h
            jmp dps1
  dps2:     pop bx
            pop ax
```

```
          ret
dpstri    endp
```

从主程序标号start1的语句来看（假设其逻辑地址为2068:0100），counter单元似乎没有变化，像是一个"死循环"。实际上，由于系统每隔55ms会请求一次IRQ₀中断，现在随时可以响应，这样执行这里的new08h中断服务程序就使counter增量，主程序就在这个不断比较、转移中经过10次中断后退出，参考图7-10。

7.6 驻留中断服务程序

用户的中断服务程序如果要让其他程序使用，必须驻留在系统主存中。这就形成驻留TSR（Terminate and Stay Resident）程序。实现程序驻留并不难，利用DOS功能调用31H代替4CH终止程序并返回DOS即可：

驻留返回（DOS功能调用INT 21H）

功能号：AH＝31H

入口参数：AL＝返回代码，DX＝程序驻留的容量（单位为节，1节＝16字节）

程序驻留之后还有诸如撤销、激活等深入的问题，本书没有涉及。

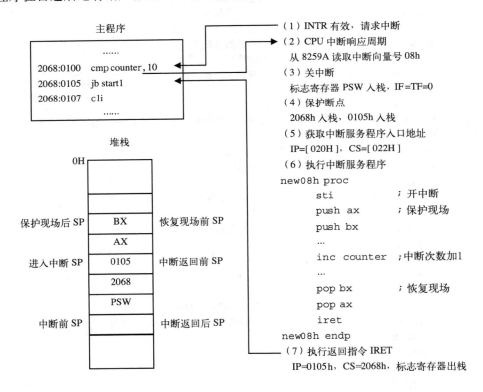

图7-10 中断工作过程

例7.3 报时中断驻留服务程序。

在系统提供的08H号日时钟中断服务程序中，有一条调用1CH中断的指令INT 1CH（见习题7.13）。中断1CH是DOS系统为用户预留的报时中断，但DOS本身没有利用。因为每隔55ms

（精确为54.925493ms）将调用这个报时中断一次，中断65543次就是时间过去了一个小时（65543×54.925493＝3599.9815 s）。本例编写一个驻留主存的1CH内部中断服务程序，实现每过一小时就显示信息。执行此程序后，报时中断服务程序将驻留主存，而起安装作用的主程序随之从主存中消失。这样，日时钟中断服务程序每隔55ms将调用这个报时中断一次，检查是否过了一小时。若没有到，则退出中断服务程序；若到了一小时，则提示。

```
                ;代码段
hour    = 65 543                  ;定义常量。这是一个小时的中断次数,超过了一个字量
hourl   = hour mod 65536          ;中断次数的低字部分, mod是取余的运算符
hourh   = hour/65536              ;中断次数的高字部分, /是除法的运算符
new1ch  proc                      ;报时中断服务程序
        sti
        push si                   ;保存寄存器
        push ds
        mov si,cs                 ;数据在代码段中,故DS←CS
        mov ds,si
        add countl,1              ;中断次数加1
        adc counth,0
        cmp countl,hourl          ;是否到了一小时?
        jnz n1ch1                 ;未到一小时,则返回
        cmp counth,hourh
        jnz n1ch1
        mov countl,0              ;到了一小时,中断次数清零
        mov counth,0
        mov si,offset intmsg
        call dpstri               ;显示"过了一小时"
n1ch1:  pop ds                    ;恢复寄存器
        pop si
        iret                      ;中断返回
countl  dw 0                      ;中断次数的低字部分
counth  dw 0                      ;中断次数的高字部分
intmsg  db 'One Hour Has Passed !',0dh,0ah,0
new1ch  endp                      ;中断服务程序结束
dpstri  proc                      ;显示字符串子程序
        ......                    ;与例7.2中的相同
dpstri  endp
        ;主程序开始
start:  mov ax,cs
        mov ds,ax                 ;设置1CH中断服务程序入口地址
        mov dx,offset new1ch
        cli
        mov ax,251ch
        int 21h
        sti
        mov dx,offset tsrmsg      ;显示安装信息
        mov ah,09h
        int 21h
        mov dx,offset start       ;计算驻留内存程序的长度
        add dx,15
```

```
            mov cl,4
            shr dx,cl                  ;调整为以"节"（16字节）为单位
            add dx,10h                 ;加上程序段前缀的256字节（＝10H"节"）
            mov ax,3100h               ;程序驻留,返回DOS
            int 21h
    tsrmsg  db  'INT 1CH Program Installed ! ',0dh,0ah,'$'
            end start
```

　　本例程序形成EXE可执行文件将中断服务程序驻留主存，小型驻留程序也常编写成COM文件。注意，需要驻留主存的中断服务程序要写在前面，这样后面的主程序就不会驻留主存。

　　主程序首先设置1CH号中断入口地址，然后计算需要保留在主存的程序长度。标号START之前的程序就是要驻留的中断服务程序，所以其偏移地址就是在此之前程序的字节数。但是，驻留程序长度以节（16字节）为驻留单位，所以需要除以16（程序中用右移4位实现）。不过，在作除法前先加了15字节，这样才能保证将中断服务程序完整驻留。否则，最后若干字节会被截断。例如，如果需要驻留的程序是N×16＋M（1≤M≤15），不加15就除以16，则最后M字节不会被驻留。

　　另外，DOS会为调入主存执行的程序创建一个256字节的程序段前缀（Program Segment Prefix，PSP）空间，所以这个程序驻留主存的长度也应该增加256字节（16节）。

习题

7.1　8088 CPU具有哪些中断类型？各种中断如何产生，如何得到中断向量号？

7.2　8088中断向量表的作用是什么？

7.3　说明如下程序段的功能：

```
cli
mov ax,0
mov es,ax
mov di,80h*4
mov ax,offset intproc     ;intproc是一个过程名
cld
stosw
mov ax,seg intproc
stosw
sti
```

7.4　8259A中IRR、IMR和ISR三个寄存器的作用是什么？

7.5　PC/XT机的ROM-BIOS对8259A的初始化程序如下：

```
mov al,13h
out 20h,al
mov al,08h
out 21h,al
mov al,09h
out 21h,al
```

请说明其设定的工作方式。

7.6　某时刻8259A的IRR内容是08H，说明____。某时刻8259A的ISR内容是08H，说明_____。在两片8259A级联的中断电路中，主片的第5级IR_5作为从片的中断请求输入，则初始化主、

从片时，ICW3的控制字分别是_____和_____。

7.7 8529A仅占用两个I/O地址，它是如何区别4条ICW命令和3条OCW命令的？在地址引脚 $A_0=1$ 时，读出的是什么内容？

7.8 某一8086CPU系统中，采用一片8259A进行中断管理。设定8259A工作在普通全嵌套方式，发送EOI命令结束中断，采用边沿触发方式请求中断，IR_0 对应的中断向量号为90H。另外，8259A在系统中的I/O地址是FFDCH（$A_0=0$）和FFDEH（$A_0=1$）。请编写8259A的初始化程序段。

7.9 PC系列机中设定的8259A采用何种优先权方式和中断结束方式？它们的主要特点是什么？

7.10 8259A的中断请求有哪两种触发方式，它们分别对请求信号有什么要求？PC系列机中采用哪种方式？

7.11 下段程序读出的是8259A的哪个寄存器？

```
mov al,0bh
out 20h,al
nop
in  al,20h
```

7.12 PC系列机执行了下面两条指令后，会产生什么控制状态？

```
mov al,0bch
out 21h,al
```

7.13 下面是XT机ROM-BIOS中的08号中断服务程序，请说明各个指令的作用。

```
int08h    proc far
          sti
          push ds
          push ax
          push dx
          ......        ;日时钟计时
          ......        ;控制软驱马达
          int 1ch
          mov al,20h
          out 20h,al
          pop ax
          pop dx
          pop ds
          iret
int08h    endp
```

7.14 中断服务程序的入口处为什么通常要使用开中断指令？

7.15 编写一个程序，将例题INT 80H内部中断服务程序驻留内存。然后在调试程序或其他程序中执行INT 80H，看能否实现其显示功能。

7.16 PC系列机的1CH号中断每隔55ms被调用一次，它是内部中断还是外部中断？

第8章 定时计数控制接口

定时控制在微机系统中具有极为重要的作用。例如，微机控制系统中常需要定时中断、定时检测、定时扫描等；实时操作系统和多任务操作系统中要定时进行进程调度。IBM PC系列机的日时钟计时、DRAM刷新定时和扬声器音调控制都采用了定时控制技术。

微机系统实现定时功能，主要有三种方法。

1）软件延时——利用微处理器执行一个延时程序段实现。因为微处理器执行每条指令都需要一定时间，所以程序员通过正确地挑选指令和安排循环次数，很容易编写软件延时程序段；微处理器执行这个程序段就产生一个延时时间。这种软件定时方法在实际中经常使用，尤其是在专用系统上进行软件开发以及延时时间较短而重复次数又有限的时候。软件定时具有不用硬件的特点，但却占用了大量CPU时间；另外，定时精度不高，在不同系统时钟频率下，同一个软件延时程序的定时时间也会相去甚远，这是我们必须注意的。

2）不可编程的硬件定时——可以采用数字电路中的分频器将系统时钟进行适当分频产生需要的定时信号；也可以采用单稳电路或简易定时电路（如常用的555定时器）由外接RC电阻、电容电路控制定时时间。这样的定时电路较简单，利用分频不同或改变电阻阻值、电容容值，还可以使定时时间在一定范围内改变。

3）可编程的硬件定时——在微机系统中，常采用软硬件相结合的方法，用可编程定时器芯片构成一个方便灵活的定时电路。这种电路不仅定时值和定时范围可用程序确定和改变，而且具有多种工作方式，可以输出多种控制信号，具备较强的功能。本章学习IBM PC系列机使用的Intel公司的8253和8254可编程定时器。

定时器由数字电路中的计数电路构成，通过记录高精度晶振脉冲信号的个数，输出准确的时间间隔。计数电路如果记录外设提供的具有一定随机性的脉冲信号时，主要反映脉冲的个数（进而获知外设的某种状态），又称为计数器。例如，微机控制系统中往往使用计数器对外部事件计数。因此，人们就统称它们为定时计数器。

8.1 8253/8254定时计数器

Intel 8253是可编程间隔定时器（Programmable Interval Timer），同样也可以用作事件计数器（Event Counter）。每个8253芯片有3个独立的16位计数器通道，每个计数器有6种工作方式，都可以按二进制或十进制（BCD码）计数。

Intel 8254是8253的改进型，内部工作方式和外部引脚与8253完全相同，只是增加了一个读回命令和状态字，时钟输入频率8253支持2MHz、8254支持10MHz。所以，后面论述的8253同样适用于8254。

8.1.1 8253/8254的内部结构和引脚

8253的内部结构如图8-1所示，外部采用24引脚双列直插式封装，图8-2是引脚图。

1. 计数器

8253有3个相互独立的计数器通道，每个通道的结构完全相同。每一个计数器通道有一个

16位减法计数器，还有对应的16位预置寄存器和输出锁存器，如图8-1所示。计数开始前写入的计数初值存于预置寄存器；在计数过程中，减法计数器的值不断递减，而预置寄存器中的预置不变。输出锁存器则用于写入锁存命令时锁定当前计数值。

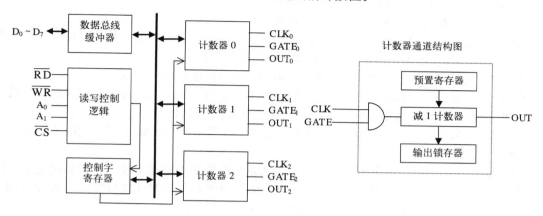

图8-1 8253的内部结构图

8253的每个计数器通道都有3个信号与外界接口。

- CLK时钟输入信号——在计数过程中，此引脚上每输入一个时钟信号（下降沿），计数器的计数值减1。由于该信号通过"与门"才到达减1计数器，所以计数工作受到门控信号GATE的控制。

- GATE门控输入信号——这是控制计数器工作的一个外部输入信号。在不同工作方式下，其作用不同，可分成电平控制和上升沿控制两种类型。

- OUT计数器输出信号——当一次计数过程结束（计数值减为0），OUT引脚上将产生一个输出信号，其波形取决于工作方式。

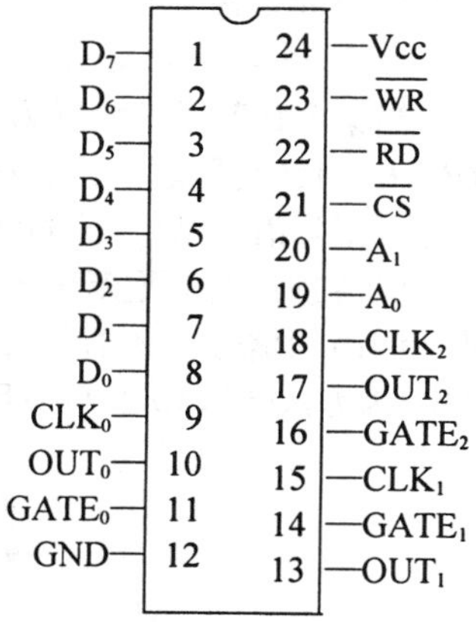

2. 与处理器接口

这部分与8259A相同部分作用一样。数据总线缓冲器用于将8253与系统数据总线相连，接收处理器的控制字和计数值以及发送计数器的当前计数值和工作状态。

读/写逻辑接收来自系统总线的读写控制信号，控制整个芯片的工作。这部分信号有数据线$D_0 \sim D_7$、读信号$\overline{RD}$、写信号$\overline{WR}$、地址信号$A_0 \sim A_1$和片选$\overline{CS}$，其功能见表8-1。

图8-2 8253的引脚图

表8-1 8253的端口选择

$\overline{CS}$ A_1A_0	I/O地址[①]	读操作（$\overline{RD}$）	写操作（$\overline{WR}$）
0 0 0	40H	读计数器0	写计数器0
0 0 1	41H	读计数器1	写计数器1
0 1 0	42H	读计数器2	写计数器2
0 1 1	43H	无操作	写控制字

① I/O地址是指PC系列机上8253/8254的I/O地址。

另外，芯片中的控制字寄存器用于保存处理器写入的方式控制字。

8.1.2　8253/8254的工作方式

8253有6种工作方式，由方式控制字确定。每种工作方式大致相同，如下所述：

1) 微处理器写入方式控制字，设定工作方式。

2) 微处理器写入预置寄存器，设定计数初值。

3) 对方式1和方式5，需要硬件启动，即GATE端出现一个上升沿信号；对其他方式，不需要这个过程，直接进入下一步，即设定计数值后软件启动。

4) CLK端的下一个下降沿，将预置寄存器的计数初值送入减1计数器。

5) 计数开始，CLK端每出现一个下降沿（GATE为高电平时），减1计数器就将计数值减1。计数过程要受到GATE信号的控制，GATE为低电平时，不进行计数。

6) 当计数值减至0，一次计数过程结束。通常OUT端在计数值减至0时发生改变，以指示一次计数结束。

对方式0、1和4、5，如果不重新设定计数初值或提供硬件启动信号，计数器就此停止计数过程；对方式2和方式3，计数值减至0后，自动将预置寄存器的计数初值送入减1计数器，同时重复下一次的计数过程，直到写入新的方式控制字才停止。

需要注意：处理器写入8253的计数初值只是写入了预置寄存器，之后到来的第一个CLK输入脉冲（需先由低电平变高，再由高变回低）才将预置寄存器的初值送到减1计数器。从第二个CLK信号的下降沿，计数器才真正开始减1计数。因此，若设置计数初值为N，则从输出指令写完计数初值到计数结束，CLK信号的下降沿有N+1个，但从第一个下降沿到最后一个下降沿之间正好又是N个完整的CLK信号，请参见各种工作方式的波形图。

1. 方式0：计数结束中断

当某个计数通道设置为方式0后，其输出OUT信号随即变为低电平。在计数初值经预置寄存器装入减1计数器后，计数器开始计数，OUT输出仍为低电平。以后CLK引脚上每输入一个时钟信号（下降沿），计数器的计数值减1。当计数值减为0即计数结束时，OUT端变为高电平，并且一直保持到该通道重新装入计数值或重新设置工作方式为止。由于计数结束，OUT端输出一个从低到高的信号，该信号可作为中断请求信号使用，所以方式0被称为"计数结束中断"方式。图8-3为方式0时CLK、GATE和OUT三者的对应关系，图中写信号$\overline{WR}$的波形仅是示意（下同）。

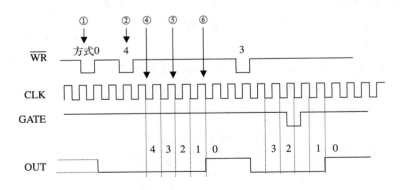

图8-3　工作方式0的波形

GATE输入信号可控制计数过程。高电平时，允许计数；低电平时，暂停计数。当GATE重新为高电平时，接着当前的计数值继续计数。计数期间给计数器装入新值，则会在写入新计数值后重新开始计数过程。

2. 方式1：可编程单稳脉冲

当CPU写入方式1的控制字之后（$\overline{\text{WR}}$的上升沿），OUT将为高（若原为低，则由低变高；若已经为高，则不变）。当CPU写完计数值后，等待外部门控脉冲GATE启动。硬件启动后的CLK下降沿开始计数，同时输出OUT变低。在整个计数过程中，OUT都维持为低，直到计数到0，输出才变为高。因此，OUT端输出一个单稳脉冲。若外部再次触发启动，则可以再产生一个单稳脉冲，如图8-4所示。由此可见，方式1的特点是由GATE触发后，OUT产生一个宽度等于计数值乘时钟周期的单稳负脉冲。

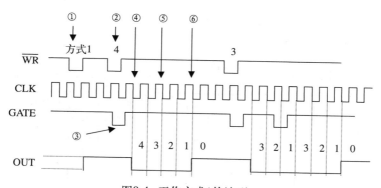

图8-4　工作方式1的波形

计数过程中写入新计数值，将不影响当前计数；但若再次由GATE触发启动，则按新值开始计数。计数过程结束前，GATE再次触发，则计数器重新装入计数值，从头开始计数。

3. 方式2：频率发生器（分频器）

当CPU输出方式2的控制字后，OUT将为高。写入计数初值后，计数器开始对输入时钟CLK计数。在计数过程中，OUT始终保持为高，直到计数器减为1时，OUT变低。经一个CLK周期，OUT恢复为高，且计数器开始重新计数，如图8-5所示。方式2的一个特点是能够连续工作。如果计数值为N，则每输入N个CLK脉冲，OUT输出一个负脉冲。因此，这种方式颇似一个频率发生器或分频器。

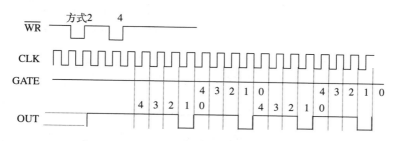

图8-5　工作方式2的波形

计数过程中装入新值，将不影响现行计数；但从下个周期开始按新计数值计数。GATE为低电平，将禁止计数，并使输出为高。GATE变高电平，计数器将重新装入预置计数值，开始计数。这样，GATE能用硬件对计数器进行同步。

4. 方式3：方波发生器

方式3和方式2的输出都是周期性的。其主要区别是：方式3在计数过程中输出的OUT有一半时间为高电平，另一半时间为低电平。所以，方式3的OUT输出一个方波。

在这种方式下，当处理器设置控制字后，输出为高；在写完计数值后就自动开始计数，输出仍为高电平。当计数值为偶数时，每来一个脉冲使得计数值减2（其他工作方式都是减1），这样前一半输出为高电平，后一半输出为低电平，如图8-6中N=4时的OUT输出所示。如果计数值为奇数，第一个脉冲使计数值减1、后续脉冲使计数值减2，计数值减为0的同时重置计数初值、输出信号变低，接着的一个脉冲使计数值减3、后续脉冲使计数值减2。上述过程重复进行，这样前(N+1)/2个时钟脉冲的时间输出为高，后(N−1)/2个时钟脉冲的时间输出为低，如图8-6中N=5时的OUT输出所示。但一次计数结束，输出又变高，并重新开始计数。

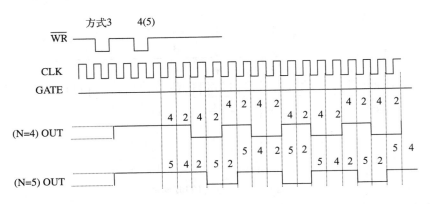

图8-6　工作方式3的波形

5. 方式4：软件触发选通信号

当处理器写入方式4的控制字后，OUT为高；写入计数值后开始计数（软件启动），当计数值减为0时，OUT变低；经过一个CLK时钟周期，OUT又变高；计数器停止计数。这种方式计数是一次性的，只有在输入新的计数值后，才能开始新的计数，如图8-7所示。

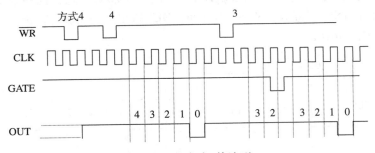

图8-7　工作方式4的波形

计数过程中重新装入新值，将不影响当前计数。GATE为低禁止计数，变为高则计数器重新装入计数初值，开始计数。

6. 方式5：硬件触发选通信号

当写入方式5的控制字后，OUT为高；写入计数初值后，由GATE的上升沿启动计数过程（硬件启动）。当计数到0时，OUT变低，经过一个CLK脉冲，OUT恢复为高，停止计数，如图8-8所示。

计数过程中重新装入新值，将不影响当前计数。GATE又有触发信号，则计数器重新装入计数初值，从头开始计数。

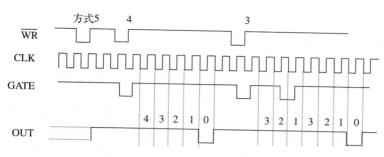

图8-8 工作方式5的波形

7. 工作方式小结

8253有6种工作方式，它们具有不同的特点。下面做个简单的总结，以便对比。

每种工作方式写入计数值N开始计数后，OUT输出信号都不尽相同；在计数过程中写入新计数值，也将引起输出波形的改变，如表8-2所示。

表8-2 计数值N与输出波形

方 式	N与输出波形的关系	改变计数值
0	写入计数值N后，经N＋1个CLK脉冲输出变高	立即有效（写入后下一个CLK脉冲）
1	单稳脉冲的宽度为N个CLK脉冲	外部触发后有效
2	每N个CLK脉冲，输出一个宽度为CLK周期的脉冲	计数到1后有效
3	前一半高电平，后一半低电平的方波	外部触发有效或计数到0后有效
4	写入N后过N＋1个CLK，输出宽度为1个CLK的脉冲	计数到0后有效
5	门控触发后过N＋1个CLK，输出宽度为1个CLK的脉冲	外部触发后有效

总的来说，GATE信号为低禁止计数、为高允许计数、上升沿启动计数，参见表8-3。

表8-3 门控信号的作用

方 式	GATE		
	低或变为低	上升沿	高
0	禁止计数	—	允许计数
1	—	启动计数，下一个CLK脉冲使输出为低	—
2	禁止计数，立即使输出为高	重新装入计数值，启动计数	允许计数
3	禁止计数，立即使输出为高	重新装入计数值，启动计数	允许计数
4	禁止计数	—	允许计数
5	—	启动计数	

8.1.3 8253/8254的编程

8253没有复位信号，加电后的工作方式不确定。为了使8253正常工作，微处理器必须对其初始化编程，写入控制字和计数初值。计数过程中，还可以读取计数值。

1. 写入方式控制字

虽然8253的每个计数器都需要方式控制字，但控制字格式相同，如图8-9所示。而

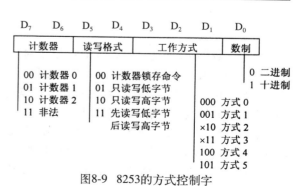

图8-9 8253的方式控制字

且写入控制字的I/O地址也相同，要求$A_1A_0 = 11$（控制字地址）。

（1）计数器选择（D_7D_6）

因为共用一个控制字地址，所以需要两位决定当前控制字是哪一个通道的控制字。

在8253中，$D_7D_6 = 11$的编码是非法，而8254利用它作为读回命令，详见后面介绍。

（2）读/写格式（D_5D_4）

8253的数据线为8位，一次只能进行一个字节的数据交换，但计数器是16位的；所以8253设计了几种不同的读写计数值的格式。

如果只需要1～256之间的计数值，则用8位计数器即可，这时可以令$D_5D_4 = 01$只读写低8位，而高8位自动置0。若是16位计数，但低8位为0，则可令$D_5D_4 = 10$，只读写高8位，低8位自动为0。在令$D_5D_4 = 11$时，就必须先读写低8位，后读写高8位。

$D_5D_4 = 00$的编码是锁存命令，用于把当前计数值锁存进"输出锁存器"，供以后读取。

（3）工作方式（$D_3D_2D_1$）

8253的每个通道可以有6种不同的工作方式，由这三位决定。

（4）数制选择（D_0）

8253的每个通道都有两种计数制：二进制和十进制（BCD码）。采用二进制计数，读写的计数值都是二进制数形式，例如，64H表示计数值为100。在直接将计数值进行输入或输出时，使用十进制较方便，读写的计数值采用BCD编码，例如，64H表示计数值为64。

例如，已知某个8253的计数器0、1、2端口和控制端口的地址依次是40H～43H。要求设置其中计数器0为方式0，采用二进制计数，先低后高写入计数值。初始化程序段如下：

```
mov al,30h              ;方式控制字：30H=00 11 000 0B
out 43h,al              ;写入控制端口：43H
```

2. 写入计数值

每个计数器通道都有对应的计数器I/O地址用于读写计数值。读写计数值时，还必须按方式控制字规定的读写格式进行。

因为计数器是先减1，再判断是否为0，所以，写入0实际上代表最大计数值。选择二进制时，计数值范围为0000H～FFFFH，其中，0000H是最大值，代表65536。选择十进制（BCD码）时，计数值范围为0000～9999，其中0000代表最大值10000。

在上例中，要求计数器0写入计数初值1024（＝400H），初始化程序段接着是：

```
mov ax,1024             ;计数初值：1024（=400H），写入计数器0地址：40H
out 40h,al              ;写入低字节计数初值
mov al,ah               ;高字节已在AH中
out 40h,al              ;写入高字节计数初值
```

3. 读取计数值

利用计数器I/O地址，可以读取计数器的当前计数值。但对8位数据线的8253来说，读取16位计数值需要分两次。由于计数在不断进行，在前后两次执行输入指令的过程中，计数值可能已经变化。所以，如果计数过程可以暂停，可在读取计数值时使GATE信号为低；否则应该将当前计数值先行锁存，然后读取，过程如下：

先向8253写入锁存命令（使方式控制字$D_5D_4 = 00$，用D_7D_6确定锁存的计数器，其他位没有用），将计数器的当前计数值锁存（计数器可继续计数）进输出锁存器。然后，CPU读取锁存的计数值。读取计数值后、或对计数器重新编程，将自动解除锁存状态。读取计数值，要

注意设置的读写格式和计数数制。

4. 8254的读回命令

8254的改进主要就是多了一个读回命令，这个命令可以令3个通道的计数值和状态锁存，向CPU返回一个状态字，如图8-10所示。

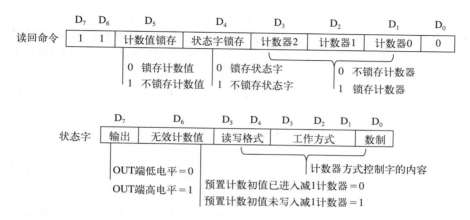

图8-10 8254的读回命令和状态字

读回命令写入控制端口，状态字和计数值都通过计数器端口读取。如果使读回命令的D_5和D_4位都为0，即计数值和状态字都要读回，则读取的顺序是：第一次输入指令读取状态字，接着的一条或两条输入指令读取计数值。

8.2 8253/8254在IBM PC系列机上的应用

PC系列机使用一片8253/8254。其3个计数通道分别用于日时钟计时、DRAM刷新定时和控制扬声器发声声调，如图8-11所示为其连接图。

根据主机板的I/O地址译码电路可知，当$A_9A_8A_7A_6A_5 =$00010时，定时器片选信号有效，所以8253/8254的I/O地址范围为040~05FH。再由片上A_1A_0连接方法可知，计数器0、计数器1和计数器2的计数器地址分别为40H、41H和42H，而控制字的端口地址为43H。其他端口地址为重叠地址，一般不使用它们。

3个计数器的时钟输入CLK均连接到频率为1.19318MHz的时钟信号上。

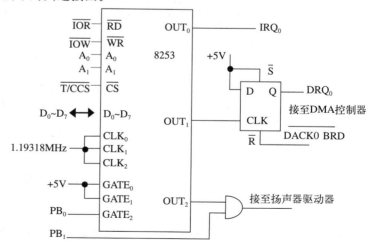

图8-11 PC上的8253/8254

8.2.1 定时中断和定时刷新

首先，让我们阅读一下系统ROM-BIOS对计数器0的初始化编程：

```
    mov al,36h              ;计数器0为方式3,采用二进制计数,先低后高写入计数值
    out 43h,al             ;写入方式控制字
    mov al,0               ;计数值为0
    out 40h,al             ;写入低字节计数值
    out 40h,al             ;写入高字节计数值
```

由此可知，计数器0采用工作方式3；计数值写入0产生最大计数初值65536，因而OUT输出频率为1.19318MHz÷65536=18.206Hz的方波信号。结合硬件连接，门控GATE$_0$接+5V为常启状态，这个方波信号将周而复始不断产生。OUT0端接8259A的IRQ$_0$，用作中断请求信号，即每秒产生18.206次中断请求，或说每隔55ms（54.925493ms）申请一次中断。

DOS系统利用计数器0这个特点，通过08号中断服务程序（参见习题7.13）实现了日时钟计时功能，即记录18次中断就是时间经过了1秒。

其次，让我们利用计数器1实现DRAM定时刷新请求。

当门控GATE$_1$接+5V，为常启状态时，才能重复不断地提出刷新请求；同时应该配合工作方式2或方式3进行重复计数。输出OUT1从低变高使D型触发器置1，Q端输出一正电位信号，作为主存刷新的请求信号；一次刷新结束，响应信号将触发器复位。

PC/XT机要求在2ms内进行128次刷新操作，PC/AT机要求在4ms内进行256次刷新操作。由此可算出每隔2ms÷128=15.6μs必须进行一次刷新操作。这样，将计数器1置成方式2，计数初值为18，每隔18×0.838μs=15.084μs产生一次刷新请求，满足刷新要求，初始化程序如下：

```
    mov al,54h              ;计数器1为方式2,采用二进制计数,只写低8位计数值
    out 43h,al             ;写入方式控制字
    mov al,18              ;计数初值为18
    out 41h,al             ;写入计数值
```

8.2.2 扬声器控制

PC系列机利用计数器2的输出，控制扬声器的发声音调，作为机器的报警信号或伴音信号。计数器2的OUT输出端接扬声器，只要输出一定频率的方波，经滤波后得到近似的正弦波，就可以推动扬声器发声。

```
                        ;发音频率设置子程序,入口参数：AX=1.19318×10^6÷发音频率
    speaker  proc
             push ax                ;暂存入口参数以免被破坏
             mov al,0b6h            ;定时器2为方式3,先低后高写入16位计数值
             out 43h,al
             pop ax                 ;恢复入口参数
             out 42h,al             ;写入低8位计数值
             mov al,ah
             out 42h,al             ;写入高8位计数值
             ret
    speaker  endp
```

即使完成了计数器2的初始化编程，计数器是否工作仍受控于它的门控信号。GATE$_2$接并行接口PB$_0$位，即I/O端口地址61H的D$_0$位（在XT机中是并行接口电路8255的PB$_0$位）。同时，输出OUT$_2$经过一个与门，这个与门受PB$_1$位控制。PB$_1$是I/O端口地址61H的D$_1$位（XT机中是8255的PB$_1$位）。所以，必须使PB$_0$和PB$_1$同时为高电平，扬声器才能发出预先设定频率的声音。

```
    speakon  proc                   ;扬声器开子程序
             push ax
```

```
                    in al,61h            ;读取61H端口的原控制信息
                    or al,03h            ;D₁D₀=PB₁PB₀=11B,其他位不变
                    out 61h,al           ;直接控制发声
                    pop ax
                    ret
speakon             endp
speakoff            proc                 ;扬声器关子程序
                    push ax
                    in al,61h
                    and al,0fch          ;D₁D₀=PB₁PB₀=00B,其他位不变
                    out 61h,al           ;直接控制闭音
                    pop ax
                    ret
speakoff            endp
```

例8.1 扬声器声音的控制。

为了方便调用，将频率设置、扬声器"响"与"不响"分别编写成子程序。主程序设置好音调后，让声音出现，用户在键盘上按任何键后声音停止。

```
                    ;数据段
freq                dw 1193180/600       ;给一个600Hz的频率
                    ;代码段
                    mov ax,freq
                    call speaker         ;设置扬声器的音调
                    call speakon         ;打开扬声器声音
                    mov ah,1             ;等待按键
                    int 21h
                    call speakoff        ;关闭扬声器声音
                    ……                  ;子程序
```

上述程序如果在32位Windows操作系统的模拟MS-DOS环境运行，第一次执行可能听不到声音，需要再次执行才会发声。这大概是模拟DOS的缘故，不是程序出错。如果直接在实地址方式的DOS平台运行，就不存在这个问题。另外，有些PC（例如笔记本电脑）没有扬声器（蜂鸣器），执行本程序也就不可能发声了。

8.2.3 可编程硬件延时

PC利用主板8253/8254计数器0的定时中断请求，实现日时钟计时。DOS系统有3个有关日时钟的中断。

1）中断向量号08H的日时钟中断服务程序，负责日时钟的跟踪，参见习题7.13。

2）中断向量号1AH的日时钟调用程序，供应用程序读取或设置时间。

3）中断向量号1CH的报时中断，这是在08H号中断服务程序中调用的中断。DOS并没有利用它，只是初始化1CH号中断向量指向一条中断返回指令，参见例7.3。

由于日时钟的计时单位是54.925493毫秒，因此，每秒、每分、每小时的换算关系为：

1秒为18个计时单位：$54.925493\text{ms} \times 18 = 0.98865887\text{s} \approx 1$秒

1分为1092个计时单位：$54.925493\text{ms} \times 1092 = 58.978638\text{s} \approx 60$秒

1小时为65543个计时单位：$54.925493\text{ms} \times 65543 = 3598.9815\text{s} \approx 3600$秒

利用日时钟每隔55ms中断一次不变的特点，可以编写一段不随系统时钟频率变化的固定

延时程序。方法是：通过读取日时钟计时变量，把要延时的时间（如5秒）以计时单位形式与当前计时变量相加（如5×18＝90）。然后，程序不断读取计时变量，并与期望值相比较，当两值相等时，表示延时时间到，可继续执行操作。

日时钟功能调用

- 中断调用指令：INT 1AH，子功能号：AH=00H。
- 出口参数：CX. DX=计时变量值（以55ms为单位，CX为高字，DX为低字）；AL=0，未超过24小时。

```
        ;延时开始
        mov ah,0                           ;读取日时钟功能调用
        int 1ah
        add dx,90                          ;加5秒（5×18＝90）
        mov bx,dx                          ;期望值送bx
repeat: int 1ah                            ;再读日时钟
        cmp bx,dx                          ;与期望值比较
        jne repeat                         ;不等,则循环
        ……                                ;相等,则延时结束
```

看起来，这段延时程序很像软件延时，但实际上利用了硬件定时器，所以它的定时比较准确。

最后，简单说明一下PC/AT以后微机中的实时时钟。实时时钟电路以RT/CMOS RAM为核心，系统断电后由后备电池提供电源，继续计时。CMOS RAM中存放着年月日、时分秒等时间，还有系统的配置信息等内容。当微机系统加电后，系统ROM-BIOS程序读取实时时间，转换成日时钟计时单位，将日时钟与实时时钟同步。1AH号日时钟调用中断的2～7号功能，用于读写实时时间。

实时时钟中断引向从片8259A的IRQ$_9$，向量号为70H。实时时钟电路有两个中断源，一个是每隔976.5625μs（1/1024Hz）的周期中断，另一个是报警中断（报警中断的服务程序是4AH号）。但是，微机启动后，周期中断和报警中断都是被禁止的。

由于日时钟中断的时间单位是55ms，所以无法实现更短时间的延时。这时只有利用实时时钟中断。系统ROM-BIOS的15H号中断调用（INT 15H）的86H号子功能为用户实现较短时间的延时提供了方便。

可编程硬件延时中断调用：

- 中断调用指令：INT 15H，子功能号：AH＝86H。
- 入口参数：CX.DX＝延时时间（以微秒μs为单位，CX为高字、DX为低字）。
- 出口参数：标志CF＝0表示调用正确、执行了延时；CF＝1，则调用不正确、未执行延时。

虽然以微秒为单位，但实际上该功能调用的实际延时总是976μs的整数倍，因为实时时钟的最小时间单位是976.5625μs（1/1024Hz）。例如，实现约2ms延时的程序段如下：

```
mov cx,0
mov dx,1952           ;延时1.952ms＝2×976μs
mov ah,86h
int 15h               ;功能调用返回时,定时时间到
```

利用8253定时器可以实现比较精确的硬件定时，但应用中也常使用软件延时，例如DELAY延时子程序：

```
delay   proc          ; 软件延时子程序
        push bx
```

```
                push cx
                mov bx,timer  ; 外循环：timer确定的次数
delay1:         xor cx,cx
delay2:         loop delay2   ; 内循环：2^16次循环
                dec bx
                jnz delay1
                pop cx
                pop bx
                ret
delay           endp
```

本软件延时子程序仅是一个示例。内循环执行了216次LOOP指令，外循环次数是TIMER。因为不同的处理器执行LOOP指令需要的时间不同，例如8086需要17个时钟周期，80286需要8个时钟周期，Pentium需要5个时钟周期，所以它产生的延时时间也不相同。这段程序的延时约等于TIMER×216×LOOP指令的时钟周期数÷处理器工作频率。通过在内循环中加入其他指令（如空操作指令NOP）以及改变外循环次数，可以调整这段程序的延时时间。

8.3 扩充定时计数器的应用

由于系统将8253/8254的3个计数器都占用了，所以有时需要扩充定时器芯片。

例8.2 利用扩充定时计数器实现对外部事件的计数。

通过PC系列机的系统总线在外部扩充一个8253芯片，利用其计数器0记录外部事件的发生次数，每输入一个高脉冲表示事件发生一次。当事件发生100次后就向CPU提出中断请求（边沿触发）。假设此片8253片选信号的I/O地址范围为200H～207H，则3个计数器和控制I/O地址依次为200H（或204H）、201H（或205H）、202H（或206H）、203H（或207H），如图8-12所示。

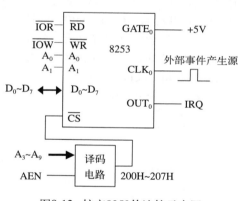

图8-12 扩充8253的连接示意图

```
;8253初始化程序段
mov dx,203h                ;设置方式控制字
mov al,10h                 ;设定为工作方式0,二进制计数,只写低字节计数值
out dx,al
mov dx,200h                ;设置计数初值
mov al,64h                 ;计数初值为100
out dx,al
……                        ;程序其他部分
```

例8.3 为A/D转换电路提供可编程的采样信号。

使用一片8253为A/D转换电路提供采样信号，不但可以设置采样频率，还可以决定采样信号的持续宽度，如图8-13所示。假设此片8253片选信号的I/O地址范围为200H～207H，因为将微机系统的地址A_2和A_1对应与8253的地址线A_1和A_0连接，所以3个计数器和控制I/O地址依

次为200H（或201H），202H（或203H），204H（或205H），206H（或207H）。

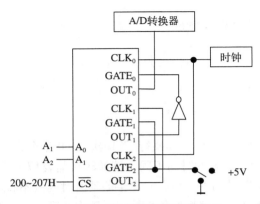

图8-13 8253提供采样信号

让计数器0工作在方式2，计数器1工作在方式1，计数器2工作在方式3。3个计数器的计数初值分别为cnt0、cnt1、cnt2，且都小于256。设时钟频率为F。从图中可以看出，由于将OUT_2输出作为CLK_1时钟，所以CLK_1的频率为F/cnt2；输出OUT_1的脉冲周期为（cnt1×cnt2）/F；输出OUT_0的脉冲频率为F/cnt0，门控信号$GATE_0$又受OUT_1的控制。

当对3个计数器设置好之后，将手动开关（或继电器）从低电平接到＋5V，计数器开始工作，输出OUT_0送A/D转换电路。A/D转换器便按F/cnt0的采样频率进行工作，每次采样的持续时间为（cnt1×cnt2）/F。

```
;计数器0的初始化编程
mov al,14h
mov dx,206h
out dx,al
mov al,cnt0
mov dx,200h
out dx,al
;计数器1的初始化编程
mov al,52h
mov dx,206h
out dx, al
mov al,cnt1
mov dx,202h
out dx,al
;计数器2的初始化编程
mov al,96h
mov dx,206h
out dx,al
mov al,cnt2
mov dx,204h
out dx al
```

习题

8.1 微机中实现定时控制的主要方法是什么？

8.2 8253每个计数通道与外设接口有哪些信号线，每个信号的用途是什么？

8.3 8253每个通道有_____种工作方式可供选择。若设定某通道为方式0后，其输出引脚为_____电平；当_____后通道开始计数，_____信号端每来一个脉冲_____就减1；当_____，则输出引脚输出_____电平，表示计数结束。8253的CLK_0接1.5MHz的时钟，欲使OUT_0产生频率为300KHz的方波信号，则8253的计数值应为_____，应选用的工作方式是_____。

8.4 试按如下要求分别编写8253的初始化程序，已知8253的计数器0～2和控制字I/O的地址依次为204H～207H。

（1）使计数器1工作在方式0，仅用8位二进制计数，计数初值为128。

（2）使计数器0工作在方式1，按BCD码计数，计数值为3000。

（3）使计数器2工作在方式2，计数值为02F0H。

8.5 设8253计数器0～2和控制字的I/O地址依次为F8H～FBH，说明如下程序的作用。

```
mov al,33h
out 0fbh,al
mov al,80h
out 0f8h,al
mov al,50h
out 0f8h,al
```

8.6 PC是如何应用8253每个通道的？

8.7 例8.2中CLK_0端实际输入多少个下降沿后产生中断？按照要求，还可以采用8253的什么工作方式完成同样的功能？如果利用外部信号启动计数，则$GATE_0$应怎样使用，应选用什么工作方式？写出初始化程序。

8.8 某系统中8253芯片的计数器0～2和控制字端口地址分别是FFF0H～FFF3H。定义计数器0工作在方式2，CLK_0=5MHz，要求输出OUT_0=1KHz频率波。定义通道1工作在方式4，用OUT_0作计数脉冲，计数值为1000，计数器计到0，向CPU发中断请求信号，接于PC系列机IRQ_4。编写8253两个计数器通道的初始化程序及中断服务程序入口地址、中断屏蔽位设置程序，并画出两个计数器通道的连接图。

8.9 利用扬声器控制原理，编写一个简易乐器程序：

• 当按下1～8数字键时，分别发出连续的中音1～7和高音i（对应频率依次为524Hz、588Hz、660Hz、698Hz、784Hz、880Hz、988Hz和1048Hz）。

• 当按下其他键时暂停发音。

• 当按下ESC键（ASCII码为1BH），程序返回操作系统。

8.10 计数器的定时长度和精度受脉冲输入信号频率和计数值影响。对于频率为f的脉冲输入，计数器输出的最小定时时间为_____；此时计数初值应为_____。16位计数器输出的最大定时时间是_____。当需要加大定时时间时，或者利用硬件方法进行多个计数器的级联；或者利用软件辅助方法，使计数单元扩大计数值。

第9章 DMA控制接口

直接存储器存取DMA是一种外设与存储器之间直接传输数据的方法，适用于需要数据高速大量传送的场合。DMA数据传送利用DMA控制器进行控制，不需要CPU直接参与。

9.1 DMA控制器8237A

Intel 8237A是一种高性能的可编程DMA控制器芯片。在5MHz时钟频率下，其传送速率可达每秒1.6MB。每个8237A芯片有4个独立的DMA通道，即有4个DMA控制器（DMAC）。每个DMA通道具有不同的优先权，都可以分别允许和禁止。每个通道有4种工作方式，一次传送的最大长度可达64KB。多个8237A芯片可以级联，任意扩展通道数。

9.1.1 8237A的内部结构和引脚

8237A芯片要在DMA传送期间作为系统的控制器件，所以，它的内部结构和外部引脚都相对比较复杂。从应用角度看，内部结构主要由两类寄存器组成。一类是通道寄存器，即每个通道都有的现行地址寄存器、现行字节数寄存器和基地址寄存器、基字节数寄存器，它们都是16位寄存器。另一类是控制和状态寄存器，它们是方式寄存器（4个通道都有一个，6位寄存器）、命令寄存器（8位）、状态寄存器（8位）、屏蔽寄存器（4位）、请求寄存器（4位）、临时寄存器（8位）。内部寄存器的作用将在9.1.4节展开。

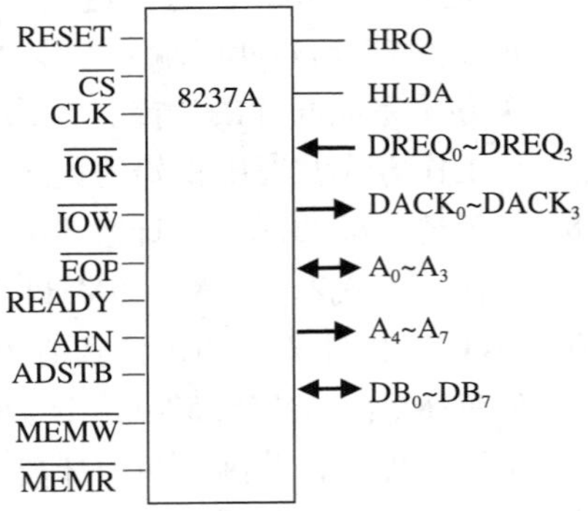

我们仅将8237A的外部引脚示于图9-1，按照它们的作用分别介绍。

图9-1 8237A的引脚示意图

1. 请求和响应信号

这组信号接收和响应外设DMA请求，同时向处理器提出总线请求并接收总线响应，参见第6章图6-17b。

$DREQ_0 \sim DREQ_3$（DMA Request）DMA通道请求——这是每个DMA通道的外设DMA请求信号。当外设需要请求DMA服务时，将DREQ信号置成有效电平，并要保持到产生响应信号。DREQ有效的电平由编程选择。8237A芯片被复位后，初始为高电平有效。

HRQ（Hold Request）总线请求——对任一个DREQ有效，且允许该通道产生DMA请求，就使8237A输出有效的HRQ高电平，向CPU申请使用系统总线。

HLDA（Hold Acknowledge）总线响应——当8237A向CPU发出总线请求信号时，至少在一个时钟周期后，接收来自CPU的响应信号HLDA，表示8237A取得了总线的控制权。

$DACK_0 \sim DACK_3$（DMA Acknowledge）DMA通道响应——这是每个DMA通道的外设DMA响应信号。8237A一旦获得HLDA有效信号，便使请求服务的通道产生相应的DMA响应信号以通知外设。DACK输出信号的有效极性由编程选择。8237A被复位后，初始为低电平有效。

2. DMA传送控制信号

在DMA传送期间，这组信号控制系统总线，完成数据传送。它们与处理器控制数据传送的有关信号非常类似。

$A_0 \sim A_7$（Address）地址线——三态输出线，输出低8位存储器地址。

$DB_0 \sim DB_7$（Date Bus）数据线——双向三态信号线，输出高8位存储器地址。在存储器与存储器的传送期间，也用于数据传送。

ADSTB（Address Strobe）地址选通——在DMA传送开始时，此信号输出高有效，把在$DB_0 \sim DB_7$上输出的高8位地址锁存在外部锁存器中。

AEN（Address Enable）地址允许——输出一个高有效信号，将锁存的高8位地址送入系统总线，与芯片此时输出的低8位地址组成16位存储器地址。AEN在DMA传送时也可以用来屏蔽别的系统总线驱动器。

$\overline{MEMR}$(Memory Read)存储器读——三态输出信号，有效时将数据从存储器读出。

$\overline{MEMW}$(Memory Write)存储器写——三态输出信号，有效时将数据写入存储器。

$\overline{IOR}$(Input/Output Read)I/O读——三态输出信号，有效时将数据从外设读出。

$\overline{IOW}$(Input/Output Write)I/O写——三态输出信号，有效时将数据写入外设。

READY准备好——高有效输入信号。在DMA传送的第3个时钟周期S_3的下降沿检测到READY线为低时，则插入等待状态Sw，直到READY为高才进入第4个时钟周期S_4。

$\overline{EOP}$(End of Process) 过程结束——双向信号。在DMA传送时，当字节数寄存器的计数值从0减到FFFFH时（即内部DMA过程结束），在$\overline{EOP}$引脚上输出一个低有效脉冲。若由外部输入一信号使$\overline{EOP}$变低，则外部信号终结DMA传送。不论是内部还是外部产生有效的$\overline{EOP}$信号，都会终止DMA数据传送。

3. 处理器接口信号

8237A不作为主控芯片进行DMA传送时，接受微处理器的控制。因此，它与其他接口芯片一样具有与处理器连接的有关信号。

$DB_0 \sim DB_7$——双向三态数据线，用于8237A与微处理器进行数据交换。

$A_0 \sim A_3$地址线——低4位输入地址线，用以选择芯片内部寄存器。

$\overline{CS}$（Chip Select）片选——输入低有效时，微处理器与8237A通过数据线通信，主要完成对8237A的编程。

$\overline{IOR}$——I/O读输入信号，CPU利用它读取8237A内部寄存器的内容。

$\overline{IOW}$——I/O写输入信号，CPU利用它把信息写入8237A内部寄存器。

CLK（Clock）时钟——芯片的时钟输入信号，该信号控制芯片内部操作和数据传输。

RESET复位——异步的高有效信号。复位时，使除屏蔽寄存器被置位外，其余寄存器（包括命令、状态、请求、临时寄存器以及内部高低触发器）均被清除，且芯片处于空闲周期。

8237A是一个I/O接口芯片受控于处理器，在DMA传送时又是一个主控芯片，所以它的许多引脚具有两种作用，现列于表9-1，以便比较。

表9-1 8237A的引脚

与CPU连接（空闲周期）的引脚	与外设连接（有效周期）的引脚
CLK、RESET	AEN、ADSTB、READY、$\overline{EOP}$
$A_0 \sim A_3$、$\overline{CS}$、$DB_0 \sim DB_7$	$A_0 \sim A_7$、$DB_0 \sim DB_7$
$\overline{IOR}$、$\overline{IOW}$	$\overline{IOR}$、$\overline{IOW}$、$\overline{MEMR}$、$\overline{MEMW}$
HRQ、HLDA	$DREQ_0 \sim DREQ_3$、$DACK_0 \sim DACK_3$

9.1.2 8237A的工作时序

8237A的工作时序分成两种工作周期（工作状态）：即空闲周期和有效周期，分别对应受CPU控制的工作状态和作为DMAC控制DMA传送的工作状态。

1. 空闲周期

当8237A的任一通道都没有DMA请求时就处于空闲周期（Idle Cycle）。此时，8237A由微处理器控制作为一个接口芯片。在空闲周期，8237A始终执行S_i状态，在每一个时钟周期都采样通道的请求输入线DREQ。8237A在复位以后就处在空闲周期S_i状态，只要尚未有外设的DMA请求，就始终处于S_i状态。

S_i状态可由CPU对8237A编程，或从8237A读取状态。8237A在S_i状态始终采样选片信号$\overline{CS}$，只要$\overline{CS}$信号变为有效，则CPU要对8237A进行读/写操作。

2. 有效周期

当8237A在S_i状态采样到外设有DMA请求时，就脱离空闲周期进入有效周期（Active Cycle）：8237A作为系统的主控芯片，控制DMA传送操作。由于DMA传送是借用系统总线完成的，所以，它的控制信号以及工作时序类似CPU总线周期。图9-2为8237A的DMA传送时序，每个时钟周期用S（Statue）状态表示，而不是CPU总线周期的T状态。

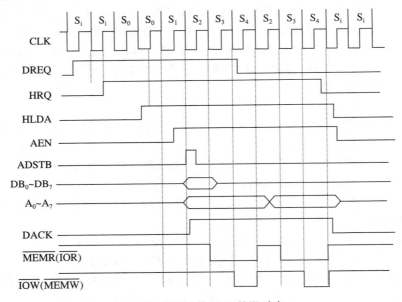

图9-2 8237A的DMA传送时序

1）当检测到在S_i的脉冲下降沿，某一通道或几个通道同时有DREQ请求时，则在下一个周期就进入S_0状态；而且在S_i脉冲的上升沿，使向CPU发总线请求的HRQ信号变为有效。在S_0状态8237A等待CPU对总线请求的响应，只要未收到有效的HLDA信号，8237A始终处于S_0状态。当在S_0的上升沿采样到HLDA信号有效，则下一状态就进入DMA传送的S_1状态。

2）典型的DMA传送由S_1、S_2、S_3、S_4四个状态组成。在S_1状态使地址允许信号AEN有效。自S_1状态起，一方面把要访问的存储单元的高8位地址通过数据线$DB_0\sim DB_7$输出，另一方面发出一个有效的地址选通信号ADSTB，利用ADSTB的下降沿把在数据线上的高8位地址锁存至外部的地址锁存器中。同时，地址的低8位由地址线$A_0 \sim A_7$输出，且在整个DMA传送期间保持住。

3）在S_2状态，8237A向外设输出DMA响应信号DACK。在通常情况下，外设的请求信号DREQ必须保持到DACK有效。即自S_2状态开始使"读写控制"信号有效：

- 如果将数据从存储器传送到外设，则8237A输出 $\overline{\text{MEMR}}$ 有效信号，从指定存储器地址的单元读出一个数据送到系统数据总线（图9-2并没有画出），同时8237A还输出 $\overline{\text{IOW}}$ 有效信号将系统数据总线的这个数据写入请求DMA传送的外设中。
- 如果将数据从外设传送到存储器，则8237A输出 $\overline{\text{IOR}}$ 有效信号，从请求DMA传送的外设读取一个数据送到系统数据总线，同时8237A输出 $\overline{\text{MEMW}}$ 有效信号将系统数据总线的这个数据写入指定存储器地址的单元中。

由此可见，DMA传送实现了外设与存储器之间的直接数据传送，传送的数据不进入8237A内部，也不进入CPU。另外，DMA传送不提供I/O端口地址（地址线上总是存储器地址），请求DMA传送的外设需要利用DMA响应信号进行译码以确定外设数据缓冲器。

4）在8237A输出信号的控制下，利用S_3和S_4状态完成数据传送。若存储器和外设不能在S_4状态前完成数据的传送，则只要设法使READY信号线变低，就可以在S_3和S_4状态间插入Sw等待状态。在此状态，所有控制信号维持不变，从而加宽DMA传送的周期。

5）在数据块传送方式下，S_4后面应接着传送下一个字节。因为DMA传送的存储器区域是连续的，通常情况下地址的高8位不变，只是低8位增量或减量。所以，输出和锁存高8位地址的S_1状态不需要了，直接进入S_2状态，由输出地址的低8位开始，在读写信号的控制下完成数据传送。这种过程一直继续到把规定的数据个数传送完，终止计数TC（Terminal Count，指字节数寄存器减到零之后，又减1到FFFFH）；此时，一个DMA传送过程结束，8237A又进入空闲周期，等待新的请求。

9.1.3 8237A的工作方式

8237A有4种DMA传送方式、3种DMA传送类型，并可以实现存储器到存储器的传送。

1. DMA传送方式

8237A在有效周期内进行DMA传送有4种工作方式（也称为工作模式）。

（1）单字节传送方式

单字节传送方式是每次DMA传送时仅传送一个字节。传送一个字节之后，字节数寄存器减1，地址寄存器加1或减1，HRQ变为无效。这样，8237A释放系统总线，将控制权还给CPU。若传送后使字节数从0减到FFFFH，终止计数，则终结DMA传送或重新初始化。

通常，在DACK成为有效之前，DREQ必须保持有效。如果在整个传输过程中，DREQ都保持有效，HRQ也会变成无效，在传送一个字节后释放总线。但HRQ很快再次变成有效，8237A接收到新的HLDA有效信号后，又开始传送下一个字节。

单字节方式的特点是：一次传送一个字节，效率略低；但它会保证在两次DMA传送之间CPU有机会重新获取总线控制权，执行一个CPU总线周期。

（2）数据块传送方式

在这种方式下，8237A由DREQ启动，连续地传送数据，直到字节数寄存器从0减到FFFFH终止计数，或者由外部输入有效的 $\overline{\text{EOP}}$ 信号终结DMA传送。DREQ只需维持有效到

DACK有效。

数据块方式的特点是：一次请求传送一个数据块，效率高；但在整个DMA传送期间CPU长时间无法控制总线（无法响应其他DMA请求，无法处理中断等）。

（3）请求传送方式

在这种方式下，DREQ信号有效，8237A连续传送数据；但当DREQ信号无效时，DMA传送被暂时中止，8237A释放总线，CPU可继续操作。DMA通道的地址和字节数的中间值，仍保持在相应通道的现行地址和现行字节数寄存器中。只要外设又准备好进行传送，可使DREQ信号再次有效，DMA传送就继续进行下去。

当然，如果字节数寄存器从0减到FFFFH，或者由外部送来一个有效的 $\overline{EOP}$ 信号，同样将终止计数。

请求方式的特点是：DMA操作可由外设利用DREQ信号控制传送的过程（速率）。

（4）级联方式

这种方式用于通过多个8237A级联以扩展通道。第二级的HRQ和HLDA信号连到第一级某个通道的DREQ和DACK上。第二级芯片的优先权等级与所连的通道相对应。在这种情况下，第一级只起优先权网络的作用。第一级除了向CPU输出HRQ信号外，并不输出任何其他信号。实际的操作由第二级芯片完成。若有需要还可由第二级扩展到第三级等。

2. DMA传送类型

在前3种工作方式下，DMA传送有3种类型：DMA读、DMA写和DMA校验。

1）DMA读——把数据由存储器传送到外设。由 $\overline{MEMR}$ 有效从存储器读出数据，由 $\overline{IOW}$ 有效把这一数据写入外设。

2）DMA写—— 把外设输入的数据写入存储器。由 $\overline{IOR}$ 有效从外设输入数据，由 $\overline{MEMW}$ 有效把这一数据写入存储器。

3）DMA检验——这是一种空操作。8237A并不进行任何检验，而只是像DMA读或DMA写传送一样产生时序、产生地址信号，但是存储器和I/O控制线保持无效，所以不进行传送，而外设可以利用这样的时序进行DMA校验。

3. 存储器到存储器的传送

8237A还可以编程为存储器到存储器传送的工作方式。

这时8237A要固定使用通道0和通道1。通道0的地址寄存器存源区地址，通道1的地址寄存器存目的区地址，通道1的字节数寄存器存传送的字节数。传送由设置通道0的软件请求启动，8237A按正常方式向CPU发出HRQ请求信号，待HLDA响应后传送就可以开始。每传送一字节需用8个时钟周期，前4个时钟周期用通道0地址寄存器的地址从源区读数据送入8237A的临时寄存器；后4个时钟周期用通道1地址寄存器的地址把临时寄存器中的数据写入目的区。每传送一个字节，源地址和目的地址都要修改，字节数减1。传送一直进行到通道1的字节数寄存器从0减到FFFFH，终止计数并在 $\overline{EOP}$ 端输出一个脉冲。存储器到存储器的传送也允许由外部送来一个 $\overline{EOP}$ 信号停止数据传送过程。

4. DMA通道的优先权方式

8237A有4个DMA通道，它们的优先权有两种方式。但不论采用哪种优先权方式，经判决某个通道获得服务后，其他通道无论其优先权高低，均被禁止，直到已服务的通道结束传送为止。DMA传送不存在嵌套。

1）固定优先权方式——4个通道的优先权是固定的，即通道0优先权最高，通道1其次，通道2再次，通道3最低。

2）循环优先权方式——4个通道的优先权是循环变化的，最近一次服务的通道在下次循环中变成最低优先权，其他通道依次轮流相应的优先权。

5. 自动初始化方式

某个DMA通道设置为自动初始化方式，是指每当DMA过程结束 $\overline{EOP}$ 信号产生时（不论是内部终止计数还是外部输入该信号），都用基地址寄存器和基字节数寄存器的内容，使相应的现行寄存器恢复为初始值，包括恢复屏蔽位、允许DMA请求。这样就做好了下一次DMA传送的准备。

9.1.4　8237A的寄存器

8237A共有10种内部寄存器，对它们的操作有时需要配合3个软件命令。它们由最低4位地址A$_0$～A$_3$区分，如表9-2所示。所谓8237A的"软件命令"是指不需要通过数据总线写入控制字而直接由地址和控制信号译码实现的操作命令。

表9-2　8237A寄存器和软件命令的寻址

A$_3$ A$_2$ A$_1$ A$_0$	DMAC1地址	DMAC2地址	读操作（$\overline{IOR}$）	写操作（$\overline{IOW}$）
0 0 0 0	00H	C0H	通道0现行地址寄存器	通道0地址寄存器
0 0 0 1	01H	C2H	通道0现行字节数寄存器	通道0字节数寄存器
0 0 1 0	02H	C4H	通道1现行地址寄存器	通道1地址寄存器
0 0 1 1	03H	C6H	通道1现行字节数寄存器	通道1字节数寄存器
0 1 0 0	04H	C8H	通道2现行地址寄存器	通道2地址寄存器
0 1 0 1	05H	CAH	通道2现行字节数寄存器	通道2字节数寄存器
0 1 1 0	06H	CCH	通道3现行地址寄存器	通道3地址寄存器
0 1 1 1	07H	CEH	通道3现行字节数寄存器	通道3字节数寄存器
1 0 0 0	08H	D0H	状态寄存器	命令寄存器
1 0 0 1	09H	D2H	—	请求寄存器
1 0 1 0	0AH	D4H	—	单通道屏蔽字
1 0 1 1	0BH	D6H	—	方式寄存器
1 1 0 0	0CH	D8H	—	清高/低触发器命令
1 1 0 1	0DH	DAH	临时寄存器	主清除命令
1 1 1 0	0EH	DCH	—	清屏蔽寄存器命令
1 1 1 1	0FH	DEH	—	主屏蔽字

注：DMAC1是XT机和AT机的第一个DMA控制器，DMAC2是AT机的第二个DMA控制器。

1. 现行地址寄存器

保持DMA传送的当前地址值，每次传送后这个寄存器的值自动加1或减1。这个寄存器的值可由CPU写入和读出。

2. 现行字节数寄存器

保持DMA传送的剩余字节数，每次传送后减1。这个寄存器的值可由CPU写入和读出。当这个寄存器的值从0减到FFFFH时，终止计数。

3. 基地址寄存器

存放着与现行地址寄存器相联系的初始值。CPU同时写入基地址寄存器和现行地址寄存器，但是基地址寄存器不会自动修改，且不能读出。

4. 基字节数寄存器

存放着与现行字节数寄存器相联系的初始值。CPU同时写入基字节数寄存器和现行字节数寄存器，但是基字节数寄存器不会自动修改，且不能读出。

由于字节数寄存器从0减到FFFFH时，计数才终止；所以，实际传送的字节数要比写入字节数寄存器的值多1。因此，如果需要传送N个字节，初始化编程时写入字节数寄存器的值应为N−1。

8237A的地址和字节数寄存器都是16位的，但利用8位数据线如何读写呢？8237A内部有一个高/低触发器，它控制读写16位寄存器的高字节或低字节。触发器为0，则操作的是低字节；为1，则为高字节。软、硬件复位之后，此触发器被清为零。每当16位通道寄存器进行一次操作（读/写8位），则此触发器自动改变状态。因此，对16位寄存器的读出或写入可分两次连续进行，就不必清除这个触发器。

8237A的清除高/低触发器软件命令（$A_3A_2A_1A_0 = 1100$）将使高/低触发器清零。另外，主清除命令（$A_3A_2A_1A_0 = 1101$）也使高/低触发器清零；同时该软件命令还使命令、状态、请求、临时寄存器清零，使屏蔽寄存器置为全1（即屏蔽状态），使8237A处于空闲周期。主清除命令与硬件的RESET信号具有相同的功能，也就是软件复位命令。

5. 模式寄存器

存放相应通道的方式控制字。方式控制字的格式参见图9-3，它选择某个DMA通道的工作方式，其中用最低2位选择哪个DMA通道。地址增量是指一个数据传送完后，现行地址寄存器的值（即DMA传送时输出的存储器地址）加1；地址减量则是减1。

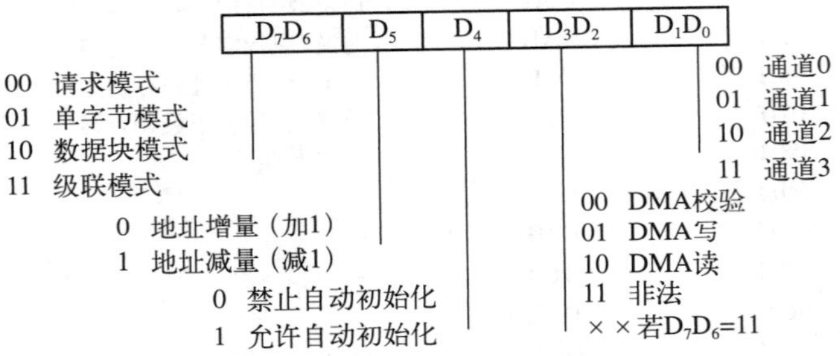

图9-3 方式字格式

6. 命令寄存器

存放8237A的命令字。命令字格式如图9-4所示，它设置8237A芯片的操作方式，影响每个DMA通道，复位时使命令寄存器清零。其中，设置$D_2 = 1$才使8237A可以作为DMA控制器进行DMA传送，否则8237A将不能进行DMA传送。

当$D_0 = 1$时将选择存储器到存储器的传送方式。此时，通道0的地址寄存器存放源地址。若D_1也置位，则整个存储器到存储器的传送过程始终保持同一个源地址，以便实现将一个目的存储区域设置为同一个值。

在系统性能允许的范围内，为获得较高的传输效率，8237A能将每次传输时间从正常时序的3个时钟周期变为压缩时序的2个时钟周期。在正常时序时，命令字的D_5选择滞后写或扩展写。其不同之处是写信号是滞后在S_4状态有效（滞后写）还是扩展到S_3状态有效（扩展写）。

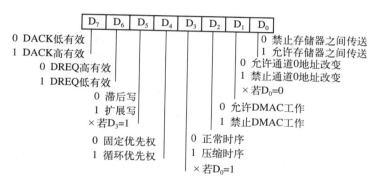

图9-4 命令字格式

7. 请求寄存器

除了可以利用硬件DREQ信号提出DMA请求外，当工作在数据块传送方式时也可以通过软件发出DMA请求。另外，若是存储器到存储器传送，则必须由软件请求启动通道0。

请求寄存器存放软件DMA请求状态。CPU通过请求字写入请求寄存器，如图9-5所示。其中D_1D_0位决定写入的通道，D_2位决定是置位（请求）还是复位。每个通道的软件请求位分别设置，是非屏蔽的。它们的优先权同样受优先权逻辑的控制。它们可由内部TC（终止计数）或外部的$\overline{EOP}$信号复位，RESET复位信号使整个寄存器清除。

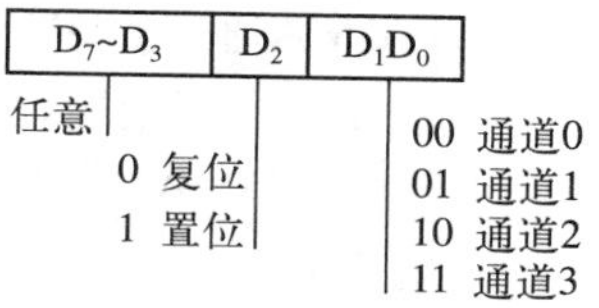

8. 屏蔽寄存器

它控制外设通过DREQ发出的硬件DMA请求是否被响应（为0允许），各个通道互相独立。对屏蔽寄存器的写入有3种方法：

图9-5 请求字格式

1）单通道屏蔽字（$A_3A_2A_1A_0 = 1010$）只对一个DMA通道屏蔽位进行设置，参见图9-6a。

2）主屏蔽字（$A_3A_2A_1A_0 = 1111$）对4个DMA通道屏蔽位同时进行设置，参见图9-6b。

3）清屏蔽寄存器命令（$A_3A_2A_1A_0 = 1110$）使4个屏蔽位都清零，都被允许DMA请求。

8237A芯片复位使4个通道全置于屏蔽状态。所以，必须根据需要复位屏蔽位，允许DMA请求。当一个通道的DMA过程结束（内部终止计数TC或外部产生$\overline{EOP}$信号），如果不是工作在自动初始化方式，则这一通道的屏蔽位置位，必须再次编程为允许，才能进行下一次DMA传送。

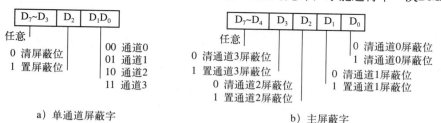

a）单通道屏蔽字　　　　　　　　b）主屏蔽字

图9-6 屏蔽字格式

9. 状态寄存器

8237A中有一个可由CPU读取的状态寄存器。它的低4位反映读命令这个瞬间每个通道是否产生TC（为1，表示该通道传送结束），高4位反映每个通道的DMA请求情况（为1，表示该通道有请求），参见图9-7。这些状态位在复位或被读出后，均被清零。

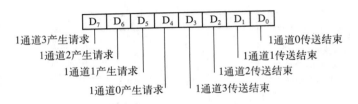

图9-7 状态字格式

10. 临时寄存器

在存储器到存储器的传送方式下，临时寄存器保存从源存储单元读出的数据，该数据又被写入到目的存储单元。传送完成，临时寄存器只会保留最后一个字节，可由CPU读出。复位使临时寄存器内容为零。

9.1.5 8237A的编程

对接口电路的编程就是读写其内部寄存器。对8237A的编程分两种。

1）8327A芯片的初始化编程：只要写入命令寄存器。必要时，可以先输出主清除命令，对8237A进行软件复位，然后写入命令字。命令字影响所有4个通道的操作。

2）DMA通道的DMA传送编程，需要多个写入操作：

- 将存储器起始地址写入地址寄存器（如果采用地址减量工作，则是结尾地址）。
- 将本次DMA传送的数据个数写入字节数寄存器（个数要减1）。
- 确定通道的工作方式，写入方式寄存器。
- 写入屏蔽寄存器让通道屏蔽位复位，允许DMA请求。

若不是软件请求，则在完成编程后，由通道的引脚输入有效DREQ信号，启动DMA传送过程。若用软件请求，需再写入请求寄存器，就可开始DMA传送。DMA传送过程中不需要进行软件编程，完全由DMA控制器8237A采用硬件控制实现。

注意，每个通道都需要进行DMA传送编程。如果不是采用自动初始化工作方式，每次DMA传送前也都需要这样的编程操作。

例如，在PC/XT机中，利用8237A通道0输出存储器地址进行DRAM的刷新操作，其DMA传送编程如下：

```
out 0dh,al          ;DMAC主清除命令
mov al,0            ;DMAC命令字:固定优先权,DREQ高有效、DACK低有效
out 08,al
mov al,0
out 00,al           ;写入通道0的地址寄存器低字节
out 00,al           ;写入通道0的地址寄存器高字节
mov al,0ffh
out 01,al           ;写入通道0的字节数寄存器低字节
out 01,al           ;写入通道0的字节数寄存器高字节
mov al,58h          ;通道0模式字:单字节传送、DMA读、地址增量、自动初始化
out 0bh,al
mov al,0            ;通道0屏蔽字:允许DREQ₀提出申请
out 0ah,al
```

经过编程后，8253/8254的计数器1开始计时，每隔15μs使DREQ$_0$有效，8237A通道0输出

刷新地址，所有DRAM芯片同时进行内部刷新操作。8237A通道0采用自动初始化工作方式，保证了刷新操作循环不止。

8237A有两种方法反映DMA过程结束（即终止计数、发生TC）：状态寄存器的低4位和$\overline{EOP}$信号（需配合DACK响应信号确定通道）。应用程序可以采用软件查询状态字后进一步处理DMA过程结束后的操作，也可以采用硬件中断在中断服务程序中处理。

9.2 8237A的应用

本节首先介绍8237A在PC系列机的使用情况，然后给两个应用实例。

9.2.1 8237A在IBM PC系列机上的应用

IBM PC/XT机使用一片Intel 8237A形成4个DMA通道。通道0作为动态存储器DRAM刷新使用；通道2和通道3分别用于主存与软盘和硬盘的高速数据交换；通道1可提供给用户使用；当使用串行同步通信适配器（SDLC卡）时，通道1用于同步通信，在主存与SDLC卡间传输数据。

在IBM PC/AT上，采用了两片8237A。原PC/XT机的8237A芯片作为从片DMAC1，级联到新增的第2个8237A芯片DMAC2的通道0上。这样，为系统提供了7个DMA通道。

- DMAC1包含通道0～3。这些通道支持8位I/O接口板与8位或16位系统存储器之间的8位数据传送，每个通道能够传送的数据量最大为64KB。通常，通道2用于软盘与内存的数据交换，通道1用于SDLC通信接口卡，通道0和3备用。
- DMAC2的4个通道依次被称为通道4～7。通道4用于级联，不能用于其他目的。通道5～7支持16位I/O接口板与16位系统存储器之间的16位数据传送，每个通道能够传送的数据量最大为128KB。

根据系统板I/O译码电路所产生的DMA片选信号，DMAC1的端口地址范围是00H～01FH，DMAC1的$A_3 \sim A_0$引脚同系统地址线$A_3 \sim A_0$相连，A_4未参加译码，取$A_4 = 0$时的地址00～0FH为DMAC1的端口地址。DMAC2的端口地址范围是C0H～DFH，其$A_3 \sim A_0$引脚同系统地址线$A_4 \sim A_1$相连，A_0未参加译码，取$A_0 = 0$时的16个偶地址为DMAC2的端口地址，如表9-2所示。

两片8237A的过程结束端$\overline{EOP}$分别通过一个10K电阻接到+5V电源，以防止输入过程结束信号，既不要求外部来终止有效的DMA服务。计数终止信号T/C（系统总线B27引脚）正是由这两个$\overline{EOP}$信号经与非逻辑后产生的；就是说，不论哪个通道的DMA传送结束都会得到有效的过程结束信号。

1. 8237A的初始化编程

系统对两个8237A芯片的初始化编程如下：

```
sub al,al
out 08h,al          ;命令字：00H,送DMAC1
out 0d0h,al         ;命令字：00H,送DMAC2
mov al,0c0h
out 0d6h,al         ;方式字:C0H,设置DMAC2的通道0为级联方式
```

8237A初始化写入命令字为0，确定了DREQ高电平有效（PC系列机表示为$DRQ_0 \sim DRQ_3$、$DRQ_5 \sim DRQ_7$），DACK低电平有效（PC系列机表示为$\overline{DACK_0} \sim \overline{DACK_7}$），固定优先权（依次为通道0，1，…，7）。同时，命令字还确定不进行存储器到存储器的数据传输，采用正常时序及滞后写入。除了要禁止8237A工作，用户通常不必操作命令寄存器。

AT机虽不用通道0进行刷新，但仍用DMA控制电路进行刷新，所以DMA传送不能长时间占用总线（不应超过15μs，否则会影响刷新操作）。通道4用于级联不应改变，其他通道可按实际情况设定不同方式，但一般只能使用单字节传送方式。

在PC系列机上，用户如果使用DMA通道，不能改变命令寄存器的内容，还要注意遵从上述系统要求。

2. 高位地址的形成

8237A只提供16位地址，系统的高位地址由称为"页面寄存器"的芯片提供，以形成整个微机系统需要的所有存储器地址。页面寄存器内容就是高位地址，它由CPU的输出指令实现写入，它的端口地址为80～9FH，如表9-3所示。

表9-3　页面寄存器I/O地址

DMAC通道	I/O地址
通道0	87H
通道1	83H
通道2	81H
通道3	82H
通道5	8BH
通道6	89H
通道7	8AH
存储器刷新	8FH
错误标志单元	80H

对于DMAC1的通道0～通道3：8237A提供系统A_0～A_{15}低16位地址，页面寄存器输出系统A_{16}～A_{23}高8位地址。通道0～通道3的每个DMA通道最多实现64KB的DMA传送。

对于DMAC2的通道5～通道7：8237A提供系统A_1～A_{16}的16位地址，而系统A_0被强迫为逻辑0，页面寄存器仅输出高7位地址A_{17}～A_{23}。通道5～通道7的每个DMA通道最多实现64K字，即128K字节（128KB）的DMA传送。

需注意的是，页面寄存器不具有自动增减量功能，所以高位地址在整个DMA传送过程中是不会改变的。

9.2.2 DMA写传送

图9-8为一个用于IBM PC系列机的DMA写传送的接口电路。其中，74LS374是一个"非透明"三态锁存缓冲器。

每当外设准备好一个数据，就提出一次DMA请求，经过D触发器74LS74产生高有效信号；同时将外设数据保存在锁存器中。当微机系统允许DMA操作时，就会输出DMA响应信号，同时在DMAC输出的I/O读信号$\overline{IOR}$的控制下，将锁存的外设数据经数据总线D_0～D_7直接传送到存储器中。另外，DMA响应信号还使DMA请求信号为低无效，保证了DMA请求信号保持到DMA响应为止，说明一次DMA传送结束。

本例假设采用DMA通道1，传送2KB外设数据，主

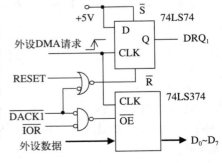

图9-8　DMA写传送接口原理图

存起始地址为045000H。

下面给出了对8237A通道1初始化的程序段，采用查询方式检测传送是否完成。

```
                mov al,45h          ;通道1方式字：单字节DMA写传送,地址增量,非自动初始化
                out 0bh,al
                nop                 ;延时
                nop
                out 0ch,al          ;清高/低触发器命令
                mov al,0
                out 02h,al          ;写入低8位地址到地址寄存器
                mov al,50h
                out 02h,al          ;写入中8位地址到地址寄存器
                mov al,04h
                out 83h,al          ;写入高8位地址到页面寄存器
                mov ax,2048-1       ;AX←传送字节数减1
                out 03h,al          ;送字节数低8位到字节数寄存器
                mov al,ah
                out 03h,al          ;送字节数高8位到字节数寄存器
                mov al,01
                out 0ah,al          ;单通道屏蔽字：允许通道1的DMA请求
                ……                 ;其他工作
dmalp:          in al,08h           ;读状态寄存器
                and al,02h          ;判断通道1是否传送结束
                jz dmalp            ;没有结束,则循环等待
                ……                 ;传送结束,处理转换数据
```

9.2.3 DMA设定子程序

软盘的读写利用DMA通道2传送数据。系统ROM-BIOS有一个DMA设定子程序，进行DMA传送编程，它被读软盘、写软盘和软盘检验等软盘I/O功能程序调用。

入口参数：（1）AL＝DMA方式字。写软盘时为4AH（通道2单字节DMA读），读软盘时为46H（通道2单字节DMA写），软盘校验时为42H（通道2单字节检验）。（2）ES:BX＝DMA传送的内存缓冲区首地址。（3）DH＝DMA传送的磁盘扇区数。

出口参数：AX被破坏，标志CF＝1表示预置不成功，CF＝0表示预置成功

程序中形成物理地址的方法是用软件模仿8088总线接口单元BIU的加法器功能来实现的，即将段地址左移4位，与偏移地址相加。然后低16位送地址寄存器，高位送页面寄存器。由于页面寄存器中的高位地址在传送过程中不会变动，所以低16位地址值与传送的字节数相加之后（程序设定8237A为地址增量工作方式）若有进位，则说明这一内存缓冲区跨了两个物理段（一个物理段为64K，边界地址低16位为0）。这时，必须重新设置内存缓冲区首地址或分成两部分处理。本段程序最后，如果出现数据缓冲区被分在两个64KB物理段的问题，则设置出错标志（CF＝1），没有进行处理。另外，DMA传送过程结束用 $\overline{EOP}$ （和 $\overline{DACK_2}$ ）信号产生中断请求IRQ$_6$，一次软盘读写完成后的工作在中断服务程序中处理。

```
dma-setup proc
    push cx             ;保存CX
    cli                 ;关中断,因软盘传送后要请求中断
        out 0ch,al      ;清高/低触发器命令
    push ax             ;延时
    pop ax
    out 0bh,al          ;将AL中的方式字写入通道2
```

```
            mov ax,es
            mov cl,4
            rol ax,cl              ;段地址左移4位
            mov ch,al              ;高位存入CH
            and al,0f0h
            add ax,bx              ;加段内偏移地址
            jnc j33
            inc ch                 ;物理地址形成
    j33:    push ax                ;保存AX
            out 04h,al             ;写入地址寄存器
            mov al,ah
            out 04h,al
            mov al,ch
            and al,0fh
            out 81h,al             ;写入页面寄存器
            mov ah,dh,             ;取扇区数,计算传送的字节数
            sub al,al              ;AX为扇区数乘256
            shr ax,1               ;AX为扇区数乘128
            push ax                ;暂存AX
            mov bx,6
            call GET-PARM          ;调用参数子程序(注)
            mov cl,ah              ;出口参数:AH=0/1/2/3,作为左移次数
            pop ax                 ;恢复AX
            shl ax,cl              ;左移后,AX为DMA传送的字节数
            dec ax                 ;字节数减1
            push ax                ;保存
            out 05h,al             ;写入字节数寄存器
            mov al,ah
            out 05h,al
            sti                    ;开中断
            pop cx                 ;弹出传送的字节数
            pop ax                 ;弹出物理地址的低16位地址
            add ax,cx              ;相加,根据结果建立标志CF
            pop cx                 ;恢复CX
            mov al,02h             ;清除通道2的屏蔽位,允许对DRQ2响应
            out 0ah,al
            ret                    ;返回
    dma-setup endp
```

注：GET-PARM是取参数的子程序。入口参数：BX＝字节索引乘2，出口参数：AH＝该索引的字节数。本例中
BX＝6表示从磁盘基数表中取每扇区字节数的代码，AH＝0/1/2/3分别代表每扇区具有128/256/512/1024字
节。DOS标准是每扇区具有512字节。

习题

9.1 8237A在什么情况下处于空闲周期和有效周期？

9.2 什么是8237A的单字节传送方式和数据块传送方式，两者的根本区别是什么？数据块传
送方式和请求传送方式对DREQ信号有效有什么要求？

9.3 DMA传送分成哪3种类型？3种类型下8237A的存储器和I/O控制线如何有效？

9.4 8237A有几种对其DMA通道屏蔽位操作的方法？

9.5 PC为什么设置DMA传送的页面寄存器？

9.6 设置PC 8237A通道2传送1KB数据，请给其字节数寄存器编程。

9.7 PC进行软盘DMA传输前，若通道2的初始化过程DMA-SETUP返回标志CF＝1，说明了什么？

9.8 PC 8237A通道2传送的内存起始地址为C8020H，请给其地址寄存器编程。

9.9 XT机执行了下面两条指令后，会产生什么作用？

```
mov al,47h
out 0bh,al
```

9.10 如下是利用PC DMA通道1进行网络通信的传输程序。其中ES:BX中设置了主存缓冲区首地址，DI中设置传送的字节数，SI中为模式字。请阅读此程序，为每条指令加上注释，并说明每个控制字的含义。若主机通过它发送数据，SI应为何值？若主机通过它接收数据，SI应为何值？

```
                mov dx,0ch
                mov al,0
                out dx,al
                mov dx,09h
                out dx,al
                mov ax,01
                or ax,si
                mov dx,0bh
                out dx,al
                mov ax,es
                mov cl,04
                rol ax,cl
                mov ch,al
                and al,0f0h
                add ax,bx
                jnc net1
                inc ch
net1:           mov dx,02
                out dx.al
                mov al,ah
                out dx,al
                mov al,ch
                and al,0fh
                mov dx,83h
                out dx,al
                mov ax,di
                dec ax
                mov dx,03
                out dx,al
                mov al,ah
                out dx,al
                mov dx,0ah
                mov al,1
                out dx,al
                mov dx,8
                mov al,60h
                out dx,al
                mov dx,08h
net2:           in al,dx
                and al,02h
                jz net2
```

第10章 并行接口

计算机系统的信息交换有两种方式：并行数据传输方式和串行数据传输方式。并行数据传输是以计算机的字长为传输单位，通常是8位、16位或32位，一次传送一个字长的数据。适合于外部设备与微机之间进行近距离、大量和快速的信息交换，如微机与并行接口打印机、磁盘驱动器等。并行传输方式是微机系统中最基本的信息交换方式，例如，系统板上各部件之间（CPU与存储器，CPU与外设接口电路等），I/O通道扩充板上各部件之间等的数据交换都是并行传输。

本章我们首先以Intel 8255A为例，介绍并行接口功能的可编程接口芯片及其应用。然后讲解CPU用并行传输方式与LED数码管显示器和简易键盘接口的技术，包括PC键盘的工作原理。最后，较详细地分析并行打印机接口的软硬件组成。

10.1 并行接口电路8255A

并行接口电路有多种，最基本的接口电路芯片是三态缓冲器和锁存器，例如，常用的74LS244/245和74LS273/373等。这些是不可编程的并行接口电路芯片，参见4.1节。

接口电路除了要有输入输出数据的三态缓冲器和锁存器外，还要有状态寄存器和控制寄存器，以便接口电路与CPU之间交换信息及接口电路与外设间传送信息。接口电路中还要有端口的译码和控制电路以及用于中断交换方式的有关电路等。这样才能解决CPU的驱动能力问题、时序的配合问题和实现各种控制，保证CPU能正确可靠地与外设交换信息。Intel 8255A就是这样一种具有上述多种功能的可编程并行接口电路芯片。

10.1.1 8255A的内部结构和引脚

从应用角度看，8255A内部分成与外设连接部分和与处理器接口部分，如图10-1所示。

1. 外设数据端口

8255A具有24条可编程输入输出引脚，分成3个端口：端口A、端口B和端口C。每个端口都是8位，都可以编程设定为输入或输出端口，共有3种工作方式。3个端口对应的引脚分别是$PA_0 \sim PA_7$、$PB_0 \sim PB_7$和$PC_0 \sim PC_7$。

8255A的3个数据端口分成两组进行控制：A组控制端口A和端口C的上（高）半部分（$PC_7 \sim PC_4$）；B组控制端口B和端口C的下（低）半部分（$PC_3 \sim PC_0$）。

通常，端口A和端口B作为输入输出的数据端口，而端口C作为控制或状态端口。这是因为端口C可分成高4位和低4位两部分，分别与数据端口A和B配合使用，控制信号输出或状态信号输入。并且，端口C的8个引脚可直接按位置位或复位。

2. 与处理器接口

数据总线缓冲器是8255A与系统数据总线的接口，CPU输入输出的数据、CPU输出的控制字及外设的状态信息都通过它传送。

读/写控制逻辑与CPU的地址线及有关的控制信号相连，由它们控制把CPU的控制命令或输出数据送至相应的端口，也由它控制把外设的状态信息或输入数据通过相应的端口送至CPU。这部分引脚分别是数据线$D_0 \sim D_7$，读信号$\overline{RD}$、写信号$\overline{WR}$，地址信号A_1、A_0和片选信号$\overline{CS}$，其功能参见表10-1。表中还有PC/XT机上的I/O端口地址。

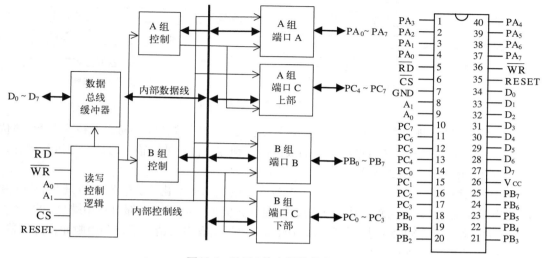

图10-1　8255A的内部结构和引脚

表10-1　8255A端口选择表

$\overline{CS}$ A_1 A_0	I/O地址	读操作（$\overline{RD}$）	写操作（$\overline{WR}$）
0　0　0	60H	读端口A	写端口A
0　0　1	61H	读端口B	写端口B
0　1　0	62H	读端口C	写端口C
0　1　1	63H	非法	写控制字
1　×　×	×　×	数据总线呈高阻	

8255A具有复位输入信号RESET。为高电平时，复位8255A：使所有内部寄存器（包括控制寄存器）均被清除，所有外设数据端口（端口A、B和C）均被置成输入方式。

10.1.2　8255A的工作方式

8255A有3种工作方式：方式0、方式1和方式2。

1. 方式0：基本输入输出方式

方式0是一种基本的输入或输出方式，不需要应答式的联络信号。

8255A没有时钟输入信号，其时序是由引脚控制信号定时的，图10-2为方式0的输入和输出时序。其中，$D_0 \sim D_7$是8255A与CPU间的数据线，而端口是指8255A与外设间的数据线$PA_0 \sim PA_7$、$PB_0 \sim PB_7$和$PC_0 \sim PC_7$。当处理器执行输入IN指令时，产生读信号$\overline{RD}$，控制8255A从端口读取外设的输入数据，然后从$D_0 \sim D_7$输入CPU。当处理器执行输出OUT指令时，产生写信号$\overline{WR}$，将CPU的数据从$D_0 \sim D_7$提供给8255A，然后控制8255A将该数据从端口提供给外设。由此可见，8255A在此起到了数据缓冲作用。

当8255A的端口工作在方式0时，CPU只要用输入或输出指令就可以与外设进行数据交换。显然，方式0的端口用于无条件传送方式的接口电路十分方便，此时，不需要配合状态端口。

方式0的端口也可作为查询方式的接口电路，这时需要配合状态端口，例如，用端口C的某些位作为控制位和状态位。

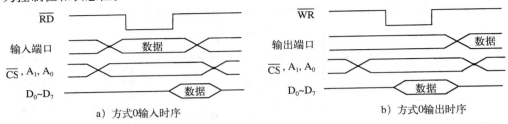

图10-2　方式0的时序

8255A的3个端口都可以工作在基本输入输出方式，其中，端口C还可以分成上下两个4位端口，进行分别设置。8255A对输出外设的数据进行锁存，但对外设输入的数据不进行锁存。

2. 方式1：选通输入输出方式

方式1是一种借助于选通（应答）联络信号进行的输入或输出方式。8255A只有端口A和端口B可以采用方式1，作为输入或输出的数据端口。但每个数据端口都要利用端口C的3个引脚作为应答联络信号。8255A对工作于方式1的端口还提供有中断请求逻辑和中断允许触发器，对输入和输出的数据都进行锁存。

8255A的端口A和B都可以工作于方式1，此时端口C剩下的两个引脚还可作为基本输入或输出引脚。如果只有一个端口工作于方式1，则剩下的13位都可以工作在方式0（对端口A还可以工作于方式2）。

（1）选通输入方式

端口A和端口B工作于方式1的输入方式时，其引脚和时序如图10-3所示。

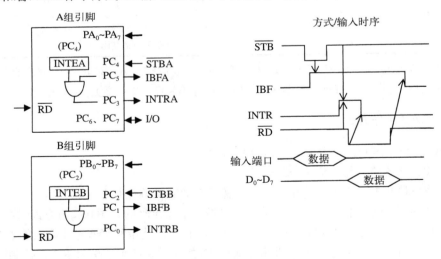

图10-3　方式1输入的引脚和时序图

方式1的端口除8个数据线外，还有3个控制信号线，在输入方式下后者的功能为：

$\overline{STB}$（Strobe）——选通信号，低电平有效。这是由外设提供的输入信号，有效时，将输入设备送来的数据锁存至8255A的输入锁存器。

IBF（Input Buffer Full）——输入缓冲器满信号，高电平有效。这是8255A输出的联络信号。有效时，表示数据已锁存在输入锁存器。它由$\overline{STB}$为低电平时置为高，读取数据信号$\overline{RD}$的上升沿使其为低无效。

INTR（Interrupt Request）——中断请求信号，高电平有效。这是8255A输出的信号，可用于向CPU提出中断请求，要求CPU读取外设数据。当$\overline{STB}$为高、IBF为高、中断允许时被置为有效；$\overline{RD}$信号的下降沿将其恢复为低。

对照方式1的输入时序，特别留意每个控制信号的发出者和接收者以及各个信号之间的先后因果关系（直线箭头指向改变，另一方表示引起这个改变的起因或条件）。外设通过8255A将数据输入CPU的过程如下：

1）当外设已将数据准备好送至8255A的端口数据线时，外设将选通信号$\overline{STB}$置低有效通知8255A。

2）8255A利用$\overline{STB}$信号把端口数据锁存至输入锁存器，然后置IBF为高有效，告诉外设已将数据读入，并阻止新的数据输入。

3）选通$\overline{STB}$信号无效后，如果允许中断，INTR信号就有效，向CPU提出中断请求。

4）CPU响应中断，执行输入IN指令，发出$\overline{RD}$读信号，把数据读入CPU。当然，CPU也可以通过读取端口C的有关状态信息，以程序查询方式读入数据。

5）在$\overline{RD}$信号有效后经一段时间清除中断请求。

6）当$\overline{RD}$信号结束后，数据已读至CPU，IBF变为低。IBF变为无效，表示输入锁存器已空，通知外设可以输入新的数据了。

由此可见，$\overline{STB}$和IBF是外设和8255A间的一对应答联络信号，为的是可靠地输入数据。

注意，中断是否允许由中断允许触发器INTE控制，置位允许中断，复位禁止中断。而对INTE的操作是通过写入端口C的对应位实现的。INTE触发器对应端口C的位是作应答联络信号的输入信号的那一位（输入方式为$\overline{STB}$、输出方式为$\overline{ACK}$），只要对那一位置位/复位就可以控制INTE触发器。在选通输入方式下，端口A的INTEA对应PC_4，端口B的INTEB对应PC_2。

（2）选通输出方式

端口A和端口B工作于方式1的输出方式时，其引脚和时序如图10-4所示。

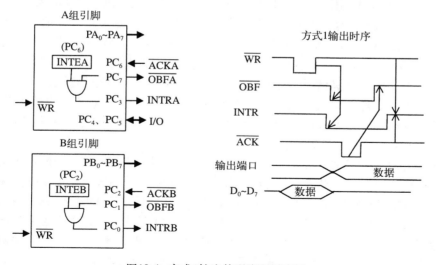

图10-4　方式1输出的引脚和时序图

方式1的端口除8个数据线外，还有3个控制信号线，在输出方式下后者的功能为：

$\overline{OBF}$ （Output Buffer Full）——输出缓冲器满信号，低有效。这是8255A输出给外设的一个控制信号，有效时，表示CPU已把数据输出给指定的端口，外设可以把数据取走。它由输出信号$\overline{WR}$的上升沿置成有效，由$\overline{ACK}$有效恢复为高。

$\overline{ACK}$ （Acknowledge）——响应信号，低有效。这是一个外设的响应信号，指示8255A的端口数据已由外设接收。

INTR（Interrupt Request）——中断请求信号，高有效。当输出设备已接收数据后，8255A输出此信号向CPU提出中断请求，要求CPU继续提供数据。当$\overline{ACK}$为高，$\overline{OBF}$为高和INTE为高（允许中断）时，使其有效，而写信号$\overline{WR}$的下降沿使其复位。

对照方式1的输出时序，CPU通过8255A向外设输出数据的过程如下：

1）中断方式下，CPU响应中断，执行输出OUT指令：输出数据给8255A，发出$\overline{WR}$信号。查询方式下，通过端口C的状态确信可以输出数据，CPU执行输出指令。

2）$\overline{WR}$信号一方面清除INTR，另一方面在上升沿使$\overline{OBF}$有效，通知外设接收数据。实质上$\overline{OBF}$信号是外设的选通信号。

3）$\overline{WR}$信号结束后，数据从端口数据线上输出。当外设接收数据后，发出$\overline{ACK}$响应。

4）$\overline{ACK}$信号使$\overline{OBF}$无效，上升沿又使INTR有效（允许中断的情况），发出新的中断请求。

同样，$\overline{OBF}$和$\overline{ACK}$是外设和8255A间的一对应答联络信号，为的是可靠地输出数据。

在选通输出方式下，端口A的INTEA对应PC_6，B组的INTEB对应PC_2。

3. 方式2：双向选通传送方式

方式2是将方式1的选通输入输出功能组合成一个双向数据端口，外设利用这个端口既能发送数据，又能接收数据。方式2的数据传送可用程序查询或中断实现，输入和输出的数据都被8255A锁存。

8255A只有端口A可以工作于方式2，同时利用端口C的5个信号线；此时，端口B可工作于方式1（配合端口C的剩余3个引脚），也可工作于方式0（端口C的剩余3个引脚也只能工作于方式0）。

端口A工作在方式2的引脚和时序如图10-5所示。其各个控制信号的功能为：

$\overline{STB}$——选通输入信号，低有效。这是外设供给8255A的选通信号，把数据锁存至输入锁存器。IBF输入缓冲器满信号，高有效。这是8255A输出的控制信号，表示数据已进入锁存器。在CPU未把数据读走前，IBF始终为高，阻止新的数据输入。

$\overline{OBF}$——输出缓冲器满信号，低有效。这是8255A输出给外设的选通信号，表示CPU已把数据送至端口A内部，但还没有送到端口引脚$PA_0 \sim PA_7$上。$\overline{ACK}$响应输入信号，低有效。$\overline{ACK}$的下降沿启动端口A的三态输出缓冲器送出数据，上升沿是数据已输出的响应信号。其他时间，输出缓冲器处在高阻状态。

INTR——中断请求信号，高有效。输入或输出数据时，都用它作为中断请求信号。输出的中断允许触发器INTE1由PC_6置位/复位控制，输入的中断允许触发器INTE2由PC_4控制。

由控制信号功能和时序图可见，方式2的数据输入过程与方式1的输入方式一样；方式2的数据输出过程与方式1的输出方式类似，但有所不同。数据输出时8255A不是在$\overline{OBF}$有效时向外设输出数据，而是在外设提供响应信号$\overline{ACK}$时才送出数据，这一点与方式1输出不同。数据输出是由CPU执行输出指令产生$\overline{WR}$信号开始的，数据输入是由外设送入选通信号开始的。图中输入、输出的顺序是任意的，只要$\overline{WR}$在$\overline{ACK}$以前发生；$\overline{STB}$在$\overline{RD}$以前发生就行。

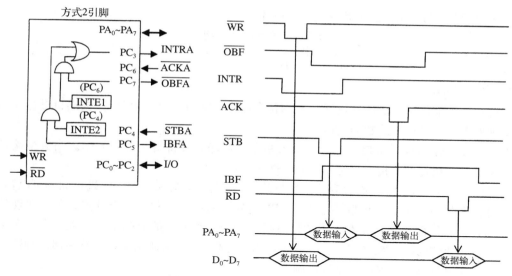

图10-5 方式2双向的引脚和时序图

10.1.3 8255A的编程

8255A是通用并行接口芯片，但在具体应用时，要根据实际情况选择工作方式，连接硬件电路（外设），待进行初始化编程之后才能成为某一专用的接口电路。

8255A的初始化编程较简单，只需要一个方式控制字就把3个端口设置完成。工作过程中，还需要对数据端口进行外设数据的读写。对控制字的写入要采用控制I/O地址：$A_1A_0 = 11$（即控制端口），外设数据的读写利用端口A、B和C的I/O地址，参见表10-1。

1. 写入方式控制字

方式控制字决定端口A、B和C的工作方式，如图10-6所示。当RESET引脚信号处于高电平时，所有端口均被置成输入方式；当RESET恢复为低后，若仍让其工作在输入方式则不必设置。而选择其他工作方式只需用一条输出指令即可。端口A和端口B的工作方式可分别规定，端口C分上、下两部分，随端口A和B的工作方式定义。而且，工作方式不同，端口C各位的功能也不相同。工作方式改变时，所有的输出寄存器均被复位。方式控制字的最高位$D_7 = 1$是一个标志位。

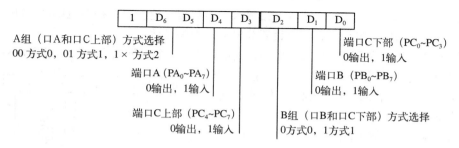

图10-6 方式控制字

例如，要把A端口指定为方式1输入，C端口上半部分定为输出，B端口指定为方式0输出，端口C下半部分定为输入，则方式控制字应是：10110001B或B1H。

若将此控制字的内容写入8255A的控制寄存器，即实现了对8255A工作方式的指定，或者说完成了对8255A的初始化。初始化的程序段为：

```
mov dx,0fffeh          ;假设控制端口的地址为FFFEH
mov al,0b1h            ;方式控制字
out dx,al             ;送到控制端口
```

2. 读写数据端口

经过初始化编程后，处理器执行输入IN指令和输出OUT指令，对3个数据端口进行读写就可以实现处理器与外设间的数据交换。

当数据端口作为输入接口时，执行输入指令将从输入设备得到外设数据。当数据端口作为输出接口时，执行输出指令将把CPU的数据送给输出设备。

值得指出的是，8255A具有锁存输出数据的能力。这样，对输出方式的端口同样可以输入，当然不是读取外设数据，而读取的是上次CPU给外设的数据。利用这个特点，可以实现按位输出控制。其具体做法是：先对输出端口进行读操作，将读出的原输出值"或"上一个字节（该位为1，其他位为0），或者"与"上一个字节（该位为0，其他位为1），然后回送到同一个端口，即可实现对该位的置位、复位控制。

例如，对输出端口B的PB_7位置位的程序段是：

```
mov dx,0fffah          ;B端口地址假设为FFFAH
in al,dx              ;读出B端口原输出内容
or al,80h             ;使PB₇=1
out dx,al             ;输出新的内容
```

这种方法显然还可以使几位同时置位和复位，例如8.2.2节的扬声器控制。

3. 读写端口C

在8255A的3个数据端口中，C端口的用法比较特殊和复杂，是学习的一个难点。为了更好地理解这部分内容，让我们来做一个归纳：

1）C端口被分成两个4位端口，两个端口只能以方式0工作，但可分别选择输入或输出（但如果用户选择PC_0为输入、PC_1为输出将无法办到，因为它们同属C端口下半部，只能同时输入或输出）。在控制上，C端口上半部分和A端口编为A组，C端口下半部分和B端口编为B组。

2）当A和B端口工作在方式1或方式2时，C端口的部分引脚乃至全部引脚将被征用，其余引脚仍可设定工作在方式0。

3）对端口C的数据输出有两种办法：

- 通过端口C的I/O地址，向C端口直接写入字节数据。这一数据被写进C端口的输出锁存器，并从输出引脚输出，但对设置为输入的引脚无效。
- 通过控制端口，向C端口写入位控字，使C端口的某个引脚输出1或0，或置位复位内部的中断允许触发器。置位或复位控制字的格式如图10-7所示，其中最高位为0作为区别方式控制字的标志。

4）读取的C端口数据有两种情况：

- 对未被A和B端口征用的引脚——将从定义为输入的端口读到引脚输入信息；将从定义为输出的端口读到输出锁存器中的信息，这一信息是用户前次送入的。

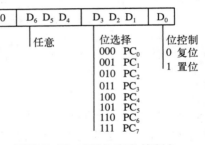

图10-7 端口C置位/复位控制字

• 对被A和B端口征用作为联络线的引脚——将读到反映8255A状态的状态字。

总之，与未被征用引脚对应的是该位的输入信息或输出锁存信息；与已被征用引脚对应的是端口状态及内部中断触发器的状态信息，如图10-8所示。注意，图中仅说明在各种方式下读取的内容，并不是实际的组合。例如，如果A组为方式1输出、B组为方式1输入，则读取的内容将是图10-8中第2行$D_7 \sim D_3$和第1行$D_2 \sim D_0$表示的信息。

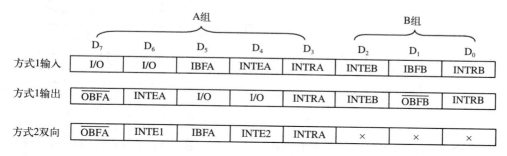

图10-8 端口C的读出内容

10.2 8255A的应用

作为通用的并行接口电路芯片，8255A具有较广泛的应用。本节给出几个应用实例。

10.2.1 8255A在IBM PC/XT机上的应用

IBM PC/XT使用一片8255A管理键盘、控制扬声器和输入系统配置开关DIP的状态等。这片8255A的I/O地址范围为60H～7FH，但常用60H～63H。端口A、B和C的地址分别为60H、61H和62H，63H为控制字寄存器地址。

在XT机中，8255A工作在基本输入/输出方式。端口A为方式0输入，用来读取键盘扫描码。端口B工作于方式0输出，例如，PB_6和PB_7进行键盘管理、PB_0和PB_1控制扬声器发声。端口C为方式0输入，高4位为状态测试位，低4位用来读取系统板的系统配置开关DIP的状态。这样，系统利用如下两条指令就完成了8255A的初始化编程：

```
mov al,10011001b        ;8255A的方式控制字99H
out 63h,al              ;设置端口A和端口C为方式0输入、端口B方式0输出
```

扬声器控制的应用实例参见8.2.2节，键盘管理的实例参见10.3.3节。

IBM PC/AT机的这部分电路有些变化。AT机采用Intel 8042单片机用作键盘控制器实现键盘管理；系统配置参数则采用集成电路MC146818实时时钟RT/CMOS RAM芯片提供。但键盘读取和控制、扬声器发声等功能仍然使用上述I/O地址，以保持软件兼容。

10.2.2 用8255A方式0与打印机接口

打印机一般采用并行接口Centronics标准（详见10.5节），其主要信号与传送时序如图10-9所示。打印机接收主机传送数据的过程是这样的：当主机准备好输出打印的一个数据时，通过并行接口把数据送给打印机接口的数据引脚$DATA_0 \sim DATA_7$，同时送出一个数据选通信号$\overline{STROBE}$给打印机。打印机收到该信号后，把数据锁存到内部缓冲区，同时在BUSY信号线上发出忙信号。待打印机处理好输入的数据时，打印机撤销忙信号，同时又向主机送出一

个响应信号 $\overline{ACK}$ 。主机可以利用BUSY信号或 $\overline{ACK}$ 信号决定是否输出下一个数据。

例10.1　采用8255A作为与打印机接口的电路，CPU与8255A利用查询方式输出数据。设计思想是：端口A为方式0输出打印数据，用端口C的PC_7引脚产生负脉冲选通信号，PC_2引脚连接打印机的忙信号，以查询其状态。

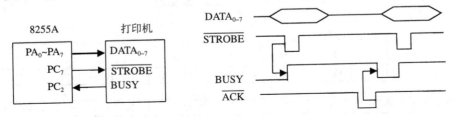

图10-9　方式0的打印机接口

假设这个8255A芯片在系统中的I/O地址分配是：端口A、B和C的I/O地址为FFF8H、FFFAH和FFFCH，控制端口的地址为FFFEH。

```
            ;初始化程序段
            mov dx,0fffeh          ;控制端口地址为FFFEH
            mov al,10000001B       ;方式控制字
            out dx,al              ;A端口方式0输出,C端口上半部输出、下半部输入(端口B任意)
            mov al,00001111B       ;端口C的复位置位控制字
            out dx,al              ;使PC7=1,即置STROBE=1(只在输出数据时,才是低脉冲)
            ;输出打印数据子程序,入口参数：AH=打印数据
printc      proc
            push ax
            push dx
prn:        mov dx,0fffch          ;读取端口C
            in al,dx               ;查询打印机的状态
            and al,04h             ;打印机忙否(PC2=BUSY=0)?
            jnz prn                ;PC2=1,打印机忙,则循环等待
            mov dx,0fff8h          ;PC2=0,打印机不忙,则输出数据
            mov al,ah
            out dx,al              ;将打印数据从端口A输出
            mov dx,0fffeh          ;从端口C的PC7送出控制低脉冲
            mov al,00001110B       ;使PC7=0,即置STROBE=0
            out dx,al
            nop                    ;适当延时,产生一定宽度的低电平
            nop
            mov al,00001111B       ;使PC7=1,置STROBE=1
            out dx,al
            pop dx                 ;最终,产生低脉冲STROBE信号
            pop ax
            ret
printc      endp
```

10.2.3　用8255A方式1与打印机接口

例10.2　采用8255A的端口A工作于选通输出方式，与打印机接口。此时，PC_7自动作为 $\overline{OBF}$ 输出信号，PC_6作为 $\overline{ACK}$ 输入信号，而PC_3作为INTR输出信号。另外，通过PC_6控制

INTEA，决定是否采用中断方式。打印机接口的时序与8255A的选通输出方式的时序类似，两个$\overline{\text{ACK}}$功能对应、8255A的$\overline{\text{OBF}}$引脚对应打印机$\overline{\text{STROBE}}$引脚，但略有差别。当CPU输出数据时，8255A产生低有效$\overline{\text{OBF}}$输出信号，它需要一个$\overline{\text{ACK}}$响应信号恢复为高；另一方面，打印机需要一个低脉冲$\overline{\text{STROBE}}$才能接收数据，并反馈一个$\overline{\text{ACK}}$响应信号；因此直接将$\overline{\text{OBF}}$与$\overline{\text{STROBE}}$相连，将会因为互相等待而产生"死锁"。用单稳电路74LS123即可满足双方的时序要求，因为单稳电路只要输入一个下降沿就输出一个低脉冲，如图10-10所示。

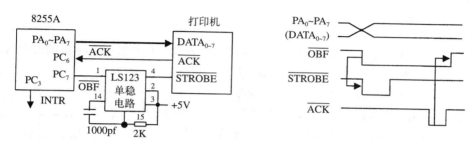

图10-10 方式1的打印机接口

假设8255A的端口A、B和C的I/O地址为FFF8H、FFFAH和FFFCH，控制端口的地址为FFFEH。程序采用查询方式输出打印字符串buffer，字符个数为counter。

```
            ;初始化程序段
            mov dx,0fffeh          ;设定端口A为选通输出方式
            mov al,0a0h
            out dx,al
            mov al,0ch             ;使INTEA（PC₆）为0,禁止中断
            out dx,al
            ……
            mov cx,counter         ;打印字节数送CX
            mov bx,offset buffer   ;取字符串首地址送BX
            call prints            ;调用打印子程序
            ;打印字符串子程序,入口参数：DS:BX=字符串首地址,CX=字符个数
prints      proc
            push ax                ;保护寄存器
            push dx
print1:     mov al,[bx]            ;取一个数据
            mov dx,0fff8h
            out dx,al              ;从端口A输出
            mov dx,0fffch
print2:     in al,dx               ;读取端口C
            test al,80h            ;检测 OBF（PC₇）为1否?
            jz print2              ;为0,说明打印机没有响应,继续检测
            inc bx                 ;为1,说明打印机已接收数据
            loop print1            ;准备取下一个数据输出
            pop dx                 ;打印结束,恢复寄存器
            pop ax
            ret                    ;返回
prints      endp
```

此例中，也可以允许中断，但并不真正利用中断传送方式（不使用INTRA引脚），而仍然

采用查询传送方式，只是在查询时检测INTRA（PC$_3$）位。请对应修改程序，并请对照8255A选通输出方式的时序，说明数据输出过程在查询$\overline{OBF}$和查询INTRA的区别。其中的关键是：只要$\overline{ACK}$为低即引起$\overline{OBF}$为高，而只有$\overline{ACK}$恢复为高才会使INTR为高，查询INTRA方法可以保证慢速外设接收到正确的数据。

本例可以采用中断传送方式，将INTRA引向系统的一个中断请求信号上。注意，因为需要输出一个数据才能引起中断，主程序可以向打印机输出一个"空"数据。

10.2.4 双机并行通信接口

例10.3 在两台单板机之间利用8255A的端口A实现并行传送数据。甲机的8255A采用方式1发送数据，乙机的8255A采用方式0接收数据。两机的CPU与接口之间均使用查询方式交换数据，如图10-11所示。

请注意对照方式1的输出时序理解下列程序段。假设8255A的端口A、B、C和控制端口的I/O地址为FFF8H、FFFAH、FFFCH和FFFEH。

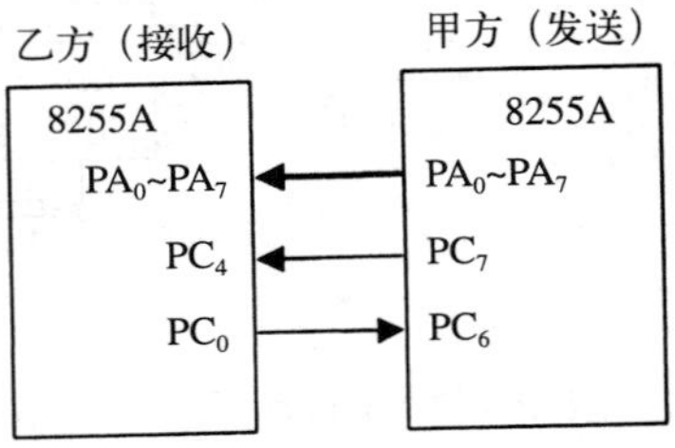

图10-11 并行通信接口电路

```
;甲机初始化程序段
            mov dx,0fffeh
            mov al,0a0h
            out dx,al          ;输出工作方式字：端口A方式1输出
            mov al,0dh          ;使PC₆（INTEA）=1,允许中断
            out dx,al
;甲机发送程序：AH＝发送的数据
trsmt:      mov dx,0fffch
            in al,dx            ;查询PC₃（INTRA）=1?
            and al,08h
            jz trsmt
            mov dx,0fff8h       ;发送数据
            mov al,ah
            out dx,al
;乙机初始化程序段
            mov dx,0fffeh
            mov al,98h
            out dx,al           ;输出工作方式字：端口A方式0输入
            mov al,01h          ;使PC₀（ACK）=1,因尚未收到数据
            out dx,al
;乙机接收程序：AH＝接收的数据
receive:    mov dx,0fffch
            in al,dx            ;查询PC₄（OBF）=0?
            and al,10h
            jnz receive
            mov dx,0fff8h       ;接收数据
            in al,dx
            mov ah,al           ;接收的数据存于AH
            mov dx,0fffeh
            mov al,00h          ;使PC₀（ACK）=0
            out dx,al
            nop                 ;适当延时,产生一定宽度的低脉冲
```

在代码注释中的工作方式字说明部分：

"使PC$_6$（INTEA）=1,允许中断"

"查询PC$_3$（INTRA）=1?"

"使PC$_0$（$\overline{ACK}$）=1,因尚未收到数据"

"查询PC$_4$（$\overline{OBF}$）=0?"

"使PC$_0$（$\overline{ACK}$）=0"

图中标注：

乙方（接收） 甲方（发送）

8255A   8255A

PA$_0$~PA$_7$ PA$_0$~PA$_7$

PC$_4$ PC$_7$

PC$_0$ PC$_6$

```
nop
mov al,01h                    ;使PC₀（ACK）=1
out dx,al                     ;产生低脉冲 ACK 信号
```

10.3 键盘及其接口

键盘是微机系统最常使用的输入设备。对单板机或以微处理器为基础的仪器来说，通常只需使用简单的小键盘实现数据、地址、命令及指令等的输入。PC微机中则采用独立的键盘，通过5芯电缆与主机连接。

10.3.1 简易键盘的工作原理

对只需几个键的小键盘，可以采用最简单的线性结构键盘，外设端口的每一个引脚连接一个键，如图10-12a所示。没有键闭合时，各位均处于高电平；当有一个键按下时，就使对应位接地而成为低电平，而其他位仍为高电平。这样，CPU只要检测到某一位为"0"，便可判别出对应键已经按下。

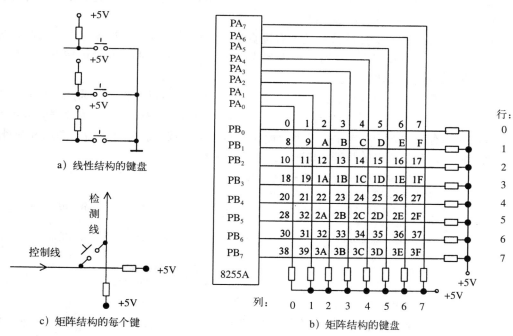

图10-12 简易键盘及其接口

通常使用的键盘采用矩阵结构，以减少对外设端口的占用。图10-12b是一个8行8列的矩阵结构键盘，每行和每列都连接外设端口的一个引脚，使用16条引线（2个8位端口）构成了8×8=64个键。图中从左到右、从上到下给每个键编号，每个键的具体电路参见图10-12c。处理器与键盘的接口电路用8255A的端口A和端口B实现。

为了识别出按键，需要将行线（或列线）作为控制线，使其为低电平；而将列线（或行线）作为检测线，读取其高低电平状态。例如，键4按下，将使第0行和第4列线接通而形成通路，从第4列读取低电平"0"，其他列读取的是高电平"1"。如果没有控制行线为低电平，则

无论键4是否闭合，都只会从第4列读取高电平"1"。矩阵结构的键盘工作时，就是利用控制线为低、读取检测线来识别闭合键的。

图中行和列的说法是相对的。我们以行线作为控制线、列线作为检测线。这样将行线与一个输出端口相连。CPU使输出端口的某一位为0，便相当于将该行线接低电平；某位为1，则该行线接高电平。为了检查列线的电平，将列线与一个输入端口相接，CPU只要读取输入端口的数据，就可以判别是否有键按下及是第几列的键按下。

图10-12b的键盘电路有两种方法可以识别出键盘上闭合键的位置，即扫描法和反转法。

1. 扫描法

扫描法识别按键的原理如下：先使第0行接低电平，其余行为高电平，然后看第0行是否有键闭合。这是通过检查列线电位来实现的，即在第0行接低电平时，看是否有哪条列线变成低电平。如果有某列线变为低电平，则表示第0行和此列线相交的位置上的键被按下；如果没有任何一条列线为低电位，则说明第0行没有任何键被按下。此后，再将第1行接地，然后检测列线是否有变为低电位的线。如此往下一行一行地扫描，直到最后一行。在扫描过程中，当发现某一行有键闭合时，也就是列线输入中有一位为0时，便在扫描中途退出，通过组合行线和列线即可识别此刻按下的是哪一键。

实际中，一般先快速检查键盘中是否有键盘按下，然后，再确定具体位置。为此，可先使所有行为低，然后检查列线。这时，如果列线有一位为0，则说明必有键被按下，于是可以进一步用扫描法来确定具体位置。

从上面的原理可知，键盘扫描程序的第1段应该判断是否有键被按下。为此，使输出端口各位全为0，即相当于将所有行接低电平。然后，从输入端口读取数据，如果读得的数据不是FFH，则说明必有列线处于低电平，从而可断定必有某键被按下。此时，为了消除键的抖动，需调用延迟程序。如果读得的数据是FFH，则程序在循环中等待。

```
                    ;键盘扫描程序第1段：判断是否有键按下
key1:       mov al,00
            mov dx,rowport          ;假设符号常量rowport表示行线端口地址
            out dx,al               ;使所有行为低电平
            mov dx,colport          ;假设符号常量colport表示列线端口地址
            in al,dx                ;读取列值
            cmp al,0ffh             ;判定是否有列线为低电平
            jz key1                 ;没有,无闭合键,则循环等待
            call delay              ;有,则延迟20ms清除抖动
```

键盘扫描程序的第2段是判断哪一个键被按下了。采用扫描法需要逐行扫描，这是一个循环程序段，循环次数就是行数。首先扫描第0行，所以扫描初值为11111110B，第0行为低电平，其他行为高电平。输出扫描初值后，马上读取列线的值，看是否有列线处于低电位。若无，则将扫描初值循环左移一位，变为11111101B，这样使第1行为低电平，其他行为高电平。同时，计数值减1，如此下去，一直查到计数值为0。如果在此过程中，查到有列线为低电位，则组合此时的行值和列值，进入下一段。

```
                    ;键盘扫描程序第2段：识别按键（扫描法）
            mov cx,8                ;行数送CX
            mov ah,0feh             ;扫描初值送AH
key2:       mov al,ah
            mov dx,rowport
```

```
            out dx,al                   ;输出行值（扫描值）
            mov dx,colport
            in al,dx                    ;读进列值
            cmp al,0ffh                 ;判断有无低电平的列线
            jnz key3                    ;有，则转下一步处理
            rol ah,1                    ;无，则移位扫描值
            loop key2                   ;准备下一行扫描
            jmp key1                    ;所有行都没有键按下，则返回继续检测
key3:       ……                         ;此时，al＝列值，ah＝行值，进行后续处理
```

2. 反转法

反转法识别按键的原理为：首先，将行线作为控制线接一个输出端口，将列线作为检测线接一个输入端口。CPU通过输出端口将行线（控制线）全部设置为低电平，然后从输入端口读取列线（检测线）。如果此时有键被按下，则必定会使某列线为"0"。然后，将行线和列线的作用互换，即将列线作为控制线接输出端口，行线作为检测线接输入端口。并且，将刚才读得的列值从列线所接端口输出，再读取行线的输入值，那么，闭合键所在的行线值必定为"0"。这样，当一个键被按下时，必定可以读得一对唯一的行值和列值。

显然，能够采用反转法识别按键需要一个条件，这就是：连接行线和列线的接口电路必须支持动态改变输入、输出方式。例如，8255A的3个端口就具有这个功能。扫描法不需要这个条件。

另外，扫描程序第1段的判断是否有键按下与反转法识别按键的第1步相同，可以合并。

```
            ……                         ;设置行线接输出端口，列线接输入端口
            ;键盘扫描程序第2段：识别按键（反转法）
key2:       mov al,00
            mov dx,rowport              ;假设符号常量rowport表示行线端口地址
            out dx,al                   ;设置行线全为低
            mov dx,colport              ;假设符号常量colport表示列线端口地址
            in al,dx                    ;读取列值
            cmp al,0ffh
            jz key2                     ;无闭合键，循环等待
            push ax                     ;有闭合键，保存列值
            push ax
            ……                         ;设置行线接输入端口，列线接输出端
            mov dx,colport
            pop ax
            out dx,al                   ;输出列值
            mov dx,rowport
            in al,dx                    ;读取行值
            pop bx                      ;组合行列值
            mov ah,bl                   ;此时，al＝行值，ah＝列值
```

确定了按键位置后，程序通常需要进一步处理该键的作用，例如，判断该键是作为命令还是数字或字符等。本例中，键盘扫描程序的第3段是查找键代码。为了方便查找键代码，程序可以在数据区建立两个表：1）行列值表——按键的编号顺序存放各个键对应的行、列值；2）键代码表——按键的编号顺序存放各个键对应的键代码。

程序通过查行列值表确定具体按下的是第几键，进而在键代码表中找到这个键的代码。如果遇到多个键同时闭合的情况，则输入的行值或者列值中一定有一个以上的"0"，而由预

选建立的行列值表中不会有此值，因而可以判为重键而重新查找。所以，用这种方法可以方便地解决重键问题（参见下一小节）。

```
                    ;键盘扫描程序第3段：查找键代码
                    mov si,offset table        ;table为键行列值表
                    mov di,offset char         ;char为键代码表
                    mov cx,64                  ;CX＝键的个数
         key3:      cmp ax,[si]               ;与键值比较
                    jz key4                    ;相同,说明查到
                    inc si                     ;不相同,继续比较
                    inc si
                    inc di
                    loop key3
                    jmp key1                   ;全部比较完,仍无相同,说明是重键
         key4:      mov al,[di]               ;获取键代码送AL
                    ……                        ;判断按键是否释放,没有则等待
                    call delay                 ;按键释放,延时消除抖动
                    ……                        ;后续处理
                    ;键盘的行列值表
         table      dw  0fefeh                ;键0的行列值（键值）
                    dw  0fdfeh                ;键1的行列值
                    dw  0fbfeh                ;键2的行列值
                    ……                        ;其他键的行列值
                    ;键盘的键代码表
         char       db  ……                   ;键0的代码值
                    db  ……                   ;键1的代码值
                    ……                        ;其他键的代码值
```

3. 抖动和重键问题

在键盘设计时，除了对键码的识别外，还有两个问题需要解决：抖动和重键。

对机械按键，当用手按下一个键时，往往会出现按键在闭合位置和断开位置之间跳几下才稳定到闭合状态的情况；在释放一个键时，也会出现类似的情况，这就是抖动。抖动的持续时间随操作员而异，不过通常总是不大于10ms，如图10-13所示。

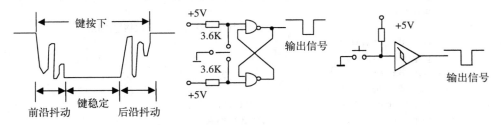

图10-13　抖动和硬件消抖电路

大家容易想到，抖动问题不解决就会引起对闭合键的错误识别。利用硬件很容易消除抖动，如图10-13硬件消抖电路。在键数很多的情况下，用软件方法也很实用。这就是通过延时来等待抖动消失，然后再读入键值。在前面键盘扫描程序中就是用这种方法来消除抖动的。延时时间通常设置为20ms。

所谓重键就是指两个或多个键同时闭合。出现重键时，读取的键值必然出现有一个以上的0。于是，就产生了到底是否给予识别和识别哪一个键的问题。

对重键问题的处理，简单的情况下，可以不予识别，即认为重键是一次错误的按键。通常情况下，则是只承认先识别出来的键，对同时按下的其他键均不作识别，直到所有键都释放以后，才读入下一个键。这就是前面键盘扫描程序使用的方法，称为连锁法。另外还有一种巡回法，其基本思想是：等被识别的键释放以后，就可以对其他闭合键作识别，而不必等待全部键释放。显然巡回法比较适合于快速键入操作。

当然，对于重键，也可认为是正常的组合键，只要将它们都识别出来就可以了。

10.3.2 PC键盘的工作原理

IBM PC系列机使用的键盘是与主机箱分开的一个独立装置，它通过一根五芯电缆与主机相连。PC及PC/XT机采用83（或84）键的标准键盘，PC/AT采用101（或102）键的扩展（增强）键盘。32位微机则支持103（或104）键的Windows 95键盘等，还可以利用PS/2、USB接口连接键盘。

PC机键盘及其与主机接口的示意见图10-14。

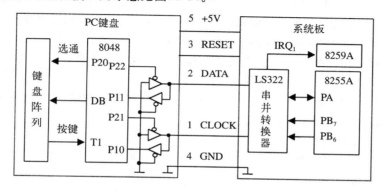

图10-14 PC的键盘接口示意图

1. PC键盘的工作过程

PC键盘面对用户的是由按键组成的矩形结构键盘阵列。键盘电路主要由8位单片微控制器Intel 8048组成，负责识别按键和向主机发送键盘数据。8048采用所谓"行列扫描法"识别按键，其工作原理类似前面简易键盘的扫描法。

键盘电路正常工作时不断地扫描键盘矩阵。有按键，则确定按键位置之后以串行数据形式发送给系统板键盘接口电路。键按下时，发送接通扫描码，简称扫描码；键松开时，则发送该键的断开扫描码。断开扫描码是将该键接通扫描码的最高位D_7置1形成的，即断开扫描码＝接通扫描码＋80H。若一直按住某键，则以每秒10次拍发速率连续发送该键的接通扫描码。AT机以及上档次的微机还可以调速这个拍发速率，调整范围一般是每秒2～30次。图10-15给出了IBM PC/XT机使用的83键的键盘示意图，每个键上方的数字表示键的位置，也就是该键的接通扫描码。PC/AT等机键盘的有些键的位置虽有改变，但它们的扫描码并没有改变。对新增键的扫描码，读者在学习完本节之后，可以自编程序得到。

键盘电路通过五芯电缆与系统键盘接口电路相连。其中，有电源Vcc和地线GND，因为键盘电路本身不带电源，依靠系统提供＋5V电压。接通扫描码、断开扫描码以及其他一些状态信息通过数据线DATA发送给系统。数据线是双向的，也可以通过它接收系统的各种键盘命令。时钟信号线CLOCK控制串行数据的传输速率，系统也可以使其为低（使PB_6位为0）以禁止数据传输。另外，还有一条复位线RESET，但通常没有连接使用。

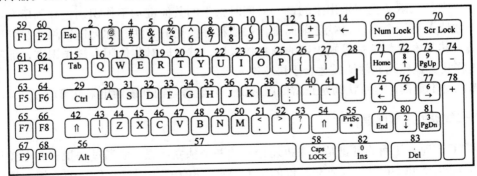

图10-15 83键的PC标准键盘

2. 键盘接口电路的工作过程

系统板上与键盘连接的键盘接口电路，在IBM PC和IBM PC/XT机上主要采用8255A并行接口电路和LS322移位寄存器组成，而在IBM AT及其以上档次的微机上则采用Intel 8042单片微控制器。Intel 8042也是8位微控制器，与Intel 8048是同一系列芯片。

系统板上的接口电路接收串行形式的键盘数据，接收一个字符以后，进行串并转换，然后产生键盘中断IRQ$_1$请求，等待读取键盘数据。

微处理器响应中断，则进入键盘中断服务程序（INT 09H）。中断服务程序完成：

1）读取键盘扫描码：用IN AL,60H即可。

2）响应键盘：系统使PB$_7$＝1。

3）允许键盘工作：系统使PB$_7$＝0。

4）处理键盘数据。

5）给8259A中断结束EOI命令，中断返回。

至此，键盘接口电路就完成了一次数据接收工作。

为了方便程序员使用键盘，ROM-BIOS提供了INT 16H功能调用，DOS系统也提供有功能调用，例如01H和0AH号。

3. PC键盘中断服务程序

例10.4   ROM-BIOS提供的INT 09H和INT 16H中断比较复杂，为此我们以一个简化的键盘处理过程为例说明如何编写键盘中断服务程序，同时为改写或扩充系统提供的INT 09H和INT 16H功能做一个示范。

本例的kbint过程就是用户的09H号中断服务程序，它除完成常规的读取扫描码、应答键盘、允许键盘、发中断结束命令及中断返回外，处理键盘数据的工作主要是将获取的扫描码通过查表转换为对应的ASCII码送缓冲区。对于不能显示的按键，则转换为0，且不再送至缓冲区。另外，本中断服务程序没有考虑接通扫描码大于83的按键。编写可屏蔽中断服务程序的注意事项请参看7.5节。

kbget子程序从缓冲区中读取转换后的ASCII码，相当于系统提供的键盘I/O功能程序（INT 16H的0号子功能）。主程序循环显示键入的字符，就是功能调用的示例。

为了在kbint中断服务程序与kbget子程序之间传递参数，设置共用的键盘缓冲区buffer。它是一个10字节的按"先进先出"原则建立的循环队列，可存放10个按键字符。bufptr1和

bufptr2分别指向队列头和队列尾的指针单元。先进先出循环队列的操作如图10-16所示。

1）队列空：队列中无字符，队列头指针等于队列尾指针。

2）进队列：数据进入由队列尾指针指示的单元，同时尾指针增量，指向下一个单元。

3）出队列：数据从队列头指针指示的单元取出，同时头指针增量，指向下一个单元。

4）队列满：当数据不断进入队列，使尾指针指向队列末端时（9号单元），尾指针循环重新绕回队列始端（0号单元）。如果继续到尾指针与头指针再次相等，则表明队列已满，不能再存入数据。

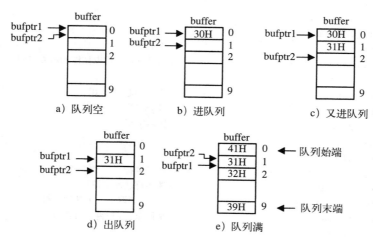

图10-16　先进先出循环队列的操作

kbget子程序进行出队列和判断队列是否为空的操作，而中断服务程序kbint则进行进队列和判断队列是否已满的操作。

本应用程序中只有两个控制键（回车和退格键）有作用，其他的控制按键不会产生任何操作。为了能够在按下ESC键后正常退回DOS，中断服务程序对ESC键的扫描码转换为"1"，用它作为退出标志。主程序在获取一个键值后，判断是"1"则退出。

```
                ;数据段
buffer    db 10 dup(0)                    ;键盘缓冲区
bufptr1   dw 0                            ;队列头指针
bufptr2   dw 0                            ;队列尾指针
          ;按扫描码顺序给出字符的ASCII码（下档键和小写字母），不能显示的按键为0
          ;第一个0不对应按键，仅用于查表指令
scantb    db 0,1,'1234567890-=',08h       ;键盘第1排的按键，从ESC到退格
          db 0,'qwertyuiop[]',0dh         ;键盘第2排的按键，从Tab到回车
          db 0,'asdfghjkl;',27h,'`'       ;键盘第3排的按键，从Ctrl到'`'符号
          db 0,'\zxcvbnm,./',0,'*'        ;键盘第4排的按键，从SHIFT到'*'符号
          db 0,20h,0,10 dup(0)            ;ALT、空格、Caps Lock和10个功能键
          db 0,0,'789-456+1230.'          ;右边小键盘，从Num Lock到Del
          ;代码段
          mov ax,3509h                    ;获取并保存09H号原中断向量
          int 21h
          push es
          push bx
          cli                             ;关中断
```

```
            push ds                    ;设置09H号新中断向量
            mov ax,seg kbint
            mov ds,ax
            mov dx,offset kbint
            mov ax,2509h
            int 21h
            pop ds
            in al,21h                  ;允许IRQ₁中断,其他不变
            push ax
            and al,0fdh
            out 21h,al
            sti                        ;开中断
    start1: call kbget                 ;调用kbget获取按键的ASCII码
            cmp al,1
            jz start2                  ;是ESC键,则退出
            push ax                    ;保护字符
            mov dl,al                  ;显示字符
            mov ah,2
            int 21h
            pop ax                     ;恢复字符
            cmp al,0dh                 ;该字符是回车符吗?
            jnz start1                 ;不是,则取下一个按键字符
            mov dl,0ah                 ;是回车符,则再进行换行
            mov ah,2
            int 21h
            jmp start1                 ;继续取字符
    start2: cli                        ;恢复中断屏蔽寄存器和中断向量
            pop ax
            out 21h,al
            pop dx
            pop ds
            mov ax,2509h
            int 21h
            sti
            mov ax,4c00h               ;返回DOS
            int 21h
            ;kbget子程序从缓冲区取字符送AL(出口参数)
    kbget   proc
    kbget1: push bx                    ;保护BX
            cli                        ;关中断,以防止对缓冲区操作时产生中断又对缓冲区操作
            mov bx,bufptr1             ;取缓冲区队列头指针
            cmp bx,bufptr2             ;与尾指针相等否?
            jnz kbget2                 ;不相等,说明缓冲区有字符,转移
            sti                        ;相等,说明缓冲区空,开中断
            pop bx                     ;恢复BX
            jmp kbget1                 ;等待缓冲区有字符
    kbget2: mov al,buffer[bx]          ;从队列头取得字符送AL
            inc bx                     ;队列头指针增量
            cmp bx,10                  ;指针是否指向队列末端?
            jc kbget3                  ;没有,转移
            mov bx,0                   ;指针指向队列末端,则循环,指向始端
```

```
kbget3:    mov bufptr1,bx           ;设定新的队列头指针
           sti                      ;开中断
           pop bx                   ;恢复BX
           ret                      ;子程序返回
kbget      endp
           ;kbint中断服务程序处理09H号键盘中断
kbint      proc
           sti                      ;开中断
           push ax                  ;保护寄存器
           push bx
           in al,60h                ;读取键盘扫描码
           push ax
           in al,61h                ;使PB₇＝1,响应键盘
           or al,80h
           out 61h,al
           and al,7fh               ;使PB₇＝0,允许键盘
           out 61h,al
           pop ax                   ;以下进行键盘数据处理
           test al,80h              ;是断开扫描码?
           jnz kbint2               ;是,则转kbint2退出
           mov bx,offset scantb     ;是接通扫描码,取表首地址
           xlat                     ;将扫描码转换成ASCII码
           cmp al,0                 ;是否为合法的ASCII码?
           jz kbint2                ;不是,则转kbint2退出
           mov bx,bufptr2           ;是,取队列尾指针
           mov buffer[bx],al        ;将ASCII码存入缓冲区队列尾
           inc bx                   ;队列尾指针增量
           cmp bx,10                ;指针是否指向队列末端?
           jc kbint1                ;没有,转移
           mov bx,0                 ;指针指向队列末端,则循环,指向始端
kbint1:    cmp bx,buffptr1          ;缓冲区是否已满?
           jz kbint2                ;若队列满,则退出
           mov bufptr2,bx           ;队列不满,设置新的队列尾指针
kbint2:    mov al,20h               ;向中断控制器8259A发送普通中断结束命令
           out 20h,al
           pop bx                   ;恢复寄存器
           pop ax
           iret                     ;中断返回
kbint      endp
```

10.4 LED数码管及其接口

最简单的显示设备是发光二极管（Light Emitting Diode，LED），由7段发光二极管组成的LED数码管可以显示内存地址和数据等。LED数码管是一种应用很普遍的显示器件，单板微型机、微型机控制系统及数字化仪器都用它作为输出显示。

1. LED数码管的工作原理

LED数码管的主要部分是7段发光管，如图10-17a所示。这7段发光管顺时针分别称为a、b、c、d、e、f、g，有的产品还附带有一个小数点h。通过7个发光段的不同组合，数码管可以显示0～9和A～F共16个字母数字，从而实现十六进制数的显示。当然，7段数码管也可以显示

个别特殊字符，如"－"号、字母"P"等。

LED数码管有共阳极（图10-17b）和共阴极（图10-17c）两种结构。如为共阳极结构，则共用的阳极应接高电平为有效，各段则输入低电平有效。如为共阴极结构，共用的阴极必须接低电平，而各段处于高电平时便发光。例如，当a、b、g、e、d为高电平时相应段发光，而其他段为低电平不发光，则显示数字"2"，如图10-17e所示。

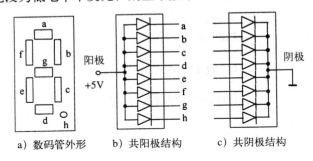
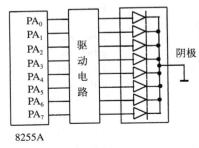

a）数码管外形　　　b）共阳极结构　　　c）共阴极结构　　　　　d）连接示意

e）显示的数码

图10-17　LED数码管

2. 单个LED数码管的显示

由于发光二极管发光时，通过的平均电流为10～20mA，而通常的输出锁存器不能提供这么大的电流，所以LED各段必须接驱动电路。例如，对于共阴极数码管，阴极接地，则阳极要加驱动电路。驱动电路可由三极管构成，也可以采用小规模集成电路。

为了将一位十六进制数（4位二进制数）在一个LED数码管上显示出来，就需要将一位十六进制数译为LED的7位显示代码。一种方法是采用专用的带驱动器的LED段译码器，实现硬件译码。另一种常用的方法是软件译码。在程序设计时，将0～F这16个数字对应的显示代码组成一个表。例如，用共阴极数码管如图10-17d所示连接，则0的显示代码为3FH，1的显示代码为06H，……，并在表中按顺序排列：

```
LEDtb    db 3fh,06h,5bh,…        ;显示代码表
```

于是，要显示的数字可以很方便地通过8088的换码指令译码为该数字对应的显示代码。下面这个程序段就可以用来实现1个LED数码管显示：

```
mov al,1                ;AL←要显示的数字（这里假设为1）
mov bx,offset LEDtb     ;取显示代码表首地址
xlat                    ;换码为显示代码：AL←DS:[BX＋AL]
mov dx,port             ;假设port表示与数码管相接的端口地址
out dx,al               ;输出显示
```

3. 多个LED数码管的显示

实际使用时，往往要用几个数码管实现多位显示。这时，如果每一个数码管占用一个独立的输出端口，那么，将占用太多的通道；而且，驱动电路的数目也很多。所以，要从硬件和软件两方面想办法节省硬件电路。

例10.5　图10-18是一种常用的多位LED数码管显示接口电路示意图。在这种方案中，硬

件上用公用的驱动电路来驱动各数码管；软件上用扫描方法实现数码显示。从图中可以看到，用2个8位输出端口就可以实现8个数码管的显示控制。

- 位控制端口——控制哪个（位）数码管显示。对于图10-18的共阳极数码管，当位控制端口的控制码某位为低电平时，经反相驱动，便在相应数码管的阳极加上了高电平，这个数码管就可以显示数据。
- 段控制端口——决定具体显示什么数码。段控制端口通过段驱动电路送出显示代码到数码管相应段。此端口由8个数码管共用，因此，当CPU送出一个显示代码时，各数码管的阴极都收到了此代码。但是，只有位控制码中为低的位对应的数码管才得到导通而显示数字，其他管子并不发光。

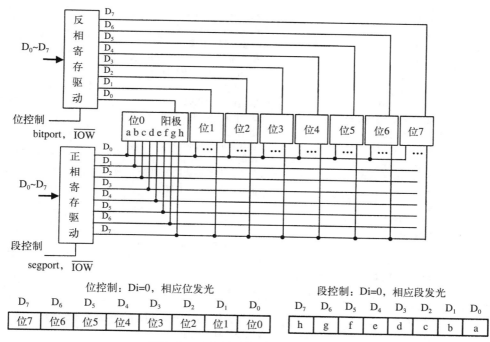

图10-18 多位数码管显示接口示意图

由上所述，只要CPU通过段控制端口送出段显示代码，然后通过位控制端口送出位显示代码，指定的数码管便显示相应的数字。如果CPU顺序地输出段码和位码，依次让每个数码管显示数字，并不断地重复显示，利用眼睛的视觉惯性，当重复频率达到一定程度，从数码管上便可见到相当稳定的数字显示。显而易见，重复频率越高，每位数码管延时显示的时间越长，数字显示得就越稳定，显示亮度也就越高。通过控制重复频率和延时时间就可以得到各种显示效果。

在这种节省硬件的多位显示电路中，往往要用软件完成段译码，CPU需要不断重复扫描每个数码管。为此，程序设计时可以开辟一个数码缓冲区，存放要显示的数字，第一个数字在最左边的数码管显示，下一个数字送到左边第二个数码管显示，以此类推。另外，还需要建立一个显示代码表，从前向后依次存放0~F对应的7段显示代码。但注意，显示代码是和硬件连接有关的，图10-18接口电路的显示代码见下面程序的显示代码表。

下面是一段实现8位数码管依次显示一遍的子程序。实际应用中，只要按一定频率重复调用它，就可以获得稳定的显示效果。为了相对独立，显示代码表LEDtb安排在子程序中。数码缓冲区LEDdt在数据段，主程序采用寄存器DS:SI传递首地址。

```
                ;数据段
   LEDdt        db  8 dup(0)                ;数码缓冲区
                ;主程序
                mov si,offset LEDdt         ;指向数码缓冲区
                call LEDdisp                ;调用显示子程序
                ;子程序：显示一次数码缓冲区的8个数码，入口参数：DS:SI＝缓冲区首地址
   LEDdisp      proc
                push ax
                push bx
                push dx
                mov bx,offset LEDtb         ;指向显示代码表
                mov ah,0feh                 ;指向最左边数码管
   LED1:        lodsb                       ;取出要显示的数字
                xlat cs:LEDtb               ;得到显示代码：AL←CS:[BX＋AL]
                mov dx,segport              ;segport为段控制端口
                out dx,al                   ;送出段码
                mov al,ah                   ;取出位显示代码
                mov dx,bitport              ;bitport为位控制端口
                out dx,al                   ;送出位码
                call delay                  ;实现数码管延时显示
                rol ah,1                    ;指向下一个数码管
                cmp ah,0feh                 ;是否指向最右边的数码管
                jnz LED1                    ;没有,显示下一个数字
                pop dx
                pop bx
                pop ax
                ret                         ;8位数码管都显示一遍,返回
                ;显示代码表,按照0～9、A～F的顺序
   LEDtb        db 0c0h,0f9h,0a4h,0b0h,99h,92h,82h,0f8h
                db 80h,90h,88h,83h,0c6h,0c1h,86h,8eh
   LEDdisp      endp
   timer        = 10                        ;延时常量（需要根据实际情况确定具体数值）
   delay        proc                        ;软件延时子程序
                push bx
                push cx
                mov bx,timer                ;外循环：timer确定的次数
   delay1:      xor cx,cx
   delay2:      loop delay2                 ;内循环：2^16次循环
                dec bx
                jnz delay1
                pop cx
                pop bx
                ret
   delay        endp
```

本软件延时子程序仅是一个示例。内循环执行了2^{16}次LOOP指令，外循环次数是timer。因为不同的处理器执行LOOP指令需要的时间不同，例如8088/8086需要17个时钟周期、80286需要8个时钟周期、Pentium需要5个时钟周期，所以产生的延时时间也不相同。这段程序的延时约等于timer×2^{16}×LOOP指令的时钟周期数除以处理器工作频率。通过在内循环中加入其他指令（如空操作指令NOP）以及改变外循环次数可以调整这段程序的延时时间。为了得到较准

确的延时时间，PC系列机中可以采用硬件延时，例如INT 15H的86H子功能，参见8.2.3节。

10.5 并行打印机接口

打印机是计算机系统的基本输出设备之一，能简便直接地获得硬拷贝。打印机的种类很多，常用的是针式打印机、喷墨打印机和激光打印机。尽管打印机本身是一个非常精密复杂的电子设备，但接口比较简单，往往采用Centronics标准接口或其简化接口。

Centronics接口是得到工业界大量支持的一个并行接口协议。这个协议规定了36脚簧式插头座为打印机标准插头座，并规定了36脚的信号含义，如表10-2所示。其中前11条线是关键信号，它们是8条数据线、3条联络线（选通$\overline{\text{STROBE}}$、响应$\overline{\text{ACK}}$和打印机忙BUSY）；还有一些特殊控制线、状态线。各种微型打印机的并行接口往往就只提供了这11条信号线。在一些要求简单的场合，只用这11条信号线，就能使打印机正常工作。

表10-2 并行打印机接口信号

引脚	Centronics标准信号	引脚	25芯并行接口信号
1	$\overline{\text{STROBE}}$	1	$\overline{\text{STROBE}}$
2~9	$\text{DATA}_0 \sim \text{DATA}_7$	2~9	$\text{DATA}_0 \sim \text{DATA}_7$
10	$\overline{\text{ACK}}$	10	$\overline{\text{ACK}}$
11	BUSY	11	BUSY
12	PE	12	PE
13	SLCT	13	SLCT
14	$\overline{\text{AUTOFEEDXT}}$	14	$\overline{\text{AUTOFEEDXT}}$
15	NC（不用）	15	$\overline{\text{ERROR}}$
16	逻辑地	16	$\overline{\text{INIT}}$
17	机壳地	17	$\overline{\text{SLCTIN}}$
18	NC（不用）	18~25	信号地GND
19~30	信号地GND		
31	$\overline{\text{INIT}}$		
32	$\overline{\text{ERROR}}$		
33	地		
34	NC（不用）		
35	+5V		
36	$\overline{\text{SLCTIN}}$		

PC系列机的并行打印机接口是一个25针插口，它只是在个别信号的引脚安排上与标准Centronics接口有些不同，实质一样，如表10-2右列。PC系列机都支持一个并行打印机接口，用于连接配有并行接口的各种打印机、绘图仪、扫描仪等设备。

10.5.1 打印机接口信号

并行打印机接口信号可以分成数据、控制和状态3类信号。

1. 控制打印机的输出信号

$\overline{\text{SLCTIN}}$ 选择输入——仅当该信号为低电平时，才能将数据输出到打印机。实际上，它是允许打印机工作的选中信号。

$\overline{INIT}$初始化——该信号为低，打印机被复位成初始状态，打印机的数据缓冲区被清除。

$\overline{AUTOFEEDXT}$自动走纸——该信号为低有效时，打印机打印后自动走纸一行。

$\overline{STROBE}$选通——这是用于使打印机接收数据的选通信号。负脉冲的宽度在接收端应大于0.5μs，数据才可靠地存入打印机数据缓冲区。

2. 反映打印机状态的输入信号

BUSY忙——忙信号为高电平，表示打印机不接收数据。打印机处于下列状态之一时为忙：1) 正在输入数据，2) 正在打印操作，3) 在脱机状态，4) 打印机出错。

$\overline{ACK}$响应——打印机接收一个数据字节后就回送一个响应的负脉冲信号（脉宽约为5μs），表示打印机已准备好接收新数据。

PE纸用完——这是打印机内部的检测器发出的信号，若为高，说明打印机无纸。

SLCT选择——该信号为高表示处于联机选中状态。

$\overline{ERROR}$ 错误——当打印机处于无纸、脱机或错误状态之一时，这个信号变为低电平。

3. 向打印机提供数据的输出数据线

$DATA_0 \sim DATA_7$——这是8位并行数据信号线。打印数据就是通过它送至打印机的。写入打印机的数据可以是文本方式的打印字符，也可以是图形方式的位映射字节，还可以是控制字符。8位数据的可靠输出是通过$\overline{STROBE}$、$\overline{ACK}$和BUSY三个联络信号控制的，其时序参见图10-19。

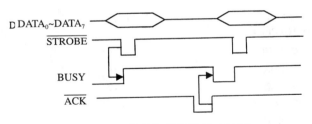

图10-19　并行打印机的接口时序

10.5.2　打印机适配器

打印机接口电路和驱动程序都比较简单，作为一个系统分析实例，我们将详细介绍。

IBM PC系列机有3个端口基地址不同的打印机适配器。基地址为3BCH的打印机适配器和单色显示适配器在同一块接口板上。基地址为378H和278H的打印机适配器各为单独的接口板。在PC/AT及其他兼容机上，打印机适配器也和异步通信适配器同在一块接口板上。32位微机都在主机板上集成了基地址378H的打印机接口电路。尽管打印机适配器有多个，且以不同基地址和接口板出现，但它们的工作原理都一样。图10-20为PC/XT机使用的打印机适配器原理图。

由图可以看出打印机适配器的结构是比较简单的，可以将其分成两部分。

1. 与I/O通道接口

接I/O通道的这部分电路主要由I/O地址译码器LS155和数据收发器LS245组成。LS155是双2∶4译码器，为让它正常工作必须使其控制端（1C和$\overline{2C}$引脚）有效。其中，1C为高电平有效，$\overline{2C}$为低电平有效，$\overline{2C}$控制引脚与I/O地址线$A_3 \sim A_9$等连接，所以为使$\overline{2C}$引脚为低电平有效，必须是：

- $A_9 = 1$，$A_7 \sim A_3 = 011111$。
- AEN = 0，DMA控制器的地址允许信号AEN不为有效状态。换句话说，就是只有CPU能控制打印机适配器。
- 跨接器J1接地，则$A_8 = 1$，对应基地址378H；跨接器J1接 + 5V，则$A_8 = 0$，对应基地址278H。

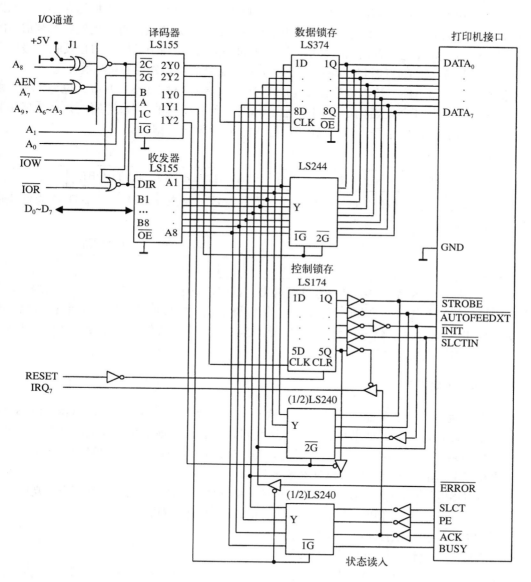

图10-20　打印机适配器的电路图

这就是适配器的片选信号，它占用I/O地址范围为378~37FH（或278~27FH）。适配器内部仅使用三个端口地址：基地址为数据口地址（可读可写）；基地址加1为状态口地址（只读）；基地址加2为控制口地址（可写可读）。

双向三态缓冲器LS245用作适配器的数据收发器。当CPU选中这个适配器并执行输入指令时才能从中读取数据或状态，否则只能向它写入数据或命令。另外，系统复位信号RESET能使打印机适配器恢复初始状态，IRQ$_7$用作打印机中断请求信号接入8259A的第7个请求引脚上。I/O通道上的其他信号在打印机适配器上不需要使用，所以就没有连接。

2. 与打印机接口

打印机适配器与打印机连接的这部分电路，主要由数据锁存和读取，命令锁存和状态读取电路组成。用锁存器LS374作为主机向打印机提供数据（包括命令）的数据锁存器。三态缓冲器LS244作为读取输出数据的缓冲器，用于适配器的自检验。主机向打印机发布控制信号的锁存器是LS174，同样它也有读出缓冲器（LS240的一半），以利于适配器的自校验。缓冲器LS240的另一半用于读取打印机的状态。注意，LS240是具有反相作用的三态缓冲区。

根据打印机接口电路，输出信号锁存在LS174中，控制字格式如下。其中D$_4$位为中断请求允许位，它的输出用于适配器内部控制。当D$_4$=1时，使打印机的接收响应信号 $\overline{ACK}$ 反相驱动后，成为中断请求IRQ$_7$信号，系统以中断方式向打印机输出数据。

D$_7$D$_6$D$_5$	D$_4$	D$_3$	D$_2$	D$_1$	D$_0$
×××	INTE	SLCTIN	$\overline{INIT}$	AUTOFEEDXT	STROBE

CPU从接口电路LS240读取打印机的5个状态信号，状态字如下。注意D$_7$位为低说明BUSY信号为高，打印机正"忙"。

D$_7$	D$_6$	D$_5$	D$_4$	D$_3$	D$_2$D$_1$D$_0$
$\overline{BUSY}$	$\overline{ACK}$	PE	SLCT	$\overline{ERROR}$	×××

根据打印机适配器输出的接口信号可以看出，打印机适配器可用作8位并行输出端口，信号电平为标准的TTL电平，并有选通、响应、忙等握手联络信号可供使用，同时还可以输出4个命令信号和输入5个状态信号或5位数据信号。当然，用于和其他并行外设连接时，要求用户自行编制数据输出功能程序。

10.5.3 打印机驱动程序

PC系列机为打印机适配器配置了相应的软件支持。微机上电初始化时，ROM-BIOS将检测是否插了打印机适配器。如果具有打印机适配器，就将其基地址填入数据区（逻辑地址为0040:0008、0040:000A和0040:000C）。另外，在逻辑地址为0040:0078～0040:007A的三个字节单元中有三个适配器各自的打印超时参数字节。

ROM-BIOS提供有打印机驱动程序，可用软件中断INT 17H来调用，共有三个子功能：

- 0号功能——送入打印机一个字符（AH=0，AL=打印字符）。
- 1号功能——初始化打印机（AH=1）。
- 2号功能——读打印机状态（AH=2）。

这三个功能都有入口参数：DX=打印机号（0～2），出口参数：AH=打印机状态。打印机状态字如下。某位为1，则反映不忙（D$_7$）、响应（D$_6$）、无纸（D$_5$）、选中（D$_4$）、出错（D$_3$）和超时错误（D$_0$）。

D$_7$	D$_6$	D$_5$	D$_4$	D$_3$	D$_2$D$_1$	D$_0$
$\overline{BUSY}$	ACK	PE	SLCT	ERROR	××	TIMEOUT

ROM-BIOS的打印机驱动程序采用查询方式输出打印机数据。PC/XT机中的这段程序清单如下，图10-21是它的流程图。

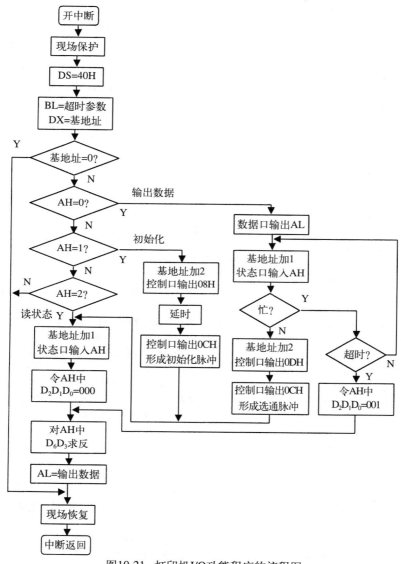

图10-21　打印机I/O功能程序的流程图

```
            ;打印机驱动程序（INT 17H号中断调用服务程序）
print       proc
            sti                          ;开中断
            push ds                      ;保护寄存器
            push dx
            push si
            push cx
            push bx
            call DDS                     ;DDS是ROM-BIOS中的一个子程序,使DS＝0040H
            mov si,dx                    ;SI←DX＝打印机号（0～2）
```

```
                mov bl,[si+78h]        ;BL←打印机超时参数
                shl si,1               ;SI←SI×2
                mov dx,[si+08]         ;DX←打印机基地址
                or dx,dx               ;基地址等于0否?
                jz print0              ;等于0,说明没有连打印机,返回
                or ah,ah
                jz print1              ;AH=0,转输出数据部分
                dec ah
                jz print2              ;AH=1,转初始化打印机部分
                dec ah
                jz print3              ;AH=2,转读打印机状态部分
print0:         pop bx                 ;恢复现场
                pop cx
                pop si
                pop dx
                pop ds
                iret                   ;中断返回
print1:         push ax                ;输出数据部分开始
                out dx,al              ;打印机数据端口←AL=打印字符
                inc dx                 ;指向状态端口
print6:         sub cx,cx
print5:         in al,dx               ;读打印机状态
                mov ah,al
                test al,80h            ;查询打印机是否空闲(BUSY)
                jnz print4             ;打印机空闲,转输出数据
                loop print5            ;打印机忙,则继续查询(循环2^{16}次)
                dec bl                 ;超时参数减1
                jnz print6             ;是否超时,没有则继续查询
                or ah,01               ;超时
                and ah,f9h             ;设置状态字节超时位($D_0$)为1
                jmp print7
print4:         mov al,0dh             ;送出控制信号00001101
                inc dx
                out dx,al
                mov al,0ch             ;送出控制信号00001100
                out dx, al             ;STROBE信号产生一个低脉冲,将数据送至打印机
                pop ax
print3:         push ax                ;读状态部分开始
print8:         mov dx,[si+08]         ;DX←打印机基地址
                inc dx
                in al,dx               ;读状态端口
                mov ah, al             ;送AH
                and ah,0f8h            ;使$D_2D_1D_0=000$
print7:         pop dx
                mov al,dl              ;恢复入口参数AL(要输出的数据)
                xor ah,48h             ;求反$D_6$和$D_3$位
                jmp print0             ;返回
print2:         push ax                ;初始化打印机部分开始
                inc dx
                inc dx
```

```
              mov al,08              ;送出控制信号00001000
              out dx,al
              mov ax,03e8h           ;延时
print9:       dec ax
              jnz print9
              mov al,0ch             ;送出控制信号00001100
              out dx,al              ;INIT 信号产生一个4ms的低脉冲,将打印机初始化
              jmp print8             ;转读状态部分
print         endp
DDS           proc                   ;子程序:DS←0040H (指向ROM-BIOS数据区)
              push ax
              mov ax,0040h
              mov ds,ax
              pop ax
              ret
DDS           endp
```

上述并行接口现在被称之为标准并口SPP (Standard Parallel Port),这是PC最初的并行接口工作方式。后来在原单向输出的基础上改进为双向并行接口。

当前,32位PC都支持另外两种增强工作方式:增强并口EPP (Enhanced Parallel Port)和扩展并口ECP (Extended Capability Port)。它们的传输速率更高,后者还使用了DMA传送方式。

习题

10.1 8255A的24条外设数据线有什么特点?

10.2 8255A两组都定义为方式1输入,则方式控制字是什么?此时方式控制字D_3和D_0两位确定什么功能?

10.3 总结8255A端口C的使用特点。

10.4 设定8255A的端口A为方式1输入,端口B为方式1输出,则读取端口C的数据的各位是什么含义?

10.5 对8255A的控制寄存器写入B0H,则其端口C的PC5引脚是什么作用的信号线?

10.6 10.2.2节用8255A端口A方式0与打印机接口,如果采用端口B,其他不变,请说明应该如何修改接口电路和程序。

10.7 10.2.3节用8255A端口A方式1与打印机接口,如果采用端口B,其他不变,请说明如何修改接口电路和程序。

10.8 设一工业控制系统,有四个控制点,分别由四个对应的输入端控制,现用8255A的端口C实现该系统的控制,如图10-22所示。开关$K_0 \sim K_3$打开则对应发光二极管$L_0 \sim L_3$亮,表示该控制点运行正常;开关闭合则对应发光二极管不亮,说明该控制点出现故障。编写8255A的初始化程序和这段控制程序。

10.9 设定8255A的端口B为方式1连接某一输入设备,

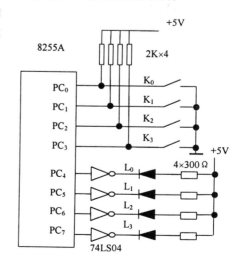

图10-22 习题10.8图

其中断请求信号引入PC的IRQ$_3$。欲使CPU响应该外设的中断请求，初始化时应开放3级中断，请编程说明。

10.10 什么是机械按键的抖动，给出软、硬件解决抖动问题的方法。

10.11 什么是键盘识别中的重键，怎样解决这个问题。

10.12 在10.3.1节的键盘接口电路中，假设8255A的数据端口A、B、C和控制端口地址为218H～21BH，写出完整的采用反转法识别按键的键盘扫描程序。

10.13 对照10.3.2节的键盘缓冲区，说明"先进先出、循环队列"的工作过程。

10.14 编写一个程序，每当在键盘上按下一键时，就显示其接通和断开扫描码。

10.15 补充10.4节中LEDtb指示的0～F显示代码。

10.16 如图10-23为用一片8255A控制8个8段共阴极LED数码管的电路。现要求按下某个开关，其代表的数字（K$_1$为1，K$_2$为2，…，K$_8$为8）在数码管从左到右循环显示（已有一个延时子程序delay可以调用），直到按下另一个开关。假定8255A的数据端口A、B、C及控制口的地址依次为FFF8H～FFFBH。编写完成上述功能的程序，应包括8255A的初始化、控制程序和数码管的显示代码表。

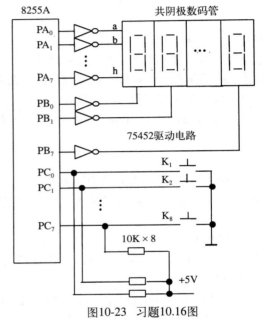

图10-23 习题10.16图

10.17 Centronics接口的前11个信号线的功能是什么？它们是怎样配合输出数据的？

10.18 参照打印机I/O功能程序，编写一个利用查询方式打印一个字符的子程序。假设不考虑超时错误，打印字符从AL传送至子程序，打印机基地址在DX中。

第11章　串行通信接口

串行通信是将数据分解成二进制位，用一条信号线一位一位顺序传送的方式。串行通信的优势是用于通信的线路少，因而在远距离通信时可以极大地降低成本。另外，它还可以利用现有的通信信道（如电话线路等），使数据通信系统遍布千千万万个家庭和办公室。相对并行通信方式，串行通信速度较慢。串行通信适合于远距离数据传送，例如，微型机与计算中心之间、微机系统之间或与其他系统之间。串行通信也常用于速度要求不高的近距离数据传送，例如，同房间的微型机之间、微型机与磁带机之间、微型机与字符显示器之间。PC系列机上都有两个串行异步通信接口，键盘、鼠标器与主机之间也采用串行数据传送方式。

本章从串行通信的基本概念出发，学习串行异步通信的接口标准EIA-232D、通用异步接收发送器8250和16550，最后分析PC上的异步通信适配器，并掌握利用它实现串行通信的方法。

11.1　串行通信基础

串行通信时，数据、控制和状态信息都使用同一根信号线传送。所以，收发双方必须遵守共同的通信协议（Protocol），才能解决传送速率、信息格式、位同步、字符同步、数据校验等问题。人们根据同步方式的不同，将串行通信分为两类，即异步通信和同步通信，本章重点介绍串行异步通信。

1. 异步通信

串行异步通信（Asynchronous Data Communication）以字符为单位进行传输，其通信协议是起止式异步通信协议，传输的字符格式如图11-1所示。

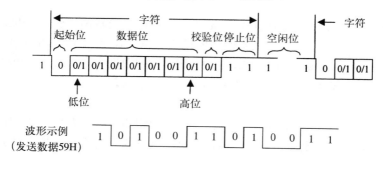

图11-1　起止式异步通信的字符格式

1）起始位（Start Bit）——起始位是字符开始传送的标志。起始位采用逻辑0电平。起始位用于实现"字符同步"。

2）数据位（Data Bit）——数据位紧跟着起始位传送。数据可以由5～8个二进制位组成，但总是低位先传送。

3）奇偶检验位（Parity Bit）——数据位传送完成后可以选择一个奇偶检验位，用于校验是否正确传送了数据；可以选择奇检验，也可以选择偶校验，还可以不传送校验位。

4）停止位（Stop Bit）——字符最后必须有停止位，以表示这个字符的传送结束。停止位采用逻辑1电平，可选择1位、1.5位或2位长度。

一个字符传输结束，可以接着传输下一个字符，也可以停一段空闲时间再传输下一个字符，空闲位为逻辑1电平。

字符格式中的"位"表示二进制位。每位持续的时间长度都是一样的，为数据传输速率的倒数。所以，数据传输速率也称比特率（Bit Rate），即每秒传输的二进制位数bps（Bit per Second）。例如，数据传输速率为1200 bps，则一位的时间长度为0.833ms（＝1/1200）；对于采用1个停止位、不用校验的8位数据传送来说，一个字符共有10位，每秒能传送120个（＝1200÷10）字符。

当进行二进制数码传输，且每位时间长度相等时，比特率还等于波特率（Baud Rate）。波特率表示数据调制速率，其单位为波特（Baud）。当采用非两相调制方法（如四相调制）时，比特率数值大于波特率数值，但两者成倍数关系。

过去，串行异步通信的数据传输速率限制在50 bps到9600 bps之间，常采用110、300、600、1200、2400、4800和9600。现在，数据传输速率可以达到115 200 bps或更高。

2. 同步通信

在串行异步通信中，由于要在每个数据前后附加起始位和停止位，至少要有20%的冗余时间，因此传输效率不高。同步通信（Synchronous Data Communication）在每个数据中并不加起始和停止位，而是将数据顺序连接起来，以一个数据块（称为"帧"）为传输单位，每个数据块附加1个或两个同步字符（实现"帧同步"），最后以校验字符结束；校验字符同时起到校验传输是否正确的作用。其传输格式如图11-2所示。

图11-2 同步通信的传输格式

同步通信的数据传输效率较之异步通信要高，传输速率也较高，但硬件电路比较复杂。串行同步通信主要应用在网络当中。最常使用的同步通信协议是面向比特的高级数据链路控制协议（High-Level Data Link Control，HDLC）。IBM系列微机中常用的同步数据链路控制协议（Synchronous Data Link Control，SDLC）则是HDLC的子集。

3. 传输制式

串行通信通常采用全双工（Full duplex）或半双工（Half duplex）传输制式，如图11-3所示。

• 当信号的发送和接收分别使用不同的传输线时，这样的通信系统就是全双工制，系统在同一时刻既可以发送又可以接收。

• 若使用同一条传输线既用作发送又用作接收，这样的通信系统就是半双工制，当然，发送和接收不能在同一时刻进行。

• 有些系统也采用单根传输线只用作发送或只用作接收，这称为单工（Simplex）制式。

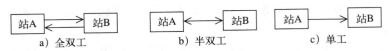

图11-3 传输制式

4. 调制解调器

当微机系统通过电话线路进行数据传送时，常需要调制解调器Modem。为了通过电话线路发送数字信号，必须先把数字信号转换为适合在电话线路上传送的模拟信号，这就是调制（Modulating）；经过电话线路传输后，在接收端再将模拟信号转换为数字信号，这就是解调（Demodulating）。多数情况下，通信是双向的，即半双工或全双工制式，具有调制和解调功能的器件合制在一个装置中，就是调制解调器。

将数字信号调制为模拟信号有3种方法：移频键控FSK，移相键控PSK和振幅键控ASK。信号调制不是第13章介绍的数字量与模拟量的转换，前者要利用载波信号。载波就是用于传输数据的模拟波形信号，没有载波将无法传输数据。

11.2 串行接口标准EIA-232D

串行异步通信最广泛使用的总线接口标准是EIA-232D。其前身RS-232C是美国电子工业协会（Electronic Industry Association，EIA）于1962年公布，并于1969年修订的串行接口标准。事实上，它已经成为国际上通用的标准串行接口。1987年1月，RS-232C经修改后，正式改名为EIA-232D。由于标准修改得并不多，因此，现在很多厂商仍沿用旧的名称。

最初，该串行接口的设计目的是用于连接调制解调器。目前，232D已成为数据终端设备DTE（例如计算机）与数据通信设备DCE（例如调制解调器）的标准接口。利用233D接口不仅可以实现远距离通信，也可以近距离连接两台微机或电子设备。

11.2.1 EIA-232D的引脚定义

232D接口标准使用一个25针连接器。表11-1罗列了它的引脚排列和名称。绝大多数设备只使用其中9个信号，所以就有了9针连接器。表11-1中也给出了9针连接器的引脚。

表11-1 EIA-232D的引脚

9针连接器 引脚号	25针连接器 引脚号	名　　称	25针连接器 引脚号	名　　称
	1	保护地	12	次信道载波检测
3	2	发送数据TxD	13	次信道清除发送
2	3	接收数据RxD	14	次信道发送数据
7	4	请求发送RTS	16	次信道接收数据
8	5	清除发送CTS	19	次信道请求发送
6	6	数据装置准备好DSR	21	信号质量检测
5	7	信号地GND	23	数据信号速率选择器
1	8	载波检测CD	24	终端发送器时钟
4	20	数据终端准备好DTR	9、10	保留，供测试用
9	22	振铃指示RI	11	未定义
	15	发送器时钟TxC	18	未定义
	17	接收器时钟RxC	25	未定义

232D接口包括两个信道：主信道和次信道。次信道为辅助串行通道提供数据控制和通道，但其传输速率比主信道要低得多，其他跟主信道相同，通常较少使用。

- TxD（Transmitted Data）发送数据——串行数据的发送端。
- RxD（Received Data）接收数据——串行数据的接收端。

- RTS（Request To Send）请求发送——当数据终端设备准备好送出数据时，就发出有效的RTS信号，用于通知数据通信设备准备接收数据。
- CTS（Clear To Send）清除发送——当数据通信设备已准备好接收数据终端设备的传送数据时，发出CTS有效信号来响应RTS信号，其实质是允许发送。

  RTS和CTS是数据终端设备与数据通信设备间一对用于数据发送的联络信号。
- DTR（Data Terminal Ready）数据终端准备好——通常当数据终端设备一加电，该信号就有效，表明数据终端设备准备就绪。
- DSR（Data Set Ready）数据装置准备好——通常表示数据通信设备（即数据装置）已接通电源连到通信线路上，并处在数据传输方式，而不是处于测试方式或断开状态。

  DTR和DSR也可用作数据终端设备与数据通信设备间的联络信号，例如，应答数据接收。
- GND（Ground）信号地——为所有的信号提供一个公共的参考电平。
- CD（Carrier Detected）载波检测——当本地调制解调器接收到来自对方的载波信号时，就从该引脚向数据终端设备提供有效信号。该引脚也缩写为DCD。
- RI（Ring Indicator）振铃指示——当调制解调器接收到对方的拨号信号期间，该引脚信号作为电话铃响的指示，保持有效。
- 保护地（机壳地）——这是一个起屏蔽保护作用的接地端，一般应参照设备的使用规定，连接到设备的外壳或机架上，必要时要连接到大地。
- TxC（Transmitter Clock）发送器时钟——控制数据终端发送串行数据的时钟信号。
- RxC（Receiver Clock）接收器时钟——控制数据终端接收串行数据的时钟信号。

11.2.2　EIA-232D的连接

图11-4是数字终端设备（例如微机）利用232D接口连接调制解调器的示意图，用于实现通过电话线路的远距离通信。实际上，数据终端设备与数据通信设备通过232D接口就是对应引脚直接相连。图中只使用9个常用信号，并给出了25连接器的引脚号。

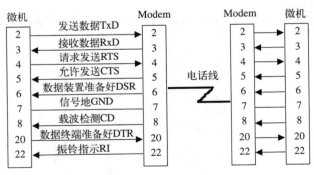

图11-4　使用Modem的232D接口

图11-5是两台微机直接利用232D接口进行短距离通信的连接示意图。由于这种连接不使用调制解调器，所以被称为零调制解调器（Null Modem）连接。
- 图11-5a是不使用联络信号的3线相连方式。很明显，为了交换信息，TxD和RxD应当交叉连接。程序中不必使RTS和DTR有效，也不应检测CTS和DSR是否有效。
- 图11-5b是"伪"使用联络信号的3线相连方式，是常用的一种方法。图中双方的RTS和

CTS各自互接，用请求发送RTS信号来产生允许发送CTS，表明请求传送总是允许的。同样，DTR和DSR互接，用数据终端准备好产生数据装置准备好。这样的连接可以满足通信的联络控制要求。

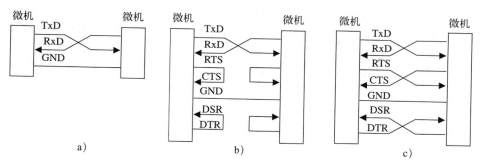

图11-5　不用Modem的232D接口

　　由于通信双方并未进行联络应答，所以采用图11-5a和图11-5b的3线连接方式，应注意传输的可靠性。例如，发送方无法知道接收方是否可以接收数据、是否接收到了数据。传输的可靠性需要利用软件来提高，例如先发送一个字符，等待接收方确认之后（回送一个响应字符）再发送下一个字符。

- 图11-5c是使用联络信号的多线相连方式。这种连接方式通信比较可靠，但所用连线较多，不如前者经济。

系统ROM-BIOS的异步通信I/O功能调用INT 14H支持图11-5b和图11-5c的连接方式。

11.2.3　EIA-232D的电气特性

　　232D接口标准采用EIA电平。它规定：高电平为+3V～+15V，低电平为-3V～-15V。实际应用常采用±12V或15V。232D可承受±25V的信号电压。另外，要注意232D数据线TxD和RxD使用负逻辑，即高电平表示逻辑0，用符号SPACE（空号）表示；低电平表示逻辑1，用符号MARK（传号）表示。联络信号线为正逻辑，高电平有效，为ON状态；低电平无效，为OFF状态。

　　由于232D的EIA电平不与微机的逻辑电平（TTL电平或CMOS电平）兼容，所以两者间需要进行电平转换。传统的转换器件有MC1488（完成TTL电平到EIA电平的转换）和MC1489（完成EIA电平到TTL电平的转换）等芯片。目前已有更为方便的电平转换芯片，例如MAX232、UN232等。

11.3　通用异步接收发送器8250/16550

　　微机数据的串行传输，需要并行到串行和串行到并行的转换，并需按照传输协议发送和接收每个字符（或数据块）。这些工作可以由软件实现，也可以由硬件电路实现。

　　通用异步接收发送器（Universal Asynchronous Receiver Transmitter，UART）就是串行异步通信的接口电路芯片。IBM PC/XT机的UART芯片是INS 8250，后续PC则采用兼容的NS16450和NS16550。现在的32位PC芯片组中使用了与NS16550兼容的逻辑电路。

　　8250实现了起止式串行异步通信协议，支持全双工通信。通信字符可选择数据位为5～8位，停止位1、1.5或2位，可进行奇偶校验，具有奇偶、帧和溢出错误的检测电路。8250支持的数据传输速率为50～9600 bps；16550支持的速率高达115200 bps。除支持的速率不同外，16550

和16450完全兼容8250；16550还新增了FIFO模式。

11.3.1 8250的内部结构

8250的内部结构如图11-6所示。发送保持寄存器、发送移位寄存器组成的双缓冲结构发送器实现并行数据转换为串行数据。接收缓冲寄存器、接收移位寄存器组成的双缓冲结构接收器将接收的串行数据转换为并行数据。波特率发生器为发送器和接收器提供所需的同步控制时钟信号。调制解调器控制逻辑实现与调制解调器连接，中断控制逻辑实现中断控制和优先权判断，数据缓冲器和选择控制逻辑与CPU的连接是必不可少的。

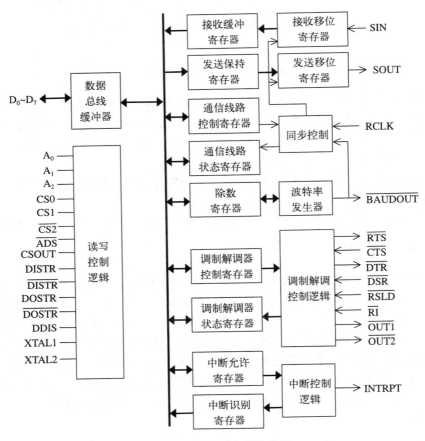

图11-6 8250的内部结构图

用户使用的各种8250内部寄存器，将在11.3.3节介绍。

1. 串行数据的发送

当发送数据时，8250接收CPU送来的并行数据，存在发送保持寄存器中。只要发送移位寄存器没有正在发送数据，发送保持寄存器的数据就进入发送移位寄存器。与此同时，8250按照编程规定的起止式字符格式，加入起始位、奇偶校验位和停止位，从串行数据输出引脚SOUT逐位输出。每位的时间长度由传输速率确定。另外，8250能发送中止字符（输出连续的低电平，以通知对方中止通信）。

因为采用双缓冲寄存器结构，所以在发送移位寄存器进行串行发送的同时，CPU可以向

8250提供下一个发送数据，这样可以保证数据的连续发送。

2. 起始位的检测

8250需要首先确定起始位才能开始接收数据，这就是实现位同步。8250的数据接收时钟RCLK使用16倍比特率的时钟信号。接收器用RCLK检测到串行数据输入引脚SIN由高电平变低后，连续测试8个RCLK时钟周期，若采样到的都是低电平，则确认为起始位；若低电平的保持时间不是8个RCLK时钟周期，则认为是传输线上的干扰。在确认了起始位后，每隔16个RCLK时钟周期对SIN输入的数据位进行采样一次，直至规定的数据格式结束，如图11-7所示。

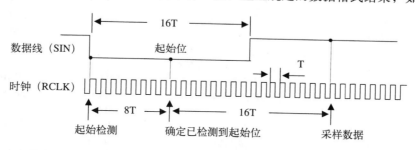

图11-7　8250对起始位的检测

3. 串行数据的接收

当接收数据时，8250的接收移位寄存器对SIN引脚输入的串行数据进行移位接收。8250按照通信协议规定的字符格式自动删除起始位、奇偶校验位和停止位，把移位输入的串行数据转换成并行数据。接收完一个字符后，把数据送入接收缓冲寄存器。接收器在接收数据的同时，还对接收数据的正确性和接收过程进行监视。如果发现出现奇偶校验错、帧错、溢出错或接收到中止符，则在状态寄存器中置相应位，并通过中断控制逻辑请求中断，要求CPU处理。

因为采用双缓冲寄存器结构，所以在CPU读取接收数据的同时，8250就可以继续串行接收下一个数据，这样可以保证数据的连续接收。

4. 接收错误的处理

为了使传输过程更可靠，8250在接收端设立了3种出错标志：

1）奇偶错误PE（Parity Error）——若接收到的字符的"1"的个数不符合奇偶校验要求，则置这个标志，发出奇偶校验出错信息。

2）帧错误FE（Frame Error）——若接收到的字符格式不符合规定（如缺少停止位），则置这个标志，发出帧错误信息。

3）溢出错误OE（Overrun Error）——若接收移位寄存器接收到一个数据，在把它送至输入缓冲器时，CPU还未取走前一个数据，就会出现数据丢失，这时置溢出错误标志。由此还可以看出，若接收缓冲器的级数多，则溢出错误的几率就少。

11.3.2　8250的引脚

8250的外部引脚同样可以分成连接CPU的部分和连接外设的部分。这里的外设就是232D接口。下面分类说明。

1. 处理器接口引脚

由于8250不是Intel公司的产品，所以该芯片引脚名称与前面学习的8253、8255等Intel产品有所不同，但是引脚功能却是类似的。

数据线$D_0 \sim D_7$——用于在CPU与8250之间交换信息。

地址线$A_0 \sim A_2$——用于寻址8250内部寄存器，参见表11-2。

表11-2 8250的寄存器寻址

DLAB	$A_2\ A_1\ A_0$	寄 存 器	COM1地址	COM2地址
0	0 0 0	读接收缓冲寄存器	3F8H	2F8H
0	0 0 0	写发送保持寄存器	3F8H	2F8H
0	0 0 1	中断允许寄存器	3F9H	2F9H
×	0 1 0	中断识别寄存器（只读）	3FAH	2FAH
×	0 1 1	通信线路控制寄存器	3FBH	2FBH
×	1 0 0	调制解调器控制寄存器	3FCH	2FCH
×	1 0 1	通信线路状态寄存器	3FDH	2FDH
×	1 1 0	调制解调器状态寄存器	3FEH	2FEH
×	1 1 1	不用	3FFH	2FFH
1	0 0 0	除数寄存器低8位	3F8H	2F8H
1	0 0 1	除数寄存器高8位	3F9H	2F9H

片选线——8250设计了3个片选输入信号CS0、CS1、$\overline{CS2}$和一个片选输出信号CSOUT。3个片选输入都有效时，才选中8250芯片，同时CSOUT输出高电平有效。

地址选通信号$\overline{ADS}$——当该信号低电平有效时，锁存上述地址线和片选线的输入状态，保证读写期间的地址稳定。若不会出现地址不稳定现象，则不必锁存，只将$\overline{ADS}$引脚接地。

读控制线——8250被选中时，只要数据输入选通DISTR（高有效）和$\overline{DISTR}$（低有效）引脚有一个信号有效，CPU就从被选择的内部寄存器中读出数据。相当于I/O读信号。

写控制线——8250被选中时，只要数据输出选通DOSTR（高有效）和$\overline{DOSTR}$（低有效）引脚有一个信号有效，CPU就将数据写入8250被选择的内部寄存器。相当于I/O写信号。

8250读写控制信号有两对，每对信号作用完全相同，只不过有效电平不同而已。

驱动器禁止信号DDIS——CPU从8250读取数据时，DDIS引脚输出低电平，用来禁止外部收发器对系统总线的驱动；其他时间，DDIS为高电平。

主复位线MR——该引脚输入高电平有效时，8250复位，控制部分寄存器和输出信号处于初始化状态。这个引脚就是8250的硬件复位信号RESET。

中断请求线INTRPT——8250内部有4级共10个中断源，当任一个未被屏蔽的中断源有请求时，INTRPT输出高电平向CPU请求中断。

2. 时钟信号

外部晶体振荡器电路产生的时钟信号送到时钟输入引脚XTAL1，作为8250的基准工作时钟。时钟输出引脚XTAL2是基准时钟信号的输出端，可用作其他功能的定时控制。外部输入的基准时钟，经8250内部波特率发生器分频后产生发送时钟，并经波特率输出引脚$\overline{BAUDOUT}$输出。接收时钟引脚RCLK可接收外部提供的接收时钟信号，若采用发送时钟作为接收时钟，则只要将RCLK引脚和$\overline{BAUDOUT}$引脚直接相连即可。

3. 串行异步接口引脚

这是一组用于实现232D接口的信号线。但它们是TTL电平，输出数据线为正逻辑，联络控制信号线为低电平有效。

串行数据输入线SIN对应RxD，用于接收串行数据。串行数据输出线SOUT对应TxD，用于发送串行数据。调制解调器控制线包括数据终端准备好 $\overline{\text{DTR}}$ 、数据设备准备好 $\overline{\text{DTR}}$ 、发送请求 $\overline{\text{RTS}}$ 、清除发送 $\overline{\text{CTS}}$ 、接收线路检测 $\overline{\text{RLSD}}$ （对应载波检测CD）和振铃指示 $\overline{\text{RI}}$ 。

4. 输出线

$\overline{\text{OUT1}}$ 和 $\overline{\text{OUT2}}$ 是两个一般用途的输出信号，由调制解调器控制寄存器的 D_2 和 D_3 使其输出低电平有效，复位时为高电平。

11.3.3　8250的寄存器

8250内部有9种可访问的寄存器，用引脚 $A_0 \sim A_2$ 来寻址；同时还要利用通信线路控制寄存器的最高位，即除数寄存器访问位DLAB，以区别共用两个端口地址的不同寄存器，如表11-2所示。其中，除数寄存器是16位，占用两个连续的8位I/O端口。

1. 接收缓冲寄存器RBR

接收缓冲寄存器存放串行接收后转换成并行的数据。

2. 发送保持寄存器THR

发送保持寄存器存放将要串行发送的并行数据。

3. 除数寄存器

8250的接收器时钟和发送器时钟由时钟输入引脚的基准时钟分频得到，而且是传输率的16倍。不同的数据传输率，需要不同的分频系数，除数寄存器就保存设定的分频系数。计算分频系数（即除数）的公式可以表达如下：

分频系数＝基准时钟频率／（16×比特率）

除数寄存器是16位的，写入前注意使DLAB＝1。

4. 通信线路控制寄存器LCR

通信线路控制寄存器指定串行异步通信的字符格式，即数据位个数、停止位个数，是否进行奇偶校验以及何种校验。LCR可以写入，也可以读出，其格式见图11-8。其中 $D_6 = 1$ 将迫使8250发送连续低电平的中止字符。最高位 D_7 是DLAB，为1说明寻址除数寄存器；否则为寻址数据寄存器和中断允许寄存器，参见表11-2。

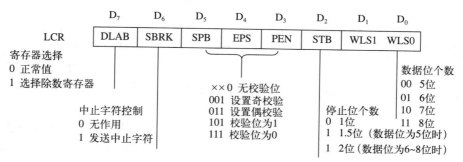

图11-8　通信线路控制寄存器

5. 通信线路状态寄存器LSR

通信线路状态寄存器提供串行异步通信的当前状态，供CPU读取和处理。LSR还可以写入（除 D_6 位），人为地设置某些状态，用于系统自检，其格式见图11-9。

LSR最重要的是反映接收数据是否准备就绪和发送保持寄存器是否为空，以决定CPU的下一个读写操作。当接收数据就绪或发送保持寄存器为空时，除使LSR相应位置位外，还可以通过中断控制电路发出中断请求。LSR也反映接收数据后是否发生错误以及是哪种错误。当错误发生时，也可以产生中断请求。

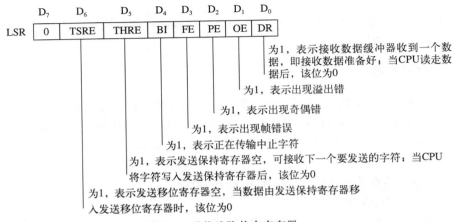

图11-9 通信线路状态寄存器

6. 调制解调器控制寄存器MCR

调制解调器控制寄存器用来设置8250与数据通信设备（例如调制解调器）之间联络应答的输出信号，其格式如图11-10所示。

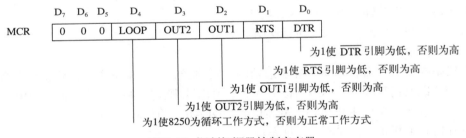

图11-10 调制解调器控制寄存器

MCR的D_4位可控制8250处于自测试工作状态。在自测试状态，引脚SOUT变为高，而SIN与系统分离，发送移位寄存器的数据回送到接收移位寄存器；4个控制输入信号（$\overline{CTS}$、$\overline{DSR}$、$\overline{RLSD}$及$\overline{RI}$）和系统分离，并在芯片内部与4个控制输出信号（$\overline{RTS}$、$\overline{DTR}$、$\overline{OUT2}$及$\overline{OUT1}$）相连。这样，发送的串行数据立即在内部被接收（循环反馈），故可用来检测8250发送和接收功能正确与否，而不必外连线。

在自测试状态，有关接收器和发送器的中断仍起作用，调制解调器产生的中断也起作用。但调制解调器产生中断的源不是原来的4个控制输入信号，而变成内部连接的4个控制输出信号，即MCR低4位。中断是否允许，则仍由中断允许寄存器控制，若中断是允许的，则将MCR低4位的某一位置位，产生相应的中断，好像正常工作一样。

7. 调制解调器状态寄存器MSR

调制解调器状态寄存器反映4个控制输入信号的当前状态及其变化，如图11-11所示。MSR高4位中某位为1，说明相应输入信号当前为低有效，否则为高电平。MSR低4位中某位为1，说明从上次CPU读取该状态字后，相应输入信号已发生改变，从高变低或反之。MSR低

4位任一位置1，均产生调制解调器状态中断，当CPU读取该寄存器或复位后，低4位被清零。

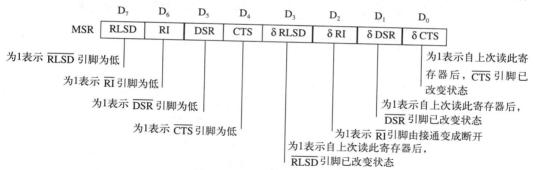

图11-11　调制解调器状态寄存器

8. 中断允许寄存器IER

8250具有很强的中断控制和优先权判决处理能力，设计有2个中断寄存器和4级中断。这4级中断按优先权从高到低排列的顺序为：接收线路状态中断（包括奇偶错、溢出错、帧错和中止字符）、接收器数据准备好中断、发送保持寄存器空中断和调制解调器状态中断（包括清除发送 $\overline{CTS}$ 状态改变、数据终端准备好 $\overline{DSR}$ 状态改变、振铃 $\overline{RI}$ 接通变成断开和接收线路信号检测 $\overline{RLSD}$ 状态改变）。8250的4级中断的优先权，是按照串行通信过程中事件的紧迫程度安排的，是固定不变的，用户可利用中断允许或禁止进行控制。

中断允许寄存器的低4位控制8250的4级中断是否被允许。某位为1，则对应的中断被允许；否则，被禁止，如图11-12所示。如果IER低4位全为0，则禁止8250产生中断，此时还将禁止中断识别寄存器和中断请求信号的输出。

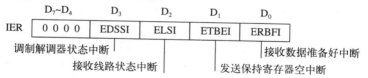

图11-12　中断允许寄存器

9. 中断识别寄存器IIR

8250的4级中断中有一级或多级出现时，8250便输出高电平的INTRPT中断请求信号。为了能具体识别是哪一级中断引起的请求，以便分别进行处理，8250内部设有一个中断识别寄存器。它保持正在请求中断的优先权最高的中断级别编码，在这个特定的中断请求由CPU进行服务之前，不接受其他的中断请求。

中断识别寄存器的格式见图11-13。其中最低位反映是否有中断请求，D_2D_1 位则表示正在请求的最高优先权的中断。这4级中断除用主复位引脚MR进行复位外，还可分别复位，参见图11-13中复位控制一项。

IIR是只读寄存器，它的低3位随中断源而变化，但IIR高5位总是0，可用作判别8250是否存在的特征。参见习题11.7。

11.4　异步通信适配器

IBM PC/XT机的串行异步通信适配器以8250为核心，由它完成发送时的并转串和接收时的串转并以及相应的控制工作；同时适配器还配置了TTL电平与EIA电平转换电路等，如图11-14所示。后来PC的串行异步通信硬件电路有极大地改变，但在软件上保持了兼容。

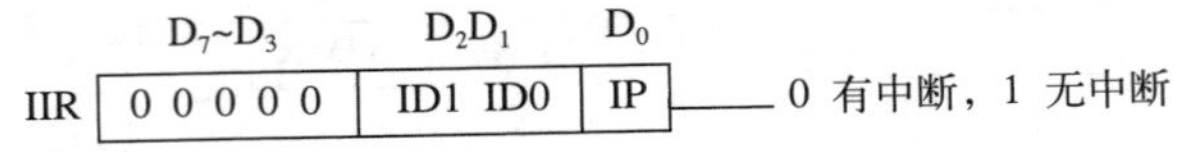

IIR

$D_7 \sim D_3$	$D_2 D_1$	D_0
0 0 0 0 0	ID1 ID0	IP

——0 有中断，1 无中断

ID1	ID0	优先权	中断类型	复位控制
1	1	1	接收线路状态	读线路状态寄存器
1	0	2	接收数据准备好	读接收数据缓冲器
0	1	3	发送保持寄存器空	写保持寄存器或读中断识别寄存器
0	0	4	调制解调器状态	读调制解调器状态寄存器

图11-13 中断识别寄存器

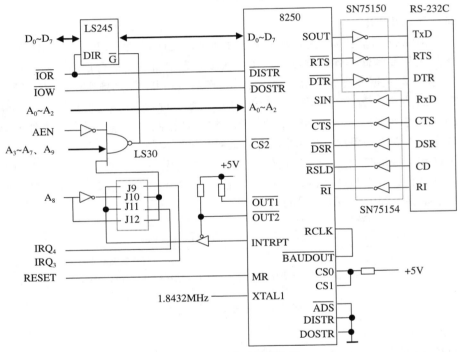

图11-14 异步通信适配器

11.4.1 异步通信适配器的接口电路

8250的片选CS0、CS1接+5V不起作用，$\overline{CS2}$与8输入与非门LS30的输出相连。因此，要选中8250必须使地址线A_9、$A_7 \sim A_3$为高电平。地址线A_8通过跨接器再接入与非门的输入。若跨接器使J11和J12接通，则$A_8 = 1$时选中8250，这时8250的端口地址为3F8～3FFH（第1个串行通信接口COM1），且以IRQ_4作为本适配器的中断请求线；若跨接器使J9和J10接通，则8250的端口地址为2F8～2FFH（第2个串行通信接口COM2），以IRQ3为中断请求线。另外，只有CPU控制系统总线时（AEN信号为低）才选中8250。8250的$A_0 \sim A_2$引脚连至系统地址总线的低3位，以选择8250的内部寄存器，如表11-2所示。

8250的数据线通过收发器74LS245与系统的数据总线相连。收发器的允许端$\overline{G}$与片

选 $\overline{CS2}$ 信号都来自与非门LS30输出端，即只有8250被选中时，数据收发器才允许工作。收发器的数据方向控制端连至系统的I/O读信号。

8250的数据输入选通与I/O读连接，数据输出选通与I/O写连接，以控制8250的读写操作。系统的复位信号RESET控制8250的复位MR引脚。

异步通信适配器上的晶体振荡器为8250提供1.8432MHz的基准时钟信号（XTAL1引脚）。串行接收和发送使用相同的传输率，所以 $\overline{BAUDOUT}$ 与RCLK相连。用户可定义的引脚 $\overline{OUT1}$ 在PC中未用。$\overline{OUT2}$ 用于控制INTRPT的三态输出，可作为8250的中断请求允许位。异步通信适配器既可工作于查询方式又可工作于中断方式。

8250与232D接口的输出信号用SN75150芯片将TTL电平转换为EIA电平，并接至TxD、RTS和DTR引脚上。RxD、CTS、DSR、CD和RI引脚经SN75154芯片从EIA电平转换为TTL电平，接至8250与232D接口的输入信号。因为8250与232D的对应信号采用相反的有效逻辑电平，所以电平转换电路具有反相作用，图中用反相器符号表示。

11.4.2 异步通信适配器的初始化编程

异步通信适配器的初始化编程，是为串行通信做准备，就是对8250的内部控制寄存器进行写入。我们以PC系列机第1个串行接口COM1（端口地址参见表11-2）为例。

1. 设置传输率——写入除数寄存器

根据通信双方约定的传输率和基准时钟频率，确定分频系数。注意，对除数寄存器操作前，必须使通信线路控制寄存器的最高位DLAB置位。假设采用1200 bps。

```
mov al,80h
mov dx,3fbh
out dx,al              ;写入通信线路控制寄存器,使DLAB=1
mov ax,96              ;分频系数: 1.8432MHz÷(1200×16)=96=60H
mov dx,3f8h
out dx,al              ;写入除数寄存器低8位
mov al,ah
inc dx
out dx,al              ;写入除数寄存器高8位
```

2. 设置通信字符格式——写入通信线路控制寄存器

根据起止式通信协议，假设使用7个数据位、1个停止位、奇校验。程序段如下：

```
mov al,00001010b
mov dx,3fbh
out dx,al              ;写入通信线路控制寄存器
```

这段程序同时使DLAB=0，以方便下述初始化过程。

3. 设置工作方式——写入调制解调器控制寄存器

对照图11-14可知，通过调制解调器控制寄存器的D_3位控制 $\overline{OUT2}$，可选择允许中断或禁止中断；对应通信过程采用中断或查询工作方式。但不论在何种工作方式，调制解调器控制寄存器的最低两位通常都置为1，这样就建立数据终端准备好 $\overline{DTR}$ 和请求发送 $\overline{RTS}$ 的有效信号，即使系统中没有使用调制解调器，也无妨这样设置。

• 设置查询通信方式

```
mov al,03h             ;控制 OUT2 为高, DTR 和 RTS 为低
```

```
        mov dx,3fch
        out dx,al                           ;写入调制解调器控制寄存器
```

- **设置中断通信方式**

```
        mov al,0bh                          ;控制 OUT2 为低,允许INTRPT产生请求
        mov dx,3fch
        out dx,al
```

- **设置查询的循环测试通信方式**

```
        mov al,13h                          ;循环测试位设置为1
        mov dx,3fch
        out dx,al
```

8250/16550采用循环自测试通信方式, $\overline{\text{OUT2}}$ 不再输出低电平有效信号。在异步通信适配器上,它就无法允许中断请求信号INTRPT,所以不能采用中断的循环测试通信方式。

4. 设置中断允许或屏蔽位——写入中断允许寄存器

如果不采用中断工作方式,应设置中断允许寄存器为0,禁止所有的中断请求;否则,根据需要,允许相应级别的中断,不使用的中断则仍屏蔽。例如:

```
        mov al,0                            ;禁止所有中断
        mov dx,3f9h
        out dx,al                           ;写入中断允许寄存器 (应保证此时DLAB=0)
```

11.4.3 异步通信程序

我们编写一个针对第2个串行接口COM2的异步通信程序,采用查询工作方式。初始化编程后,程序读取8250的通信状态寄存器,数据传输错误就显示一个问号"?";接收到数据就显示出来;发送数据就从键盘输入字符;当然,用户没有输入字符就不发送,循环读取8250状态。如果按下ESC键(其ASCII代码为1BH)就返回DOS。

本例程序不使用联络控制信号,通信时不关心调制解调器状态寄存器的内容,而只要查询通信线路状态寄存器即可。

```
                ;代码段
start:          ……                         ;异步通信适配器的初始化编程
                ;读取通信线路状态,查询工作
statue:         mov dx,2fdh                 ;读通信线路状态寄存器
                in al,dx
                test al,1eh                 ;接收有错误否?
                jnz error                   ;有错,则转错误处理
                test al,01h                 ;接收到数据吗?
                jnz receive                 ;是,转接收处理
                test al,20h                 ;保持寄存器空(能输出数据)吗?
                jz statue                   ;不能输出,则循环查询
                ;保持寄存器已空,发送数据
                mov ah,0bh                  ;检测键盘有无输入字符
                int 21h
                cmp al,0
                jz statue                   ;无输入字符,循环等待
                mov ah,0                    ;有输入字符,读取字符。出口参数:AL←字符的ASCII值
                int 16h                     ;如果采用01号DOS功能调用 (INT 21H) 则有回显
```

```
            cmp al,1bh
            jz done                     ;是ESC键,则退出程序返回DOS
            mov dx,2f8h                 ;否则,将字符输出给发送保持寄存器
            out dx,al                   ;串行发送数据
            jmp statue                  ;继续查询
            ;已接收字符,读取该字符并显示
receive:    mov dx,2f8h                 ;从输入缓冲寄存器读取字符
            in al,dx
            and al,7fh                  ;传送标准ASCII码,采用7个数据位,所以仅取低7位
            push ax                     ;保存数据
            mov dl,al                   ;屏幕显示该数据
            mov ah,2
            int 21h
            pop ax                      ;恢复数据
            cmp al,0dh                  ;数据是回车符吗?
            jnz statue                  ;不是,则循环
            mov dl,0ah                  ;是,再进行换行
            mov ah,2
            int 21h
            jmp statue                  ;继续查询
            ;接收有错,显示问号"?"
error:      mov dx,2f8h                 ;读出接收有误的数据,丢掉
            in al,dx
            mov dl,'?'                  ;显示问号
            mov ah,2
            int 21h
            jmp statue                  ;继续查询
done:       ......                      ;返回DOS
```

如果初始化编程采用查询的循环自测试方式(调制解调器控制寄存器写入13H),则从键盘输入的字符,经8250发送后又由8250自身接收。这时,微机后面板串行插口无须连线。该程序也就可以进行8250芯片的自诊断。

如果希望实现两台微机之间通信,即从一台微机键盘的输入字符将在对方微机屏幕上显示,则需将03H写入调制解调器控制寄存器,两台微机按图11-5"零调制解调器"方式连接,两台微机同时执行上述异步通信程序。

如果采用中断工作方式,那么程序员要管理好8250的四级10种中断源,并解决主程序与中断服务程序的数据传递问题。

11.4.4　16550的FIFO模式

虽然8250的传输速率不高,但在过去配合IBM PC/XT微机也算是相得益彰。随着微处理器的工作速度大幅提高,8250显然已经不能满足要求。8250工作时,每发送或接收一个字节数据就需要处理器进行处理,也影响了整个系统的工作效率。而16550的情况则不然。16550一方面提高传输速率,另一方面在发送器和接收器上都设计了16字节容量的先进先出(First In First OUT,FIFO)缓冲器,使处理器必须处理发送和接收数据的次数大大减少,从而提高了性能。

16550上电复位后保持与8250和16450的完全兼容,工作在前面介绍的字符模式。通过写

入新增的FIFO控制寄存器FCR，可以激活内部FIFO缓冲器，使16550工作在FIFO模式。

16550的FIFO控制寄存器用于允许FIFO模式、清除FIFO缓冲器、选择DMA信号和设置引起中断的字节数。它是只写的，端口地址与中断识别寄存器（只读）相同（地址$A_2A_1A_0$=010），其格式如图11-15所示。

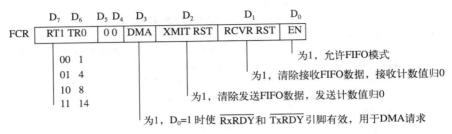

图11-15 FIFO控制寄存器

初始时FCR全为0。只有写入D_0=1，才启用FIFO。设置D_1或D_2为1，将清除接收或发送FIFO缓冲器的数据。在FIFO模式，设置D_3为1，原24号片选输出引脚CSOUT更改为$\overline{TxRDY}$表示发送准备好，原29号无连接引脚NC更改为$\overline{RxRDY}$表示接收准备好，可作为进行DMA传送的请求信号。最高两位D_7D_6设置接收FIFO缓冲器中的数据有多少字节时产生中断。例如D_7D_6=11时，每当接收FIFO缓冲器中接收到对方发送的14字节数据时请求接收器中断。

当16550工作在FIFO模式时，其他寄存器也有部分变化。其中线路状态寄存器LSR的最高位D_7由总为0更改为接收FIFO错误，即在接收FIFO中只要有奇偶、帧或中止字符等任一个错误，该位为1。处理器读取LSR之后，如果接收FIFO没有错误，则该位为0。另外，LSR中D_0位（表示接收数据准备好）和D_1位（溢出错）现在表示接收FIFO满和FIFO满后的溢出。D_2位（奇偶错）、D_3位（帧错误）、D_4位（中止字符）均表示接收FIFO中最前一个字符出现的相应错误。D_5位（发送保持寄存器空）现在表示发送FIFO为空。

中断识别寄存器IIR的最高两位D_7D_6在FIFO控制寄存器设置为D_0=1（FIFO模式）时由00更改为11。IIR中D_3位在出现FIFO超时中断时为1，同时D_2D_1=10，FIFO超时中断是与接收数据准备好同级的中断。所以，中断允许寄存器IER中D_0=1也表示允许FIFO超时中断。

习题

11.1 串行异步通信发送8位二进制数01010101：采用起止式通信协议，使用奇校验和2个停止位。画出发送该字符的波形图。若用1200 bps，则每秒最多能发送多少个数据？

11.2 微机与调制解调器通过232D总线连接时常使用哪9个信号线，各自的功能是什么？利用232D进行两个微机直接通信时，可采用什么连接方式，画图说明。

11.3 8250在识别起始位时采用什么方法防止误识别？UART芯片的接收方采用双缓冲或多缓冲结构，是为了防止发生什么错误？

11.4 8250芯片能管理哪10个中断，并说明各个中断分别在何时产生。

11.5 欲使通信字符为8个数据位、偶校验、2个停止位，则应向8250_____寄存器写入控制字_____，其在PC系列机上的I/O地址（COM2）是_____。XT机通信适配器电路上设计J9～J12跨接器的作用是_____。

11.6 PC系列机执行以下3条指令后，将设定什么状态？

```
mov al,1ah
mov dx,2fbh
out dx,al
```

11.7 8250的IIR是只读的，且高5位总是0。试分析XT机系统ROM-BIOS中下段程序的作用。
如不发生条件转移，则RS232-BASE字单元将存放什么内容？

```
            mov bx,0
            mov dx,3fah
            in al,dx
            test al,0f8h
            jnz F18
            mov RS232-BASE,3f8h
            inc bx
            inc bx
F18:        mov dx,2fah
            in al,dx
            test al,0f8h
            jnz F19
            mov RS232-BASE[bx],2f8h
            inc bx
            inc bx
F19:        ……
```

11.8 设定某次串行异步通信的数据位为8位、无校验、1个停止位，传输速率为4800 bps，采
用中断工作方式。按此要求写出PC系列机中对第2个串行通信口的初始化程序。

11.9 8250的除数寄存器、8253的计数器、8237A的通道寄存器都是16位的，但这3个芯片的
数据线都是8位的。它们分别采用什么方法通过8位数据线操作16位寄存器？

第12章 模 拟 接 口

随着电子数字计算机的飞速发展,其应用范围也越来越广泛,已由过去的单纯的计算工具发展成为现在复杂控制系统的核心部分。人们通过计算机能对生产过程、科学实验以及军事控制系统等实现更加有效的自动控制。这也是微机应用的一个非常重要的领域。

在测控系统中,被测控的对象如温度、压力、流量、速度、电压等都是连续变化的物理量。这种连续变化的物理量通常就是模拟电压或电流,被称为"模拟量"。

当微机参与测控时,微机要求的输入信号为"数字量",它是离散的数据量。能将模拟量转换为数字量的器件称为模拟/数字转换器(Analog-Digital Converter),简称ADC。微机的处理结果是数字量,不能直接控制执行部件,需要转换为模拟量。将数字量转换为模拟量的器件称为数字/模拟转换器(Digital-Analog Converter),简称DAC。

微机通过ADC和DAC电路,与外界模拟电路连接,这就是模拟接口。模拟接口技术是微机在自动控制等领域的应用基础。

12.1 模拟输入输出系统

在一个实际的测控系统中,要用微机来监视和控制过程中发生的各种参数,首先就要用传感器把各种物理量测量出来,且转换为电信号,再经过A/D转换,传送给微型机。微型机对各种信号计算、加工处理后输出,经过D/A转换再去控制各种设备。其过程如图12-1所示。

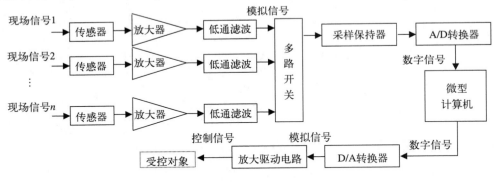

图12-1 模拟输入输出系统

1)传感器(Transducer)——传感器的作用是将各种现场的物理量测量出来并转换成电信号(模拟电压或电流)。常用的传感器有温度传感器、压力传感器、流量传感器、振动传感器和重量传感器等。根据传感器的结构特点,传感器又可分为应变式、电容式、压电式和压阻式等。过去的传感器主要是指能够进行非电量和电量之间转换的敏感元件(Sensor);现在的传感器除敏感元件外,还包括与输入变换器相连接的信号调制、传递、放大等功能的二次变换器以及具有显示功能的输出变换器等。随着微处理器的采用,还出现了带微处理器的所谓"智能传感器"。

2)放大器(Amplifier)——放大器把传感器输出的信号放大到ADC所需的量程范围。传感器输出的信号往往很微弱，并混有许多干扰信号，因此必须去除干扰，并将微弱信号放大到与ADC相匹配的程度。这就需要配接高精度、高开环增益的运算放大器，或具有高共模抑制比的测量放大器。有时在使用现场，信号源与计算机两者电平不同或不能共地，这时就需进行电的隔离，又要用隔离放大器。

3）低通滤波器（Low-pass Filter）——滤波器用于降低噪声、滤去高频干扰，以增加信噪比。滤波器通常使用RC低通滤波电路，也可用运算放大器构成的有源滤波电路。还可以编写数字滤波程序，用软件加强滤波效果。

4）多路开关（Multiplexer）——在实际应用中，常常要对多个模拟量进行转换，而现场信号的变化多是比较缓慢的，没有必要对每一路模拟信号单独配置一个A/D转换器。这时，可以采用多路开关，通过微型机控制，把多个现场信号分时地接通到A/D转换器上转换，达到共用A/D转换器以节省硬件的目的。

5）采样保持器（Sample & hold）——对高速变化的信号进行A/D转换时，为了保证转换精度，需要使用采样保持器。周期性地采样连续信号，并在A/D转换期间保持不变。

经微型机处理的数字量经D/A转换成为模拟信号，这个模拟信号一般要经过低通滤波器使输出波形平滑。同时，为了能驱动受控设备，需采用功率放大器作为模拟量的驱动电路。有时，被控对象是多个，也需要采用多路开关通过一个D/A转换器分时控制多个对象。

12.2 D/A转换器

D/A转换器（DAC）将微机处理后的数字量转换成为模拟量（电压或电流）。

12.2.1 D/A转换的基本原理

数字量是由代码按数值组合起来表示的。欲将数字量转换成模拟量，必须先把每一位代码按其权的大小转换成相应的模拟分量，然后将各模拟分量相加，其总和就是与数字量相应的模拟量。例如：$1101B = 1 \times 2^3 + 1 \times 2^2 + 0 \times 2^1 + 1 \times 2^0 = 13$。

按这个D/A转换原理构成的转换器，主要由电阻网络、电子开关和基准电压组成。电阻网络通常有两种形式：权电阻解码网络和R-2R梯形解码网络。DAC集成电路大都采用R-2R梯形解码网络，图12-2为4位DAC的原理示意图。

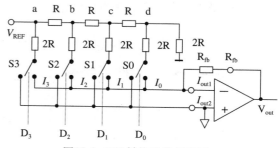

图12-2 D/A转换器的原理图

输入的二进制数字量通过逻辑电路控制电子开关。当输入的数字量不同时，通过电子开关使电阻网络中的不同电阻和基准电压接通，在运算放大器的输入端产生和二进制数各位的权成比例的电流，再经放大器将电流转换为与输入二进制数成正比的输出电压。

基准电压是提供给转换电路的稳定的电压源，也称为参考电压V_{REF}。

如图12-2所示，整个电路由若干个相同的电路环节组成。每个环节有两个电阻和一个开关。开关S是按二进制位进行控制的。该位为1时，开关将加权电阻与I_{out1}输出端接通产生电流；该位为0时，开关与I_{out2}端接通。

由于I_{out2}接地、I_{out1}为虚地，所以从a、b、c和d各点向右看的阻抗都是2R，这样各点的电压分别为：

$$V_{a} = V_{REF}, \quad V_{b} = V_{REF}/2, \quad V_{c} = V_{REF}/4, \quad V_{d} = V_{REF}/8$$

当各位为1，开关S接通I_{out1}时，各点的电流为：

$$I_{0} = V_{d}/2R = V_{REF}/(8 \times 2R) \qquad I_{1} = V_{c}/2R = V_{REF}/(4 \times 2R)$$

$$I_{2} = V_{b}/2R = V_{REF}/(2 \times 2R) \qquad I_{3} = V_{a}/2R = V_{REF}/2R$$

根据线性电路的叠加原理，输出电流I_{out1}就是：

$$I_{out1} = I_{0} + I_{1} + I_{2} + I_{3} = (V_{REF}/2R) \times (1/8 + 1/4 + 1/2 + 1)$$

通过运算放大器的反相输出，得到电压输出$V_{out} = -I_{out1} \times R_{fb}$。令$R_{fb} = R$，则

$$V_{out} = -(V_{REF}/2R) \times (1/8 + 1/4 + 1/2 + 1) \times R = -V_{REF} \times [(2^{0} + 2^{1} + 2^{2} + 2^{3})/2^{4}]$$

将上式推广于n位转换器，则

$$V_{out} = [(2^{0} \times D_{0} + 2^{1} \times D_{1} + 2^{2} \times D_{2} + \cdots + 2^{3} \times D_{n-1})/2^{n}] \times V_{REF} = -(D/2^{n}) \times V_{REF}$$

其中，$D_{n-1} \sim D_{0}$表示相应二进制位，D则表示二进制数对应的十进制量。如$D_{7} \sim D_{0}$为00101110B时，D＝46。

12.2.2 DAC0832芯片

DAC芯片的性能主要用分辨率（位数）、转换时间和转换精度等参数反映。DAC芯片有多种类型：按DAC的性能分，有通用、高速和高精度等转换器；按内部结构分，有不包含数据寄存器的，也有含数据寄存器的；按位数分，有8位、12位、16位等；按其输出模拟信号分，又有电流输出型和电压输出型。

DAC0832是一种典型的8位、电流输出型、通用DAC芯片。图12-3是它的内部结构和引脚图，其中D/A转换器采用梯形电阻网络。

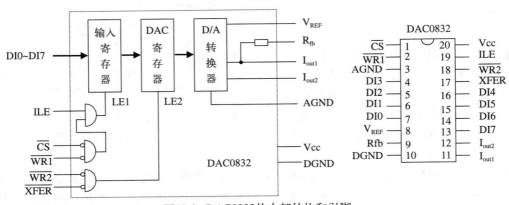

图12-3　DAC0832的内部结构和引脚

1. DAC0832的数字接口

DAC0832内部具有输入寄存器和DAC寄存器两级数字量缓冲寄存器，可以方便地与微处理机接口。其中DI0～DI7是8位数字量输入引脚，ILE、$\overline{CS}$和$\overline{WR1}$控制输入寄存器的锁存信号LE1，$\overline{XFER}$和$\overline{WR2}$控制DAC寄存器的锁存信号LE2。数字量进入DAC寄存器的同时，

D/A转换器就开始数字量到模拟量的转换工作。数字量不变，模拟输出量也不变。

当ILE为高、$\overline{CS}$和$\overline{WR1}$为低时，LE1为高，输入寄存器处于直通状态，数字输出随数字输入变化；否则，LE1为低，输入数据被锁存在输入寄存器中。当$\overline{XFER}$和$\overline{WR2}$为低时，使LE2为高，DAC寄存器处于直通状态，输出随输入变化；否则，将输入数据锁存在DAC寄存器中。于是，DAC0832形成3种工作方式：

1）直通方式：LE1和LE2一直为高，数据可以直接进入D/A转换器。

2）单缓冲方式：LE1或LE2一直为高，只控制其中一级寄存器。

3）双缓冲方式：不让LE1和LE2一直为高，控制两级寄存器。控制LE1从高变低，将从DI0～DI7进入的数据存入输入寄存器。控制LE2从高变低，将输入寄存器的数据存入DAC寄存器，同时开始D/A转换。双缓冲工作方式能做到对某个数据进入D/A转换的同时，输入下一个数据，适用于要求多个模拟量同时输出的场合。

2. DAC0832的模拟输出

DAC0832的模拟输出有I_{out1}、I_{out2}、R_{fb}，还有电源和地信号引脚。

I_{out1}——模拟电流输出1，它是逻辑电平为1的各位输出电流之和。当输入数字为全"1"时，其值最大，为$(255/256)(V_{REF}/R_{fb})$；当输入数字为全"0"时，其值最小，为0。

I_{out2}——模拟电流输出2，它是逻辑电平为0的各位输出电流之和。$I_{out1}+I_{out2}=$常量。

R_{fb}——反馈电阻引出端。反馈电阻制作在芯片内，用作外接运算放大器的反馈电阻，为D/A转换器提供电压输出，该电阻与内部R-2R电阻网络相匹配。

V_{REF}——参考电压输入端。范围为$+10V\sim-10V$。

V_{CC}——电源电压，为$+5V\sim+15V$。

AGND——模拟地，芯片模拟电路接地点。

DGND——数字地，芯片数字电路接地点。

由梯形电阻网络组成的D/A转换电路，其转换结果是与输入数字量成比例的电流，这称为电流输出型DAC。许多DAC芯片属于这种形式。在实际应用中，为了增强驱动能力，还需经运算放大器放大并变换为电压输出。对电流输出型DAC外加运算放大器就可实现电压输出。有些DAC芯片中已集成有运算放大器，它们属于电压输出型DAC。通常D/A转换器输出电压范围有$0\sim\pm5V$或$0\sim\pm10V$、$-5V\sim+5V$或$-10V\sim+10V$等几种。

- 图12-4a是DAC0832实现单极性电压输出的连接示意图。因为内部反馈电阻R_{fb}等于梯形电阻网络的R值，则电压输出为：

$$V_{out}=-I_{out1}R_{fb}=-(V_{REF}/R)(D/2^8)R_{fb}=-(D/2^8)V_{REF}$$

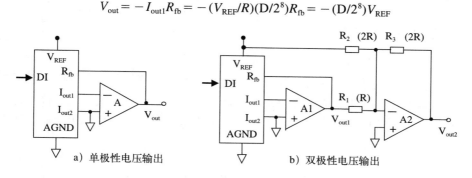

a) 单极性电压输出　　　　b) 双极性电压输出

图12-4　DAC0832的电压输出

- 图12-4b用DAC0832实现双极性电压输出。选择$R_2 = R_3 = 2R_1$，可以得到：

$$V_{out2} = -\ (2V_{out1} + V_{REF}) = -[(-D/256)V_{REF} \times 2 + V_{REF}] = [(D-128)/128]V_{REF}$$

注意上述两个计算公式中，D代入的值都是其对应的十进制值。表12-1选取若干具有典型意义的数字量说明对应的单极性、双极性模拟输出量。其中数字量在单极性时采用二进制码，在双极性时采用偏移码。

二进制码是单极性信号中最普遍采用的码制，它编码简便，解码可逐位独立进行。偏移码是双极性信号中常用的二进制编码，用最大值加以偏移（或说，将零基准偏移至最小值）。符号位在正值（包括零在内）时，均为1；而在负值时最高位为0。偏移码与计算机的补码相比，符号位相反，数值部分一样。

表12-1　数字量与模拟量

单极性（设$V_{REF} = 5V$）		双极性（设$V_{REF} = 5V$）	
数字量的二进制码	模拟量的输出V_{out}	数字量的偏移码	模拟量的输出V_{out2}
11111111	−4.98V	11111111	+4.96V
11111110	−4.96V	11111110	+4.92V
10000001	−2.52V	10000001	+0.04V
10000000	−2.50V	10000000	0V
01111111	−2.48V	01111111	−0.04V
00000001	−0.02V	00000001	−4.96V
00000000	0V	00000000	−5V

3. 输出精度的调整

对于一个实际的D/A转换电路，由于存在零点偏移、增益误差、非线性误差及温度漂移等原因，其理论上的模拟输出量会不等于实际得到的模拟输出量。为了得到一定精度的D/A转换结果，需进行模拟输出的调整。

DAC芯片内部保证了一定精度，但在精度要求较高的时候，常外接调零和调满刻度电位器，图12-5为DAC0832单极性电压输出时的调整电路。

调整时，将D/A输出电压接高精度数字电压表，用程序送数字量进行D/A转换。假设输出为单极性电压0~5V（满刻度电压V_{FSR}）。用程序送00H，调节调零电位器使输出电压为0V；然后，用程序送FFH数字量，调节调满刻度电位器，使输出电压为最大输出电压V_{max}，即满刻度电压V_{FSR}减去一个最低有效位LSB对应的电压值：

$$V_{max} = V_{FSR} - 1LSB = 5V - (1/256) \times 5V = (255/256) \times 5V$$

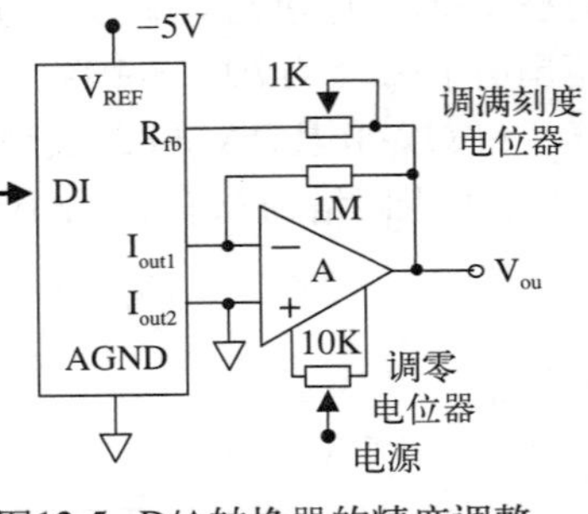

实际调整时，由于调整零点可能会影响满刻度电压的准确性；反之，调整满刻度也会影响零点电压。所以，调整工作应多次反复，仔细检测。有时，为了保证输出电压的线性度，还应取若干中间值调整。对于双极性输出电压，还应调节$R_2 = R_3 = 2R_1$电阻的精确度。

图12-5　D/A转换器的精度调整

4. 地线的连接

使用D/A和A/D电路时，各种地线的连接也会影响模拟电路的精度和抗干扰能力。

在数字量和模拟量并存的电路系统中，有两类电路。一类是数字电路，如CPU、存储器、译码器等；另一类是模拟电路，如运算放大器、DAC和ADC内部主要部件等。它们各有自己的信号地线，分别表示为数字地DGND和模拟地AGND。数字电路的信号是高频率的脉冲信号，而模拟电路中传输的常是低速变化的信号。如果数字地和模拟地彼此相混随意相连，高频数字信号很容易通过地线干扰模拟信号。为此，应该把整个系统中所有模拟地连接在一起，所有数字地连接在一起，然后整个系统在一处把模拟地和数字地连起来。通常这个共地连接处，就在DAC或ADC芯片的模拟地和数字地之间，如图12-6所示。

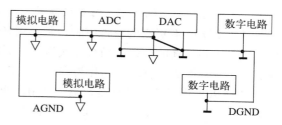

图12-6 模拟地和数字地的连接

12.2.3 DAC芯片与主机的连接

DAC芯片作为一个输出设备接口电路，与主机的连接比较简单，主要是处理好数据总线的连接。

1. 主机位数等于或大于DAC芯片位数的连接

对于DAC来说，当待转换的数字量加到其数据输入端时，在模拟输出端随之建立相应的电流或电压。随着输入数据的变化，输出电流或电压也随之变化。待转换的数字量通常来自微处理机数据总线。由于微处理机要进行各种信息的加工处理，它输出的任何数据都只在输出指令OUT执行的极短时间内出现在数据总线上，所以主机与DAC之间必须接入数据锁存器。锁存器把主机输给DAC的数据锁存起来，在模拟输出端建立相应的电流或电压，直到输入新的数据。锁存器的控制信号，则来自微处理机的输出控制信号和地址译码器产生的端口地址信号，如图12-7所示。

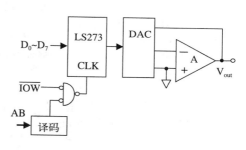

图12-7 不带锁存器的DAC连接

对于没有锁存器的DAC芯片，如AD7520、AD7521、DAC0808等，必须如图12-7所示外接锁存器。锁存器可以是常用的数字集成电路，如74LS273/274；也可以是可编程并行接口芯片，如8255A等。对于带有锁存器的DAC芯片，如AC0832、DAC1210、AD7524等，则无须外接锁存器，可以直接与数据总线连接。有时，为了增加使用的灵活性，带有锁存器的DAC芯片也可以外接另一级锁存器。DAC0832工作在直通方式时是一个不带锁存功能的DAC芯片，而工作在缓冲方式才带有一级或两级锁存器，图12-8为DAC0832在单缓冲工作方式下的一种连接电路图。

对应图12-7和图12-8，下面的程序段在执行时，可以实现一次D/A转换。程序中假设要转换的数据

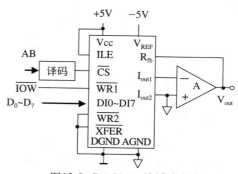

图12-8 DAC0832单缓冲方式

存于buf单元。

```
    mov al,buf              ;取数字量
    mov dx,portd            ;portd为DAC端口地址
    out dx,al               ;输出,进行D/A转换
```

2. 主机位数小于DAC芯片位数的连接

当要求DAC有更高的分辨率时,常要用10位、12位甚至16位的DAC芯片。如果仍采用8位主机,则被转换的数据必须分几次送出;同时,就需要多个锁存器来锁存分几次送来的完整的数字量。例如,当DAC芯片为12位时,就需要采用如图12-9所示的电路。

图12-9a采用了两级锁存器,每一级用了两个锁存器。一个完整的12位数据,微处理机要分两次送出,先送低字节(8位),再送高字节(4位)。送完数据后,微处理机还要再进行一次输出操作(但输出的数据无用),来进行第二级锁存,将12位数据同时送给DAC进行转换。之所以采用第二级锁存将12位数据同时送DAC,是为了避免在低8位输入后,高4位未来得及输入DAC前这段过渡时间的过渡数据使模拟输出端出现短暂的错误输出。例如,要输出12位的数字量380H。如果先输出低8位80H就进行D/A转换,则12位DAC输出一个对应080H的模拟量;在输出高4位3H后,DAC才输出对应380H的模拟量。

图12-9b采用了较简单的两级锁存器,可以省掉一个4位锁存器及有关的译码器,并使输出数据的过程由三次输出操作减为两次。假设输出的数字量在BX中,程序段如下:

```
    mov dx,port1            ;假设第1级锁存的端口地址为port1
    mov al,bl               ;取低8位数字量输出
    out dx,al
    mov dx,port2            ;假设第2级锁存的端口地址为port2
    mov al,bh               ;取高位数字量输出
    out dx,al               ;同时,12位数字量送DAC寄存器,开始转换
```

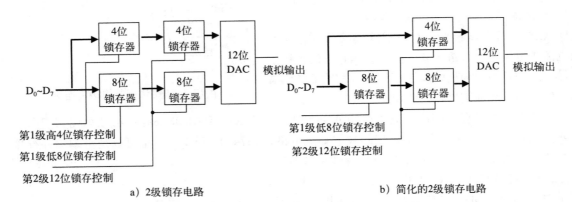

a) 2级锁存电路   b) 简化的2级锁存电路

图12-9 2级锁存的接口电路图

12.2.4 DAC芯片的应用

例12.1 输出典型波形。

在实际应用中,经常需要用到一个线性增长的电压去控制某个检测过程或者作为扫描电压去控制一个电子束的移动。我们可以利用DAC芯片,用软件产生这个线性增长的电压,其硬件电路参见图12-7或图12-8。

```
              mov dx,portd        ;portd为DAC端口地址
              mov al,0            ;赋初值
repeat:       out dx,al           ;输出
              inc al              ;增量
              jmp repeat          ;重复
```

上述程序段能产生如图12-10所示的锯齿波形。从0增长到最大输出电压，中间要分成256个小台阶，分别对应0，1LSB，2LSB，3LSB，…，255LSB时的模拟输出电压。但从宏观来看，即为一个线性增长电压。如果将上述输出电压接到示波器上，则能看到一个连续的正向锯齿波形。对于锯齿波的周期，可以利用延时进行调整。延迟时间较短，可用几条NOP指令完成；如果延时较长，则可用延时子程序。产生负向的锯齿波，只要将指令inc al改为dec al就可以了。

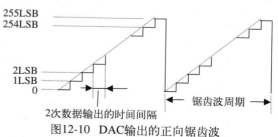

图12-10　DAC输出的正向锯齿波

当然，上述程序段是一个死循环。实用的程序要根据实际情况设置循环退出条件。

12.3　A/D转换器

A/D转换器（ADC）将模拟量（电压或电流）转换成为数字量输入微机处理。

12.3.1　A/D转换的基本原理

图12-11是常用的4种A/D转换技术。

1. 计数器式

简单廉价的ADC采用计数器式，如图12-11a所示。一个计数器控制着一个DAC，随着计数器由零开始计数，DAC输出一个逐步升起的梯形电压，输入的模拟电压和DAC生成的电压被送至比较器进行比较。当二者一致或基本一致（在允许的误差范围内）时，比较器输出一个指示信号，立即停止计数器计数。此时，DAC的输出值就是采样信号的模拟近似值，其相应的数字量由计数器给出。

2. 逐次逼近式

如图12-11b所示的逐次逼近式ADC采用寄存器控制DAC。转换前，寄存器各位清除为0。转换时，寄存器先由最高位置1，DAC输出值与被测的模拟值进行比较：如果"低于"，该位的1被保留；如果"高于"该位的1被清除。然后下一位再置1，再比较，决定去留……直至最低位完成同一过程。寄存器从最高位到最低位试探完的最终值就是A/D转换的结果。

计数器式和逐次逼近式都属于反馈比较型A/D转换器，但计数器式采用以最低位为增减量单位的逐步计数法，而逐次逼近式采用从最高位开始的逐位试探法。对n位ADC，逐次逼近式只要n次比较就可完成转换，而计数器式的比较次数不固定，最多可能需要2^n次。逐次逼近式ADC是中速、8～16位ADC的主流产品。

3. 双积分式

双积分式的转换过程分为两个积分阶段：1）时间固定的对输入模拟电压V_{in}进行积分的阶段；2）斜率固定的对反极性标准电压V_{REF}进行积分的阶段，参见图12-11c。

每次转换开始时，控制逻辑使开关接向I_{in}端。I_{in}是电压/电流变换器的输出电流，它正比

于V_{in}。此电流使积分电容器的两极右正左负地被充电，积分电路的输出电压V_C逐渐升高。此正斜率持续一个固定时间后，控制逻辑使开关接向基准电流输出端，计数器也重新开始对时钟计数。I_{REF}是V_{REF}经电压/电流变换后的输出，它的大小是固定的。由于设置V_{REF}的极性与V_{in}的极性相反，故I_{REF}是反向充电电流，即是积分电容的放电电流。当逐渐降低的V_C电压越过零点时，比较器的输出发生状态改变，而使计数器停止计数。这个最终的二进制计数值与模拟输入电压的幅值成正比，就是A/D转换的数字量。

双积分式ADC不用DAC，省掉了DAC需要的高精度电阻网络，故能以相对低的成本实现高分辨率。双积分式ADC的实质是电压/时间变换，是测量输入电压在一定时间内的平均值，所以对常态干扰有很强的抑制作用，尤其对正负波形对称的干扰信号如交流电干扰信号，抑制效果更好。但是，二次积分过程使它的转换时间较长。

4. 并行式

并行式ADC的速度最快且成本最高，如图12-11d所示。并行转换采用的是直接比较法，它把参考电压V_{REF}经电阻分压器直接给出2^n-1个量化电平。转换器需要2^n-1个比较器，每个比较器的一端接某一级量化电平。被转换的输入电压V_{in}同时送到各个比较器的另一端，2^n-1个比较器同时比较，比较结果由编码器编成n位数字码，而达到转换的目的。

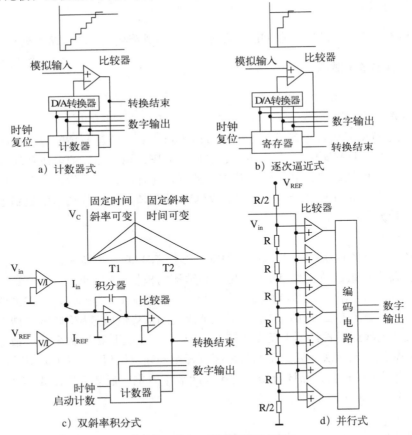

图12-11　常用A/D转换器的原理图

由于比较参照的各级量化电平是时刻存在的，转换时间只是比较器和编码器的延迟，因此转换速度极快。因为n位转换器需要2^n个电阻和2^n-1个比较器，而且每增加1位，元器件的数目就要增加一倍。因此，这种ADC的成本随分辨率的提高而迅速增加。

12.3.2 ADC0809芯片

ADC芯片的性能主要用分辨率（位数）、转换时间和转换精度等参数反映，还有转换技术的区别。有些ADC芯片不仅具有A/D转换的基本功能，还包含内部放大器和三态输出锁存器；有的甚至还包括多路开关及采样保持器等。

ADC0809是CMOS工艺制作的8位逐次逼近式ADC，其转换时间为100μs。图12-12是ADC0809的内部结构和引脚图。

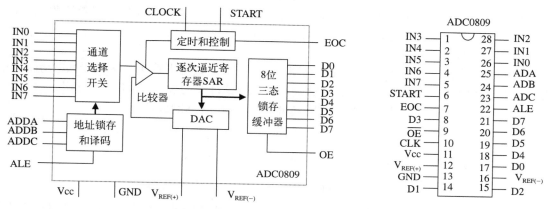

图12-12 ADC0809的内部结构和引脚

1. ADC0809的模拟输入

ADC0809的模拟输入部分提供一个8通道的多路开关和寻址逻辑，可以接入8个模拟输入电压。其中IN0～IN7是8个模拟电压输入端，ADDA、ADDB和ADDC是3个地址输入线，而ALE地址锁存允许信号的上升沿用于锁存3个地址输入的状态，然后由译码器选中一个模拟输入端进行A/D转换，如表12-2所示。

通道的选择可以在进行转换前独立地进行。然而通常是把通道选择和启动转换结合起来完成，这样可以用一条输出指令既用于选择模拟通道又用于启动转换。图12-13就是通道选择和转换启动同时实现的A/D转换时序图。

表12-2 模拟通道选择

ADDC	ADDB	ADDA	通道
0	0	0	IN0
0	0	1	IN1
0	1	0	IN2
0	1	1	IN3
1	0	0	IN4
1	0	1	IN5
1	1	0	IN6
1	1	1	IN7

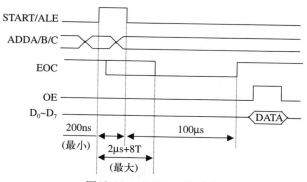

图12-13 ADC0809的时序图

2. ADC0809的转换时序

ADC0809的转换过程由时钟脉冲CLOCK控制，它的频率范围为10kHz～1280kHz，典型值为640kHz。

转换过程则由START信号启动，它要求正脉冲有效，高脉冲宽度应不小于200ns。START信号的上升沿将内部逐次逼近寄存器复位，下降沿启动A/D转换。如果在转换过程当中START再次有效，则终止正在进行的转换过程，开始新的转换。

转换完成有结束信号EOC指示。该信号平时为高电平，在START信号的上升沿之后的2μs加8个时钟周期之内（不定）变为低电平。转换结束，EOC又变为高电平。

转换使用的基准电压由$V_{REF(+)}$和$V_{REF(-)}$提供，$V_{REF(+)}$接基准电压的正极，$V_{REF(-)}$接负极。$V_{REF(-)}$接地时作为ADC的模拟地。另外V_{CC}是电源电压，接+5V；GND是数字地。

ADC0809的模拟输入范围为0～5.25V。基准电压VREF根据V_{CC}确定，典型值为$V_{REF(+)} = V_{CC}$、$V_{REF(-)} = 0$，$V_{REF(+)}$不允许比V_{CC}正，$V_{REF(-)}$不允许比地电平负。

3. ADC0809的数字输出

ADC0809内部对转换后的数字量具有锁存能力，数字量输出端$D_0 \sim D_7$具有三态功能，只有当输出允许信号OE为高电平有效时，才将三态锁存缓冲器的数字量从$D_0 \sim D_7$输出。

对于8位A/D转换器，从输入模拟量V_{in}转换为数字输出量N的公式为：

$$N = (V_{in} - V_{REF(-)})/(V_{REF(+)} - V_{REF(-)}) \times 2^8$$

例如，基准电压$V_{REF(+)} = 5V$，$V_{REF(-)} = 0V$，输入模拟电压$V_{in} = 1.5V$，则

$$N = (1.5 - 0)/(5 - 0) \times 256 = 76.8 \approx 77 = 4DH$$

实际上，上述A/D转换公式同样适合于双极性输入电压。将2^8换成2^n，则就是n位ADC的转换公式。

12.3.3　ADC芯片与主机的连接

ADC与主机的连接信号主要有数据输出、启动转换及转换结束等。

1. 数据输出线的连接

模拟信号经A/D转换，向主机送出数字量。ADC芯片就相当于给主机提供数据的输入设备。能够向主机提供数据的外设很多，它们的数据线都要连接到主机的数据总线上；为了防止总线冲突，任何时刻只能有一个设备发送信息。因此，这些能够发送数据的外设的数据输出端必须通过三态缓冲器连接到数据总线上。又因为有些外设的数据不断变化，如A/D转换的结果随模拟信号变化而变化。所以，为了能够稳定输出，还必须在三态缓冲器之前加上锁存器，保持数据不变。为此，大多数向系统数据总线发送数据的设备都设有锁存器和三态缓冲器，简称三态锁存缓冲器或三态锁存器。

根据ADC芯片的数字输出端是否带有三态锁存缓冲器，与主机的连接可分成两种方式。一种是直接相连，主要用于输出带有三态锁存器的ADC芯片，如ADC0809、AD574等；另一种是用三态锁存器（如74LS373/374）或通用并行接口芯片（如8255A）相连，它适用于不带三态锁存器的ADC芯片。但很多情况下，为了增加I/O的接口功能，那些带有三态锁存缓冲器的芯片也常采用第二种方式。

此外，如果ADC芯片的数字输出位数大于系统数据总线的话，需要增加读取控制逻辑，把数据分两次或多次读取。

2. A/D转换的启动

ADC开始转换时，通常需要一个启动信号。启动信号一般有两种形式：

- 脉冲信号启动转换——在启动引脚加一个脉冲，如ADC0809和AD574芯片。
- 电平信号启动转换——在启动引脚上加一个有效电平。电平有效，A/D转换开始；电平无效，将停止转换。如AD570/571/572芯片。

主机产生启动信号一般也有两种方法：

- 编程启动——软件上，在开始A/D转换的时刻，用一个输出指令产生启动信号。硬件上，利用外设输出信号$\overline{IOW}$和地址译码器的端口地址信号产生ADC启动脉冲，或再通过寄存器产生一个启动有效电平。
- 定时启动——启动信号来自定时器输出。这种方法适合于固定延迟时间的巡回检测等应用场合。

3. 转换结束信号的处理

当A/D转换结束，ADC输出一个转换结束信号，通知主机读取结果。主机检查判断A/D转换是否结束的方法主要有4种。不同的处理方式对应程序设计方法也不同。

1）查询方式——这种方式下，把结束信号作为状态信号经三态缓冲器送到主机系统数据总线的某一位上。ADC开始转换后，主机不断查询这个状态位，发现结束信号有效，便读取数据。这种方式程序设计比较简单，实时性也较强，是比较常用的一种方法。

2）中断方式——这种方式下，把结束信号作为中断请求信号接到主机的中断请求线上。ADC转换结束，主动向CPU申请中断。CPU响应中断后，在中断服务程序中读取数据。这种方式ADC与CPU同时工作，适用于实时性较强或参数较多的数据采集系统。

3）延时方式——这种方式下，不使用转换结束信号。主机启动A/D转换后，延迟一段略大于A/D转换时间的时间，此时转换已结束即可读取数据。这种方式中，通常采用软件延时程序，当然也可以用硬件完成延时。采用软件延时方式，无须硬件连线，但要占用主机大量时间，多用于主机处理任务较少的系统中。

4）DMA方式——这种方式下，把结束信号作为DMA请求信号。A/D转换结束，即启动DMA传送，通过DMA控制器直接将数据送入主存缓冲区。这种方式特别适合要求高速采集大量数据的情况。

12.3.4 ADC芯片的应用

本小节采用ADC0809举例，说明A/D转换的应用方法。

例12.2 编程启动、转换结束中断处理。

ADC0809工作于中断方式的连接示意图见图12-14。由于ADC0809带有三态锁存缓冲器，所以其数字输出线可与系统数据总线直接相连。只要执行输入指令，控制OE端为高电平即可读入转换后的数字量。A/D转换的启动只要执行输出指令，控制START为高脉冲，并可与读取数字量占用同一个I/O地址，设为220H。ADC0809有8个输入信号端，但此例中仅使用IN0信号，所以ALE和ADDA、ADDB、ADDC均接低电平就可以只选用IN0模拟通道。

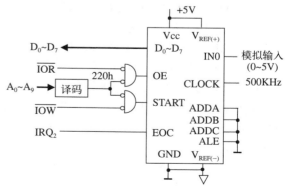

图12-14 ADC0809工作于中断方式

采用中断方式，主程序要设置中断服务的工作环境，此外就是启动A/D转换：

```
        ;数据段设置缓冲区
adtemp db 0                 ;本例中,仅给定一个临时变量
        ;代码段
        ......              ;设置中断向量等工作
        sti                ;开中断
        mov dx,220h
        out dx,al          ;启动A/D转换
        ......             ;其他工作
```

转换结束时，ADC0809输出EOC信号，产生中断请求。CPU响应中断后，便转去执行中断服务程序。中断服务程序的主要任务就是读取转换结果，送入缓冲区：

```
adint    proc               ;中断服务程序
         sti                ;开中断
         push ax            ;保护寄存器
         push dx
         push ds
         mov ax,@data       ;设置数据段DS的段地址
         mov ds,ax
         mov dx,220h
         in al,dx           ;读取A/D转换后的数字量
         mov adtemp,al      ;送入缓冲区
         mov al,20h         ;给中断控制器发送EOI命令
         out 20h,al
         pop ds             ;恢复寄存器
         pop dx
         pop ax
         iret               ;中断返回
adint    endp
```

例12.3 编程启动、转换结束查询处理。

此例中，我们将转换结束信号EOC作为状态信号，经三态门接入数据总线最高位D_7。状态端口的I/O地址假设为238H，图12-15为其连接示意图。

利用ADC0809芯片中具有的多路开关，可以实现8个模拟信号的分时转换。系统地址总线的低3位分别连接ADC0809的地址线，在启动A/D转换的同时，选定要进行转换的模拟通道，对应8个模拟通道的I/O地址分别为220H～227H。下面程序实现将8个模拟通道顺序转换，读取结果的功能。

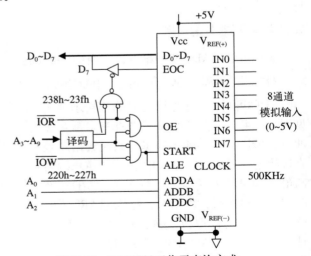

图12-15 ADC0809工作于查询方式

```
        ;数据段
counter    equ  8
buf        db counter dup(0)   ;设立数据缓冲区
```

```
            ;代码段
            mov bx,offset buf        ;BX←数据缓冲区偏移地址
            mov cx,counter           ;CX←检测的数据个数
            mov dx,220h              ;从IN0开始转换
start1:     out dx,al                ;启动A/D转换
            push dx
            mov dx,238h              ;循环查询是否转换结束
start2:     in al,dx                 ;读入状态信息
            test al,80h              ;D7=1,转换结束否?
            jz start2                ;没有结束,则继续查询
            pop dx                   ;转换结束
            in al,dx                 ;读取数据
            mov [bx],al              ;存入缓冲区
            inc bx
            inc dx
            loop start1              ;转向下一个模拟通道进行检测
            ……                       ;数据处理
```

如果将上述程序中的循环查询程序段改为软件延时程序段（延时应大于100μs），则该例就成了软件延时方式读取转换结果。当然，此时转换结束信号没有起作用，可以不连接使用。另外，采用DMA方式可以参照9.2.2节的软硬件实现。

习题

12.1 说明在模拟输入输出系统中，传感器、放大器、滤波器、多路开关、采样保持器的作用。DAC和ADC芯片是什么功能的器件？

12.2 如果将DAC0832接成直通工作方式，画图说明其数字接口引脚如何连接。

12.3 对应12.2.4节的图12-9a电路，编写输出一个12位数字量的程序段。假定这12位数据在BX的低12位中。

12.4 假定某8位ADC输入电压范围是 −5V ~ +5V，求出如下输入电压V_{in}的数字量编码（偏移码）：(1) 1.5V， (2) 2V，(3) 3.75V，(4) −2.5V，(5) −4.75V。

12.5 ADC的转换结束信号起什么作用，如何使用该信号，以便读取转换结果？

12.6 某控制接口电路如图12-16所示。需要控制时，8255A的PC7输出一个正脉冲信号，START启动A/D转换；ADC转换结束在提供一个低脉冲结束信号EOC的同时送出数字量。CPU采集该数据，进行处理，产生控制信号。现已存在一个处理子程序ADPRCS，其入口参数是在AL寄存器存入待处理的数字量，出口参数为AL寄存器给出处理后的数字量。假定8255A端口A、B、C及控制端口的地址依次为FFF8H~FFFBH，要求8255A的端口A为方式1输入、端口B为方式0输出。编写采用查询方式读取数据，实现上述功能的程序段。

12.7 假设系统扩展一片8255A供用户使用，请设计一个用8255A与ADC0809接口的电路连接图，并给出启动转换、读取结果的程序段。为简化设计，可只使用ADC0809的一个模拟输入端，例如IN0。

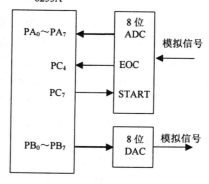

图12-16 习题12.6图

第13章 32位微型计算机系统

本书前面各章系统地论述了16位IBM PC系列微型计算机的工作原理、汇编语言和接口技术。在此基础上，本章以通俗的语言，从发展的角度，就各代80x86微处理器引入的新技术对32位个人微型计算机系统加以介绍。这部分内容可以随着16位基本原理对应延伸，也可以作为课外阅读内容。

13.1 32位微机组成结构

微机系统中发展最快的部件是微处理器，与其配套的系统主机板也不断推陈出新。微处理器技术引领着计算机系统的发展。微处理器常直接称为处理器，或者CPU。

13.1.1 Intel 80x86系列微处理器

美国英特尔公司是目前世界上最有影响的处理器生产厂家，也是世界上第一个微处理器芯片的生产厂家。它们生产的80x86系列微处理器一直是个人微机的主流处理器。Intel 80x86系列微处理器的发展就是微型计算机发展的一个缩影。

1. 16位80x86微处理器

1971年，英特尔公司生产的4位CPU芯片Intel 4004宣告了微型计算机时代的到来。1972年，英特尔公司开发了8位Intel 8008芯片；1974年接着生产了Intel 8080；1977年，英特尔公司将8080及其支持电路集成在一块集成电路芯片上，形成了性能更高的8位8085微处理器。1978年开始，英特尔公司在其8位处理器基础上，陆续推出了16位结构的8086、8088和80286等处理器，它们在IBM PC系列机中获得广泛应用，被称为16位80x86微处理器。

1978年，Intel推出了16位8086 CPU，这是该公司生产的第一个16位芯片，内外数据总线均为16位，地址总线20位，主存寻址范围1MB，时钟频率5MHz。1979年Intel推出了8088，它只是将外部数据线设计为8位，被称为准16位CPU。

80186/80188分别是以8086/8088为核心，并配以定时器、中断控制器、DMA控制器等支持电路构成的功能更强、速度更快的芯片。80186/80188常用来作为智能型的控制器进行实时控制，许多网络接口卡也使用它们处理底层的网络通信协议。

1982年，英特尔推出仍为16位结构的80286 CPU，时钟频率6MHz~20MHz，但地址总线扩展为24位，即主存储器具有16MB容量。80286设计有与8086工作方式一样的实方式（Real Mode），还新增有保护方式（Protected Mode）。在实方式下，80286相当于一个快速8086。在保护方式下，80286提供了存储管理、保护机制和多任务管理的硬件支持。这些传统上由操作系统实现的功能在处理器硬件支持下，极大地提高了微型机系统的性能。

2. IA-32处理器

IBM PC系列机的广泛应用推动了微处理器芯片的生产。英特尔公司在推出32位结构的80386后，明确宣布80386的指令集结构（Instruction Set Architecture，ISA）被确定为以后开发的80x86系列微处理器的标准，称为英特尔32位结构：IA-32（Intel Architecture-32）。现在，英特尔公司的80386、80486以及Pentium各代处理器被通称为IA-32处理器，或32位80x86微处理器。

（1）80386

1985年，Intel 80x86进入第三代80386。80386处理器采用32位结构，数据总线32位，地址总线也是32位，可寻址4GB主存（1GB＝2^{30} B＝1024 MB），时钟频率有16MHz、25MHz和33MHz。IA-32指令系统在兼容原16位80286指令系统基础上，全面升级为32位，还新增了有关位操作、条件设置等指令。

80386除保持与80286兼容外，又提供了虚拟8086工作方式（Virtual 8086 Mode）。虚拟8086工作方式是保护方式下的一种特殊状态，类似8086工作方式，但又接受保护方式的管理，能够模拟多个8086处理器。

为了适应便携机要求，英特尔公司在1990年生产的低功耗节能型芯片中增加了一种新的工作状态：系统管理方式（System Management Mode，SMM）。它是指当处理器进入这种工作状态后，处理器会根据当时不同的使用环境，自动减速运行，甚至停止运行；这时处理器还可以控制其他部件停止工作，从而使微型机的整体耗电降到最小。

（2）80486

1989年，英特尔公司出品80486 处理器。它内部集成了120万个晶体管，最初的时钟频率为25MHz，很快发展到33MHz和50MHz。从结构上来说，80486＝80386＋80387＋8KB Cache，即80486把80386处理器与80387数学协处理器和8KB高速缓冲存储器（Cache）集成在一个芯片上，使处理器的性能大大提高。

传统上，中央处理器CPU主要是整数处理器。为了协助处理器处理浮点数据（实数），英特尔设计有数学协处理器，后被称为浮点处理单元（Floating-Point Unit，FPU）。配合8086和8088整数处理器的数学协处理器是8087，配合80286的是80287，80386采用80387。而从80486开始，FPU已经被集成到一个处理器当中。这样，IA-32处理器能够直接支持浮点数据的操作指令。

高速缓冲存储器是处理器与主存之间速度很快但容量较小的存储器，可以有效地提高整个存储器系统的存取速度。80486不仅在芯片内部集成有8KB第一级高速缓存（L1 Cache），而且支持外部第二级高速缓存（L2 Cache）。

Intel 80x86系列微处理器是传统的复杂指令集计算机（Complex Instruction Set Computer，CISC），它采用大量的、复杂的但功能强大的指令来提高性能。复杂指令一方面提高了处理器性能，另一方面给进一步提高性能带来了麻烦。所以，人们又转而设计主要由简单指令组成的处理器，以期在新的技术条件下生产更高性能的处理器，这就是精简指令集计算机（Reduced Instruction Set Computer，RISC）。80486及以后IA-32处理器吸取RISC技术特长将其融入CISC中，同时采用流水线方式的指令重叠执行方法，从而使80486可以在一个时钟周期执行完成一条简单指令。指令流水线技术是将指令的执行划分成多个步骤在多个部件中独立地进行，这样使得多条指令可以在不同的执行阶段同时进行，就像工厂中的产品流水线。

80486DX4综合了此前所使用的所有技术，是80486处理器中最快的一种芯片。它采用时钟倍频（Clock Doubling）思想，将外部时钟频率25MHz或33MHz提高3倍作为内部工作时钟频率，形成75MHz或100MHz两款产品。以前的微机系统中，处理器的内部时钟频率和外部时钟频率是一样的，同样这也就是处理器与外围部件的数据传输频率。当处理器的时钟频率提高了，系统的运行速度当然也就提高了。但是，当外部数据传输频率太高时，会给外围部件、主板等设计带来困难。为了既能尽量提高处理器的时钟频率以增强性能，又能迁就较慢速的外围部件，使高频率的处理器照旧能够使用，英特尔公司采取这种时钟倍频技术。

（3）Pentium

Pentium芯片即俗称的80586处理器，因为数字很难进行商标版权保护的缘故而特意取名。其实，Pentium源于希腊文"pente"（数字5），加上后缀-ium（化学元素周期表中命名元素常用的后缀）变化而来的。同时，英特尔公司为其取了一个响亮的中文名称——奔腾，并进行了商标注册。

英特尔公司于1993年制造成功Pentium。其内部时钟频率有120MHz、133MHz、166MHz和200MHz等多款，外部频率主要是60MHz和66MHz。Pentium虽然仍属于32位结构，但其与主存连接的外部数据总线却是64位的，这样大大提高了存取主存的速度。

Pentium引入了超标量（Superscalar）技术，内部具有可以并行工作的2条整数处理流水线，可以达到每个时钟周期执行2条指令。Pentium还将L1 Cache分成两个彼此独立的8KB代码和8KB数据高速缓冲存储器，即双路高速缓冲结构，这种结构可以减少争用Cache的情况。另外，Pentium对浮点处理单元做了重大改进，包含了专用的加法、乘法和除法单元。Pentium还对常用的简单指令直接用硬件逻辑实现，对指令的微代码进行了重新设计。这些都提高了Pentium的整体性能。

（4）Pentium Pro

Pentium Pro于1995年正式推出，原来被称为P6，中文名称为"高能奔腾"。Pentium Pro由两个芯片组成：一是含8KB代码和8KB数据L1 Cache的CPU，它由550万个晶体管构成；二是CPU上还封装了256KB或512KB的L2 Cache，它由1550万或3100万个晶体管构成。Pentium Pro扩展了超标量技术，具有12级指令流水线，能同时执行3条指令。

Pentium Pro在处理器结构上的最大革新是采用了动态执行技术。动态执行是3种技术结合的总称：分支预测、数据流分析和推测执行。分支预测技术预测程序的正确转移方向；数据流分析技术分析哪些指令依赖于其他指令的结果或数据，以便创建最优的指令执行序列；而推测执行技术利用分支预测和数据流分析，推测执行指令。指令的实际执行顺序是动态的、乱序的，即不一定是指令的原始静态顺序，执行的临时结果暂存于处理器的缓冲区中，但最终的输出执行顺序仍然是指令的正确顺序。动态技术可以使处理器尽量繁忙，避免可能引起的流水线停顿。

（5）Pentium II

前面所述的各代IA-32处理器，都新增有若干实用指令，但非常有限。为了顺应微机向多媒体和通信方向发展的需求，Intel公司及时在其处理器中加入了多媒体扩展（MutliMedia eXtension，MMX）技术。MMX技术于1996年正式公布，它在IA-32指令系统中新增了57条整数运算多媒体指令，可以用这些指令对图像、音频、视频和通信方面的程序进行优化，使微机对多媒体的处理能力较原来有了大幅度提升。MMX指令应用于Pentium处理器就是Pentium MMX（多能奔腾）。MMX指令应用于Pentium Pro处理器就是Pentium II，它于1997年推出。

（6）Pentium III

1999年，针对国际互联网和三维多媒体程序的应用要求，英特尔在Pentium II的基础上又新增了70条SSE（Streaming SIMD Extensions）指令（原称为MMX-2指令），开发了Pentium III。SSE指令侧重于浮点单精度多媒体运算，极大地提高了浮点3D数据的处理能力。SSE指令类似于AMD公司发布的3D Now!指令。由于这些多媒体指令具有显著的单指令多数据（Single Instruction Multiple Data，SIMD）处理能力，即一条指令可以同时进行多组数据的操作，现在统称为SIMD指令。

（7）Pentium 4

Pentium Pro、Pentium II和Pentium III都基于P6微结构（处理器的内部结构称为微体系结构或微结构）。2000年11月，英特尔公司推出Pentium 4，它采用全新的被称为NetBurst的微结构，超级流水线达20级。最初的Pentium 4新增76条SSE2指令集，侧重于增强浮点双精度多媒体运算能力。2003年的新一代Pentium 4处理器，又新增了13条SSE3指令，用于补充完善SIMD指令集。该处理器具有1.25亿个晶体管，3.4GHz时钟频率，L2 Cache更是达到了前所未有的1MB容量。

处理器性能的提高依赖于新工艺和先进体系结构。半导体工艺水平决定了芯片的集成度和可以达到的时钟频率，而体系结构则决定了在相同集成度和时钟频率下处理器的执行效率，所以说体系结构对处理器至关重要。

Pentium 4一方面沿袭指令级并行（Instruction-Level Parallel，ILP）方法，通过进一步发掘指令之间可以同时执行的能力来提高性能，例如其NetBurst微结构；另一方面通过开发线程级并行（Thread-Level Parallel，TLP）方法从更高层次发掘程序中的并行性来提高性能，例如其超线程技术（Hyper Threading，HT）。3.06GHz的Pentium 4开始支持HT技术，它使一个物理处理器对操作系统来说看似有两个逻辑处理器，这就允许两个程序线程，不管有关还是无关都可以同时执行。

另外，为了满足不断发展的应用和市场需求，英特尔公司从Pentium II开始将同一代处理器产品进一步细分。面向低端（低价位PC），英特尔推出Celeron（中文名称：赛扬）处理器；面向高端（服务器），英特尔推出Xeon（中文名称：至强）处理器。Celeron处理器采用减少高速缓存Cache容量、改用低成本封装或降低时钟频率等方法降低芯片成本，是同代处理器的简化版本，当然性能也有所降低。Xeon处理器主要用于网络服务器或图形工作站，通过增加Cache容量、提高工作频率、支持多处理器、率先采用革新技术等方法提高性能，但价格也相应较高。

3. Intel 64处理器

信息时代的应用对微型计算机性能提出了越来越高的要求，尤其随着互联网和电子商务的发展，人们对服务器的性能提出了更高的要求，32位处理器已不能适应这一要求。

当前，Intel、AMD、IBM、Sun等厂商已陆续设计并推出了多种采用RISC结构的64位处理器。但是，这些64位处理器主要面向服务器和工作站等高端应用，不能兼容通用PC。例如，英特尔于2000年推出64位Itanium（安腾）处理器，2002年又推出Itanium 2处理器。它们采用了Intel和HP公司联合开发的显式并行指令计算（Explicitly Parallel Instruction Computing，EPIC）技术。英特尔公司称该处理器的指令集结构为英特尔64位结构（IA-64），以区别于原来的英特尔32位结构（IA-32）。虽然这两个名称似乎有继承性，但实际上，IA-64结构根本不是IA-32结构的64位扩展。Itanium处理器应用超长指令字（Very Long Instruction Word，VLIW）技术，主要依靠软件提高指令级并行性；而IA-32处理器利用超标量技术，主要借助硬件提高指令级并行性。

（1）Intel 64结构

一直以来，80x86处理器的更新换代都保持与早期处理器的兼容，以便继续使用现有的软硬件资源。但是，英特尔公司迟迟不愿将80x86处理器扩展为64位，这给了AMD公司一个机会。AMD公司是生产IA-32处理器兼容芯片的厂商，是英特尔公司最主要的竞争对手。AMD公司的IA-32兼容处理器，其价格低于Intel，但性能却没有超越Intel。于是，AMD公司于2003年9月率先推出支持64位、兼容80x86指令集结构的Athlon 64处理器（K8核心），将桌面PC引入了64位领域。

2004年，在PC用户对64位技术的企盼和AMD公司64位处理器的压力下，英特尔公司推出了扩展存储器64位技术（Extended Memory 64 Technology，EM64T）。EM64T技术是IA-32结构的64位扩展，首先应用于支持超线程技术的Pentium 4终极版（支持双核技术）和6xx系列Pentium 4处理器。随着EM64T技术的出现，IA-32指令系统也扩展成为64位，被称为Intel 64结构。

Intel 64结构为软件提供了64位线性地址空间，支持40位物理地址空间。IA-32处理器支持保护方式（含虚拟8086方式）、实地址方式和系统管理SMM方式，Intel 64结构则引入了一个新的工作方式：32位扩展工作方式（IA-32e）。IA-32e除有一个运行32位和16位软件的兼容方式，还有一个64位方式。在64位工作方式下，允许64位操作系统运行存取64位地址空间的应用程序，还可以存取8个附加的通用寄存器、8个附加的SIMD多媒体寄存器、64位通用寄存器和64位指令指针等。

（2）Intel Core微结构

桌面PC具有快速处理器和最高的性能（这是因为它使用先进的微结构），但同时体积、功耗和发热量都大。而可移动设备却需要在性能与物理封装、电池寿命和冷却方面进行折中。过去，英特尔公司使用NetBurst微结构支持高性能计算，使用Pentium M微结构支持移动应用。现在，Intel Core（酷睿）微结构同时提高了性能并降低了功耗，成为新一代Intel 80x86结构的多核处理器的基础，可以同时适用于桌面、移动和服务器领域。

Core微结构引入了许多特性，用以支持单线程和多线程任务。例如，宽的动态执行核心、先进的智能Cache、智能存储器存取和先进的数字媒体增强技术。

（3）多核技术

多核（Multi-core）技术在一个集成电路芯片上制作了两个或多个处理器执行核心，是另一种提升IA-32处理器硬件多线程能力的技术。

英特尔奔腾处理器系列基于NetBurst微结构实现多核技术。例如，Intel Pentium至尊版处理器是第一个引入多核技术的IA-32系列处理器，有两个物理处理器核心，每个处理器核心都包含超线程技术，共支持4个逻辑处理器。Intel Pentium D处理器也具有多核技术，它提供两个处理器核心，但不支持超线程技术。

Intel Core Duo处理器是基于Pentium M微结构的多核处理器。英特尔酷睿系列处理器才是基于Intel Core微结构的多核处理器，例如Intel Core 2 Duo处理器支持双核，Intel Core 2 Quad处理器则支持4核。

英特尔酷睿2系列之后是酷睿i系列处理器，并面向高、中、低端市场分成i7、i5和i3系列。酷睿i系列处理器支持大容量第3级高速缓冲存储器（L3 Cache），内部集成主存控制器和图形处理器（显示卡）等，性能进一步提升。例如，2013年推出的第4代i7系列具有4个处理器核心，支持8个线程，时钟频率可达3.90GHz，L3 Cache可达8MB，集成Intel HD Graphics 4600图形处理器。

另外，为了满足移动设备（笔记本电脑和智能手机）的低功耗需要，英特尔公司从2008年开始推出Atom（凌动）处理器。例如，2013年推出的E3858凌动处理器，具有2个处理器核心，时钟频率为1.91GHz，L3 Cache达2MB，集成Intel HD Graphics图形处理器，功耗为10W（瓦）。

英特尔公司充分利用集成电路生产的先进技术和处理器结构的革新技术，推出了多种Intel 80x86系列处理器芯片。就目前的发展来看，英特尔公司正在利用单芯片多处理器技术生产双核、4核等多核处理器，并逐渐推广支持64位处理器和64位软件的微型计算机。

13.1.2　32位微机主板

IBM公司继生产16位PC系列机之后，推出了采用32位80386处理器的第2代个人系统PS/2，但未获得成功。与此同时，PC兼容机生产厂商继续基于PC/AT结构生产32位个人微机。32位PC采用IA-32或其兼容处理器，以微软Windows或自由软件Linux为操作系统，充分运用计算机领域软硬件新技术，使得微型机功能越来越强大，应用越来越广泛，成为我们日常工作、学习以及娱乐中不可或缺的电子设备。

以IBM PC/AT结构为基础的32位PC，在20年的发展和应用历史中形成了多种主机板结构和形式，但基本组成却相似，图13-1为Pentium系列处理器的主机板结构图。

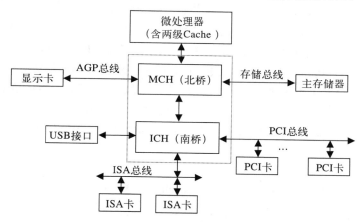

图13-1　32位PC主机板结构

1. 微处理器

32位PC采用英特尔IA-32处理器或与其兼容的处理器，内部还包含一级或二级高速缓冲存储器。

处理器的工作频率（处理器内频、主频）从80386的25MHz、80486的66MHz、Pentium的133MHz，直到2006年Pentium 4的3.8GHz，发展非常迅猛。CPU外部总线的基本工作频率（处理器外频、主板频率）也不断提高，80386时代采用25MHz，80486时代主要采用33MHz，Pentium采用66MHz，当前处理器外频有100MHz、133MHz和166MHz等规格。于是，在处理器内、外频之间就形成了倍频关系：内频＝外频×倍频。

Pentium 4又引入前端总线频率（指处理器和控制芯片组之间总线的工作频率）的概念。Pentium 4之前，每个时钟周期内，处理器与控制芯片组之间传输一个数据，处理器外频就是前端总线频率。Pentium 4采用新的总线传输技术，使得每个时钟周期可以传输4个数据。这样，当外频为100MHz时，处理器前端系统总线频率就是400MHz。如果每个时钟周期传输8个数据，前端总线频率则达到800MHz。

为了减少由于高频率带来的功耗和降低发热量，处理器的工作电压大幅度下降，并从133MHz的Pentium处理器开始，在处理器芯片上安装散热片和风扇对其进行冷却降温。

2. 控制芯片组

如果把CPU看作主板的"大脑"，则控制芯片组可以说是主板的"心脏"。控制芯片组提供主板上的关键逻辑电路，包括Cache控制单元、主存控制单元、处理器到PCI总线的控制电路（称为桥，Bridge）、电源管理单元、中断控制器、DMA控制器和定时计数器等。控制芯片组决定着主板的特性，例如支持的处理器类型、使用的主存类型和容量等很多重要的性能和参数。

在IBM PC系列机时，由于芯片集成度不高，这些功能要靠多个单独的芯片完成，如中断控制器8259A、DMA控制器8237A、定时计数器8253/8254。80386及以上的主板开始采用芯片组，主板上芯片个数也在逐渐减少。Pentium主板广泛采用Intel 430和440系列芯片组，并形成了所谓的"南北桥"分控体系。Intel 810/815/820芯片组配合Pentium II和Pentium III，Pentium 4采用Intel 850等芯片组。

Intel 8xx芯片组采用"加速中心结构"，内存控制中心MCH和输入输出控制中心ICH共享线路和数据，系统的其他设备通过各自专属的总线与MCH和ICH芯片连接。MCH（即传统意义上的北桥芯片）主要控制L2 Cache、内存、加速图形端口AGP显示卡等；ICH（即传统意义上的南桥芯片）主要控制硬盘驱动IDE接口、外设互连总线PCI接口、通用串行总线USB（Universal Serial Bus）接口，产生ISA总线，具有键盘控制模块KBC和实时时钟模块RTC等。

芯片组中的南桥芯片还提供对串行口、并行口、软盘驱动器接口的支持。它支持两个UART 16550串行口，支持一个标准模式SPP、增强模式EPP和扩充模式ECP的并行口，支持一个720KB/1.44MB/2.88MB格式的3.5英寸软盘驱动器接口和一个360KB/1.2MB格式的5.25英寸软盘驱动器接口。

3. 主存储器

微机系统中的主存速度和容量一直是提高微机整体性能的一个瓶颈。在16位PC系列机时代，主存采用双列直插DIP插座的动态存储器DRAM形成，芯片个数很多，占用主板上很大面积，容量也不过是64KB或1MB。32位PC将多个内存芯片直接焊接在一块小小的印刷电路板，形成"主存条"，然后将其插在主板预留的2～4个主存插槽上。主板上的主存容量从最初的4MB，逐渐发展直到2013年的4GB或以上。

为了提高存储系统的存取速度：一方面，微机生产厂商采用存取速度更快的DRAM芯片组成内存系统，例如快页（Fast Page Mode，FPM）DRAM、扩展数据输出（Extended Data Output，EDO）DRAM芯片、同步（Synchronous DRAM，SDRAM）芯片、双数据传输率（Double Data Rate，DDR）DRAM芯片；另一方面，在处理器与主存之间加入由快速静态存储器SRAM组成的高速缓冲存储器Cache。80386主板上，提供了单级Cache。80486芯片内部已经集成了8KB容量的Cache，同时主板上还支持第二级Cache。Pentium处理器内部集成有片上Cache，同时主板上通常具有256KB或512KB的第二级Cache。Pentium II及以后的处理器将两级Cache都集成在了处理器芯片上，Pentium 4还支持第三级Cache。

4. 系统总线

16位PC采用16位ISA系统总线连接各个功能部件。32位PC上使用过32位EISA（Extended ISA，扩展ISA）总线、视频电子标准协会（Video Electronics Standards Association）针对80486处理器引脚开发的32位局部总线VESA，现在则使用外设部件互连PCI（Peripheral Component Interconnect）总线连接I/O接口卡。在需要大量数据传输的主存与处理器之间设置了专用的存储总线，同样系统与显示接口卡之间也设计了专用总线——加速图形端口AGP（Accelerated Graphics Port）总线，后期为PCI-Express总线，用于对3D图形显示卡的支持。早期的32位PC为了使用ISA接口卡，还保留了低速的ISA总线。

13.2 32位指令系统

随着各代80x86微处理器的推出，其指令系统也在不断丰富和发展。32位指令系统包括如下多个指令集：

1）在原8086的16位整数指令集基础上扩展的32位整数指令。

2）各代80x86新增的32位整数指令。

3）合并了以8087浮点指令为基础的浮点指令集。

4）新增了整数MMX、单精度浮点SSE和双精度浮点SSE2、SSE3的多媒体指令。

这些指令集极大地丰富了80x86微处理器的指令系统，有效地增强了80x86微处理器的功能。本节简介各类指令集，重点说明其中常用的、有特色的指令。

13.2.1 IA-32指令集结构

为了增强CPU性能，其内部集成了更多功能单元，主要有实现虚拟存储器管理的存储管理单元（Memory Manage Unit，MMU）和高速缓冲存储器；还采用许多革新技术加快指令的执行速度。但从应用人员来说，IA-32指令集结构是一样的。

1. 32位寄存器组

IA-32处理器共有7类寄存器，应用程序主要使用3类寄存器，如图13-2所示。

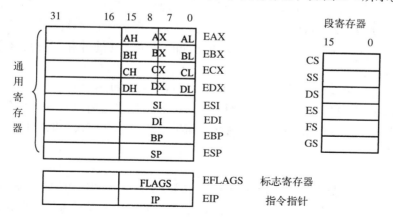

图13-2 32位寄存器组

IA-32指令集结构具有8个32位通用寄存器：EAX、EBX、ECX、EDX、ESI、EDI、EBP、ESP，它们是原8个16位寄存器的扩展。同时，它们也支持原来的8/16位操作，其命名也与原来相同。例如，我们可以直接操作32位EAX寄存器中的8位——$D_0 \sim D_7$（AL）和$D_8 \sim D_{15}$（AH），16位——$D_0 \sim D_{15}$（AX），以及全32位——$D_0 \sim D_{31}$（EAX）。

同样，IA-32处理器堆栈指针ESP、指令指针EIP和标志寄存器EFLAGS也都从16位扩展为32位。原来8088/8086具有的标志位的位置和意义都没有变化，80286以后增加的标志主要用于微处理器控制，通常不在应用程序中使用。

32位80x86仍采用分段方法管理存储器。段寄存器指示段基地址，除CS、SS、DS、ES外，又增加了2个用于存取数据的段寄存器FS和GS。

段寄存器仍是16位，在实方式和虚拟86方式下，段寄存器保存着20位段基地址的高16位，所以其值左移4位与16位的偏移地址相加即可得到20位地址。在32位保护方式下，16位段寄存器的内容是段选择器，段选择器指向段描述符，由段描述符中取得32位段基地址，加上32位偏移地址就得到32位线性地址。

程序中存在3种类型的基本段，它们是代码段、数据段和堆栈段。CS:EIP指示代码段的指令，SS:ESP指示堆栈段栈顶，数据段的数据存取由DS:EA（有效地址）指定。

除上述3类寄存器之外，还有主要用于系统程序的系统地址寄存器、控制寄存器、调试寄存器和测试寄存器。

2. 存储模型

利用存储管理单元之后，程序并不直接寻址物理存储器。IA-32处理器提供3种存储模型（Memory Model），用于程序访问存储器。

（1）平展存储模型（Flat Memory Model）

在平展存储模型下，对程序来说存储器是一个连续的地址空间，被称为线性地址空间。程序需要的代码、数据和堆栈都包含在这个地址空间中。线性地址空间也以字节为基本存储单位，即每个存储单元保存一个字节、具有一个地址，这个地址被称为线性地址（Linear Address）。IA-32处理器支持的线性地址空间是$0 \sim 2^{32}-1$（4GB容量）。

（2）段式存储模型（Segmented Memory Model）

在段式存储模型下，对程序来说存储器由一组独立的地址空间组成，这个地址空间被称为段，每个段都可以达到4GB。程序利用逻辑地址寻址段中的每个字节单元，逻辑地址包含32位段基地址和32位偏移地址。在处理器内部，所有的段都被映射到线性地址空间。程序访问一个存储单元时，处理器会将逻辑地址的32位段基地址和32位偏移地址相加转换成32位线性地址。

（3）实地址存储模型（Real-Address Mode Memory Model）

实地址存储模型是8086处理器的存储模型。IA-32处理器之所以支持这种存储模型，是为了兼容原为8086处理器编写的程序。实地址存储模型是段式存储模型的特例，其线性地址空间最大为1MB容量，由最大为64KB的多个段组成。

3. 工作方式

编写程序时，程序员需要明确处理器执行代码的工作方式和使用的存储模型。IA-32处理器支持3种基本的工作方式（操作模式）：保护方式、实地址方式和系统管理方式。工作方式决定了可以使用的指令和特性，不同工作方式的存储管理方法各有不同。

（1）保护方式（Protected Mode）

保护方式是IA-32处理器固有的工作状态。在保护方式下，IA-32处理器能够发挥其全部功能，可以充分利用其强大的段页式存储管理和特权与保护能力。保护方式下，IA-32处理器可以使用全部32条地址总线，可寻址4GB物理存储器。

IA-32处理器从硬件上实现了特权的管理功能，方便操作系统使用。它为不同程序设置了4个特权层（Privilege Level）：0～3（数值小表示特权级别高，所以特权层0级别最高）。例如，操作系统使用特权层1；特权层0用于操作系统中负责存储管理、保护和存取控制部分的核心程序；应用程序使用特权层3，特权层2可专用于应用子系统（数据库管理系统、办公自动化系统和软件开发环境等）。这样，操作系统、系统核心程序、其他系统软件以及应用程序，可以根据需要分别处于不同的特权层而得到相应的保护。当然，在没有必要时不需要使用所有的特权层。

保护方式具有直接执行实地址8086软件的能力，这个特性被称为虚拟8086方式（Virtual-8086 Mode）。虚拟8086方式并不是处理器的一种工作方式，只是提供了一种在保护方式下类似实地址方式的运行环境。

处理器工作在保护方式时，可以使用平展或段式存储模型；在虚拟8086方式，只能使用实地址存储模型。

（2）实地址方式（Real-Address Mode）

通电或复位后，IA-32处理器处于实地址方式（简称实方式）。它实现了与8086相同的程序设计环境，但有所扩展。在实地址方式下，IA-32处理器只能寻址1MB物理存储器空间，每个段最大不超过64KB，但可以使用32位寄存器、32位操作数和32位寻址方式，相当于可以进行32位处理的快速8086。

实地址方式具有最高特权层0，而虚拟8086方式处于最低特权层3。所以，虚拟8086方式的程序都要经过保护方式所确定的所有保护性检查。

实地址工作方式只能支持实地址存储模型。

（3）系统管理方式（System Management Mode）

系统管理方式为操作系统和核心程序提供节能管理和系统安全管理等机制。进入系统管理方式后，处理器首先保存当前运行程序或任务的基本信息，然后切换到一个分开的地址空间，执行系统管理相关的程序。退出SMM方式时，处理器将恢复原来程序的状态。

处理器在系统管理方式切换到的地址空间，称为系统管理RAM，使用类似实地址的存储模型。

4. 32位数据寻址方式

32位80x86支持原来的16位寻址方式，并且立即数和寄存器还都可以是32位，32位存储器寻址（用m32符号表示32位存储器操作数）更加灵活，可以统一表达成：

$$32位有效地址 = 基址寄存器 + （变址寄存器 \times 比例） + 位移量$$

其中的4个组成部分是：

- 基址寄存器——任何32位通用寄存器之一。
- 变址寄存器——除ESP之外的任何32位通用寄存器之一。
- 比例——可以是1、2、4、8（因为操作数的长度可以是1、2、4、8字节）。
- 位移量——可以是8/32位值。

表13-1用传送指令中的源操作数示例各种32位寻址方式。

表13-1　32位数据寻址方式

寻址方式	指令示例
立即数寻址	mov eax,44332211h
寄存器寻址	mov eax,ebx
直接寻址	mov eax,[1234h]
寄存器间接寻址	mov eax,[ebx]
寄存器相对寻址	mov eax,[ebx+80h]
基址变址寻址	mov eax,[ebx+esi]
相对基址变址寻址	mov eax,[ebx+esi+80h]
带比例的变址寻址	mov eax,[esi*2]
基址的带比例的变址寻址	mov eax,[ebx+esi*4]
基址的带位移量的带比例的变址寻址	mov eax,[ebx+esi*8+80h]
I/O端口的直接寻址	in eax,80h
I/O端口的寄存器间接寻址	in eax,dx

　　使用存储器寻址方式需要留心默认逻辑段。以BP、EBP或ESP作为基址寄存器访问存储器数据时，默认的段寄存器是SS，当EBP作为变址寄存器使用时，不影响默认段寄存器的选择。所有其他寻址方式下的存储器数据访问都使用DS作为默认段寄存器，包括没有基址寄存器的情况。此外，可以显式地在指令中指定CS、SS、ES、FS、GS作为访问存储器数据时所引用的段寄存器，以改变默认的段寄存器。

13.2.2　32位整数指令

　　16位整数指令以8086指令集为基础，80186增加了一些实用的指令，80286增加了15条保护方式指令。在32位80x86中，16位整数指令从两个方面向32位扩展：一是所有指令都可扩展支持32位操作数，包括32位的立即数；二是所有涉及存储器寻址的指令都可以使用32位的存储器寻址方式。例如：

```
mov ax,bx          ;16位操作数
mov eax,ebx        ;32位操作数
mov ax,[ebx]       ;16位操作数，32位寻址方式
mov eax,[ebx]      ;32位操作数，32位寻址方式
```

　　另外，有些指令扩大了工作范围，或指令功能实现了向32位的自然增强。

　　（1）部分有特色的32位整数指令

　　堆栈操作指令新增全部16位通用寄存器进栈PUSHA和出栈POPA，以及全部32位通用寄存器进栈PUSHAD和出栈POPAD指令，用于快速实现全部通用寄存器的保护和恢复。

　　80386增加了MOVSX符号扩展指令和MOVZX零位扩展指令，比8086的符号扩展指令功能更强。

　　从80186开始，移位及循环移位支持用一个立即数指定移位次数，非常实用。

　　串操作指令增加了对I/O端口进行串操作的能力，并可以配合REP重复前缀。INS指令从由DX指定地址的I/O端口输入字节、字或双字数据（对应的助记符依次为INSB、INSW和INSD），传送到由ES：（E）DI指定的存储单元中，然后（E）DI自动±1（字节串）、±2（字串）或±4（双字串），DX不变。OUTS指令把由DS：（E）SI指定的存储单元中的字节、字或

双字数据（对应的助记符依次为OUTSB、OUTSW和OUTSD），输出到由DX指定的I/O端口，然后（E）SI自动±1（字节串）、±2（字串）或±4（双字串），DX不变。

条件转移Jcc指令的条件没有变化，但是转移范围没有限制，可以达到4GB的任何位置，使得程序员不必再担心条件转移是否超出了范围。

（2）80386开始新增的一些整数指令

80386的执行单元中新增了一个"桶型"移位器，可以实现快速移位操作，80386新增的指令主要就是有关位操作的。另外，80386还增加了条件设置指令，以及对控制、调试和测试寄存器的传送指令。

80486的指令系统新增6条新指令，用于支持多处理器系统和片上Cache。其中有3条交换指令很有特色。

Pentium指令系统新增了几条非常实用的特权指令。其中处理器识别指令CPUID特别有用。CPUID指令返回微处理器的特征信息，诸如说明处理器类型的代号、指明处理器某种特征是否存在的标志字，还可以返回高速缓冲器的容量等详细配置参数。利用CPUID指令的返回数据，应用程序可以获知宿主微处理器类型，进而利用该处理器的特征，使程序达到最佳的运行效果。

Pentium Pro的指令系统新增了3条实用的指令。利用它的条件传送指令CMOV可以代替条件转移指令，从而减少程序分支，提高处理器性能。

13.2.3　浮点数据格式及指令

简单的数据处理、实时控制领域一般使用整数，所以传统的处理器或简单的微控制器只有整数处理单元。实际应用当中还要使用实数，尤其是科学计算等工程领域。有些实数经过移动小数点位置，可以用整数编码表达和处理，但可能要损失精度。实数也可以经过一定格式转换后，完全用整数指令仿真，但处理速度难尽人意。计算机表达实数要采用浮点数据格式。早期的Intel 80x86处理器，需要另外配置一个浮点协处理器；而从80486开始的IA-32处理器都具有浮点处理单元（Floating Point Unit，FPU），可以由硬件直接处理浮点数据。

1. IEEE浮点数据格式

实数（Real Number）常采用所谓的科学表示法表达，例如"−123.456"可表示为：

$$-1.23456 \times 10^2$$

该表示法包括三个部分：指数、有效数字和一个符号位。指数用来描述数据的幂，它反映数据的大小或量级；有效数字反映数据的精度。在计算机中，表达实数的浮点格式也可以采用科学表达法，只是指数和有效数字要用二进制数表示，指数是2的幂（而不是10的幂），正负符号也只能用0和1区别。

计算机中的浮点数据格式如图13-3所示，分成指数、有效数字和符号位三个部分。IEEE 754标准（1985年）制定有32位（4字节）编码的单精度浮点数和64位（8字节）编码的双精度浮点数格式。

- 符号（Sign）——表示数据的正负，在最高有效位（MSB）。负数的符号位为1，正数的符号位为0。
- 指数（Exponent）——也被称为阶码，表示数据的以2为底的幂，恒为整数，使用偏移码（Biased Exponent）表达。单精度浮点数用8位表达指数，双精度浮点数用11位表达指数。

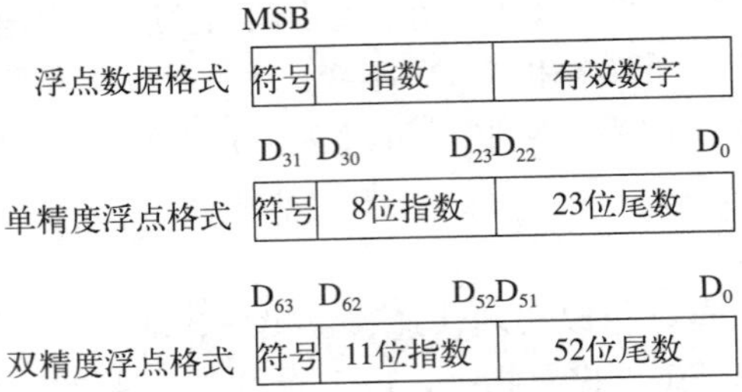

浮点数据的表达范围和精度

数据类型	数据范围（十进制）	有效位数（十进制）
单精度	1.18×10^{-38}～3.40×10^{38}	6~7
双精度	2.23×10^{-308}～1.79×10^{308}	15~16

图13-3 浮点数据格式

- 有效数字（Significant）——表示数据的有效数字，反映数据的精度。单精度浮点数用最低23位表达有效数字，双精度浮点数用最低52位表达有效数字。有效数字一般采用规格化（Normalized）形式，是一个纯小数，所以也被称为尾数（Mantissa）、小数或分数（Fraction）。

数值表达有表达范围和精度（准确度）问题。对于定点整数的表达来说，尽管表达数值的范围有限，但范围内的每个数值都是准确无误的。但是，实数是一个连续系统，理论上说任意大小与精度的数据都存在。而在计算机中，由于处理器的字长和寄存器位数有限，实际上所表达的数值是离散的，其精度和大小都是有限的。显而易见，有效数字位数越多，能表达数值的精度也就越高；指数位数越多，能表达数值的范围就越大。所以，浮点格式表达的数值只是实数系统的一个子集。

2. 规格化浮点数

十进制科学表示法的实数可以有多个形式，例如：

$$-1.23456\times10^{2}=-0.123456\times10^{3}=-12.3456\times10^{1}$$

此时，只要小数点左移或右移，就对应进行指数增量或减量。在浮点格式中数据也会出现同样的情况。为了避免多样性，同时也为了能够表达更多的有效位数，浮点数据格式的有效数字一般采用规格化形式，它表达的数值是：

1.XXX⋯XX

由于去除了前导0，它的最高位恒为1，随后都是小数部分；这样有效数字只需要表达小数部分，其小数点在最左端，它隐含一个整数1。这就是通常使用的浮点数据。

所以，一个单精度规格化浮点数的真值可以利用下面公式计算，其中S是符号位：

$$(-1)^{S}\times(1+0.\text{尾数})\times2^{(\text{阶码}-127)}$$

为了便于进行浮点数据运算，指数采用偏移编码。但是，在IEEE 754标准中，全0、全1两个编码用作特殊目的，其余编码表示阶码数值。所以单精度浮点数据格式中的8位指数的偏移基数为127，用二进制编码0000001～11111110表达－126～＋127。相互转换的公式为：

单精度浮点数据：真值＝浮点阶码－127，浮点阶码＝真值＋127

双精度浮点数的偏移基数为1023，只要将上述公式中的127修改为1023即可。

例13.1 把浮点格式数据转换为实数表达。

某个单精度浮点数如下：

BE580000H＝1011 1110 0101 1000 0000 0000 0000 0000 B

将它分成一位符号、8位阶码和23位有效数字三部分：

BE580000H＝1 01111100 10110000000000000000000 B

符号位为1，表示负数。

指数编码是01111100，表示指数 = 124 − 127 = −3。

有效数字部分是10110000000000000000000，表示有效数 = 1.1011 B = 1.6875。

所以，这个实数为：$-1.6875 \times 2^{-3} = -1.6875 \times 0.125 = -0.2109375$。

例13.2 把实数转换成浮点数据格式。

对实数"100.25"进行如下转换：

$$100.25 = 0110\ 0100.01\text{B} = 1.10010001\text{B} \times 2^6$$

于是，符号位为0。

指数部分是6，8位阶码为10000101 （= 6 + 127 = 133）。

有效数字部分是10010001000000000000000。

这样，100.25表示成单精度浮点数为：

0 10000101 10010001000000000000000B = 0100 0010 1100 1000 1000 0000 0000 0000 B = 42C88000H

就是42C88000H。

3. 浮点指令

IA-32处理器的浮点处理单元除支持IEEE 754定义的单精度、双精度浮点格式外，又引入80位扩展精度浮点数（1位符号、15位指数、64位有效数），主要用于内部计算获得较高精度。FPU还支持16、32和64位的三种整型数据类型。为了能够快速处理BCD码，FPU特别设计了可表达18位十进制数的BCD码数。

浮点处理单元需要采用浮点寄存器协助完成浮点操作。对程序员来说，主要是8个通用浮点数据寄存器和一个浮点标记寄存器，还有浮点状态寄存器和浮点控制寄存器。其中每个浮点数据寄存器都是80位，以扩展精度格式存储数据。并且，8个浮点数据寄存器组成了首尾相接的堆栈，按照"后进先出"的堆栈原则工作，不采用随机存取。

浮点指令归属于ESC指令，指令助记符均以F开头。浮点指令一般需要1个或2个操作数，数据存于浮点数据寄存器或主存中（不能是立即数）。浮点指令系统包括了常用的指令类型，有以下5类：浮点传送类指令、浮点算术运算类指令、浮点超越函数类指令、浮点比较类指令和FPU控制类指令。32位浮点指令系统以8087浮点指令为基础，后来主要在80387中增加了少量新浮点指令。

13.2.4　多媒体数据格式及指令

进入20世纪90年代，微机应用愈加广泛。传统的32位整数和浮点指令集已很难胜任对大量多媒体数据、互联网应用以及2D/3D图形的处理要求。于是，多媒体指令应运而生，并被融入Pentium系列微处理器中。

1. 多媒体数据类型

多媒体数据将多个8、16、32、64位整数或者32位单精度、64位双精度浮点数组合为一个128位紧缩（Packed）数据，如图13-4所示。例如，紧缩单精度浮点数将4个互相独立的32位单精度浮点数组合在一个128位的数据中，而紧缩字节整数组合了16个8位整数。紧缩数据中的各个数据是相互独立的，可以使用一条多媒体指令同时进行处理。这就是多媒体指令的一个关键技术：单指令多数据（Single Instructon Multiple Data，SIMD）。所以，多媒体指令也称为SIMD指令。

2. SIMD指令

Pentium处理器首先引入针对64位紧缩整数的57条MMX整型多媒体指令，还含有8个64位的MMX寄存器（MM0～MM7），只有MMX指令可以使用。MMX寄存器是随机存取的，但实际上是借用8个浮点数据寄存器实现的。MMX指令（除传送和清除指令）的助记符采用字母P开头，可以分成如下几类：MMX算术运算指令、MMX比较指令、MMX移位指令、MMX类型转换指令、逻辑指令、传送指令和状态清除指令EMMS。

Pentium III针对紧缩单精度浮点数增加了SSE指令集，共有70条指令。其中有12条为增强和完善MMX指令集而新增加的SIMD整数指令，8条高速缓冲存储器优化处理指令，最主要的则是50条SIMD浮点指令，一条指令一次可以处理4对32位单精度浮点数据。SSE技术还提供8个随机存取的128位SIMD浮点数据寄存器（XMM0～XMM7），及一个新的控制/状态寄存器MXCSR。

Pentium 4针对双精度浮点数推出SSE2指令集，包含76条新的SIMD指令和原有的68条整数SIMD指令，共144条SIMD指令。SSE2指令支持图13-4所示的全部紧缩数据类型，可进行两组双精度浮点数或64位整数操作，还可以进行4组32位整数、8组16位整数和16组8位整数操作。

新一代Pentium 4处理器新增了13条SSE3指令。SSE3指令主要用于提升复杂算术运算、图形处理、视频编码、线程同步等方面的性能，没有增加新的数据结构。

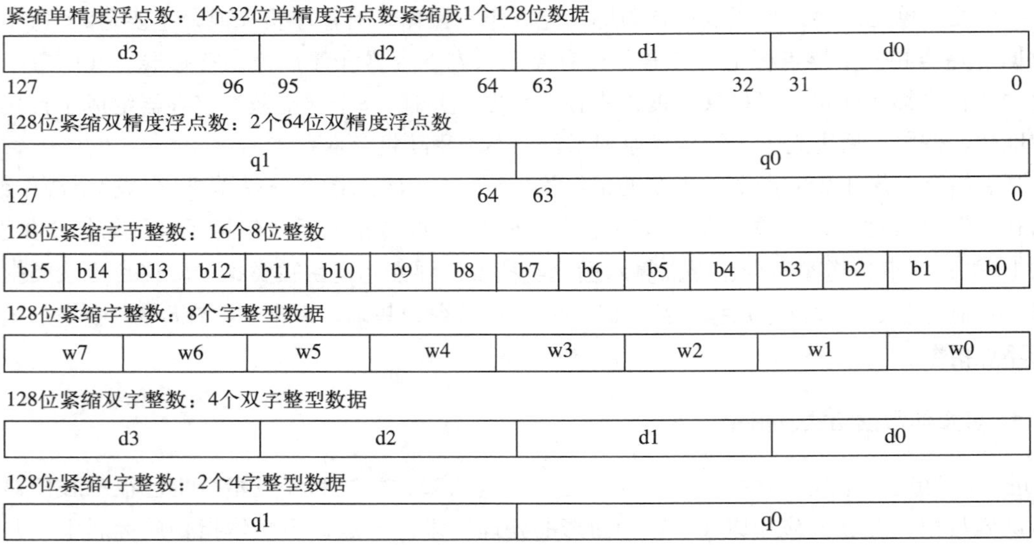

紧缩单精度浮点数：4个32位单精度浮点数紧缩成1个128位数据

d3	d2	d1	d0

127　　　　　　96 95　　　　　　64 63　　　　　　32 31　　　　　　0

128位紧缩双精度浮点数：2个64位双精度浮点数

q1	q0

127　　　　　　　　　　64 63　　　　　　　　　　0

128位紧缩字节整数：16个8位整数

b15	b14	b13	b12	b11	b10	b9	b8	b7	b6	b5	b4	b3	b2	b1	b0

128位紧缩字整数：8个字整型数据

w7	w6	w5	w4	w3	w2	w1	w0

128位紧缩双字整数：4个双字整型数据

d3	d2	d1	d0

128位紧缩4字整数：2个4字整型数据

q1	q0

图13-4　多媒体数据格式

Core 2 Duo处理器对SSE3指令进行了补充，又引入了32条指令，被称为SSSE3（Supplemental SSE3）指令。

英特尔对54纳米酷睿2处理器增加了47条SSE4.1指令，致力于提升多媒体、3D处理等的性能。Core i7在SSE4.1的基础上又新增了7条指令，被称为SSE4.2指令。SSE4.1和SSE4.2共54条指令，被统称为SSE4指令集。

13.3　32位汇编语言

　　使用32位指令进行汇编语言程序设计与16位汇编语言编程并没有本质的区别，主要是基于操作系统平台的不同需要进行相应改变。本小节先以DOS平台为例说明32位指令的使用，然后以最简单的图形界面程序体会32位Windows编程特点。

13.3.1　DOS平台

　　尽管DOS操作系统是基于16位实地址工作方式，但却可以使用32位指令（32位操作数和32位寻址方式），包括源程序框架和DOS功能调用等与使用16位指令基本相同，但需要注意几个问题。

　　MASM在默认情况下只接受8086指令集，需要使用处理器选择伪指令后，才能使用80186及以后微处理器新增的指令。例如，处理器选择伪指令".386"就是指示MASM接受80386的32位寄存器、32位寻址方式和32位指令。如果要用到Pentium Pro支持的指令，可以使用".686"伪指令，再加上".XMM"伪指令就可以使用多媒体指令了，不过MASM版本也要是6.14及以上。

　　在简化段定义格式中，处理器选择伪指令".386"要书写在.MODEL语句之后，这样MASM为程序分配最大不超过64KB的16位段。如果处理器选择伪指令书写在.MODEL语句之前，则程序使用可达4GB的32位段。

　　有些指令在16位段和32位段执行时是有些差别的。例如，串操作指令在16位段采用SI、DI指示地址，CX表达个数；而在32位段采用ESI、EDI指示地址，ECX表达个数。循环指令在16位段采用CX记数；在32位段采用ECX记数。有差别的指令还有XLAT、LEA、JMP、CALL、RET、INT i8、IRET等。

　　由于32位通用寄存器的高16位无法单独、直接利用，所以上述指令即使在16位段中也可以采用32位寄存器，只是注意高16位最好为0。这样处理的程序段当运用于32位段时，可以比较方便地进行移植。

　　例13.3　降序排列10个32位有符号数（冒泡法）。

　　冒泡法是一种易于理解的排序算法。冒泡法从第一个数据开始，依次对相邻的两个数据进行比较，使前一个数据不小于后一个数据；将所有数据比较完之后，最小数据排到了最后；然后，除掉最后数据之外的数据依上述方法再进行比较，得到次小数据排在后面；如此重复，直至完成，这就实现了数据从大到小的排序。这是一个双重循环程序结构。

```
            .model small
            .386                    ;指定汇编80386的32位指令集（注意位置）
            .stack
            .data
count       equ 10
darray      dd 20,4500h,3f40h,-1,7f000080h
            dd 81000000h,0ffffff1h,-45000011,12345678,87654321
            .code
start:      mov ax,@data
            mov ds,ax
            xor esi,esi             ;ESI←0
```

```
                    mov si,offset darray      ;ESI←缓冲区首地址
                    mov ecx,count             ;ECX←数据个数
                    dec ecx
outlp:              mov edx,0                 ;EDX指示第几个数据
inlp:               cmp edx,ecx               ;内循环,使最高地址存储单元具有最小数据
                    jae botm
                    mov eax,[esi+edx*4+4]     ;32位数据是4字节
                    cmp [esi+edx*4],eax       ;比较前后两个数据的大小
                    jge nswap
                    xchg [esi+edx*4],eax
                    mov [esi+edx*4+4],eax
nswap:              inc edx                   ;下一个数据
                    jmp inlp
botm:               loop outlp                ;外循环结束
                    mov ax,4c00h
                    int 21h
                    end start
```

为便于比较第3章程序，本例程序是一个完整的源程序文件。程序中还特别使用了新增的带比例的变址寻址方式。如果要按照十进制形式显示各个数据，则需要编写这样的显示程序，其原理和程序可以参考第3章例3.18，但需要改写为支持32位操作数。

13.3.2 Windows平台

与基于DOS平台类似，编写基于Windows平台的汇编语言程序，也要有处理器选择伪指令选择32位指令，但注意要书写在存储模式伪指令.MODEL之前，表示创建32位段；存储模式伪指令必须采用平展FLAT模型，以对应Windows采用的平展存储模型。Windows操作系统基于32位保护方式，涉及I/O操作的输入输出敏感指令（IN、OUT等）以及主要供操作系统等系统程序使用的特权指令在应用程序中不能被执行，当然特权最高的核心程序可以使用。

然而，编写Windows应用程序的困难实际上来源于操作系统本身系统功能调用的复杂性。因为Windows的系统函数（功能）以动态链接库（Dynamic-Link Library，DLL）形式提供，利用其应用程序接口（Application Program Interface，API）调用动态链接库中的函数。而Windows的应用程序接口采用C和C++语言语法定义，不便于汇编语言调用。

下面结合一个最简单的Windows消息窗口显示程序进行说明。

例13.4 消息窗口程序。

```
                    .686                      ;指定汇编80686的32位指令集
                    .model flat,stdcall       ;指定FLAT存储模型,采用API遵循的STDCALL调用规范
                    option casemap:none       ;指示区别API函数名的大小写
                    includelib kernel32.lib   ;指明采用的导入库
                    includelib user32.lib
ExitProcess         proto,:DWORD              ;定义API函数
MessageBoxA         proto,:DWORD,:DWORD,:DWORD,:DWORD
MessageBox          equ <MessageBoxA>
NULL                equ 0                     ;定义常量
MB_OK               equ 0
                    .data
```

```
szCaption        byte '消息',0              ;定义消息窗口标题
outbuffer        byte '欢迎进入汇编课堂！',0 ;定义消息窗口显示信息
                 .code
start:           invoke MessageBox,NULL,addr outbuffer,addr szCaption,MB_OK
                 invoke ExitProcess,NULL    ;调用API函数
                 end start
```

1. 动态链接库

动态链接库是Windows操作系统的基础，Windows所有的API函数都包含在DLL文件中。其中有3个最重要的系统动态链接库文件，大多数常用函数都存在其中：KERNEL32.DLL中的函数主要处理内存管理和进程调度；USER32.DLL中的函数主要控制用户界面；GDI32.DLL中的函数则负责图形方面的操作。

一个动态链接库DLL文件，对应一个导入库（Import Library）文件，例如上述3个系统动态链接库文件的导入库文件依次是KERNEL32.LIB、USER32.LIB、GDI32.LIB。之所以还需要导入库文件，是因为动态链接库中的API代码本身并不包含在 Windows 可执行文件中，而是当要使用时才被加载。为了让应用程序在运行时能找到这些函数，就必须事先把有关的重定位信息嵌入到应用程序的可执行文件中。这些信息存在于对应的导入库文件中，由连接程序把相关信息从导入库文件中找出并插入到可执行文件中。当应用程序被加载时 Windows 会检查这些信息，这些信息包括动态链接库的名字和其中被调用的函数的名字。若检查到这样的信息，Windows 就会加载相应的动态链接库。

2. 过程声明和调用伪指令

为了方便调用高级语言的函数，包括API函数，MASM引入了过程声明PROTO和过程调用INVOKE伪指令。

PROTO用于事先声明过程的结构，包括操作系统API函数、高级语言的函数。它的格式如下：

```
过程名        PROTO  [调用距离] [语言类型] [,参数:[类型]]...
```

其中，"过程名"是用PROC定义的过程名，或者API函数名、高级语言的函数名。"调用距离"是指近NEAR或远FAR类型，省略时表示由存储模型确定。"语言类型"有STDCALL（对应系统API调用规范）、C（对应C语言使用的调用规范）等。如果该过程使用的语言类型与存储模型MODEL伪指令定义的相同，这里可以省略；否则必须说明。PROTO语句的最后是该过程带有的参数以及类型，类型是DWORD、WORD、BYTE等。

经过PROTO过程声明的过程或函数，汇编系统将进行类型检测，需要配合使用过程调用伪指令INVOKE实现调用，它的格式如下：

```
INVOKE   过程名[,参数,...]
```

过程调用伪指令自动创建调用过程所需要的代码序列，调用前将参数压入堆栈，调用后平衡堆栈。其中"参数"表示将通过堆栈传递给过程的实在参数，可以是各种常量组成的数值表达式、通用寄存器、标号或变量地址等。

3. 程序退出函数

程序执行结束后需要退出，Windows使用ExitProcess函数实现，该函数位于32位核心动态链接库（KERNEL32.DLL）中。它是一个标准的Windows API，它结束一个进程及其所有线

程，也就是程序退出。在Win32程序员参考手册中，它的定义如下：

```
VOID ExitProcess(
    UINT uExitCode          // exit code for all threads
    );
```

其中参数uExitCode表示该进程的退出代码，类型UINT表示32位无符号整数。

在文档中，API函数的声明采用C/C++语法，所有函数的参数类型都是基于标准C语言的数据类型或者Windows的预定义类型。我们需要正确地区别这些类型，才能转换成汇编语言的数据类型。例如类型UNIT对应汇编语言的双字类型DWORD。

这样，在汇编语言中，ExitProcess函数需要进行如下声明：

```
ExitProcess proto,:DWORD
```

应用程序中使用该功能，这个应用程序就会立即退出，返回Windows。汇编语言的调用方法如下：

```
invoke ExitProcess,0
```

其中，返回代码是0，表示没有错误。返回代码也可以是其他数值。

4. 消息窗口函数

Windows图形界面以窗口、对话框、菜单、按钮等实现用户交互。用汇编语言编写图形窗口应用程序就是调用这些API函数。其中消息窗口是常见的显示形式。创建Windows的消息窗口非常简单，只要使用MessageBox函数就可以，其代码在USER32.DLL动态链接库中。

MessageBox也是一个标准的API函数，功能是在屏幕上显示一个消息窗口。在Win32程序员参考手册中，它的定义如下：

```
int MessageBox(
    HWND hWnd,              // handle of owner window
    LPCTSTR lpText,         // address of text in message box
    LPCTSTR lpCaption,      // address of title of message box
    UINT uType             // style of message box
    );
```

其中hWnd是父窗口的句柄。如果该值为NULL（＝0），则说明该消息窗口没有父窗口。这里的句柄是窗口的一个地址指针，它代表一个窗口。要对该窗口做任何操作时，必须引用该窗口的句柄。

lpText是要显示字符串的地址指针，就是字符串的首地址。lpCaption是消息窗口标题的地址指针。该字符串需要用NULL结尾。

uType是一组位标志，指明该消息窗口的类型。例如，如果该值为MB_OK（＝0），则该消息窗口只具有一个按钮OK，这也是默认值。再如，该值为MB_OKCANCEL（＝1），则该对话框具有两个按钮：OK和Cancel。在中文Windows环境，对应的中文按钮是"确定"和"取消"。

5. 开发方法

要生成可执行文件，经编辑后的源程序文件需要汇编和连接。MASM汇编时要带上"/COFF"参数，表示创建Windows采用COFF格式的OBJ目标模块文件，例如：

```
ML /c /coff wj1304.asm
```

连接时要采用Windows平台的连接程序（LINK.EXE），虽然与DOS平台的连接程序同名，但支持的文件格式并不相同，本书配套软件包（详见附录B）将其存放在BIN32子目录下。由于要生成Windows图形界面程序，连接时还应该使用参数"/subsystem:windows"，例如：

```
BIN32\LINK /subsystem:windows wj1304.obj
```

这样，汇编连接后将生成一个消息窗口程序。只要在Windows下双击就可以启动该程序运行，弹出一个消息窗口并显示信息，标题是"消息"。

13.4 32位微机总线

微机系统中，大量的数据要经过总线进行传输，总线是制约整个微机系统性能的关键。伴随着32位微型计算机系统的发展，从处理器总线、内总线和外总线以及总线结构都经历了巨大更新。

13.4.1 Pentium引脚

IA-32处理器具有多代、多款处理器产品。80386DX封装在一个132引脚芯片中，80486DX是一个168引脚的芯片，Pentium具有237个引脚，Pentium Pro则有387个引脚，2000年的Pentium 4更是达到了423个引脚。但是，处理器的主要引脚（数据总线、地址总线和读写控制总线）几乎相同。本小节以Pentium为例，重点介绍这些主要引脚的功能和时序。后续Pentium产品的引脚已经不直接面向用户，而是需要通过芯片组才能形成系统总线。

1. 引脚定义

Pentium采用237引脚的PGA（Pin Grid Array，引脚栅格阵列）封装，表13-2列出了其中有意义的168个引脚，其他引脚是为数不少的电源正Vcc、电源负Vss（地线）、未连接使用NC等引脚。

表13-2 Pentium的引脚信号

类型	引脚信号	个数
数据	$D_0 \sim D_{63}$、$DP_0 \sim DP_7$、$\overline{PEN}$、$\overline{PCHK}$	74
地址	$A_3 \sim A_{31}$、$\overline{BE0} \sim \overline{BE7}$、AP、$\overline{APCHK}$	39
总线周期控制	$\overline{ADS}$、$M/\overline{IO}$、$D/\overline{C}$、$W/\overline{R}$、$\overline{NA}$、$\overline{BRDY}$	6
时钟	CLK	1
初始化	RESET、INIT	2
中断请求	NMI、INTR	2
总线仲裁	HOLD、HLDA、$\overline{BOFF}$、BREQ	4
总线锁定	$\overline{LOCK}$、SCYC、BUSCHK	3
浮点错误	$\overline{FREE}$、$\overline{IGNNE}$	2
系统管理	$\overline{SMI}$、$\overline{SMIACT}$	2
A20地址屏蔽	A20M	1
执行跟踪	IU、IV、IBT、BT0 $\sim$ BT3	7
功能冗余检查	$\overline{FRCMC}$、$\overline{IERR}$	2
Cache操作	$\overline{HIT}$、$\overline{HITM}$、$\overline{FLUSH}$、INV、$\overline{EADS}$、AHOLD、$\overline{CACHE}$、$\overline{KEN}$、$WB/\overline{WT}$、PCD、PWT、$\overline{EWBE}$	12
探针方式	$R/\overline{S}$、PRDY	2
断点/性能监测	PM0/BP0、PM1/BP1、BP2、BP3	4
边界扫描	TCK、TDI、TDO、TMS、$\overline{TRST}$	5

（1）数据引脚信号

由于集成电路制造技术的进步，处理器芯片不再被有限的外部引脚所限制，IA-32处理器不再分时复用数据信号和地址信号，这样操作速度更快，连接更加方便。

- $D_{63} \sim D_0$（Data）——64位双向数据信号。64位数据线通过存储器总线与主存连接，但外部设备主要采用32位数据信号。
- $DP_7 \sim DP_0$（Data Parity）——8个偶校验位信号。Pentium的64位数据中，每8位（1字节）有一个奇偶校验位。写数据总线周期，处理器生成偶校验位从$DP_7 \sim DP_0$输出；读数据总线周期，处理器检查这些引脚是否符合偶校验。若处理器检测出校验错，则使校验检测 $\overline{PCHK}$（Parity Check）引脚低有效予以指示。如果主存系统可靠性较高，或者为了降低成本，可以不配置保存奇偶校验位的存储芯片，此时应该使校验允许 $\overline{PEN}$（Parity Enable）引脚高无效，告知处理器。

（2）地址引脚信号

- $A_{31} \sim A_3$（Address）——地址信号线的高29位，低3位地址信号$A_2 \sim A_0$由字节允许信号产生。
- $\overline{BE0} \sim \overline{BE7}$（Bank Enable）——8字节允许信号。$\overline{BE0}$ 低有效表示读写低8位数据$D_7 \sim D_0$，$\overline{BE1}$ 低有效表示读写数据$D_{15} \sim D_8$，…，$\overline{BE7}$ 低有效表示读写高8位数据$D_{63} \sim D_{56}$。它们可以译码产生低3位地址信号$A_2 \sim A_0$，用于表示读写字节、字、双字或4字数据。

当进行存储器寻址时，使用全部32位地址，形成4GB物理存储空间；进行I/O传送时，仅使用低16位地址，具有16K个32位端口（或32K个16位端口或64K个8位端口）。

Pentium新增对$A_{31} \sim A_3$地址信号的奇偶校验信号AP（Address Parity）。当地址输出时产生偶校验位从AP输出。地址输入时，CPU检查偶校验，如果出现校验错，则以 $\overline{APCHK}$（Address Parity Check）输出有效指示。

（3）读写控制引脚信号

处理器利用读写控制信号就可以完成基本的总线周期，所以Pentium处理器称之为总线周期控制信号。

- $\overline{ADS}$（Address Data Strobe）——地址数据选通信号。当处理器发出有效的存储器地址或I/O地址时，该信号变为低有效。其作用相当于8086的地址锁存允许ALE，指示一个总线周期的开始。
- $M/\overline{IO}$（Memory / Input Output）——存储器或I/O操作信号。当该信号为高，表示为存储器操作；否则是I/O操作。该信号与8086同名引脚的功能一样。
- $D/\overline{C}$（Data / Control）——数据或控制信号。当该信号为高，表示进行数据存取；否则为读取代码、中断响应等其他总线周期。利用这个信号就可以区分是取指引起的存储器读总线周期，还是指令执行时读取操作数引起的存储器读总线周期。
- $W/\overline{R}$（Write / Read）——写或读信号。当该信号为高，表示数据从CPU输出，写入存储器或I/O端口；否则为从存储器或I/O端口读取数据输入CPU。利用一个信号高、低电平都有效，替代了8086处理器的写 $\overline{WR}$ 和读 $\overline{RD}$ 两个信号。

处理器利用总线周期完成对存储器和I/O端口的数据读写。$M/\overline{IO}$、$D/\overline{C}$、$W/\overline{R}$ 这3个信号组合形成基本的总线周期，如表13-3所示。其中特定周期是指当CPU发生特殊情况或清空外部高速缓冲器Cache时产生的总线周期。

表13-3 Pentium的基本总线周期

M/$\overline{\text{IO}}$	D/$\overline{\text{C}}$	W/$\overline{\text{R}}$	总线周期类型
0	0	0	可屏蔽中断响应周期
0	0	1	特定周期
0	1	0	I/O读周期
0	1	1	I/O写周期
1	0	0	代码读（读取指令）周期
1	0	1	Intel保留
1	1	0	存储器读周期
1	1	1	存储器写周期

- $\overline{\text{BRDY}}$（Burst Ready）——猝发准备好输入信号。外部用该信号通知处理器已经存取数据总线上的数据。该信号用于在总线周期中插入等待状态，它等同于8086的准备好READY引脚。

- $\overline{\text{NA}}$（Next Address）——下一地址输入信号，用以支持地址流水线操作。这是一个存储器系统提供给处理器的输入信号，当该信号低有效时，表明存储器可以接收一个新的总线周期。处理器在采样到该信号有效的2个时钟周期后，就可以输出新的地址，即使当前总线周期还没有完成，也可以启动新总线周期，实现地址流水线总线周期。

2. 总线时序

8086分时复用地址和数据总线，需要先传送地址后传送数据，一个总线周期需要4个时钟周期。80286及以后80x86处理器将地址和数据总线分开，地址和数据分开存放，可以加快传输速率。所以从16位的80286开始，基本的总线周期可以用2个时钟周期完成，第一个时钟周期发送地址，第二个时钟周期进行数据交换。Pentium的基本非流水线总线周期就由2个时钟周期T_1和T_2组成。在T_1周期，处理器发出地址信号，以及控制信号$\overline{\text{ADS}}$、M/$\overline{\text{IO}}$、W/$\overline{\text{R}}$、D/$\overline{\text{C}}$等，区别进行存储器读（代码或数据）写、I/O读写等操作，并控制相关存储器或I/O端口进行数据交换。例如，图13-5a是一个读总线周期，所以读写控制信号 W/$\overline{\text{R}}$ 为低。在T_2周期，处理器在读总线周期采样数据总线的输入数据。如果准备好信号为低有效，则不必增加等待状态；否则需要插入等待状态。

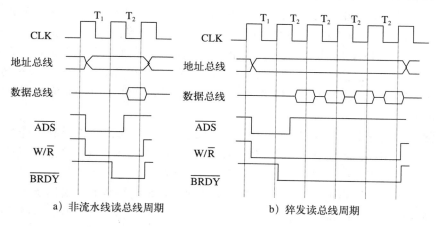

a）非流水线读总线周期   b）猝发读总线周期

图13-5 Pentium的总线周期

Pentium还支持猝发传送总线周期，能够更加快速地读取存储器数据或代码，如图13-5b所示。猝发传送是从连续的存储单元中获取数据，所以只要在T_1周期提供首个单元的地址，接着可以用4个T_2周期读取4个64位数据。这样，没有等待状态的2-1-1-1猝发传送用5个时钟周期可以完成共256位、32字节数据传输，大大提高了性能。

13.4.2 PC总线的发展

随着微机的广泛应用，各种内、外总线标准也层出不穷。例如第一个标准化的微机总线是S-100总线。S-100总线是美国MITS公司于1975年提出的，因使用100根信号线而得名，后成为IEEE 696总线标准。再如，STD总线由美国Pro-log公司于1978年推出，是一种面向工业控制领域的总线标准。1987年，STD被确定为IEEE 961标准。

在PC的发展过程中也存在多种总线：ISA总线、EISA总线、VESA总线和PCI总线等，还有AGP、USB和IEEE 1394等。

1981年IBM公司推出IBM PC、次年推出扩展型IBM PC/XT机时，系统总线结构比较简单。处理器8088芯片引脚形成的总线作为主板上存储器和I/O接口电路的公共通道，将其进行简单扩充后又成为扩展存储器和扩展I/O接口电路的公共通道，被称为I/O通道或IBM PC总线。IBM PC总线具有62个信号，其中8位数据总线，20位地址总线，时钟频率4.77MHz，最快需要4个时钟周期传送一个8位数据，最大总线带宽约1.2MB/s。

1984年IBM公司推出采用80286处理器的增强型IBM PC/AT机。其系统总线IBM AT总线在原IBM PC总线的基础上增加了36个信号，增加部分主要用于支持80286处理器的16位数据引脚和24位地址引脚。IBM AT总线具有16位数据总线、24位地址总线、8MHz总线频率，能够在2个时钟周期传送16位数据，总线带宽可达8MB/s。AT是IBM公司的注册商标，其他兼容机厂商更愿意称之为工业标准结构（Industry Standard Architecture，ISA）总线，当然这里的工业特指PC机工业。ISA总线后来被推荐为IEEE P996标准。

随着IA-32处理器的推出，16位的ISA总线限制了微机系统的性能。1987年，IBM公司推出第二代32位个人计算机系统PS/2（Personal System/2）时，认真定义了PS/2微机的32位MCA（微通道）系统总线，使其具有高速的数据传输、共享资源和多重处理功能。但是，MCA总线不兼容ISA总线，无法继续使用已有的ISA外设；因此，PS/2机及其MCA总线均未能获得广泛应用。为了使采用32位处理器的PC既能兼容ISA总线结构，又能获得如MCA总线那样的高性能，以Compaq为首的PC兼容机厂商联合推出了与MCA总线竞争的32位PC系统总线——EISA总线。EISA总线作为ISA总线完全兼容的扩展，能够充分利用原有的ISA外部设备（但不与MCA总线兼容）。EISA总线支持多个总线主控器，加强了DMA功能，增加了成组传送方式，是一种支持多处理器的高性能32位系统总线。EISA总线曾广泛用于以80386和80486等为处理器的32位微机中。

早期的微机系统使用一个系统总线形成单总线结构，但单总线结构限制了许多需要高速传输速度的部件。例如，不论处理器和存储器芯片的速度多快，扩展存储器模块必须通过相对慢速的系统总线实现数据传输。于是，处理器与存储器模块之间逐渐独立，并形成了专用的存储器总线；ISA总线则面向I/O接口电路。但是微机系统仍缺少面向显示等部件的总线标准，于是局部总线（Local Bus）应运而生。局部总线源于处理器芯片总线，以接近处理器芯片引脚的速度传输数据，是PC系统结构的重大发展。它为高速外设提供速度快、性能高的共用通道，打破了输入输出设备的数据传输瓶颈。

1991年，视频电子标准协会针对80486处理器引脚开发出32位局部总线VESA。VESA总线的性能高于EISA，价格也较低廉，但是其负载能力有限，兼容性差，受限于80486处理器引脚，只是曾经在80486微机系统中得到广泛应用。于是，为了更好地发挥Pentium系列处理器的性能，Intel公司提出另一种局部总线PCI，并获得了工业界的广泛支持，组成了PCI联盟SIG（Special Interest Group）。PCI总线与处理器无关，具有32位和64位数据总线，有＋5V和＋3.3V两种设计，采用集中式总线仲裁，支持多处理器系统，通过桥（Bridge）电路兼容ISA/EISA总线，具有即插即用的自动配置能力等一系列优势。PCI总线结构广泛应用于32位PC系统，取代了ISA、VESA等总线，正逐渐采用的PCI-X（PCI-Extended）总线进一步增强了其性能。

Windows操作系统以及二维图像、三维动画、视频等，都需要处理器处理大量图形数据，这也给总线传输带来了巨大的压力。尽管显示卡采用了专用的图形处理器，取代主机处理器完成计算密集工作，减少了总线传输，但仍然没有达到理想目标，于是显示卡与系统之间也采用了独立的显示总线：加速图形端口AGP。PCI Express则是能够提供大量带宽和丰富功能的新一代图形结构。

当前，32位PC形成了多种总线并存的系统结构（参见图13-1）。高速部件主存储器和显示卡分别通过专用的存储总线和AGP总线（或PCI-Express）与系统连接，高速外设通过PCI总线连接，各种低速外设则利用USB接口。PC上有许多连接外设的接口或端口（Port），也常被称为总线，例如键盘接口、鼠标接口、并行打印机接口、串行通信接口等。为了方便使用，实现带电插拔，并进一步提高性能，32位PC引入通用串行总线USB接口。对于高速视频设备，则运用IEEE 1394接口，俗称火线（Fire Wire）。

13.4.3 PCI总线

PCI总线在主板上是一个白色双列插槽，共94个引脚。1992年的PCI 1.0版是32位数据总线、33MHz时钟频率，1993年的PCI 2.0版是64位数据总线、33MHz时钟频率。当前广泛应用的1995年PCI 2.1版是一个64位数据总线、66MHz时钟频率的标准。

1. PCI总线信号

PCI引脚信号多数并不与IA-32处理器对应，因为PCI总线独立于处理器，不仅适用于IA-32处理器，也适用于其他处理器。32位PCI总线只使用1～62引脚，而64位PCI总线才使用所有94个引脚，如图13-6所示。PCI信号的名称选自PCI SIG联盟的标准文档，其中用"#"取代上划线来表示低电平有效，用"：："替代"～"来表示编号起止。

（1）地址信号和数据信号

- AD[31::0]——32位地址和数据复用信号。扩展到64位时则还有高32位地址和数据AD[63::32]信号。
- C/BE[3::0]#——总线命令和低4字节有效复用信号。扩展到64位时则还有高4字节C/BE[7::4]#信号。
- PAR——奇偶校验信号，对AD[31::0]和C/BE[3::0]#进行偶校验。
- REQ64#——请求64位传送信号。
- ACK64#——允许64位传送信号。

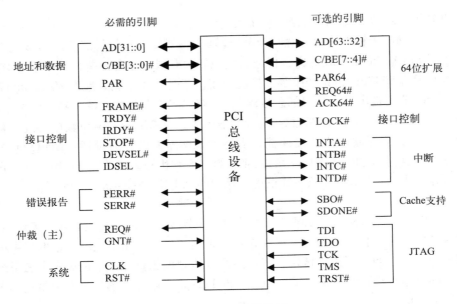

图13-6　PCI总线信号

- PAR64——奇偶校验信号，对扩展的AD[63::32]和C/BE[7::4]#信号进行偶校验。

由于使用高集成度的PCI芯片组，共用数据和地址信号线，PCI卡可以大大减小线路板面积，降低制造成本。

（2）接口控制引脚

PCI接口控制信号控制PCI的各种操作。

- FRAME#——帧信号。主设备驱动其低有效，表示一个总线周期的开始，并一直保持有效到传送结束。
- IRDY#——初始方就绪（Initiator Ready）信号。当前主设备驱动其低有效，读数据时表示主设备已经准备好接收数据，写数据时表示主设备数据已经在数据线上。
- TRDY#——目标方就绪（Target Ready）信号。当前目标设备（被选择交换数据的设备、从设备）驱动其低有效，读数据时表示有效数据已经放置到数据线上，写数据时表示目标设备已经准备好接收数据。
- STOP#——停止信号。它表示目标设备希望主设备停止当前的操作。
- DEVSEL#——设备选择（Device Select）信号。由目标设备将其地址识别出来以后发送该信号，告知当前主设备是否有设备被选中。
- IDSEL——初始化设备选择（Initialization Device Select）信号。在配置读和写总线周期时用作芯片选择信号。
- LOCK#——封锁信号，表示当前总线周期必须操作完成，不能被分隔打断。

（3）总线仲裁引脚

- REQ#——总线请求（Request）信号，告知总线仲裁器某设备请求使用总线。
- GNT#——总线响应（Granted）信号，告知设备总线仲裁器允许使用总线。

PCI支持多处理器系统，允许其他处理器成为主控设备控制总线。PCI采用集中式同步仲裁方案，每个主设备都有一个请求REQ#和响应GNT#信号，这些信号连接到一个中央仲裁器，使用简单的请求响应握手机制获取总线控制权。总线仲裁可以在数据传输的同时进行，不会浪费总线周期，所以被称为隐藏式仲裁。

除此之外，还有时钟CLK和复位RST#系统信号；校验错PERR#和系统错SERR#的错误报告信号；4个中断请求信号INTA#、INTB#、INTC#、INTD#；以及支持高速缓存Cache操作的信号，5个遵循IEEE 1149.1标准的测试和边界扫描（JTAG）信号等。

2. PCI总线周期

PCI总线周期由C/BE[3::0]#的总线命令确定，如表13-4所示。

表13-4　PCI总线周期

C/BE[3::0]#	总线周期	C/BE[3::0]#	总线周期
0000	中断响应（Interrupt Acknowledge）	1000	保留（Reserved）
0001	特殊周期（Special Cycle）	1001	保留（Reserved）
0010	I/O读（I/O Read）	1010	配置读（Configuration Read）
0011	I/O写（I/O Write）	1011	配置写（Configuration Write）
0100	保留（Reserved）	1100	存储器多重读（Memory Read Multiple）
0101	保留（Reserved）	1101	双地址周期（Dual Address Cycle）
0110	存储器读（Memory Read）	1110	存储器行读（Memory Read Line）
0111	存储器写（Memory Write）	1111	存储器写和无效（Memory Write and Invalidate）

I/O读写命令用于主设备与I/O设备交换数据，不支持猝发传送。存储器读写命令则以猝发传送为基础。根据PCI总线设备对存储器的支持情况，3种存储器读交换的数据量不同。对可以高速缓冲的存储器，数据传输以Cache行为单位（指Cache的基本数据块，不同结构的Cache数据块所包含的数据字数不同），存储器读、存储器行读、存储器多重读命令依次猝发读取Cache行的一半或更少、一半以上到3个数据字、3个以上数据字。对不能高速缓冲的存储器，存储器读、存储器行读、存储器多重读命令依次猝发读取1～2个、3～12个、12个以上数据字。存储器写命令猝发写入数据，存储器写和无效命令不仅保证一个完整Cache行被写入，同时广播"无效"信息，使其他Cache中具有同一个存储器地址的数据无效，因为这个存储器地址的数据已经被改变。

PCI总线除具有存储器读和存储器写，I/O读和I/O写总线周期外，也支持中断响应周期，还有一些其他总线周期。特殊周期用于主设备将其有关信息广播到多个目标设备。双地址总线周期用于传输64位地址。

配置读和配置写周期实现对PCI总线设备的配置信息进行读写，实现自动配置。早期的PC在将总线扩展设备插入ISA总线时，需要仔细配置I/O地址、中断请求或DMA请求信号，否则无法正常工作。为了解决这个问题，32位PC的主板、操作系统和总线设备配合实现了自动配置功能，微软称其为即插即用（Plug-and-Play，PnP）技术。PCI总线设备除有存储器地址空间、I/O地址空间外，还有配置地址空间。配置空间包含有一个256字节的配置存储器，其中前64字节表达PCI接口设备的识别号、类型、基地址等信息。

13.4.4　USB总线

PC有键盘接口、鼠标接口、并行打印机接口、串行通信接口等连接外设。但它们相互之间并不通用，不支持带电插拔，性能也不能满足新型外部设备的需要，于是通用串行总线

USB应运而生。USB总线是由Compaq、HP、Intel、Lucent、Microsoft、NEC和Philips等公司为简化PC与外设之间的互连而共同研究开发的标准化通用接口，获得硬件厂商和软件公司的强有力支持，在微型机和各种数码设备上都得到了广泛的应用。

1. USB总线特点

USB总线是一个易于使用、成本低廉、快速双向传输的串行总线接口，具有如下特点：

1）使用方便，扩充能力强。在具有USB功能的主机、操作系统和外部设备的支持下，USB设备不需要用户设置，可以由操作系统自动检测、安装和配置驱动程序，实现"即插即用"。USB设备不需要打开PC机箱，可以在PC正常工作状态进行插入或拔出（动态热插拔），方便用户连接。各种不同类型的USB设备使用相同的接口、相同的连接电缆（虽然硬件插孔和插头有A型和B型之分），通过集线器理论上可以连接多达127个USB设备。

2）支持多种传输速度，适用面广。USB总线具有3种传输速率：低速（Low Speed）1.5Mb/s、全速（Full Speed）12Mb/s和高速（High Speed）480Mb/s，其中只有USB 2.0版本才支持高速传输方式。多个传输速率满足不同工作速度的外部设备，例如键盘、鼠标等属于低速、低成本USB设备。高速的USB总线接口则能够更好地支持声频和视频的实时传输及大容量存储设备。

3）低功耗、低成本，占用系统资源少。USB总线包含＋5V电源，可以为USB设备提供基本的供电。USB设备处于待机状态可以自动启动省电功能来降低耗电量。USB是一种开放性的不具专利版权的工业标准，所以USB接口的软硬件虽然复杂，但它的组件和电缆都不贵，不会给主机和设备增加很高成本。例如，Intel作为USB的主要支持公司，其PC芯片组就具有USB功能。USB总线只占用相当于一个传统外设所需的资源（中断、DMA等），不需要主存和I/O地址空间。

USB总线还有许多优点，但也存在连接电缆较短（最长5米）、协议复杂等不足。

2. USB总线结构

USB系统是一个层次化星型结构（Tiered Star Topology），由主机（Host）、集线器（Hub）和功能（Function）设备组成，如图13-7所示。每个星型结构的中心是集线器，主机与集线器或功能设备之间，或者集线器与集线器或功能设备之间是点对点连接。主机处于最高层（根层），受时序限制，结构中最多有7层（包括根层），具有集线器和功能设备的组合设备占两个层次。

USB系统中只能有一个主机（在计算机主板上）。主机集成有主控制器和根集线器（Root Hub），集线器提供多个接入点连接USB设备。

USB设备包括集线器和功能设备。集线器是专门用于提供额外USB接入点的USB设备；功能设备是向系统提供特定功能的USB，如USB接口的鼠标、键盘、打印机、U盘、MP3播放器、摄像头等。

对于以PC作为USB主机的USB结构，PC是主设备，控制USB总线上所有的信息传输。由于集线器的作用，逻辑上每个USB设备都好像直接挂接在主机根集线器上。当有USB设备进行连接或拆除时，集线器将报告状态变化。当接入一个USB设备，主机查询集线器状态位，并通过端口找到和分配一个唯一的USB地址给它。当一个USB设备从集线器拆除，集线器向主机提供设备已拆除信息，然后由相应的USB系统软件来处理撤销。如果拆除一个集线器，USB系统软件将撤销该集线器及其连接的所有USB设备。

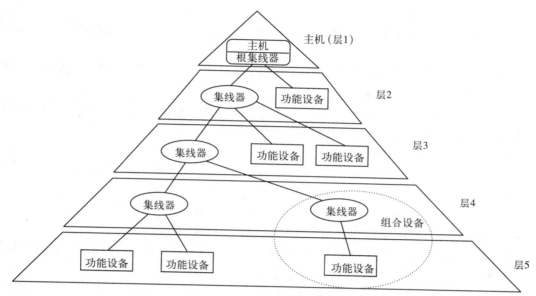

图13-7 USB总线结构

3. USB物理接口

USB采用4线电缆实现上行（Upstream）集线器、下行（Downstream）USB设备的点到点连接，USB允许使用不同长度的电缆，可达到若干米。其中D+和D−两根差分信号线用于传送串行数据，V_{BUS}和GND两根为下行设备提供电源。为了便于区别，这4条导线选用不同颜色：D+为绿色、D−为白色，是一对双绞数据线；V_{BUS}为红色、GND为黑色，是一对非双绞电源线。

发布于1996年的USB 1.0协议总线支持低速（1.5Mb/s）和全速（12Mb/s）数据传输速率，修订后的USB 1.1版本发布于1998年。2000年发布的USB 2.0版本还支持高速（480Mb/s）传输。USB 2.0主控制器和集线器可以将低速和全速的数据以高速在主控制器和集线器之间传输，同时保持集线器与设备的低速和全速速率不变。USB 2.0只是一个总线协议版本，并不代表USB 2.0设备一定具有高速（480Mb/s）数据传输率。

USB电缆通过电源线V_{BUS}和地线GND为直接相连的USB设备提供+5V电压、500mA电流的电源。USB设备可以完全依靠电缆提供电源，也可以具有自己的电源。

4. USB总线协议

USB总线对在总线上传输的信息格式、应答方式等均有规定，也就是总线协议。USB总线上的所有设备必须遵循这个协议进行操作。USB总线是一种以标志包为基础、采用查询方式的协议总线。

USB主机在逻辑上由USB主控制器、系统软件和客户软件构成。主控制器支持将USB设备连接到主机，系统软件控制主控制器与USB设备之间的正确通信，客户软件支持用户与USB外设通信。USB外设对应用户的不同需求，具有不同的功能。但对于主机来说，逻辑接口相同，只要遵循USB协议就可以完成主机与外设之间的数据传输。

USB总线协议主要包括USB总线的数据传输方式和USB包的格式。USB的数据传输有4种：

- **控制传输**：在USB设备初次安装时，USB系统软件使用控制传输方式设置USB设备参数、发送控制指令、查询状态等。

- 批量传输：对于需要传输大量数据的打印机、扫描仪等设备，可以使用批量传输方式连续传输一批数据。
- 中断传输：该方式传输的数据量很小，但需要及时处理，以保证实时性，主要用于键盘、鼠标等设备。
- 同步传输：该方式以稳定的速率发送和接收信息，保证数据的连续和及时，用于数据传输正确性要求不高而对实时性要求高的外设，例如麦克风、喇叭、电话等。

USB总线协议具有3类信息包（帧）：

- 标志包（Token）：所有的信息交换都以标志包为首部，标志传输操作的开始，由主机发出。
- 数据包（Data）：主机与设备之间以数据包形式传输数据。
- 应答包（Handshake）：设备使用应答包报告数据交换的状态。
- 特殊包（Special）：当主机希望以低速方式与低速设备通信时，需要先将一个特殊包作为开始包发送，然后才能与低速设备通信。

USB总线由硬件实现，但USB通信协议和数据传输主要依靠系统软件实现。尽管USB总线协议很复杂，但USB协议的相关文档可以从互联网上获得，开发商提供了各种处理USB通信细节的控制芯片。一些控制器是完整的微型计算机，一些功能以代码形式固化在硬件上，很多USB控制器建立在通用的结构上，例如Intel 8051微控制器。使用这些控制芯片，基于应用层开发USB产品，程序员不必考虑通信协议、驱动程序、自动配置过程和底层数据传输过程等，可以直接调用接口函数。如果为USB产品编写驱动程序，则需要更深入地学习USB总线协议等相关技术。

最后值得一提的是，在相同的时钟频率下，利用多条信号线并行传输的总线性能要高于利用单条信号线串行传输的总线性能，所以芯片级、主板级总线多采用并行总线，例如处理器总线、存储器总线、系统总线等。但是，随着总线工作频率提高，用于外部数据传输或者远距离通信的多条信号线之间相互干扰（串扰）非常严重，可靠性降低。所以，外部连接用的高性能总线越来越多地使用串行总线形式，而且相对来说硬件成本也更低。

例如，32位PC早期使用40芯扁平电缆的IDE（Intergrated Device Electronics）接口连接硬盘和光驱，后改进为增强型IDE（即EIDE）。IDE接口也常被称为ATA（Advanced Technology Attachment）接口。2003年，Ultra ATA/133接口的带宽是133MB/s，使用80芯扁平电缆（在原来40芯电缆基础上增加了40个地线用于消除串扰）。由于使用16位并行传输，IDE后被称为并行ATA接口，即PATA（Parallel ATA）。2002年，英特尔公司联合几大硬盘厂商共同制定了串行ATA标准，即SATA（Serial ATA），采用4芯电缆连接，其中只有一个数据线。SATA 1.0支持的最高带宽为150MB/s，SATA 2.0支持的最高带宽为300MB/s，SATA 3.0则支持到600MB/s数据传输率。

当然，由于信号线少，需要将并行数据串行化，逐位传送。而且，单一信号线上不仅要逐位传输数据本身，还需要逐位传送地址信息和控制信息，以及进行校验使得数据传输准确可靠等，所以串行总线通常要制定比较复杂的通信协议，利用通信协议规范数据格式、传输速率、同步方式等标准。

13.5 存储系统

实现存储功能的器件有半导体、磁盘、光盘等，它们各有特点，互相无法替代，需要相互配合形成完整的存储系统。

13.5.1 存储系统的层次结构

计算机的存储系统当然是容量越大越好，速度较快越好（存取时间越小越好），价格（成本）越低越好。但是，存储系统的这3个关键指标，对于当前制造工艺的存储器件来说却是相互矛盾的：

- 对于工作速度较快的存储器，如半导体存储器，它的单位价格却较高；
- 对于容量较大的存储器，如磁盘和光盘，虽然单位价格较低，但存取速度又较慢。

高性能计算机解决容量、速度和价格矛盾的方法，就是把几种存储器件结合起来，形成层次结构的存储系统，如图13-8所示。在这个容量和速度逐层增加的金字塔形结构中，单位价格（通常也称为每位成本）却是逐层减少。这个解决方案减少了高价存储器的用量，却能让大量的存储访问在高速存储器中进行，同时利用大容量的存储设备提供后备支持。

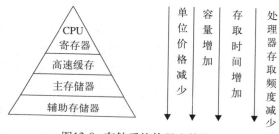

图13-8 存储系统的层次结构

1. 寄存器

寄存器是处理器内部的存储单元，与控制核心一体具有同样的工作速度。通常程序员看到的是能够通过程序控制的寄存器，即可编程寄存器，主要就是通用寄存器。例如，在IA-32处理器中只有8个整数通用寄存器、8个浮点寄存器和8个多媒体寄存器。由于IA-32处理器的通用寄存器较少，编程中需要频繁传送数据。现代处理器都设计有数量较多的通用寄存器，一般不少于32个，以编号（如R0，R1，…，R31）区别。通用寄存器数量较多，就可以将当前运算局限于处理器内部，避免采用相对较慢的存储器操作数。

处理器内部还有相当数量的寄存器不直接面向程序员，即所谓的透明（不可见）寄存器。例如，在IA-32处理器保护方式下需要频繁使用段寄存器指向的段描述符，其内部就有代码段、堆栈段、数据段、附加段等的段描述符寄存器。只要没有段间转移或调用就无须改变段描述符寄存器的内容；同样，如果程序使用同一个堆栈段和数据段，堆栈段基地址和数据段基地址就直接从处理器内部获得，不必访问主存。

2. 高速缓存

在简单的、性能要求不高的微机系统中不需要高速缓冲存储器（简称高速缓存，Cache）。但对于高速处理器来说，当前各种用作大容量主存的动态存储器DRAM芯片无法在速度上与之匹配。于是，就在主存与寄存器之间增加了高速缓存。高速缓存相对主存来说容量不大，使用静态存储器SRAM技术，完全用硬件实现了主存储器的速度提高。高速缓存对应用程序员来说是透明不可见的，无须关心，用户感受到的只是程序运行速度的提高。当然，系统程序员需要考虑有效地管理高速缓存，处理器也配合有相关的指令。

高速缓存原来特指主存层次之上的存储器，有时也泛指提高慢速存储部件的高速器件（用于平衡两个模块或系统之间数据传输的速度差别）。

<h3>3. 主存储器</h3>

计算机需要主存储器（简称主存）存放当前运行的程序和数据。主存采用半导体存储器构成，通常与处理器设计在同一个主板上，在机箱内部，故也称内存。

主存需要分成只读存储器ROM区域和可以随机读写的存储器RAM区域。ROM区域存放开机后执行的启动程序、固定数据等，控制类专用微机的ROM区域还会有监控程序，甚至操作系统和应用程序；因为半导体ROM的内容通常不被改变，断电后内容不消失。半导体RAM断电后信息会丢失，启动后需要从辅助存储器调入，用于存放操作系统、应用程序以及涉及的数据。大容量主存通常采用动态存储器DRAM芯片组成，例如32位PC当前支持4GB。控制类专用微机的RAM区域相对较小，也可以采用静态存储器SRAM芯片组成。

<h3>4. 辅助存储器</h3>

辅助存储器以磁记录或光记录方式，以磁盘或光盘形式存放可读可写或只读内容。读取磁盘或光盘需要相应的驱动设备，并以外设方式连接和访问，故也称外存。

PC主要采用硬盘作为辅助存储器，容量从最早的10MB一直到现在的500GB以上。软盘主要用于便携式存储器，现在逐渐被插于USB接口的U盘（使用半导体闪存构成）替代。光盘有CD-ROM和DVD-ROM等形式，标准容量分别是650MB和4.7GB。光盘驱动器可以方便地更换不同内容的光盘。光盘还可以构成光盘塔等形式，所以常作为大容量辅助存储器。

利用读写辅助存储器，操作系统可以在主存储器与辅助存储器之间以磁盘文件形式建立虚拟存储器（Virtual Memory）。它一方面可以加快辅助存储器的访问速度，另一方面为程序员提供了一个更大的存储空间，同时实现了存储保护等多种功能。

层次结构的存储系统是围绕主存储器组织的，高速缓冲存储器主要用于提高速度，而虚拟存储器主要用于扩大容量。

<h3>5. 局部性原理</h3>

各种特性的存储器件互相折中形成的存储系统之所以具有出色的效率，来源于存储器访问的局部性原理（Locality of Reference）。由于程序和数据一般都连续存储，所以处理器访问存储器时，无论是读取指令还是存取数据，所访问的存储单元在一段时间内都趋向于一个较小的连续区域。存储访问的局部性原理有两方面的含义：一是空间局部（Spatial Locality）——紧邻被访问单元的地址也将被访问，因为很多情况下程序顺序执行、集中于某个循环或模块执行，变量，尤其是数组等数据也被集中保存；另一方面含义是时间局部（Temporal Locality）——刚被访问的单元很快将再次被访问，例如重复执行的循环体、反复运算的变量等。这样，程序运行过程中，绝大多数情况都能够直接从快速的存储器中获取指令和读写数据；当需要从慢速的下层存储器获取指令或数据时，每次都将一个程序段或一个较大数据块读入上层存储器，后续操作就可以直接访问快速的上层存储器。

存储系统依据局部性原理构建。所以，程序员应该意识到，具有良好局部性的程序其性能将高于不遵循局部性原理的程序。

<h2>13.5.2　高速缓冲存储器</h2>

高速缓存Cache是在相对容量较大而速度较慢的主存DRAM与高速CPU之间设置的少量但

快速的由SRAM组成的存储器，如图13-9所示。Cache中复制着主存的部分内容（通常是最近使用的信息）。当CPU试图读取主存的某个字时，Cache控制器首先检查Cache中是否已包含有这个字。若有，则CPU直接读取Cache而不必访问主存，这种情况称为高速命中（Hit）；若无，则CPU读取主存中包含此字的一个数据块，将此字送入CPU，同时将此数据块传送到Cache，这种情况称为高速未命中（Miss）。由于访问的局部性原理，不久的将来CPU要存取的字很有可能就是这个数据块中的其他字，那时，CPU就可以高速命中，从而减少访问主存的次数，加快存取速度。

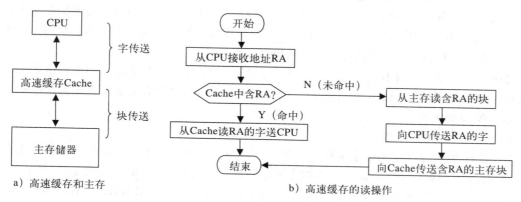

图13-9　高速缓冲存储器的数据传送

　　CPU执行指令时以字为单位访问操作数，但高速缓存与主存间的数据传送以数据块为单位（例如32字节）。高速缓存采用大小相同的数据块为基本单位，被称为一个Cache行（线（Line）或槽（Slot））。每次操作都是主存中的一个块存取到高速缓存中的某个行。

1. 高速缓存的数量

　　最初引入高速缓存时，系统只使用一个高速缓存。现在，高性能处理器普遍使用多个高速缓存。

（1）单级与多级高速缓存

　　80386时代的PC只能在主板上使用单级高速缓存。由于器件集成度的提高，在制作处理器的同一个芯片上可以集成高速缓存，这就是处理器芯片上的高速缓存。使用片上（On-chip，或者说内部）高速缓存可以减少处理器外部总线的活动，加速执行时间，进而提高整个系统的性能。80486在处理器芯片中集成了8KB的片上高速缓存。

　　简单地增加片上高速缓存容量并不意味着整个高速缓存系统的访问速度就提高了。于是，存储系统在原来容量较小的片上，即第1级高速缓存（L1 Cache）基础上，又加入了第2级高速缓存（L2 Cache）。较大容量的L2 Cache可以进一步减少处理器访问主存的次数，提高系统性能。80486和Pentium时代的PC支持主板上的第2级高速缓存，容量是128MB或256MB。Pentium II开始将第2级高速缓存也制作在处理器芯片上，Pentium 4处理器还支持更大容量的第3级高速缓存。

（2）统一与分离高速缓存

　　在片上高速缓存刚出现时，一般采用单个高速缓存，既用于高速缓冲保存指令，也用于保存数据，这就是统一（Unified）高速缓存结构。现在，通常将高速缓存分成两个：一个专用于缓冲指令（I-Cache），而另一个专用于缓冲数据（D-Cache），这就是分离（Split）高速缓存结构。

统一高速缓存结构由于设计和实现上较容易，所以最先采用。相对于同容量的分离高速缓存结构来说，统一Cache因为可以自动调整缓冲指令和数据的数量，所以具有较高的命中率。例如，一个程序执行涉及更多的指令，则统一Cache可以主要缓冲指令；另一个程序执行需要大量的数据，则统一Cache可以主要缓冲数据。这是统一Cache的主要优点。80486处理器的片上高速缓存就是采用统一高速缓存结构，第2级和第3级高速缓存也都采用统一高速缓存结构。

分离Cache的优点主要体现在采用超标量技术的处理器中。对于像Pentium以后的Intel处理器都采用了多条可以同时执行的流水线部件，第1级高速缓存都采用分离高速缓存结构。分离Cache使多个执行部件可以同时预取指令和存取操作数，极大地减少了因为指令的并行执行带来的预取指令和存取操作数的冲突，因而提高了性能。

这种数据和指令分开存储在各自存储器上的思想在主存中也有使用。例如，Intel公司的单片处理器MCS-48/51/96系列就是这样。这种指令与数据分离的存储器系统被称为哈佛结构（Harvard Architecture）。

2. 高速缓存的地址映射

由于高速缓存的行数远小于主存的数据块数，所以必须采用地址映射的方法确定主存块与Cache行之间的对应关系，以及主存块是否已存入高速缓存。Cache通过地址映射确定一个主存块应放到哪个Cache行组中。地址映射的方式决定了Cache的组织形式。共有3种映射方式：直接、全相关和组相关。

（1）直接映射（Direct Mapping）

它将每个主存块固定地映射到某个Cache行，其优点是硬件简单、易于实现，但容易发生冲突，利用率较低。

（2）全相关映射（Full Associative Mapping）

它可以将一个主存块存储到任意一个Cache行，为系统提供了最大的灵活性，利用率高，但实现电路比较复杂。

（3）组相关映射（Set Associative Mapping）

它以多个Cache行为一组，组内各行采用全相关映射，各个组间采用直接映射组合形成。通常采用2、4、8或16个Cache行为一组，称为2、4、8或16路组相关映射。所以，它有直接映射的简单和全相关映射的灵活，而克服了两者的不足。

3. 替换算法

当一个新的主存块要进入Cache，但允许存储这个主存块的Cache行都已经被占用时，就产生了替换问题，即要解决这个新主存块替换掉哪一个原主存块。对于直接映射来说，这不成问题，因为只能替换唯一的一个Cache行，别无选择。对全相关映射和组相关映射，就需要选择替换算法，而且这种算法必须用硬件实现。

实际使用的是近期最少使用LRU算法，它选择最长时间未被使用的Cache行进行替换，能够较好地体现访问局部性原理，所以性能最好。

4. 写入策略

由于Cache的存在，被Cache缓冲的数据同时被保存在Cache和主存中。当程序对Cache进行了写入操作，Cache内容将变化。写入策略用于解决写入Cache时引起主存和Cache内容不一致性的问题。

（1）直写（Write Through）

直写Cache的写入策略简单、可靠而直观。它是指处理器对Cache写入的同时，将数据也写入到主存，这样来保证主存和Cache内容的一致。但由于每次对Cache的更新都要启动一次主存的写操作，因此外部总线操作频繁，有时工作速度会受到影响。

为了解决直写Cache的速度问题，可在Cache与主存间增加一级或多级缓冲器，形成更加实用的缓冲直写Cache。这时，处理器在写入Cache后，便可以执行下一个操作，不必等待数据写入主存；被写入Cache的数据同时进入缓冲器中，由缓冲器电路负责将数据写入主存（可与处理器并行操作）。

（2）回写（Write Back）

回写Cache在每个Cache行的标签存储器中增加一个更新位UPDATE，当处理器更新Cache时，并不立刻写入主存，而是使该行的更新位UPDATE = 1，表示Cache该行中数据已经修改但相应主存块并没有修改。随后，处理器对该行同一个或其他字写操作时，也同样处理，没有写入主存。只有当另一个主存块需要被高速缓存到该Cache行产生替换时，在确认更新位为1后，才进行一次回写主存的操作，当然同时也应该使此时的更新位清零，即UPDATE = 0。

回写Cache只有在行替换时才可能写入主存，写入主存的次数会少于处理器实际执行的写入操作数。回写Cache的性能要高于直写Cache，但实现结构比较复杂。

13.5.3　虚拟存储管理

虚拟存储器是为满足用户对存储空间不断扩大的要求而提出来的。虚拟存储地址是一种概念性的逻辑地址，并非是实际空间地址。虚拟存储系统是在主存和辅存之间，通过存储管理单元（MMU）进行虚地址和实地址的自动变换而实现的，对应用程序是透明的。

1. 段式存储管理

分段是存储管理的一种方式，同时也为保护提供了基础。段用于封闭具有共同属性的存储区域。例如，一个程序的代码应包含在一个段中，一个系统表应该驻留在一个段中，而不同任务的数据或程序应该在不同的段中。

保护方式下，32位80x86支持段式存储管理。每个逻辑段可以达到4GB，具有32位地址。程序使用的逻辑地址（Logical Address）由两部分组成：32位的段基地址和32位的段内偏移地址。

保护方式下，每个段的段基地址、段长度的界限和相应的属性用一个由8字节组成的描述符存放。程序中各个段的描述符集中在一起形成描述符表，存于存储器的某个区域。保护方式下的段寄存器被称为段选择器，仍为16位，其中存放的是寻址描述符表的参数。于是，CPU通过段选择器从描述符表中取出相应的描述符，就找到了此段的32位段地址，与32位偏移地址相加便形成了32位线性地址（Linear Address），如图13-10所示。如果不采用页式存储管理，则线性地址就是物理地址（Physical Address）。

为了加快段描述符的存取速度，处理器内部对应每个段寄存器设置有段描述符高速缓存器。每当把一个选择器装入段寄存器时，这个选择器指向的描述符就自动加载到相应的段描述符缓冲器中。以后对该段的访问，就可以直接利用缓冲器内的段描述符。

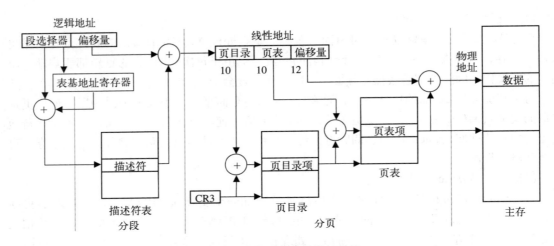

图13-10　段页式存储地址转换

2. 页式存储管理

分页是另一种虚拟存储管理方式。与把模块化的程序和数据分成可变的若干段的分段方式不同，分页方式将程序分成为若干个大小相同的页，各页与程序的逻辑结构没有直接的关系，一个页只是程序或数据模块的一部分。

32位80x86通过2级查表来实现32位线性地址$A_{31} \sim A_0$转换为32位物理地址。

1）在CR3寄存器中包含着当前任务的页目录的起始地址，将其加上线性地址最高10位$A_{31} \sim A_{22}$确定的页目录项的偏移量，便访问到指定的页目录项。

2）在此页目录项中包含着指向的页表的起始地址，将其加上线性地址中间的10位$A_{21} \sim A_{12}$确定的页表项的偏移量，便访问到指定的页表项。

3）在此页表项中包含着要访问的页面的起始地址，将其加上线性地址最低12位$A_{11} \sim A_0$的偏移量，就从这一页中访问到所寻址的物理单元。

进行页式存储管理的地址转换过程中，需要频繁访问页目录和页表。为了加快存取速度，处理器设置有一个最近存取页面的页表项的高速缓冲器。这个高速缓冲器称为转换后备缓冲器（Translation Lookaside Buffer，TLB），它自动保持着处理器最常使用的页表项。

实际的分页操作将首先比较TLB中的页表项。如果页表项在TLB中，就直接得到了页面的基地址；如果页表项不在TLB中，则处理器将进行如上所述的2级查表过程。同时，从页表中读到的高20位线性地址被存入TLB中，以便以后存取。

微处理器既采用段式存储管理又采用页式存储管理，就是段页式存储管理方式。

13.6　处理器性能提高技术

随着计算机的广泛应用，人们对计算机性能的要求越来越高。伴随着集成电路制造工艺的发展和处理器结构的改进，计算机性能逐步得到提高。本小节以80x86微处理器为例，简介这些主要革新技术。

13.6.1　精简指令集计算机技术

精简指令集计算机技术虽起源于20世纪70年代初期，但已经广泛应用。最新开发的处理器芯片，包括通用CPU、嵌入式控制器（单片机）、数字信号处理器（DSP芯片），普遍采用了精简指令集计算机设计思想。

1. 复杂指令集和精简指令集

指令系统是计算机软件和硬件的接口。传统处理器的指令系统含有功能强大但复杂的指令，所有指令的机器代码长短不一，而且指令条数很多，通常都在300条以上。这就是复杂指令集计算机（Complex Instruction Set Computer，CISC）。

复杂指令集计算机的指令系统丰富，程序设计方便，程序短小且执行性能高。功能强大的指令系统能使高级语言同机器指令间的语义差别缩小，使编译简单。这些都是CISC的优势，也是它能够长期生存并广泛应用的原因。但是庞大的指令系统和功能强大的复杂指令使处理器硬件复杂，也使微程序加大，更主要的是指令代码和执行时间长短不一，不易使用先进的流水线技术，导致其执行速度和性能难以进一步提高。

统计分析表明，计算机大部分时间是在执行简单指令，复杂指令的使用频度比较低。对一个CISC结构的指令系统而言，只有约20%的指令被经常使用，其使用量约占整个程序的80%；而该指令系统中大约80%的指令却很少使用，其使用量仅占整个程序的20%，而且使用频度较高的指令通常是那些简单指令。

于是产生了这样的想法：设计一种指令系统很简单的计算机，它只有少数简单、常用的指令。指令简单可以使处理器的硬件也简单，能够比较方便地实现优化，使每个时钟周期完成一条指令的执行，并提高时钟频率，这样使整个系统的总性能达到很高，有可能超过指令庞大复杂的计算机。这就是精简指令集计算机（Reduced Instruction Set Computer，RISC）。它相对传统的CISC而言，是处理器结构上的一次重大革新。

许多年来，计算机的组织与结构都是朝着增加处理器复杂性方向发展的：更多的指令，更多的寻址方式，更多的专用寄存器等等。RISC计算机挣脱了这种思想，从另一个角度认识问题，朝着简单化方向发展，提高了计算机性能。那么，究竟是CISC好，还是RISC性能更优？这就是曾经存在的"RISC与CISC之争"。不少研究人员对这个问题进行了探讨，试图比较两者的优劣，然而比较的结果并不明确。现在，人们逐渐认识到RISC可以包含CISC结构特点以增强性能，而CISC同样可以加入RISC特点增强性能。

IA-32处理器从Intel 80486开始借鉴RISC思想。Intel 80486将常用指令改用硬件逻辑直接实现，设计了5级指令流水线，芯片上集成了L1 Cache和FPU，对于常用的简单指令可以一个时钟周期执行完成。Pentium采用通常只有RISC中才具有的超标量结构，单独设计了一条只执行简单指令的V流水线，将L1 Cache扩大，还使浮点指令也纳入指令流水线中。Pentium Pro及以后的IA-32处理器在译码阶段将复杂指令分解成非常简单的微代码，后续阶段就按照RISC思想进行设计和实现。这样，既保持了Intel 80x86处理器的兼容性，又提高了它的运行速度。可以说，Pentium Pro及以后的IA-32处理器的核心就是一个RISC处理器，只是比纯RISC处理器多了一个CISC到RISC的译码器。

2. RISC技术的主要特点

精简指令集计算机从简单性出发，形成了一些比较明显的共同特点。

（1）指令条数较少

RISC的思想是非常明确的，那就是"简单"。这首先必须减少处理器的指令条数。RISC

的指令系统由最常使用（使用频度较高）的简单指令组成，现在也根据需要增加了一些富有特色的指令，例如多媒体指令等。

（2）寻址方式简单

RISC的数据寻址方式很少，一般少于5种。除基本的立即数寻址和寄存器寻址外，访问存储器只采用简单的直接寻址、寄存器间接寻址或相对寻址，复杂的寻址方式可以用简单寻址方式在软件中合成。

（3）面向寄存器操作

传统的CISC中，为了提高所谓的"存储效率"设置了很多存储器操作指令。然而，处理器每次与存储器交换数据，都有可能存取较慢速的主存系统；所以，功能较强的存储器访问指令的实际执行性能可能很低。

RISC处理器内部设置了较多的通用寄存器（通常在32个以上），使多数操作（算术逻辑运算）都在寄存器与寄存器之间进行，只有"载入Load"和"存储Store"指令访问存储器。或者说，访问存储器只能通过Load和Store指令实现。所以RISC处理器也常称为Load-Store结构。

（4）指令格式规整

RISC处理器的指令格式一般只有一种或很少的几种，指令（机器代码）长度也是固定的，典型为4字节。固定指令的各个字段，尤其是操作码字段，可以使得译码操作码和存取寄存器操作数同时进行。

（5）单周期执行

RISC中指令条数少、寻址简单、指令格式固定，所以其指令译码和执行部件较容易实现；因此，可以放弃微程序执行指令方法，而直接用硬布线逻辑电路实现，以提高指令执行速度。这些都保证了RISC可以用一个周期完成一条指令的执行。

（6）先进的流水线技术

RISC指令系统的简单性，使其非常适合采用指令流水线增强性能，同时流水线技术也是保证RISC指令能在一个时钟周期内执行完成的关键之一。

在现代的RISC结构处理器中，往往将流水线的步骤（阶段）划分得更多，并加倍内部时钟频率，使紧接着的2个步骤可以重叠一部分执行，使得每个时钟可以完成多条指令的执行，进而提高指令流水线的性能。这就是所谓的超级流水线（Superpipelining）技术。

此外，RISC处理器还普遍采用超标量结构，在处理器内部设置多个相互独立的执行单元，使得一个周期可以同时执行多条指令，每个时钟周期能够完成多条指令。

（7）编译器优化

RISC需要用多条简单指令实现复杂指令的功能，为了更好地支持高级语言，就应该优化编译程序，把复杂性推给编译程序。再如，算术、逻辑运算等指令不使用存储器操作数，所有操作数都在通用寄存器中，大数量的通用寄存器也便于编译程序进行优化。所以，运行在RISC上的编译程序需要进行优化，这给编译程序的开发提出了较高的要求。

（8）其他

RISC结构一般还具有一些其他特点。例如，由于RISC的简单，使得其研制开发相对容易，能将宝贵的芯片有效面积用于最频繁使用的功能上，还能在芯片上集成高速缓存Cache和浮点处理单元FPU等功能部件。

13.6.2　指令级并行技术

指令是处理器执行的基本单位，多个指令之间可能存在某种依赖关系，但也存在很多没有依赖关系的情况。没有相关性的多个指令可以同时执行，存在相关性的多个指令如果消除相关性，也可以同时执行。所以，处理器需要发掘指令之间的并行执行能力，也就是提高处理器内部操作的并行程度，这被称为指令级并行（Instruction-Level Parallelism，ILP）。

1. 指令流水线技术

指令流水线（Instruction Pipelining）技术是一种多条指令重叠执行的处理器实现技术，是提高处理器执行速度的一个关键技术。

指令流水线的思想类似于现代化工厂的生产（装配）流水线。在工厂的生产流水线上，把生产某个产品的过程分解成若干个工序，每个工序用同样的单位时间在各自的工位上完成各自工序的工作。各个工序连接起来就像流水用的管道（Pipe）。这样，若干个产品可以在不同的工序上同时被装配，每个单位时间都能完成一个产品的装配，生产出一个成品。虽然完成一个产品的时间并没有因此减少，但是单位时间内的成品流出率却大大提高了。

指令的执行过程也可以像现代化生产的流水线一样分解成多个步骤（Step），或者说阶段（Stage）。在简单的情况下，可以将指令执行过程分成读取（Fetch）指令和执行（Execute）指令2个步骤。在执行指令时，可以利用处理器不使用存储器的时间读取指令，实现这2个步骤的并行操作，这就是所谓的"指令预取"。指令预取实际上在8086中已经采用，这可以说是最简单的指令流水线。

CPU中执行指令的过程还可以分解成"译码"和"执行"阶段，这就是所谓的处理器"取指-译码-执行"的指令周期。为了充分利用流水线思想，可以将指令的执行进一步分解，例如80486将整数指令分解为如下5个步骤（阶段），每个步骤一般需要一个时钟周期。

1）PF步骤——指令预取（Prefetch）。CPU从高速缓存读取一个Cache行（16字节），平均包括5条指令。80486具有32字节的预取指令队列。所以，多数指令可以不需要这个步骤。

2）D1步骤——指令译码1（Decode Stage 1）。指令译码分成了两个步骤，D1步骤对所有操作码和寻址方式信息进行译码。由于所需信息（包括指令长度信息）都在一条指令的前3个字节中，所以最多可以有3字节从预取指令队列传送到D1单元。然后，D1步骤指导D2步骤获取指令的其他字节（位移量和立即数）。

3）D2步骤——指令译码2（Decode Stage 2）。D2步骤将每个操作码扩展为ALU的控制信号，并进行较复杂的存储器地址计算。

4）EX步骤——指令执行（Execute）。EX步骤完成ALU操作和Cache存取。涉及存储器（包括转移指令）的指令在这个步骤存取Cache，在读高速命中时只需1个EX时钟周期就可以完成取数据操作。在ALU中执行运算的指令从寄存器读得数据，计算并锁定结果。

5）WB步骤——回写（Write Back）。WB步骤更新在EX步骤得到的寄存器数据和状态标志。如果需要改变存储器内容，则计算结果写入高速缓存，同时也写入总线接口单元的写缓冲器中。

按照传统的串行顺序执行方式，一条指令执行完成接着再开始执行下一条指令。如果每条指令都需要经过这5个步骤，每个步骤执行时间为一个单位时间（例如时钟周期），执行N条指令的时间是5N个单位时间。而如果把这5个步骤分别安排在5个互相独立的硬件处理单元中运行，一条指令在一个处理单元完成一个操作后进入下一个处理单元，下一条指令就可以进入这个处理单元进行操作，这样实现多条指令在流水线各个步骤中重叠执行、同时操作。在理想的流水线操作情况下，每个单位时间可以完成一条指令的执行，N条指令的运行时间是N＋4个单位时间，如图13-11所示。显然，采用指令流水线提高了处理器的指令执行速度。

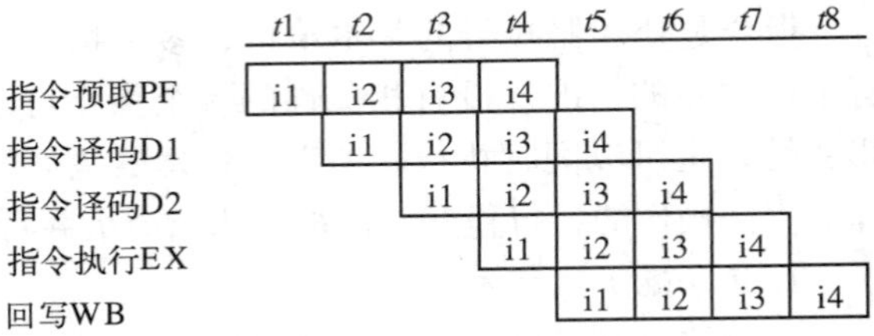

	$t1$	$t2$	$t3$	$t4$	$t5$	$t6$	$t7$	$t8$
指令预取PF	i1	i2	i3	i4				
指令译码D1		i1	i2	i3	i4			
指令译码D2			i1	i2	i3	i4		
指令执行EX				i1	i2	i3	i4	
回写WB					i1	i2	i3	i4

图13-11　80486的指令流水线

指令流水线技术实际上是把执行指令这个过程分解成多个子过程，执行指令的功能单元也设计成多个相应的处理单元，多个子过程在多个处理单元中并行操作，同时处理多条指令。流水线技术并没有减少每个指令的执行时间，但有助于减少整个程序（多条指令）的执行时间。指令流水线开始需要"填充时间"（Fill）才能让所有处理单元都处于操作状态，最后有一个"排空时间"（Drain）。流水线只有处理连续不断的指令才能发挥其效率，但是指令间的相关问题会导致流水线不总是理想状态。有许多技术用于解决这种流水线冲突，例如寄存器更名（Register Renaming）、分支预测（Branch Prediction）等。

2. 超标量技术

标量（Scalar）数据是指仅含一个数值的量。传统的处理器进行单值数据的标量操作，设计的是进行单个数值操作的标量指令，可以称之为标量处理器。超标量（Superscalar）一词是1987年提出的，它是指为提高标量指令的执行性能而设计的一种处理器。处理器采用超标量技术，是指它的多条指令可以同时启动，并相互独立地执行。这样，处理器采用多条（超）标量指令流水线，就可以实现一个时钟周期完成多条指令的执行，大大提高指令流水线的指令流出（完成）率，实现了处理器性能的提高。

Pentium处理器采用超标量技术，设计了2个可以并行操作的执行单元，形成了两条指令流水线。这是Pentium处理器最大的结构更新。Pentium的超标量整数指令流水线的各个阶段类似80486，仍分成了5个步骤，但是其后3个步骤可以在它的2个流水线（U流水线和V流水线）同时进行，如图13-12所示。

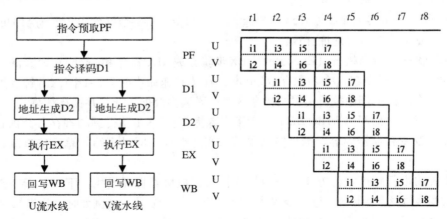

图13-12　Pentium的超标量指令流水线

　　相对80486来说，Pentium设计了两条存储器地址生成（指令译码2）、执行和回写流水线，其指令预取PF和指令译码D1步骤可以并行取出、译码两条简单指令，然后分别发向U和V流水线。这样，在一定条件下，Pentium允许在一个时钟周期中执行完两条指令。

　　3. 动态执行技术

　　动态执行是P6微结构（Pentium Pro、Pentium II和Pentium III）、NetBurst微结构（Pentium 4）和Core微结构（酷睿系列）的IA-32处理器中为提高并行处理指令能力所采用的一系列技术的总称，如寄存器更名、乱序执行、分支预测、推测执行等。寄存器更名用于解决操作数之间的假数据相关；在指令间无相关性的情况下，指令的实际执行可以不按指令的原始顺序，而是乱序执行；分支预测判断程序的执行方向，并沿预测的分支方向执行指令，此时产生的是推测执行的结果；乱序和推测执行的临时结果暂存起来，并最终按照指令顺序输出执行结果，以保证程序执行的正确性。

　　Pentium处理器采用两个执令流水线来获得超标量性能，P6和NetBurst微结构运用3路超标量提高性能，Core微结构则使用4路超标量。Pentium 4处理器基于NetBurst微结构，其流水线主要也由三部分组成：顺序前端、乱序执行核心、顺序退出，其框图参见图13-13。

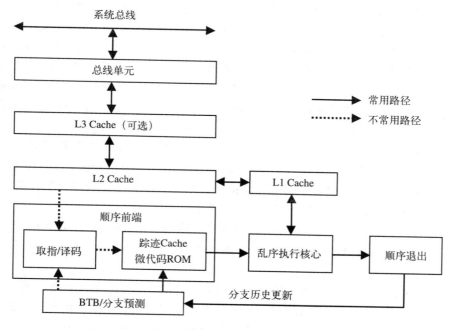

图13-13　NetBurst微结构框图

　　1）顺序前端负责读取指令，并将IA-32指令译码成为微操作，以原始程序顺序连续地向乱序执行核心提供微操作代码流。

　　NetBurst微结构的一个特色是将L1指令Cache改进为执行踪迹Cache（Execution Trace Cache）。不同于存储原始指令代码的指令Cache，踪迹Cache存储已译码指令，即微操作。存储已译码指令使得IA-32指令的译码从主要执行循环中分离出来。指令只被译码一次，并被放置于踪迹Cache，然后就像常规指令Cache一样重复使用。IA-32指令译码器只有在没有命中踪迹Cache时才需要从L2 Cache取得并译码新IA-32指令。其中复杂指令的译码由微代码ROM生成。

2）乱序执行核心抽取代码流的并行性，按照微操作需要以及执行资源的就绪情况，乱序调度和分派微操作的执行。执行过程中的操作数存取于L1数据Cache。

NetBurst微结构的另一个特色是快速执行引擎。这个快速执行引擎由若干执行单元组成，包括两个倍频整数ALU、一个复杂整数ALU、读取操作数和存储操作数地址生成单元、一个复杂浮点/多媒体执行单元、一个浮点/多媒体传送单元。

3）顺序退出部分将以乱序执行后的微操作以原来的程序顺序重新排序，退出流水线，最终完成指令执行，并据此更新状态。退出部分同时跟踪程序分支情况，更新分支目标缓冲器BTB的分支目标信息和分支历史。

13.6.3 线程级并行技术

高性能处理器在经历了CISC、RISC的发展过程之后，已经过渡到优化超标量和新型VLIW结构。但是超标量复杂的硬件电路和VLIW固有的技术特点都限制了进一步提高指令级并行的能力，发掘指令级并行（ILP）的时代似乎走到尽头，而从更高层次发掘线程级并行（Thread Level Parallelism，TLP）自然是下一步。在服务器应用程序、在线处理、Web服务甚至桌面应用程序中都包含可以并行执行的多个线程。

另外，功耗等问题也是提高处理器性能所面临的难题。虽然单处理器结构发展正在走向尽头的观点有些偏激，但现在确实转向了多处理器。英特尔公司放弃了更高时钟频率Pentium 4处理器的生产，转向多核处理器的研究和开发。同时，过去的十多年来，并行计算机软件也有了较大进展。这些都说明计算机系统结构的一个重大转折：从单纯依靠指令级并行转向开发线程级并行和数据级并行，多处理器系统已经成为重要和主流的技术。

进程（Process）是一个运行状态的程序实例，系统中可以有许多进程在运行，进程切换需要较多时间和资源。线程是进程内一个相对独立且可调度的执行单元，一个进程可以创建许多线程。线程只拥有运行过程中必不可少的一点资源，如程序计数器、寄存器、堆栈等。线程切换时只需保存和设置少量寄存器内容，开销很小。

实现线程级并行的处理器采用的典型技术有同时多线程（Simultaneous Multi-Threading，SMT）和单芯片多处理器（Chip Multi-Processors，CMP）。

1. 同时多线程技术

同时多线程技术通过复制处理器上的结构状态，让同一个处理器上的多线程同时执行并共享处理器的执行资源，可以将线程级并行转换为指令级并行，最大限度地提高部件的利用率。同时多线程技术最具吸引力的是，只需小规模改变处理器核心的设计，几乎不用增加额外的成本就可以显著地提升效能。超线程技术是同时多线程技术的一种，英特尔首先在其面向服务器的Xeon处理器上采用超线程技术。从3.06GHz的Pentium 4开始支持HT技术。

超线程技术为IA-32结构引入了同时多线程概念。它使一个物理处理器看似有两个逻辑处理器，每个逻辑处理器维持一套完整的结构状态，共享几乎物理处理器上所有执行资源。结构状态包括通用寄存器、控制寄存器、先进可编程中断控制器APIC和部分机器状态寄存器。执行资源有Cache、执行单元、分支预测器、控制逻辑、总线等。从软件角度看，这意味操作系统和用户程序像传统多处理器系统一样在逻辑处理器上调度线程或进程；从微结构角度看，这意味两个逻辑处理器的指令可以在共享的执行资源上同时保持和执行。

我们从Pentium 4的流水线结构讲述超线程技术的主要思想，参见图13-14，并注意对照图13-13理解。

1）流水线前端负责为后续阶段提供已译码指令，即微操作。指令通常来自执行踪迹Cache（TC），即L1指令Cache。只有踪迹Cache未命中时，才从L2 Cache读取指令并译码。邻近踪迹Cache的是微代码ROM（MS-ROM），它保存长指令和复杂指令的已译码指令。

这里有两套相互独立的指令指针跟踪着两个软件线程的执行过程。每个时钟周期，两个逻辑处理器都可以随机访问踪迹Cache。如果两个逻辑处理器同时需要访问踪迹Cache，则一个时钟给一个逻辑处理器，下一个时钟就给另一个逻辑处理器。如果一个逻辑处理器被阻塞或不能使用踪迹Cache，另一个可以在每个时钟周期利用踪迹Cache的全部带宽。微代码ROM由两个逻辑处理器共享，像踪迹Cache一样被交替使用。

踪迹Cache未命中，取指得到的指令字节就保存在每个逻辑处理器各有一套的队列缓冲器中。当两个线程同时需要译码指令时，队列缓冲器在两个线程之间交替，这样两个线程就可以共享同一个译码逻辑，当然，译码器必须保存两套译码指令所需的所有状态。

当微操作从踪迹Cache、微代码ROM取得或从译码逻辑传递过来之后，微操作被放置于微操作队列中。微操作队列使前端和乱序执行核心分离。它划分为两个区域，每个逻辑处理器占有一半。这样，不管前端还是执行阻塞，两个逻辑处理器都可以独立继续其处理过程。

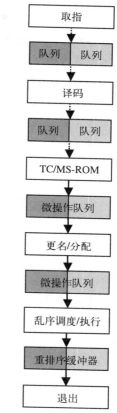

图13-14 Pentium 4 TH流水线

2）乱序执行核心由分配、更名、调度、执行等功能组成，它以尽量快的速度乱序执行指令，不关心原始程序顺序。

分配逻辑从微操作队列取出微操作，然后分配需要的缓冲器。部分关键缓冲器被分成两个区域，每个逻辑处理器最多使用其中一半。寄存器更名将IA-32寄存器转换为机器的物理寄存器，这将允许8个通用寄存器被动态扩展成128个物理寄存器。每个逻辑处理器都包含一个寄存器别名表（Register Alias Table，RAT）用于跟踪各自寄存器的使用情况。

微操作一旦完成分配和更名过程，就被放置于两套队列中。一套用于存储器操作，另一套用于其他操作。两套队列也同样划分成两个区域。每个时钟交替地从两个逻辑处理器的微操作队列取出微操作，并尽快送达调度器。调度器不区别微操作来自哪个逻辑处理器，只要该微操作的执行资源得到满足，就分派它去执行。

执行单元也不区别逻辑处理器，微操作被执行后被置于重排序缓冲器。重排序缓冲器将执行阶段与退出阶段分离，它也被分区，每个逻辑处理器可以使用一半项目。

3）退出逻辑跟踪两个逻辑处理器可以退出的微操作，并在两个逻辑处理器之间交替以程序顺序退出微操作。如果一个逻辑处理器没有可以退出的微操作，另一个逻辑处理器就使用全部的退出带宽。

两个逻辑处理器保持各自状态，共享几乎所有执行资源，保证了以最小的花费实现超线程。同时超线程还保证即使一个逻辑处理器被阻塞或不活动时，另一个逻辑处理器能够继续处理，并使用全部处理能力。而这些目标的实现得益于有效的逻辑处理器选择算法、创建性的区域划分和许多关键资源的重组算法。

2. 单芯片多处理器技术

实现线程级并行的另一个方式是单芯片多处理器技术，它是在一个芯片上制作多个处理器，而不是在一个处理器中仅复制结构状态，形成逻辑上的多处理器。

指令流水线让处理器重叠执行多条指令，超标量处理器利用多条指令流水线同时执行多条指令，多处理器（Multiprocessor）系统则使用多个处理器并行执行多个进程或线程。多核（Multi-core）技术将多个处理器核心集成在一个半导体芯片上构成多处理器系统。

多核技术在一个物理封装内制作了两个或多个处理器执行核心，使多个处理器耦合得更加紧密，同时共享系统总线、主存等资源，可以有效地执行多线程的应用程序。

英特尔多核处理器基于不同的微结构有多种形式。例如，Intel Pentium至尊版处理器是第一个引入多核技术的IA-32系列处理器，有两个物理处理器核心，每个处理器核心都包含超线程技术，共支持4个逻辑处理器，如图13-15a所示。Intel Pentium D处理器提供两个处理器核心，但不支持超线程技术，如图13-15b所示。这些是基于NetBurst微结构实现的多核技术。

Intel Core Duo处理器是基于Pentium M微结构的多核处理器。英特尔酷睿系列处理器才是基于Intel Core微结构的多核处理器，双核共享L2 Cache。例如Intel Core 2 Duo处理器支持双核，如图13-15c所示；Intel Core 2 Quad处理器则支持4核，如图13-15d所示。

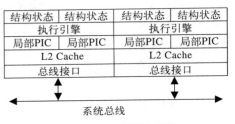

a）Pentium至尊版处理器

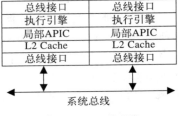

b）Pentium D处理器

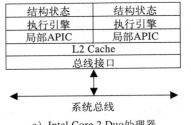

c）Intel Core 2 Duo处理器

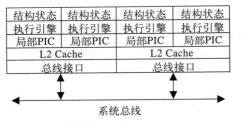

d）Intel Core 2 Quad处理器

图13-15　Intel多核结构

随着技术的发展和时间推移，多核技术必将集成更多个处理器核心，多核还会向众核（Many Core）发展。对于英特尔来说，多核到众核不仅仅是处理器核心的数量增加，主要的区别在于：多核技术的核心是相同的80x86处理器核心，而众核技术则是80x86处理器核心配合特定用途的核心。例如，英特尔酷睿i系列集成了图形处理器。

通过对处理器结构的深入了解，我们应该认识到现代IA-32处理器虽然与原80x86处理器在二进制代码上完全兼容；但是，如果要充分利用其特性，需要优化指令代码序列，程序才能具有更大的性能提高。随着处理器结构的不断发展，对软件开发者来说知道硬件是如何工作的也变得越来越重要。因为多数应用程序不是在汇编语言一级进行仔细的手工编码，所以优化高级语言的编译程序就非常重要。作为最终程序员，自然就要关心选用的编译器是否对被编译的程序进行了优化处理，因为它关系到所生成的应用程序的执行效率。

在过去30年里，处理器设计通过提高时钟频率、优化执行指令流和加大高速缓存容量等方法提高处理器性能。随着处理器性能的提高，软件程序不用改进就可以获得执行性能的提高，软件开发人员自然享受着这道免费"性能午餐"。当然，如果软件能够针对处理器特性进行优化，会获得更多的性能提升。

然而，近年来新一代处理器的性能提高主要依赖超线程、多核和高速缓存等技术。虽然由于高速缓存等技术的应用，这道"性能午餐"还会提供，但不再完成免费，因为当前的大多数应用程序并不能直接从超线程和多核技术当中获益。多线程技术将迫使软件开发人员改进其单线程的、串行执行的程序，并行性程序设计也许是自面向对象程序设计以来又一个革新。高性能程序设计也越来越需要软件开发人员了解处理器硬件结构。

习题

13.1　IA-32是指_____，与其兼容的64位指令集结构，被称为_____。它们的指令系统除有通用整数指令外，还包括_____和多媒体指令。

13.2　IA-32处理器如何将16位通用寄存器扩展为32位，同时又保持兼容？

13.3　什么是IA-32处理器的实地址方式、保护方式和虚拟8086方式？它们分别使用哪种存储模型？

13.4　在以BP、EBP、ESP作为基址寄存器访问存储器操作数时，其默认的段寄存器是_____；但是，通常ESP作为_____，不应该将它用于其他目的。

13.5　解释下列指令如何计算存储器操作数的单元地址：

(1) `sub eax,ddata`

(2) `push dword ptr [ebx]`

(3) `mov edx,[ebp+16]`

(4) `and wdata[eax+ebx],cx`

(5) `add [ebx+8*ecx],al`

13.6　简答下列问题：

(1) ADD ECX, AX指令错在哪里？

(2) INC [EBX]指令错在哪里？

(3) MOV AX, [EBX+ECX]指令正确吗？

(4) 32位80x86 CPU的Jcc指令的转移范围可有多大？

(5) 如何让汇编程序识别80386指令？

13.7　假设ARRAY是定义了若干16位整数的一个变量，阅读如下程序，为每条指令加上注释，并说明该过程的功能。

```
sum16                    proc
```

```
                    mov ebx,offset array
                    mov ecx,3
                    mov ax,[ebx+2*ecx]
                    mov ecx,5
                    add ax,[ebx+2*ecx]
                    mov ecx,7
                    add ax,[ebx+2*ecx]
                    ret
    sum16           endp
```

13.8 已知BF600000H是一个单精度规格化浮点格式数据，它表达的实数是什么？

13.9 实数真值28.75如果用单精度规格化浮点数据格式表达，其编码是什么？

13.10 利用32位扩展指令编写运行在DOS环境的源程序，应该注意哪些方面的问题？

13.11 什么是紧缩数据类型？IA-32处理器支持哪些紧缩数据格式？为什么称多媒体指令为SIMD指令？

13.12 编写一个十进制显示子程序，用在例13.1中将排序后的数据显示出来。

13.13 Pentium的3个最基本的读写控制引脚是 M/$\overline{\text{IO}}$ 、_____和_____。USB总线理论上最多能够连接_____个USB设备，USB 2.0支持低速_____、全速_____和高速480Mb/s三种速率。

13.14 32位PC为什么采用多级总线结构，而不是单总线结构？

13.15 简述USB总线的主要特征。

13.16 在层次结构的存储系统中，高速缓存、主存和辅存的作用各是什么？虚拟存储器指的是什么？

13.17 什么是存储访问的局部性原理？它又分成哪两种局部性？

13.18 说明在32位保护方式下，通过段页式存储管理寻址一个操作数的过程。

13.19 简单说明如下名词（概念）的含义：

(1) L1 Cache和L2 Cache   (2) RISC和CISC
(3) 指令预取   (4) 指令流水线
(5) 超标量技术   (6) 动态执行技术
(7) 指令级并行   (8) 线程级并行
(9) 超线程技术   (10) 多核技术

13.20 选择微机某个方面，例如微处理器芯片、主板组成、总线结构、控制芯片组等，追踪其技术发展，搜集其最新资料，写一篇新技术发展的论文。

附录A 调试程序DEBUG的使用方法

DEBUG.EXE是DOS提供的汇编语言级的可执行程序调试工具。

A.1 DEBUG程序的调用

在DOS的提示符下，可键入DEBUG启动调试程序：

DEBUG [文件名] [参数1] [参数2]

DEBUG后可以不带文件名，仅运行DEBUG程序；需要时，再用N和L命令调入被调试程序。命令中可以带有被调试程序的文件名，运行DEBUG的同时，还将指定的程序调入主存；参数1和参数2是被调试程序所需要的参数。

在DEBUG程序调入后，根据有无被调试程序及其类型相应设置寄存器组的内容，发出DEBUG的提示符"−"，此时就可用DEBUG命令来调试程序。

- 运行DEBUG程序时，如果不带被调试程序，则所有段寄存器值相等，都指向当前可用的主存段；除SP之外的通用寄存器都设置为0，而SP指向这个段的尾部指示当前堆栈顶；IP = 0100H；状态标志都是清0状态。
- 运行DEBUG程序时，如果带入的被调试程序扩展名不是.EXE，则BX和CX包含被调试文件大小的字节数（BX为高16位），其他与不带被调试程序的情况相同。
- 运行DEBUG程序时，如果带入的被调试程序扩展名是.EXE，则需要重新定位。此时，CS:IP和SS:SP根据被调试程序确定，分别指向代码段和堆栈段。DS＝ES指向当前可用的主存段，BX和CX包含被调试文件大小的字节数（BX为高16位），其他通用寄存器为0，状态标志都是清0状态。

A.2 DEBUG命令的格式

DEBUG的命令都是一个字母，后跟一个或多个参数：字母 [参数]。

使用命令的注意事项：

1）字母不分大小写。

2）只使用十六进制数，没有后缀字母。

3）分隔符（空格或逗号）只在两个数值之间是必需的，命令和参数间可无分隔符。

4）每个命令只有按了回车键后才有效，可以用Ctrl＋Break中止命令的执行。

5）命令如果不符合DEBUG的规则，则将以"error"提示，并用"^"指示错误位置。

许多命令的参数是主存逻辑地址，形式是"段基地址：偏移地址"。其中，段基地址可以是段寄存器或数值；偏移地址是数值。如果不输入段基地址，则采用默认值，可以是默认段寄存器值。如果没有提供偏移地址，则通常就是当前偏移地址。

对主存操作的命令还支持地址范围这种参数，其形式是"开始地址 结束地址"（结束地址不能具有段基地址），或者是"开始地址L字节长度"。

A.3　DEBUG的命令

（1）显示命令D

D（Dump）命令显示主存单元的内容，其格式如下（注意分号后的部分用于解释命令功能，不是命令本身，下同）：

```
D [地址]      ;显示当前或指定开始地址的主存内容
D [范围]      ;显示指定范围的主存内容
```

显示内容的左边部分是主存逻辑地址，中间是连续16个字节的主存内容（十六进制数，以字节为单位），右边部分是这16个字节内容的ASCII字符显示，不可显示字符用点"."表示。一个D命令仅显示"8行×16个字节"（80列显示模式）内容。

（2）修改命令E

E（Enter）命令用于修改主存内容，它有两种格式：

```
E 地址               ;格式1，修改指定地址的内容
E 地址  数据表        ;格式2，用数据表的数据修改指定地址的内容
```

格式1是逐个单元相继修改的方法。例如，键入"E DS:100"，DEBUG显示原来内容，用户可以直接输入新数据，然后按空格键显示下一个单元的内容，或者按"－"键显示上一个单元的内容；不需要修改可以直接按空格或"－"键；这样，用户可以不断修改相继单元的内容，直到用回车键结束该命令为止。格式2可以一次修改多个单元。

（3）填充命令F

F（Fill）命令用于对一个主存区域填写内容，同时改写原来的内容，其格式为：

```
F 范围  数据表
```

该命令用数据表的数据写入指定范围的主存。如果数据个数超过指定的范围，则忽略多出的项；如果数据个数小于指定的范围，则重复使用这些数据，直到填满指定范围。

（4）寄存器命令R

R（Register）命令用于显示和修改寄存器，有三种格式。

```
R                   ;格式1，显示所有寄存器内容和标志位状态
```

显示内容中，前两行给出所有寄存器的值，包括各个标志状态。最后一行给出了当前CS：IP处的指令；如果涉及存储器操作数，这一行的最后还给出相应单元的内容。

```
R 寄存器名     ;格式2，显示和修改指定寄存器
```

例如，键入"R AX"，DEBUG给出当前AX内容，冒号后用于输入新数据，如不修改，则按Enter键。

```
RF              ;格式3，显示和修改标志位
```

DEBUG将显示当前各个标志位的状态。显示的符号及其状态如表A-1所示，用户只要输入这些符号就可以修改对应的标志状态，键入的顺序可以任意。

表A-1　标志状态的表示符号

标志	置位符号	复位符号
溢出OF	OV	NV
方向DF	DN	UP
中断IF	EI	DI

（续）

标志	置位符号	复位符号
符号SF	NG	PL
零位ZF	ZR	NZ
辅助AF	AC	NA
奇偶PF	PE	PO
进位CF	CY	NC

（5）汇编命令A

A（Assemble）命令用于将后续输入的汇编语言指令翻译成指令代码，其格式如下：

A [地址]　　　;从指定地址开始汇编指令

A命令中如果没有指定地址，则接着上一个A命令的最后一个单元开始；若还没有使用过A命令，则从当前CS:IP开始。输入A命令后，就可以输入8088/8086和8087指令，DEBUG将它们汇编成机器代码，相继地存放在指定地址开始的存储区中，记住最后要输入一个回车结束A命令。进行汇编的步骤如下：

1）输入汇编命令A [地址]，按回车。DEBUG提示地址，等待你输入新指令。

2）输入汇编语言指令，按回车。

3）如上继续输入汇编语言指令，直到输入所有指令。

4）不输入内容就按回车，结束汇编，返回DEBUG的提示符状态。

A命令支持标准的8088/8086（和8087浮点）指令系统以及汇编语言语句基本格式，但要注意以下一些规则：

- 所有输入的数值都是十六进制数。
- 段超越指令需要在相应指令前，单独一行输入。
- 段间（远）返回的助记符要使用RETF。
- A命令也支持最常用的两个伪指令DB和DW。

（6）反汇编命令U

U（Unassemble）命令将指定地址的内容按8086和8087指令代码翻译成汇编语言指令形式。

U [地址]　　　;从指定地址开始，反汇编32个字节（80列显示模式）
U 范围　　　;对指定范围的主存内容进行反汇编

U命令中如果没有指定地址，则接着上一个U命令的最后一个单元开始；若还没有使用过U命令，则从当前CS：IP开始。显示内容的左边是主存逻辑地址，中间是该指令的机器代码，而右边则是对应的指令汇编语言指令格式。

（7）运行命令G

G（Go）命令执行指定地址的指令，直到遇到断点或程序结束返回操作系统，格式如下：

G [=地址] [断点地址1,断点地址2,…,断点地址10]

G命令等号后的地址是程序段的起始地址，如不指定则从当前的CS：IP开始运行。断点地址如果只有偏移地址，则默认是代码段CS；断点可以没有，但最多只能有10个。

G命令输入后，遇到断点（实际上就是断点中断指令INT 3），停止执行，并显示当前所有寄存器和标志位的内容以及下一条将要执行的指令（显示内容同R命令），以便观察程序运行到此的情况。程序正常结束，将显示"Program terminated normally"。

注意，G、T和P命令要用等号"＝"指定开始地址，如未指定则从当前的CS：IP开始执行；并要指向正确的指令代码序列，否则会出现不可预测的结果，例如"死机"。

(8) 跟踪命令T

T（Trace）命令从指定地址起执行一条或数值参数指定条数的指令后停下来，格式如下：

```
T ［＝地址］              ;逐条指令跟踪
T ［＝地址］［数值］        ;多条指令跟踪
```

T命令执行每条指令后都要显示所有寄存器和标志位的值以及下一条指令。

T命令提供了一种逐条指令运行程序的方法，因此也常被称为单步命令。实际上T命令利用了处理器的单步中断，使程序员可以细致地观察程序的执行情况。T命令逐条指令执行程序，遇到子程序（CALL）或中断调用（INT n）指令也不例外，也会进入到子程序或中断服务程序当中执行。

(9) 继续命令P

```
P ［＝地址］［数值］
```

P（Proceed）命令类似T命令，只是不会进入子程序或中断服务程序中。当不需要调试子程序或中断服务程序时（例如：运行带有功能调用的指令序列），要用P命令，而不是T命令。

(10) 退出命令Q

Q（Quit）命令使DEBUG程序退出，返回DOS。Q命令并无存盘功能，可使用W命令存盘。

```
Q
```

(11) 命名命令N

N（Name）命令把一个或两个文件标识符存入DEBUG的文件控制块FCB中，以便在其后用L或W命令把文件装入或存盘。文件标识符就是包含路径的文件全名。

```
N    文件标识符1［,文件标识符2］
```

(12) 装入命令L

```
L ［地址］    ;格式1，装入由N命令指定的文件
```

格式1的L（Load）命令装载一个文件（由N命令命名）到给定的主存地址处；如未指定地址，则装入CS：100H开始的存储区；对于COM和EXE文件，则一定装入CS：100H位置处。

```
L 地址 驱动器 扇区号 扇区数    ;格式2，装入指定磁盘扇区范围的内容
```

格式2的L命令装载磁盘的若干扇区（最多80H）到给定的主存地址处，默认段地址是CS。其中，0表示A盘，1表示B盘，2表示C盘……

(13) 写盘命令W

```
W ［地址］    ;格式1，将由N命令指定的文件写入磁盘
```

格式1的W（Write）命令将指定开始地址的数据写入一个文件（由N命令命名）；如未指定地址则从CS：100H开始。要写入文件的字节数应先放入BX（高字）和CX（低字）中。如果采用这个W命令保存可执行程序，扩展名应是COM；它不能写入具有EXE和HEX扩展名的文件。

```
W 地址 驱动器 扇区号 扇区数    ;格式2，把数据写入指定磁盘扇区范围
```

格式2的W命令将指定地址的数据写入磁盘的若干扇区（最多80H）；如果没有给出段地址，则默认是CS。其他说明同L命令。由于格式2的W命令直接对磁盘写入，没有经过DOS文件系统管理，所以一定要小心，否则可能无法利用DOS文件系统读写。

（14）其他命令

DEBUG还有一些其他命令，简单罗列如下：

1）比较命令C（Compare）

   C 范围 地址   ;将指定范围的内容与指定地址内容比较

2）十六进制数计算命令H（Hex）

   H 数字1，数字2   ;同时计算两个十六进制数字的和与差

3）输入命令I（Input）

   I 端口地址   ;从指定I/O端口输入一个字节，并显示

4）输出命令O（Output）

   O 端口地址 字节数据   ;将数据输出到指定的I/O端口

5）传送命令M（Move）

   M 范围 地址   ;将指定范围的内容传送到指定地址处

6）查找命令S（Search）

   S 范围 数据   ;在指定范围内查找指定的数据

A.4　程序片段的调试方法

调试程序可以配合本书第2章理解指令和程序片段的功能。基本步骤如下：

1）启动调试程序DEBUG.EXE。

2）利用汇编命令A，输入汇编语言指令序列，最后用回车结束。

3）利用反汇编命令U，观察录入的指令序列是否正确。

4）设置必要的参数，例如寄存器值、存储单元内容。

5）利用跟踪命令T，单步执行指令，并观察每条指令执行情况，如结果、标志等。

6）如果含有不需调试的子程序、系统功能调用，则利用继续命令P，单步执行指令，并观察每条指令执行情况，如结果、标志等。

7）也可以设置断点，利用运行命令G执行指令序列，并检查程序段的执行结果与自己判断的结果是否相同，如不同找出不相同的原因。

（1）理解立即数寻址方式（下面以调试指令MOV AX, 0102H为例）

• 启动调试程序，输入汇编命令A，回车。

• 在提示符下输入指令mov ax,0102，回车完成该指令汇编（注意不需要录入H），再次回车退出A命令。

• 输入反汇编命令U，查看机器代码，注意立即数0102H出现在机器代码中，并按照小端方式存放高低字节数据。反汇编显示的其他指令是主存中已经没有意义的遗留内容，不是用户输入的指令。

• 可以输入寄存器R命令，查看寄存器内容，例如AX＝0000，并列出要执行的指令。

• 输入跟踪命令T，单步执行刚才输入的指令，在其显示的寄存器内容中应该观察到AX＝0102，说明指令执行结果。

（2）理解直接寻址方式（下面以调试指令MOV AX, [2000H]为例）

• 启动调试程序、汇编命令并退出汇编命令；反汇编命令查看地址2000H出现在机器代码中。

• 输入R命令可以查看AX执行前的内容，并在列出的要执行指令的最后，提示主存单元

DS:2000的内容；也可以通过显示命令D查看该主存单元内容，或者利用修改命令E显示并修改内容。

- 通过T单步执行指令，观察每条指令执行结果，AX应该等于上述主存单元的内容。

（3）调试分支程序（下面以调试例2.22比较数值大小的程序片段为例）

- 启动调试程序，输入汇编命令A，录入指令。当录入JAE指令时标号无法录入，也不知道标号所在的地址，可以暂时填入当前地址；继续录入指令，最后一条指令的变量也无法定义，可以假设一个地址，例如[200]，并记住标号所在指令的地址。两次回车退出汇编命令。
- 因为录入JAE指令的标号地址不正确，所以需要再次输入汇编命令A，但要指明JAE指令所在的地址。此时录入JAE指令、标号就可以填上其应该跳转到的目标指令地址。两次回车退出汇编命令。可以通过反汇编查看程序片段是否正确（JNB与JAE是同一条指令的不同助记符）。
- 通过输入"R AX"和"R BX"命令为寄存器设置初值，例如使AX＝9000H，BX＝4000H。可以通过R、D命令查看初值。
- 通过T命令单步执行第一条CMP比较指令，执行的标志结果是"OV UP EI PL NZ NA PE NC"，依次表达OF＝1、DF＝0、IF＝1、SF＝0、ZF＝0、AF＝0、PF＝1、CF＝0，这是无符号数AX＞BX设置的标志状态。
- 继续单步执行分支指令JNB，现在条件成立（AX＞BX，即CF＝0），所以转移到目标指令，可以看到下条要执行的指令是最后一条MOV指令，不是顺序执行的XCHG指令。
- 继续单步执行，通过D命令查看结果，应该是[200]＝9000。
- 可以重新设置AX和BX的初值（例如AX＝4000H，BX＝9000H），再次调试，观察顺序执行的情况。也可以重新汇编JAE指令为JGE指令，继续调试，体会无符号数和有符号数的不同执行结果。

（4）调试子程序（下面以调试例2.24转换为ASCII码的程序片段为例）

- 启动调试程序，可以在100H开始录入主程序指令，假设子程序安排在200H地址，所以CALL指令中的子程序名填入200。用"A 200"命令从200H位置开始录入子程序。
- T命令单步执行主程序，执行CALL指令后，观察指令指针IP从0102变成了0200，说明实现了转移、进入子程序。同时注意堆栈指针SP减了2，利用D命令查看堆栈，此时栈顶应该是0105，它代表主程序CALL指令后下条指令的地址，即返回地址。
- 继续单步执行，期间可以观察DL寄存器内容的变化，理解转换原理。最后执行RET返回指令，观察IP和SP值变化以及DL结果。
- 可以重新设置DL寄存器内容，再次执行调用指令CALL，进入子程序后还可以尝试修改当前栈顶数据，看能否正确返回，理解堆栈在子程序调用和返回过程中的作用。

A.5　可执行程序文件的调试方法

经汇编连接生成的可执行文件，可以载入调试程序中进行运行、调试，观察运行结果是否正确、帮助排错等。下面以第3章例3.1程序WJ0301.EXE为例，说明一般调试方法：

- 带被调试文件启动DEBUG，例如：DEBUG WJ0301.EXE。
- 可以首先执行寄存器命令R，观察程序进入主存的情况，参考如下：

```
AX=0000  BX=0000  CX=0025  DX=0000  SP=0400  BP=0000  SI=0000  DI=0000
DS=0C50  ES=0C50  SS=0C63  CS=0C60  IP=0000     NV UP EI PL NZ NA PO NC
0C5B:0000 B85C0C        MOV     AX,0C5C
```

其中BX.CX反映程序的大小，CS:IP指向程序开始执行的第一条指令，SS:SP指向堆栈段。DS和ES并不是指向程序数据段，而是指向程序前100H位置（这部分是该程序的段前缀PSP）；所以，DS（ES）应该在程序当中进行设置，正如该程序"mov ax,data"和"mov ds,ax"指令所完成的。

- 可以从第一条执行指令位置开始，执行反汇编命令U，显示该程序的机器代码和对应汇编指令，参考如下：

```
0C60:0000  B85C0C       MOV      AX,0C61
0C60:0003  8ED8         MOV      DS,AX
0C60:0005  BA0200       MOV      DX,0002
0C60:0008  B409         MOV      AH,09
0C60:000A  CD21         INT      21
0C60:000C  B8004C       MOV      AX,4C00
0C60:000F  CD21         INT      21
```

- 从这里可以看到，该例程序的数据段在DS＝0C61H，要显示的字符串起始于偏移地址0002H。用D命令可以观察该程序的数据段内容，参考如下：

```
-d 0c61:0
0C61:0000   21 00 48 65 6C 6C 6F 2C-20 41 73 73 65 6D 62 6C        Hello, Assembl
0C61:0010   79 21 0D 0A 24 01 E9 2D-01 3A C3 75 05 80 CF 80        y!..$..-:.u....
```

简化段定义格式下，代码段和数据段默认从模2地址（偶地址：xxx0B）开始，堆栈段默认从模16地址（可被16整除地址：xxxx0000B）开始。操作系统按照代码段、数据段、堆栈段顺序将它们依次安排到主存，通常代码段和堆栈段的偏移地址是0，但数据段的偏移地址不一定是0。例如，在本例程序中，代码段从0C60H：0000H开始，结束于0C60H:0010H，下一个可用地址是0C60H:0011H，即物理地址0C611H，所以要求起始于偶地址的数据段只能从物理地址0C612H开始。因为段地址低4位必须是0000B，故将物理地址0C612H低4位（十六进制一位）取0作为数据段地址0C61H，其偏移地址就是0002H。

数据段结束于0C61H:0014H（对应最后的字符"$"＝24H），物理地址是0C624H，代码段开始的物理地址是0C600H，所以程序长度是CX＝0025H个字节。主存接着安排堆栈段，其段地址是0C63H，栈顶SP＝0400H，即默认1KB堆栈空间。

通过上面的静态分析之后，还可以单步或连续执行进行动态分析。

- 调入文件后，执行：G＝0，则程序执行完成并提示Program Terminated normally，同时DEBUG将重新设置寄存器和变量等的初始值（再次执行结束会退出调试程序）。
- 如果要观察程序运行之后的结果，应该执行"G＝0，断点地址"。这里的断点地址应该指向程序结束返回DOS之前，也就是指令"mov ax,4c00h"和"int 21h"处。例如，采用"G＝0,c"命令执行本例程序，此时寄存器和存储单元保留该程序运行后的结果，可以观察到数据段寄存器DS＝0C61H，指向程序设置的数据段起始位置而不是初始值0C50H。
- 还可以从程序起始点或者某个断点地址进行单步执行，观察每条指令执行后的中间结果，有重点地调试可能出错的指令或程序片段，基本方法参考程序片段的调试。注意使用P命令单步执行系统功能调用指令（INT 21H），如果用T命令则将进入中断服务程序（常导致无法退出）。

A.6 使用调试程序的注意事项

由于DOS命令行的操作方式和调试程序本身的功能所限，使用DEBUG调试程序还会遇到如下一些问题。

1）汇编命令A下的指令格式与MASM有一些区别。

调试程序DEBUG的汇编命令A所支持的汇编语言指令格式基本与MASM相同，但有一些区别，请注意以下规则：

- 所有输入的数值都是十六进制，没有后缀字母。
- 段超越指令需要在相应指令前，单独一行输入。
- 支持基本的伪指令DB、DW和操作符WORD PTR、BYTE PTR。

2）调试程序DEBUG中不支持标号。

例如输入"again: cmp al,[bx]"时，标号again并不能输入，只录入"cmp al,[bx]"，但注意一下该指令的偏移地址。当输入使用该标号的指令，例如"loop again"时，标号again使用该指令所在的偏移地址。

但当输入指令，例如"jnz minus"时，minus所在的偏移地址还不知道，则可以暂时添上其本身的偏移地址。等到输入具有minus标号的指令时记住该指令的偏移地址。最后，重新在jnz minus的地址处汇编该指令，此时添入该标号minus所在指令的偏移地址。

3）避免非正常读写和执行。

进入调试程序之后，DOS操作系统下的信息都可以读写访问，所以使用DEBUG进行程序调试时要小心，否则很容易导致系统死机。例如：

- 执行T、P和G命令时，要在等号后输入正确的地址，尤其是调试一段程序后，往往不再是默认的地址了。
- 注意留心一下CS／DS值是否是你程序段的位置，否则不能执行正确的代码和观察到正确的数据段内容。
- G命令要有断点地址（或者程序段最后有断点中断指令INT 3）。
- 含有系统功能调用的程序段要用P命令单步执行（不进入功能调用本身的程序中）。

另外，调试程序仅是一个模拟的执行环境，不是所有程序段都能运行。例如，改变TF标志的程序段不能执行，因为调试程序本身也要使用TF。再如，向外设端口输出内容的程序段也不应随意执行，因为有可能导致该端口对应的外设非正常运行。

4）在DEBUG.EXE中调试的程序片段也可以保存，以便以后使用或重复调试。

基本步骤如下：

- 利用A命令录入符合DEBUG要求的程序段，例如：

  –A 程序段偏移地址

  （程序段最后，最好加上一条INT 3指令）

- 利用R命令在BX.CX（CX为低字，BX为高字）中存入程序段的长度（字节数），例如：

  –R CX ;

  （注意：BX为高字，通常应该为0，因为程序段长度通常不会超过64KB）

- 利用N命令为文件起名，例如：

  –N filename.COM

  （文件扩展名只能是COM）

- 利用W命令保存，例如：

  –W 程序段起始偏移地址

- 利用Q命令退出DEBUG.EXE。

附录B 汇编语言的开发方法

本书的汇编语言程序开发基于微软公司的MASM 6.x版本，可以采用最后一个独立发布的MASM 6.11版本，还可以升级为 MASM 6.15。要实践本书程序，使用汇编程序ML.EXE（及ML.ERR）和连接程序LINK.EXE即可，没有必要安装完整的MASM程序。读者可以自行组建开发环境，但建议参考本书的MASM软件包（ML615.ZIP）如下配置有关文件：

（1）主目录（例如D:\ML615）配置MASM 6.15的基本文件

- ML.EXE——汇编程序。
- ML.ERR——汇编错误信息文件。
- LINK.EXE——连接程序。
- LIB.EXE——子程序库管理文件。

注：MASM 6.15版本的汇编程序ML.EXE（及ML.ERR）需从Visual C++ 6.0中抽取。

（2）主目录含有作者创建的文件

- DOS.BAT——进入模拟MS-DOS环境（COMMAND.COM）的MASM当前目录。
- QH.BAT——展开各种帮助文件的批处理文件。
- wj0000.asm——模板源程序文件（MASM 6.X适用，SMALL存储模型）。
- wj0000a.asm——模板源程序文件（MASM 6.X适用，带有IO.INC包含文件，可以使用输入输出子程序库中的子程序）。
- io.inc——I/O子程序库声明文件。
- io.lib——I/O子程序库。
- WIN.BAT——进入Windows控制台（CMD.EXE）的MASM当前目录。

注：批处理文件DOS.BAT主要有一条语句%SystemRoot%\system32\command.com，表示启动Windows操作系统所在目录的system32子目录，执行MS-DOS窗口程序command.com。而WIN.BAT只是用cmd.exe替代command.com。

（3）HELP目录

快速帮助文件QH.EXE，以及MASM宏汇编语言、汇编程序ML、连接程序LINK、调试程序CV等帮助文件。

（4）BIN32子目配置32位汇编语言开发文件

- LINK.EXE——连接程序（与DOS环境的连接程序不同）。
- KERNEL32.LIB——Windows核心导入库文件。
- USER32.LIB——Windows用户界面导入库文件。
- MSPDB60.DLL和MSDIS110.DLL——动态连接库。

注：BIN32子目录的文件需抽取自Visual C++ 6.0，用于配合最后一章的32位汇编语言的开发。

有了上述MASM软件开发包，在32位Windows操作系统的资源管理器中双击其中的批处理文件DOS.BAT，就可以打开模拟MS-DOS窗口，并进入主目录（D:\ML615）。接着，在

DOS提示符下输入命令

```
ml 文件名.asm
```

即可快速完成一个汇编语言程序的开发。注意：用户编写的源程序应该保存在主目录下进行汇编连接，开发完成后可以再保存在其他目录（例如，wj子目录保存本书的例题程序）。

在此特别说明一下在64位Windows操作系统下如何开发和运行16位DOS应用程序。

64位Windows操作系统仍然存在控制台窗口（程序名称还是CMD.EXE），本质上虽然是64位的，但兼容32位应用程序。不过，64位Windows不兼容16位DOS应用程序，所以操作系统中不存在COMMAND.COM文件。运行16位DOS应用程序需要使用虚拟机软件模拟DOS环境，例如简单的DOSBox模拟器（免费软件）或者功能强大的VMware虚拟机（商业软件）。在64位Windows操作系统平台，开发和运行16位DOS应用程序的具体建议是：

1）16位汇编语言程序的开发可以进入64位Windows控制台窗口进行。

使用批处理文件WIN.BAT启动控制台窗口并进入该文件所在的当前目录。WIN.BAT文件只是将DOS.BAT文件中的COMMAND.COM用CMD.EXE替代。

2）16位汇编语言程序的运行可以进入DOSBox模拟器中进行。

下载最新DOSBox软件（目前是0.74版），请访问DOSBox官网www.dosbox.com，Windows环境对应的安装软件是DOSBox0.74-win32-installer.exe。安装后，安装所在的目录含有使用手册等文档。启动DOSBox后，可以使用挂接命令MOUNT将机器上某个分区目录装载到模拟DOS中使用，例如：

```
mount d: d:\ml615
d:
```

这两个命令将D:\ML615挂接在模拟DOS的D分区，然后进入D分区。此时就可以执行DOS命令（例如CD、DIR等命令）以及D:\ML615目录下的可执行文件了。

如果希望每次启动DOSBox自动运行挂接命令，可以依次点击开始→程序→DOSBox-0.74→Options→DOSBox 0.74 Options（即打开DOSBox配置文件——用户电脑的本地应用程序数据目录DOSBox\dosbox-0.74.conf文件），将上述两个命令复制到配置文件最后的[autoexec]字段，然后保存即可。

注意：DOSBox是DOS模拟器，不支持中文目录名和文件名，不要使用。另外，64位Windows中没有调试程序DEBUG.EXE，需事先在汇编语言主目录复制好该文件。还有，如果希望在DOSBox模拟器中开发16位DOS应用程序（而不仅仅是运行），需要使用MASM 6.11版本的汇编程序（ML.EXE），因为DOSBox不支持MASM 6.15的汇编程序。

程序的完整开发过程包括编辑、汇编（编译）和连接等步骤，详述如下。

B.1　源程序的编辑

编辑是形成源程序文件的过程，它需要文本编辑器。例如，DOS中的全屏幕文本编辑器EDIT，或读者已经熟悉的其他程序开发工具中的编辑环境，也可以采用Windows的记事本等。

编辑器的使用比较简单，这里不再叙述。但要注意将汇编语言源程序文件保存为无格式文本，扩展名是ASM。例如，Windows的记事本默认的文件类型是TXT，应注意修改。

B.2 源程序的汇编

汇编是将源程序文件翻译为由机器代码组成的目标模块文件（.OBJ）的过程，它需要借助汇编程序。MASM 6.x汇编程序仅实现汇编的命令是：

```
ML /c 源程序文件名
```

其中，参数"/c"（小写字母）必不可少，表示MASM 6.x仅实现源程序的汇编，扩展名ASM不能省略。如果源程序文件中没有语法错误，MASM将生成一个目标模块文件，否则MASM将给出相应的错误信息。

MASM 6.x汇编程序支持汇编后自动连接，使用不带"/c"参数的命令：

```
ML 源程序文件名
```

MASM 6.x汇编程序的一般命令格式为：

```
ML [/参数选项] 源程序文件列表 [/LINK 连接参数选项]
```

ML.EXE的常用参数选项如下，注意参数是大小写敏感的：

/c——只汇编源程序，不进行自动连接。

/Fl 文件名——创建一个汇编列表文件（扩展名LST），若无文件名则与源程序文件名相同。

/Fo 文件名—根据指定的文件名生成模块文件。

/Fe 文件名——根据指定的文件名生成可执行文件。

/Fm文件名——创建一个连接映像文件（扩展名MAP），若无文件名则与源程序文件名相同。

列表文件是一种文本文件，含有源程序和目标代码，对我们学习很有用。

B.3 目标文件的连接

连接是把一个或多个目标文件和库文件中的有关模块合成一个可执行文件的过程，需要利用连接程序LINK.EXE。连接程序的常用命令是：

```
LINK 文件名;
```

要连接的文件应该具有OBJ扩展名（可以不输入）。文件名后跟一个分号";"表示采用源程序文件名生成可执行文件，不需要库文件，连接程序将不再提示、等待输入内容。如果没有严重错误，连接程序将生成一个可执行文件；否则将提示相应的错误信息。

连接程序的一般命令格式为：

```
LINK [/参数] OBJ文件列表 [EXE文件名,MAP文件名,库文件名] [;]
```

连接程序可以将多个模块文件连接起来，多个模块文件用加号"+"分隔。给出EXE文件名就可以替代与第一个模块文件名相同的默认名。给出MAP文件名将创建连接映像文件（.MAP）。库文件（.LIB）是指连接程序需要的子程序库等。中括号内的文件名是可选的，如果没有给出，则连接程序还将提示，通常用回车表示接受默认名。

B.4 可执行程序的调试

经汇编、连接生成的可执行程序在操作系统下只要输入文件名就可以运行：

```
可执行程序文件名
```

操作系统装载该文件进入主存，开始运行。如果出现运行错误，可以从源程序开始排错，也可以利用调试程序帮助发现错误。我们采用DEBUG.EXE调试程序：

> DEBUG可执行程序文件名

然后，采用U命令反汇编程序静态观察，或者采用T、P或G命令动态观察。

B.5 子程序库的创建

库管理工具程序LIB.EXE帮助创建、组织和维护子程序模块库，例如增加、删除、替换、合并库文件等。

子程序文件编写完成后，仅进行汇编形成目标文件；然后利用库管理工具程序，把子程序目标模块逐一加入到库中。加入库文件的常用命令为：

> LIB 库文件名+子程序目标文件名

使用库文件中的子程序模块的方法，是在连接程序提示输入库文件名时（Libraries [.lib]:）输入库文件名。如果源程序文件中已经使用库文件包含伪指令INCLUDLIB进行了声明，则不需要输入库文件名。

最后提醒的是，DOS的可执行程序通常都可以采用"程序名/?"或"程序名/help"得到该程序的命令行使用的简要说明。

附录C 8088/8086指令系统

表C-1 指令符号说明

符 号	说 明
r8	任意一个8位通用寄存器AH、AL、BH、BL、CH、CL、DH、DL
r16	任意一个16位通用寄存器AX、BX、CX、DX、SI、DI、BP、SP
reg	代表r8、r16
seg	段寄存器CS、DS、ES、SS
m8	一个8位存储器操作数单元
m16	一个16位存储器操作数单元
mem	代表m8、m16
i8	一个8位立即数
i16	一个16位立即数
imm	代表i8、i16
dest	目的操作数
src	源操作数
label	标号

表C-2 指令汇编格式

指令类型	指令汇编格式	指令功能简介
传送指令	MOV reg/mem, imm	dest←src
	MOV reg/mem/seg, reg	
	MOV reg/seg, mem	
	MOV reg/mem, seg	
交换指令	XCHG reg, reg/mem	reg ↔ reg/mem
	XCHG reg/mem, reg	
转换指令	XLAT label	AL←[BX + AL]
	XLAT	
堆栈指令	PUSH r16/m16/seg	寄存器/存储器入栈
	POP r16/m16/seg	寄存器/存储器出栈
标志传送	CLC	CF←0
	STC	CF←1
	CMC	CF← ~ CF
	CLD	DF←0
	STD	DF←1
	CLI	IF←0
	STI	IF←1
	LAHF	AH←FLAG低字节
	SAHF	FLAG低字节←AH
标志传送	PUSHF	FLAGS入栈
	POPF	FLAGS出栈
地址传送	LEA r16, mem	r16←16位有效地址
	LDS r16, mem	DS: r16←32位远指针
	LES r16, mem	ES: r16←32位远指针
输入	IN AL/AX, i8/DX	AL/AX←I/O端口i8/DX
输出	OUT i8/DX, AL/AX	I/O端口i8/DX←AL/AX

（续）

指令类型	指令汇编格式	指令功能简介
加法运算	ADD reg, imm/reg/mem	dest←dest + src
	ADD mem, imm/reg	
	ADC reg, imm/reg/mem	dest←dest + src + CF
	ADC mem, imm/reg	
	INC reg/mem	reg/mem←reg/mem + 1
减法运算	SUB reg, imm/reg/mem	dest←dest − src
	SUB mem, imm/reg	
	SBB reg, imm/reg/mem	dest←dest − src − CF
	SBB mem, imm/reg	
	DEC reg/mem	reg/mem←reg/mem − 1
	NEG reg/mem	reg/mem←0 − reg/mem
	CMP reg, imm/reg/mem	dest − src
	CMP mem, imm/reg	
乘法运算	MUL reg/mem	无符号数值乘法
	IMUL reg/mem	有符号数值乘法
除法运算	DIV reg/mem	无符号数值除法
	IDIV reg/mem	有符号数值除法
符号扩展	CBW	把AL符号扩展为AX
	CWD	把AX符号扩展为DX.AX
十进制调整	DAA	将AL中的加和调整为压缩BCD码
	DAS	将AL中的减差调整为压缩BCD码
	AAA	将AL中的加和调整为非压缩BCD码
	AAS	将AL中的减差调整为非压缩BCD码
	AAM	将AX中的乘积调整为非压缩BCD码
	AAD	将AX中的非压缩BCD码扩展成二进制数
逻辑运算	AND reg, imm/reg/mem	dest←dest AND src
	AND mem, imm/reg	
	OR reg, imm/reg/mem	dest←dest OR src
	OR mem, imm/reg	
	XOR reg, imm/reg/mem	dest←dest XOR src
	XOR mem, imm/reg	
	TEST reg, imm/reg/mem	dest AND src
	TEST mem, imm/reg	
	NOT reg/mem	reg/mem←NOT reg/mem
移位	SAL reg/mem, 1/CL	算术左移1/CL指定的次数
	SAR reg/mem, 1/CL	算术右移1/CL指定的次数
	SHL reg/mem, 1/CL	与SAL相同
	RCR reg/mem, 1/CL	带进位循环右移1/CL指定的次数
串操作	MOVS[B/W]	串传送
	LODS[B/W]	串读取
	STOS[B/W]	串存储
	CMPS[B/W]	串比较
	SCAS[B/W]	串扫描
	REP	重复前缀
	REPZ / REPE	相等重复前缀
	REPNZ / REPNE	不等重复前缀
控制转移	JMP label	无条件直接转移
	JMP r16/m16	无条件间接转移
	Jcc label	条件转移

（续）

指令类型	指令汇编格式	指令功能简介
循环	LOOP label	$CX \leftarrow CX - 1$；若 $CX \neq 0$，循环
	LOOPZ / LOOPE label	$CX \leftarrow CX - 1$；若 $CX \neq 0$ 且 $ZF = 1$，循环
	LOOPNZ / LOOPNE label	$CX \leftarrow CX - 1$；若 $CX \neq 0$ 且 $ZF = 0$，循环
	JCXZ label	$CX = 0$，循环
子程序	CALL label	直接调用
	CALL r16/m16	间接调用
	RET	无参数返回
	RET i16	有参数返回
中断	INT i8	中断调用
	IRET	中断返回
	INTO	溢出中断调用
处理器控制	NOP	空操作指令
	SEG:	段超越前缀
	HLT	停机指令
	LOCK	封锁前缀
	WAIT	等待指令
	ESC i8,reg/mem	交给浮点处理器的浮点指令

表C-3 状态符号说明

符　号	说　明
—	标志位不受影响（没有改变）
0	标志位复位（置0）
1	标志位置位（置1）
x	标志位按定义功能改变
#	标志位按指令的特定说明改变（参见第2章和第3章的指令说明）
u	标志位不确定（可能为0，也可能为1）

表C-4 指令对状态标志的影响（未列出的指令不影响标志）

指　令	OF	SF	ZF	AF	PF	CF
SAHF	—	#	#	#	#	#
POPF/ IRET	#	#	#	#	#	#
ADD/ADC/SUB/SBB/CMP/NEG/CMPS/SCAS	x	x	x	x	x	x
INC/DEC	x	x	x	x	x	—
MUL/IMUL	#	u	u	u	u	#
DIV/IDIV	u	u	u	u	u	u
DAA/DAS	u	x	x	x	x	x
AAA/AAS	u	u	u	x	u	x
AAM/AAD	u	x	x	u	x	u
AND/OR/XOR/TEST	0	x	x	u	x	0
SAL/SAR/SHL/SHR	#	x	x	u	x	#
ROL/ROR/RCL/RCR	#	—	—	—	—	#
CLC/STC/CMC	—	—	—	—	—	#

附录D 常用DOS功能调用（INT 21H）

这里仅简单给出了基本调用功能，新版本DOS的功能有扩展。

功能号	功能	入口参数	出口参数
00H	程序终止	CS＝程序段前缀的段地址	
01H	键盘输入		AL＝输入字符
02H	显示输出	DL＝输出显示的字符	
03H	串行通信输入		AL＝接收字符
04H	串行通信输出	DL＝发送字符	
05H	打印机输出	DL＝打印字符	
06H	控制台输入输出	DL＝FFH（输入），DL＝字符（输出）	AL＝输入字符
07H	无回显键盘输入		AL＝输入字符
08H	无回显键盘输入		AL＝输入字符
09H	显示字符串	DS:DX＝字符串地址	
0AH	输入字符串	DS:DX＝缓冲区地址	
0BH	检验键盘状态		AL＝00H无输入，AL＝FFH有输入
0CH	清输入缓冲区，执行指定输入功能	AL＝输入功能号（1、6、7、8、0AH）	
0DH	磁盘复位		清除文件缓冲区
0EH	选择磁盘驱动器	DL＝驱动器号	AL＝驱动器数
0FH	打开文件	DS:DX＝FCB首地址	AL＝00H文件找到，AL＝FFH文件未找到
10H	关闭文件	DS:DX＝FCB首地址	AL＝00H目录修改成功，AL＝FFH未找到
11H	查找第一个目录项	DS:DX＝FCB首地址	AL＝00H找到，AL＝FFH未找到
12H	查找下一个目录项	DS:DX＝FCB首地址	AL＝00H文件找到，AL＝FFH未找到
13H	删除文件	DS:DX＝FCB首地址	AL＝00H删除成功，AL＝FFH未找到
14H	顺序读	DS:DX＝FCB首地址	AL＝00H 读成功 AL＝01H 文件结束，记录无数据 AL＝02H DTA空间不够 AL＝03H 文件结束，记录不完整
15H	顺序写	DS:DX＝FCB首地址	AL＝00H 写成功 AL＝01H 盘满 AL＝02H DTA空间不够
16H	创建文件	DS:DX＝FCB首地址	AL＝00H创建成功，AL＝FFH无磁盘空间
17H	文件改名	DS:DX＝FCB首地址 （DS:DX＋1）＝旧文件名 （DS:DX＋17）＝新文件名	AL＝00H改名成功，AL＝FFH不成功
19H	取当前磁盘		AL＝当前驱动器号
1AH	设置DTA地址	DS:DX＝DTA地址	
1BH	取默认驱动器FAT信息		AL＝每簇的扇区数，DS:BX＝FAT标识字节 CX＝物理扇区的大小，DX＝驱动器和簇数
21H	随机读	DS:DX＝FCB首地址	AL＝00H读成功 AL＝01H文件结束 AL＝02H缓冲区溢出 AL＝03H缓冲区不满

（续）

功能号	功 能	入口参数	出口参数
22H	随机写	DS:DX＝FCB首地址	AL＝00H写成功
			AL＝01H盘满
23H	文件长度	DS:DX＝FCB首地址	AL＝02H缓冲区溢出
24H	设置随机记录号	DS:DX＝FCB首地址	AL＝0成功，长度在FCB。AL＝1未找到
25H	设置中断向量	DS:DX＝中断向量，AL＝中断向量号	
26H	建立PSP	DX＝新的PSP	
27H	随机块读	DS:DX＝FCB首地址	AL＝00H读成功
		CX＝记录数	AL＝01H文件结束
			AL＝02H缓冲区溢出
			AL＝03H缓冲区不满
28H	随机块写	DS:DX＝FCB首地址	AL＝00H写成功
		CX＝记录数	AL＝01H盘满
			AL＝02H缓冲区溢出
29H	分析文件名	ES:DI＝FCB首地址	AL＝00H标准文件
		DS:SI＝ASCII串	AL＝01H多义文件
		AL＝控制分析标志	AL＝FFH非法盘符
2AH	取日期		CX:DH:DL＝年：月：日
2BH	设置日期	CX:DH:DL＝年：月：日	
2CH	取时间		CH:CL＝时：分，DH:DL＝秒：百分秒
2DH	设置时间	CH:CL＝时：分，DH:DL＝秒：百分秒	
2EH	设置磁盘写标志	AL＝00关闭，AL＝01打开	
2FH	取DTA地址		ES:BX＝DTA首地址
30H	取DOS版本号		AL＝主版本号，AH＝辅版本号
31H	程序终止并驻留	AL＝返回码，DX＝驻留大小	
33H	ctrl-break检测	AL＝00取状态AL＝01置状态	DL＝00H关闭，DL＝01H打开
35H	获取中断向量	AL＝中断向量号	ES:BX＝中断向量
36H	取可用磁盘空间	DL＝驱动器号	成功：AX＝每簇扇区数，BX＝有效簇数，CX＝每扇区字节数，DX＝总簇数
			失败：AX＝FFFFH
38H	取国家信息	DS:DX＝信息区地址	BX＝国家代码
39H	建立子目录	DS:DX＝ASCII串	AX＝错误码
3AH	删除子目录	DS:DX＝ASCII串	AX＝错误码
3BH	改变目录	DS:DX＝ASCII串	AX＝错误码
3CH	建立文件	DS:DX＝ASCII串，CX＝文件属性	成功：AX＝文件号；失败：AX＝错误码
3DH	打开文件	DS:DX＝ASCII串，AL＝0/1/2 读/写/读写	成功：AX＝文件号；失败：AX＝错误码
3EH	关闭文件	BX＝文件号	AX＝错误码
3FH	读文件或设备	DS:DX＝数据缓冲区地址	成功：AX＝实际读出字节数，
		BX＝文件号	AX＝0已到文件尾
		CX＝读取字节数	出错：AX＝错误码
40H	写文件或设备	DS:DX＝数据缓冲区地址，	成功：AX＝实际写入字节数
		BX＝文件号，CX＝写入字节数	出错：AX＝错误码
41H	删除文件	DX:DX＝ASCII串	成功：AX＝00；失败：AX＝错误码
42H	移动关闭指针	BX＝文件号，CX:DX＝位移量	成功：DX:AX＝新指针位置
		AL＝移动方式	出错：AX＝错误码
43H	读取/设置文件属性	DS:DX＝ASCII串，AL＝0/1 取/置属性，CX＝文件属性	成功：CX＝文件属性
			失败：AX＝错误码

（续）

功能号	功　能	入口参数	出口参数
44H	设备I/O控制	BX＝文件号；AL＝0取状态，AL＝1置状态，DX＝设备信息 AL＝2读数据，AL＝3写数据， AL＝6取输入状态，AL＝7取输出状态	
45H	复制文件号	BX＝文件号1	成功：AX＝文件号2；出错：AX＝错误码
46H	强制文件号	BX＝文件号1，CX＝文件号2	成功：AX＝文件号1；出错：AX＝错误码
47H	取当前路径名	DL＝驱动器号，DS:SI＝ASCII串地址	DS:SI＝ASCII串；失败：AX＝错误码
48H	分配内存空间	BX＝申请内存容量	成功：AX＝分配内存首址 失败：BX＝最大可用空间
49H	释放内存空间	ES＝内存起始段地址	失败：AX＝错误码
4AH	调整分配的内存 空间	ES＝原内存起始地址 BX＝再申请内存容量	失败：AX＝错误码 BX＝最大可用空间
4BH	装入/执行程序	DS:DX＝ASCII串，ES:BX＝参数区首地址 AL＝0/3 执行/装入不执行	失败：AX＝错误码
4CH	程序终止	AL＝返回码	
4DH	取返回码		AL＝返回码
4EH	查找第一个目录项	DS:DX＝ASCII串地址，CX＝属性	AX＝错误码
4FH	查找下一个目录项	DS:DX＝ASCII串地址，	AX＝错误码
54H	读取磁盘写标志		AL＝当前标志值
56H	文件改名	DS:DX＝旧ASCII串，DS:DX＝新ASCII串	AX＝错误码
57H	设置/读取文件日期 和时间	BX＝文件号，AL＝0读取 AL＝1设置（DX:CX）	DX:CX＝日期和时间 失败：AX＝错误码

附录E　常用ROM-BIOS功能调用

这里仅简单说明了基本的调用功能，当前PC支持的功能有扩展。

E.1　显示器功能调用（INT 10H）

- AH＝00H——设置显示方式

  入口参数：AL＝方式号。本功能调用使显示器工作在设定的显示方式，并清屏。

- AH＝01H——设置光标形状

  入口参数：CH＝光标起始的扫描线号，CL＝光标终止的扫描线号。

- AH＝02H——设置光标位置

  入口参数：DH＝光标所在的行号，DL＝光标所在的列号，BH＝光标所在的页号。

- AH＝03H——查询光标形状和位置

  入口参数：BH＝要查询光标所在的页号。

  出口参数：CH＝光标起始扫描线号，CL＝光标终止扫描线号，DH＝光标行号，DL＝光标
  列号。

- AH＝04H——查询光标位置

- AH＝05H——设置当前显示页

  入口参数：AL＝页号。设定某页，则此页变为当前显示页。默认为0页。

- AH＝06H——窗口上滚

  入口参数：CH＝滚动窗口左上角的行号，CL＝滚动窗口左上角的列号，DH＝滚动窗口右
  下角的行号，DL＝滚动的行数，BH＝填充的正文属性字节（字符方式）或填充
  字节（图形方式）。

- AH＝07H——窗口下滚

  入口参数：同6号功能。

- AH＝08H——读光标处的字符及其属性

  入口参数：BH＝所在页号。

  出口参数：AL＝所读字符的ASCII码，AH＝所读字符的属性。

- AH＝09H——在光标处写字符及其属性

  入口参数：AL＝字符的ASCII码，BL＝属性字节（文本方式）或颜色值（图形方式），
  BH＝页号，CX＝连续写字符的个数。

- AH＝0AH——在光标处写字符

  入口参数：AL＝字符的ASCII码，BL＝颜色值（图形方式），BH＝页号，CX＝连续写字符
  的个数。

- AH＝0BH——设置CGA调色板

  入口参数：① BH＝0时，BL＝图形方式的背景色或字符方式的边界色（0～15）。②
  BH＝1时，BL＝选用的调色板号（0或1对应第0或第1色组）。

- AH＝0CH——写图形像素（写点）

　　入口参数：AL＝像素值，CX＝像素写到的列值，DX＝像素写到的行值。

- AH＝0DH——读图形像素（读点）

　　入口参数：CX＝欲读像素所在的列值，DX＝欲读像素所在的行值。

　　出口参数：AL＝像素值。

- AH＝0EH——在光标处写字符并移动光标

　　入口参数：AL＝字符的ASCII码，BL＝字符的颜色值（图形方式），BH＝页号（字符方式）。

- AH＝0FH——查询当前显示方式

　　出口参数：AH＝显示的列数，AL＝显示方式号，BH＝当前显示页号。

E.2　异步通信功能调用（INT 14H）

- AH＝00H——UART初始化设置

　　入口参数：AL＝初始化参数。其中$D_7D_6D_5$设置波特率：取000～111值依次对应110、150、300、600、1200、2400、4800、9600波特；D_4D_3设置奇偶校验位：X0、01、11分别表示无校验、奇校验、偶校验；D_2设置停止位：0，1分别表示使用1，2停止位；D_1D_0设置数据位：10和11分别表示7和8位数据位。

　　出口参数：AH＝通信线路状态，$D_7 \sim D_0$为1依次表示发生超时、发送移位寄存器空、发送保持寄存器空、中止字符、帧格式错、奇偶校验错、溢出错、数据准备好。AL＝调制解调器状态，$D_7 \sim D_0$为1依次表示发生载波检测到、振铃指示、DSR有效、CTS有效、载波改变、振铃指示断开、DSR改变、CTS改变。

　　0号功能：是将AL中的$D_4 \sim D_0$位直接写入8250的线路控制寄存器LCR的低5位，指定串行通信的数据格式；同时，还使LCR的D_6、D_5位复位，即不使用强制奇偶校验位，也不发送中止字符。该功能利用AL中的$D_7D_6D_5$建立数据传输速率，还清除中断允许寄存器IER，即不使用中断方式。最后，该功能取出线路状态和调制解调器状态送AH和AL。

- AH＝01H——发送一个字符

　　入口参数：AL＝欲发送的字符代码。

　　出口参数：AH＝线路状态（同0号功能），其中，$D_7＝1$表示未能发送。

- AH＝02H——接收一个字符

　　出口参数：AL＝接收的字符；AH＝线路状态（同0号功能），其中，$D_7＝1$表示未能成功接收。

- AH＝03H——读取异步通信口状态

　　出口参数：AH＝线路状态（同0号功能），AL＝调制解调器状态（同0号功能）。

E.3　键盘功能调用（INT 16H）

- AH＝00H——读取键值

　　出口参数：AX＝键值代码，根据按键可以分成3种情况：

　　- 标准ASCII码按键：AL＝ASCII码（0～127），AH＝接通扫描码

- 扩展按键（组合键、F1～F10功能键、光标控制键等）：AL＝00H，AH＝键扩展码（0FH～84H）
    - Alt＋小键盘的数字键：AL＝数字值（1～255），AH＝00H
- AH＝01H——判断有键按下否

  出口参数：标志ZF＝1，无键按下；ZF＝0，有键按下，且AX＝键值代码（同AH＝0功能）。
- AH＝02H——读当前8个特殊键的状态

  出口参数：AL＝KB-FLAG字节单元内容，从高位到低位依次为Ins、Caps Lock、Num Lock、Scroll Lock、Alt、Ctrl、左Shift、右Shift各键的按下标志位。按下时，相应位为1。

E.4 打印机功能程序 （INT 17H）

- AH＝00H——送入打印机一个字符

  入口参数：AL＝打印字符，DX＝打印机号（0～2）。出口参数：AH＝打印机状态。
- AH＝01H——初始化打印机

  入口参数：DX＝打印机号（0～2）。出口参数：AH＝打印机状态。
- AH＝02H——读打印机状态

  入口参数：DX＝打印机号（0～2）。出口参数：AH＝打印机状态。

上述3个功能调用返回的参数都是打印机状态字节。某位为1，则反应不忙（D_7）、响应（D_6）、无纸（D_5）、选中（D_4）、出错（D_3）和超时错误（D_0）。

E.5 日时钟功能调用 （INT 1AH）

- AH＝00H——读取日时钟

  出口参数：CX＝计时变量高字内容，DX＝计时变量低字内容；AL＝0，表示未超过24小时。
- AH＝01H——设置日时钟

  入口参数：CX＝计时变量高字内容，DX＝计时变量低字内容。
- AH＝02H——读取实时时钟

  出口参数：CH＝BCD码小时值，CL＝BCD码分值，DH＝BCD码秒值。
- AH＝03H——设置实时时钟

  入口参数：CH＝BCD码小时值，CL＝BCD码分值，DH＝BCD码秒值，DL＝0（不调整天数）。
- AH＝04H——读取实时日期

  出口参数：CH＝BCD码世纪值，CL＝BCD码年值，DH＝BCD码月值，DL＝BCD码日值。
- AH＝05H——设置实时日期

  入口参数：CH＝BCD码世纪值，CL＝BCD码年值，DH＝BCD码月值，DL＝BCD码日值。
- AH＝06H——设置报警时钟

  入口参数：CH＝BCD码小时值，CL＝BCD码分值，DH＝BCD码秒值。
- AH＝07H——复位报警时钟

附录F 输入输出子程序库

为方便汇编语言的键盘输入和显示器输出，本教材作者提供了一个DOS平台的输入输出子程序库IO.LIB（在本书配套的软件包中，详见附录B）。一方面，它可以供读者使用，简化编程；另一方面，它可以作为一个综合性的案例，由读者自己开发实现或者补充完善。

使用IO.LIB中的子程序，需要在源程序文件开始使用语句"INCLUDE IO.INC"说明，并且IO.INC和IO.LIB文件要在当前目录下。

IO.INC文件是一个文本文件，声明了子程序库IO.LIB中包含的子程序。子程序名的规则是：READ表示读取（输入），DISP表示显示（输出），中间字母B、H、UI和SI依次表示二进制、十六进制、无符号十进制和有符号十进制数，结尾字母B和W分别表示8位字节量和16位字量。另外，C表示字符、MSG表示字符串、R表示寄存器。

IO.INC包含文件内容如下：

```
; 声明字符和字符串输入输出子程序
        extern readc:near,readmsg:near,readkey:near
        extern dispc:near,dispmsg:near,dispcrlf:near
; 声明二进制数输入输出子程序
        extern readbb:near,readbw:near
        extern dispbb:near,dispbw:near
; 声明十六进制数输入输出子程序
        extern readhb:near,readhw:near
        extern disphb:near,disphw:near
; 声明十进制无符号数输入输出子程序
        extern readuib:near,readuiw:near
        extern dispuib:near,dispuiw:near
; 声明十进制有符号数输入输出子程序
        extern readsib:near,readsiw:near
        extern dispsib:near,dispsiw:near
; 声明寄存器输出子程序
        extern disprb:near,disprw:near,disprf:near
; 声明包含输入输出子程序库
        includelib io.lib
```

调用库中子程序的一般格式如下：

```
        MOV AX,入口参数
        CALL 子程序名
```

数据输入时，二进制、十六进制和字符输入规定的位数自动结束，十进制和字符串需要用回车表示结束（超出范围显示出错ERROR信息，要求重新输入）。输出数据在当前光标位置开始显示，不返回任何错误信息。入口参数和出口参数都是计算机中运用的二进制数编码，有符号数用补码表示。

注意：子程序对输入参数的寄存器进行了保护，但输出参数的寄存器无法保护。如果仅返回低

8位，高位部分不保证不会改变。输出的字符串要以0结尾，返回的字符串自动加入0作为结尾字符。

表F-1 输入输出子程序

子程序名	参　数	功能说明
READMSG	入口：AX = 缓冲区地址 出口：AX = 实际输入的字符个数（不含结尾字符0），字符串以0结尾	输入一个字符串（回车结束）
READC	出口：AL = 字符的ASCII码	输入一个字符（回显）
READKEY	出口：标志ZF = 1，无按键；ZF = 0，有按键，AL = 字符的ASCII码（无回显）	检测键盘按键
DISPMSG	入口：AX = 字符串地址	显示字符串（以0结尾）
DISPC	入口：AL = 字符的ASCII码	显示一个字符
DISPCRLF		光标回车换行，即到下行首列位置
READBB	出口：AL = 8位数据	输入8位二进制数据
READBW	出口：AX = 16位数据	输入16位二进制数据
DISPBB	入口：AL = 8位数据	以二进制形式显示8位数据
DISPBW	入口：AX = 16位数据	以二进制形式显示16位数据
READHB	出口：AL = 8位数据	输入2位十六进制数据
READHW	出口：AX = 16位数据	输入4位十六进制数据
DISPHB	入口：AL = 8位数据	以十六进制形式显示2位数据
DISPHW	入口：AX = 16位数据	以十六进制形式显示4位数据
READUIB	出口：AL = 8位数据	输入无符号十进制整数（≤255）
READUIW	出口：AX = 16位数据	输入无符号十进制整数（≤65 535）
DISPUIB	入口：AL = 8位数据	显示无符号十进制整数（≤255）
DISPUIW	入口：AX = 16位数据	显示无符号十进制整数（≤65 535）
READSIB	出口：AL = 8位数据	输入有符号十进制整数（−128～127）
READSIW	出口：AX = 16位数据	输入有符号十进制整数（−32 768～32 767）
DISPSIB	入口：AL = 8位数据	显示有符号十进制整数（−128～127）
DISPSIW	入口：AX = 16位数据	显示有符号十进制整数（−32 768～32 767）
DISPRB		显示8个8位通用寄存器内容（十六进制）
DISPRW		显示8个16位通用寄存器内容（十六进制）
DISPRF		显示6个状态标志的状态

参 考 文 献

[1] 钱晓捷. 微机原理与接口技术——基于IA-32处理器和32位汇编语言[M]. 5版. 北京：机械工业出版社，2014.

[2] 钱晓捷. 汇编语言程序设计[M]. 4版. 北京：电子工业出版社，2012.

[3] 钱晓捷. 汇编语言简明教程[M]. 北京：电子工业出版社，2013.

[4] 沈美明，温冬婵. IBM-PC汇编语言程序设计[M]. 北京：清华大学出版社，1991.

[5] 周明德. 微型计算机IBM PC/XT[0520系列]系统原理及应用（修订版）：上册[M]. 北京：清华大学出版社，1991.

[6] 戴梅萼. 微型计算机技术及应用[M]. 北京：清华大学出版社，1991.

[7] Barry B Brey. Intel微处理器结构、编程与接口（原书第6版）[M]. 金惠华，等译. 北京：电子工业出版社，2004.

[8] 扬素行. 微型计算机系统原理及应用[M]. 北京：清华大学出版社，1995.

[9] 周明德，白晓笛. 高档微型计算机：下册[M]. 北京：清华大学出版社，1989.

[10] 仇玉章，等. 32位微型计算机原理与接口技术[M]. 北京：清华大学出版社，2000.

[11] 张昆藏. 计算机系统结构——奔腾PC[M]. 北京：科学出版社，1999.

[12] 马维华，等. 从8086到Pentium III微型计算机及接口技术[M]. 北京：科学出版社，2000.

[13] William Stallings. Computer Organization and Architecture: Designing for Performance[M]. 6th ed. Pearson Education，2002.

[14] John H Crawford. The i486CPU : Executing Instructions in One Clock Cycle[J]. IEEE Micro, 1990, 10 (1): 27-36.

[15] Bob Ryan. Inside the Pentium[J]. Byte, 1993, 18 (6): 102-104.

[16] Dick Pountain. Pentium : More RISC Than CISC[J]. Byte, 1993, 18 (10): 195-204.

[17] Dezsõ Sima. Superscalar Instruction Issue[J]. IEEE Micro, 1997, 17 (5): 28-39.

[18] Marr, D，等. Hyper-Threading Technology Architecture and Microarchitecture[J]. Intel Technology Journal，2002，Q1: 4-15.

[19] Scott Mueller. PC升级与维修（原书第13版）[M]. 陈文成，等译. 北京：电子工业出版社，2003.

[20] Muhammad Ali Mazidi, Janice Gillispie Mazidi. 80x86 IBM PC及兼容机（卷I和卷II）：汇编语言、设计与接口技术（原书第4版）[M]. 张波，等译. 北京：清华大学出版社，2004.

[21] 胡越明. 计算机组成与系统结构[M]. 北京：电子工业出版社，2002.

[22] 陆志才. 微型计算机组成原理[M]. 北京：高等教育出版社，2003.

[23] 冯博琴. 微型计算机硬件技术基础[M]. 北京：高等教育出版社，2003.

[24] 艾德才，等. 微型计算机[Pentium系列]原理与接口技术[M]. 北京：高等教育出版社，2004.